International Marketing: Global Perspective and Practical Orientation

國際行銷學

全球觀點實務導向

陳德富博士◎著

國家圖書館出版品預行編目（CIP）資料

國際行銷學：全球觀點實務導向 / 陳德富著.
-- 初版. -- 新北市：揚智文化, 2016.09
面；　公分. -- (行銷叢書)

ISBN 978-986-298-236-5(平裝)

1.國際行銷

496　　　　　　　　　　　105015159

行銷叢書

國際行銷學——全球觀點實務導向

作　　　者 / 陳德富博士
出 版 者 / 揚智文化事業股份有限公司
發 行 人 / 葉忠賢
總 編 輯 / 閻富萍
特約執編 / 鄭美珠
地　　　址 / 新北市深坑區北深路三段 260 號 8 樓
電　　　話 / (02)8662-6826
傳　　　真 / (02)2664-7633
網　　　址 / http://www.ycrc.com.tw
 E-mail　/ service@ycrc.com.tw
印　　　刷 / 彩之坊科技股份有限公司
 ISBN　/ 978-986-298-236-5
初版一刷 / 2016 年 9 月
定　　　價 / 新台幣 680 元

序

　　每一本教科書的撰寫，皆受到作者背景、專長以及經驗的影響，本書正好反映我的背景、專長以及跨越北美洲、亞洲及澳洲、中亞及歐洲之經驗的多元性。我對文化間之差異、多元化以及相似處，總是感覺敏銳，這是因為受到台灣成長及亞洲與澳洲留學及工作經驗的影響，再加上台灣與澳洲的教學背景所致。在我的學術生涯中，不斷地研究、教學和撰著，占據了我相當多的時間，同時也剝奪了陪伴家人的時光。在這過程中，我的家人作了最大的犧牲。對我而言，沒有他們的付出，生命中很多的亮光都是不存在的。僅將本書的完成獻給我所深愛的母親和家人，感謝他們一貫對我的支持和體諒。

　　回顧本書的撰寫，一共歷經了多個國家與地區。全書的架構和大綱構思大約形成於作者在澳洲西雪梨大學商學院完成博士學位之際。而本書的初稿則完成於作者在新加坡、香港、東南亞與大陸參與國際學術會議與剛回台灣的大學商學學院任教期間。最終的定稿和成書則完成於作者於美國出版全球合作的學術專書與在台灣的大學任教期間。因此，本書的撰寫也帶著那麼一丁點多國色彩。

　　當然本書中的很大一部分是在台灣完成的，在那段期間，作者剛好應大學商學院的邀請擔任專任教職，除了和大學商學院同仁進行研究上的交流和互動外，同時也和國際企業系本科生和國際企業管理研究所IMBA與中亞研究所學生這些台灣新一代的菁英有很令人難以忘懷的互動經驗。也剛好作者有一本國際合作英文專書*Implementing New Business Models in For-Profit and Non-Profit Organizations: Technologies and Applications*與三本中文專書《顧客關係管理》和《觀光行銷》《文創產業經營與行銷》在美國和台灣出版與擔任《人文數位與創意創新管理國際期刊》（*IJDHCIM*）、《CIIP國際認證評論國際期刊》（*CIIPICR*）、《觀光休閒文創時尚設計國際期刊》（*IJTLCCFD*）主編的關係，因此也常收到全球學者朋友的回應，因此，正好可以將書中理論和

全球朋友相互切磋和印證,這也算是作者國際經驗的一環。

　　面對全球多樣化的人文地理與異質性的市場需求,如何研究及發展有效的國際行銷策略與管理為本書之主要宗旨。讀者們將評估外在經營環境的因素對企業國際化之影響包括政治法律環境、經濟環境、社會文化環境、科技環境;學習何時採取:(1)不同「產品—市場」組合的切入與滲透策略;(2)標準化的行銷組合亦或是因地適宜的差異化行銷策略;(3)中央集權式或地方分權式的行銷決策模式等。探討科技面因素包括:(1)全球交通、通訊及傳播媒體的發達;(2)全球網際網路與電子/行動商務的興起;(3)工業4.0與智慧型機器人時代來臨。分析科技的影響:科技影響國際行銷非常之大,如電子商務與行動商務;科技發展的趨勢:行銷隨著科技發展的趨勢,從早期的電話行銷、e-mail行銷發展到目前最夯的多媒體數位行銷、網路社群行銷、App行動行銷等。

　　本書除了儘量加入一些國外全球行銷理論的最新發展外,也將以專業理論與個案研討方式並行,以求研究與應用並重,理論與實務的兼顧與整合。本書旨在提供一個瞭解、研究及發展國際行銷管理的架構與建構一個全球行銷的平台。本書書名雖為《國際行銷學》,但實際上所採用的是全球行銷的觀念,採國際行銷為主軸,以全球視野的角度來撰寫,在內容的安排和分量的配當上是銜接行銷管理或行銷學的課程。本書係以全球行銷人員的觀點為著眼,來探討全球行銷相關的題材,對於相關的國際經濟或國際環境的描述則以理論架構與個案建立為主,並且在細節部分深入探討,因此,應該比較能切合「國際行銷」課程規劃的主題廣度。

　　在國際行銷管理相關理論的介紹上,本書務求完整含括,雖然國際行銷的相關理論進展相當快,但並不是所有理論都能禁得起時間的考驗,因此本書在理論上的取捨,主要是以教科書的觀點來選取普遍被接受的基礎與重要的理論。在內容安排上,則是以國際行銷管理程序的觀點架構與內容。除了導論外,先介紹國際行銷策略規劃、國際行銷環境、國際市場區隔及定位,其次再介紹國際市場進入與擴展策略、國際行銷策略組合,而相關的國際行銷組織、管理執行與控制則放在後面的章節。透過這樣的內容安排,有助於讀者按部就班來進行國際行銷策略問題的思索。這種呈現方式有助於讀者掌握各種理論的前後和彼此關聯,同時也有助於建立一個系統性的思想架構,來處理國際行

銷的實務性問題，期望讀者對國際行銷管理的理論與實例有所瞭解。

　　本書不僅簡單易學，同時強調實務導向（practical orientation），我們相信經驗學習與實務應用，利用許多案例、趣聞、觀察及經驗，使實務在應用上能以生動活潑的方式來加以表達。此外，這本書也包括進階實務個案，因此，您可以將新知運用於實務或經驗上，以協助您成為有效率的國際行銷經理人。所以，本書乃是針對大學及研究所學生所根據他們在行銷實務應用以及相關國際事務的需要，雖然書中會回顧一些基本觀念，但仍希望學生能先修過基礎的行銷課程。本書設計不僅對使用者友善，它也強調實務性，我們相信教師支援教材，為了達成我們所述之目標和導向，我們花費相當多的努力以例子、軼事和個案來提供老師和學生實用的理論和其解釋，讓學生的學習經驗豐富化。

陳德富

謹誌於台中清水

2016年8月

目　錄

緒　論

- ◆ 國際行銷之定義與策略
- ◆ 國內及國際行銷之間差異與對國際行銷應有的認識
- ◆ 國際行銷涉入階段
- ◆ 國際行銷管理內涵

　　面對資訊網路世界的進步與現代化物流運輸的發達，國際間貿易障礙（trade barriers）的排除，在在使得全球國際化的程度大幅進步。傳統地方型公司即使目標不在國外市場，仍不免受到國外公司以國內市場為目標的威脅，進而影響各公司的行銷策略。

　　無論台灣企業現在是否願意直接參與國際貿易，如今已經無法避免與海外地區進行進出口貿易。外資企業、區域性貿易的增加、全球市場的快速成長，及持續增加的競爭對手，都讓國內企業無法忽視。所有的企業都是國際企業，因為其在商業上的表現在某種程度上都會受到海外事件的影響。隨著全球市場的競爭加劇，只專注在國內市場運作的數目必定會減少。國際行銷的挑戰，是在競爭激烈的全球市場裡，發展出具有競爭力的策略性計畫。對海外市場須有澈底且完整的承諾，是一種全新的經營運作方式。國際行銷是項艱辛的工作，也是一項重要的工作，它可以使你的公司和你的國家變得富有。國際行銷與全球各地發生事件相互影響。21世紀的國際商業變得更難預測，國際市場其實是無法預測的。建立優秀的人際及商業關係，擴大企業組合及因應市場的自然波動，才是最佳管理之道，擁有彈性才能生存。

　　一般而言，國際行銷概論可由經濟（economic）、文化（cultural）、政治（political）與法律（legal）等方面討論其本質。企業在面臨國內外經營環境的變動，以及自身事業體的發展，其所採行的國際行銷類型受到三個不同的行銷哲學所統御，分別為：國內市場延伸哲學、多元國內市場哲學、全球市場哲學。在理論上，國際行銷活動可以創造並擴大國際市場的需求，提供技術及產品擴散的機會，開創規模經濟的效應，發揮產銷複製的效果，進而整合全球資源與市場，以創造全球性的財富增值。在實務上，各國財富的創造、經濟的開發與成長，均需高度仰賴國際行銷活動；但由國內行銷跨出國門而進行國際行銷活動，勢必面臨若干經驗、能力及國際市場本質上的困難。公司對國外市場的參與，所採取的策略有別於以往代工式的製造、授權、代理等方式，而漸漸採取全球觀點的國際行銷的策略。

　　本章首先介紹國際行銷之定義與策略，其次探討國內及國際行銷之間差異與對國際行銷應有的認識，分析國際行銷涉入階段，探討國際行銷管理內涵（國際行銷的工作、影響國際行銷規劃的六大環境、國際行銷環境對國際行銷管理之影響）。

行銷視野

LINE的國際行銷

◎LINE行銷大解密（沈孟學，2015）

　　「那些年，你們都追過我」、「朋友們，我不是做廣告請不要……」、「我發誓，我真的考上公務員啦，當時你們都笑我，傻子……」想必有不少人跟我一樣，常常收到這樣的LINE廣告；又或者是為了免費貼圖、買一送一等優惠，加了某某廠牌的LINE好友。可見，隨著傳訊軟體的發達，越來越多廠商選擇使用這個媒介為廣告行銷的手段之一了（還別說，效果真的挺好的，至少我都得點進去才能靜音、刪除、封鎖不是）。而到底在LINE裡面是怎麼個行銷法呢？對企業來說為什麼這是個行銷好點子？

　　首先，我們先來看一下常見的LINE廣告行銷呈現方式。如下圖DM，可以看到他們的顧客來頭都不小，有：3M、肯德基、巨匠電腦、EF國際語言學校、Tutor ABC、達美樂等企業。

LINE廣告行銷呈現方式

那為什麼這麼多企業都選用這種方式來促銷、行銷呢？

◎LINE的六大行銷優勢 (沈孟學，2015)

想解答這個問題，我們得先問一個問題：LINE行銷有什麼特別之處？他們的行銷優勢是什麼？

LINE主動式行銷六大優勢

品牌形象	廣告可圖文並用，加深消費者對品牌的認知，可搭配折扣或優惠券的方式吸引人潮
深度了解	可直接連接至貴公司官網做資訊蒐集，手機操作便利，隨時可瀏覽
強制接收	用戶接收到訊息將會直接點入瀏覽，再決定刪除或保留，圖片點選後會自動存入手機的圖庫中，日後使用率相對提高
高曝光量	短期創造高曝光量，可讓大量智慧型手機用戶接收到產品資訊
資訊夠清晰	獨家的廣告技術，不會同時間看到其他類似產品的廣告，降低消費力被分散的風險
費用低廉	相較龐大的電視、網路廣告費用，甚至比較手機簡訊一通$1元，Line主動式行銷平均一最低只要$0.2元

這張表裡面有幾個重點，主要就是現階段其他傳統廣告通路都無法達到的「強制接收」、「高曝光率」、「費用低廉」（每人次曝光只要0.2元）。與傳統廣告通路比一比，結果大勝！那實際將LINE的內容與其他通路比較，我們看看他們之間的差距。第一張圖是關於LINE與其他以手機為介面的行銷管道「簡訊」、「E-mail」的比較。

LINE主動式行銷與簡訊廣告比較表

	Line主動式行銷	SMS簡訊廣告	EMAIL郵件廣告
發送費用	文字或圖片 $0.2/則	$0.8/則～3/則	100萬封 5000元 包月 8000/月
發送數量	1,000,000/月	10,000左右/次	100萬左右/次
相關法令限制	因為循序發送 無個資法問題	有個資法疑慮	濫發商業電子郵件管理條例法
開信率	高	中等	垃圾郵件，直接刪除
用戶接受度	文字、圖片加上網址連結，能將曝光的形象提升至最大	垃圾廣告日漸提升，用戶開始排斥	垃圾郵件過多，除了直接刪除，系統也會擋信

由以上表格可得知，Line費用**明顯降低**，且可傳送圖片，以其更貼近民眾，符合最有效的廣告價值。

接下來我們再看LINE與其他類別「電視」、「網路」、「DM」等的比較。

各類行銷廣告比較

	Line曝光廣告	電視廣告	網路廣告	T牆等被動式實體廣告	DM、夾報等主動式實體廣告
瀏覽率	手機收到訊息必定開啟，瀏覽率90%以上	播出時段無法掌握實際收看人數	型態過多，加上門檻低，導致資訊繁雜及競爭對手眾多，易混淆視聽	受區域的限制	接收資訊習慣改變，閱讀人數減少，且需搭配大量人力，效用有限，不敷成本
競爭性	市場獨家第一發送印象最深	曝光秒數過短，收看者稍不留意，則會遺漏重要訊息。若不具特色，則無法吸引其注意力	網路資訊爆炸，消費者接收到消息後，通常會進行資料蒐集&比價	接收資訊者，多半處於移動狀態，較無法專心留意廣告內容	傳統媒體廣告量驟減，已漸遭淘汰
期待值	可階段性完成，不需一次全部發送	最高收視率約可到100萬人收看	上網人數平均可達1000萬/日。但因人口網站過多，資源過於分散	視地區狀況，預估人數10萬~30萬不等	每日1萬人已是高標
費用	20萬元保證100萬人可收到	一檔期最少10萬，熱門時段費用更高（15秒即要價6萬元以上不等）	廣告項目琳瑯滿目，維護費用每個月1萬~5萬皆有	每廣告版塊一個月1~5萬不等	耗費人力成本，一個月3萬左右

由以上表格得知，Line廣告比較其他廣告，其<u>廣告效益更好</u>、<u>廣告費用更省</u>、且更能引發消費意願，保證是最值得嘗試的廣告模式

　　不過讓我最驚訝的是原來LINE行銷竟然這樣便宜：投一萬人只要2,000元！這簡直是以往投廣告根本不敢想像的價格！

◎LINE進軍全球的四大關鍵策略（賴宛琳，2012）

　　通訊App「LINE」一推出就屢創佳績，目前已累積四千萬的下載人次。在人手一機、智慧型手機當道的今日，通訊軟體App「LINE」順勢爆紅，引起外界許多興趣和揣測。大家都在想，究竟LINE有何魅力，能在那麼短的時間內加入已成戰國局面的通訊App爭霸戰，甚至占有一席之地？「LINE」系出名門，它是韓國目前最大搜尋引擎「NAVER」背後的母公司NHN兩年前在日本成立的分公司——NHN Japan的力作。NHN韓國總部，負責LINE全球業務的辦公室負責人車智恩表示，LINE的竄紅是因為它掌握了國際性軟體服務的特色。

策略1：掌握用戶的「本質性」共同需求

　　首先，成功的產品應掌握國際性用戶對於智慧型手機的共同需求。例如遊戲、照片這類的溝通工具，不但是大家日常生活中常見的元素，也不像媒體和內容服務

會有地域或文化差異的問題，這是LINE掌握了國際軟體服務的第一要件。此外，隨著Facebook、Twitter這類半開放社交網絡社群的爆紅，網路服務的領域已漸趨向結合現實與虛擬的封閉式互動性質，LINE也正好符合了這個趨勢。車智恩說：「當日本方面提出這個構想的時候，我們也覺得這個點子很好，而且這是針對特定用戶對象的產品，在發展上比較容易，所以就全力協助開發。」雖然NHN Japan在資金、運作上是一個獨立於韓國NHN的日本公司，但挾著母公司的資源，並以一貫高效率模式推動開發，三個月後LINE便通過語音測試，正式上線。

策略2：價值感的創新拓展服務範圍

車智恩認為，以PC市場來說，因為已屬發展成熟的市場，服務內容的創新相當重要。然而智慧型行動裝置是一個新興市場，尚處於迅速成長期，普及率方才日漸上升中，因此創新固然重要，但如何迅速且持續提供服務本身的附加價值，更為重要。而LINE的最大特色——活潑的表情貼圖，不僅可以表達出情緒的豐富性，比文字簡訊更為方便快速，可迅速拉近溝通者的距離。「老實說，我們並沒有預設什麼方向，幾乎是根據市場需求隨機應變。」車智恩一邊微笑，一邊秀出LINE所獨有的群組聊天功能。相較於其他通訊App，此功能讓溝通從一對一延伸至多對多，使得每隻手機都成為一個小型聊天室。

LINE不僅擁有簡單的界面和操作性，更持續不斷地根據用戶的需要和反饋進行改進。為了增加使用者的忠誠度，LINE進一步開發了「LINE CARD」、「LINE Camera」，結合小卡片和有趣的攝影貼圖效果，將通訊、卡片、攝影三者功能合為一體，讓原本單純的聊天內容更為豐富多變化，完全打中了用戶喜愛新鮮與可愛事物的心理。這些特色和競爭力造就了LINE的持續成長，而非曇花一現。

策略3：開發多語種版本智慧型手機與PC俱進

除了基本的日文和英文版本，LINE也從上架兩個月後陸續推出韓文、中文版，預計未來逐步拓展其他亞洲國家語種。而隨著LINE在歐洲國家大受歡迎，未來也將陸續新增歐洲語種。不僅如此，LINE還貼心地建置了語言翻譯機器人，有中日文、日韓文間翻譯功能可選擇，大大增加了國際用戶使用的動機。除了不停推出各式語種以增加手機用戶，LINE更於今年年初破天荒地推出了PC版本，讓智慧型手機使用者

在電腦上也可盡情聊天，同時也提升了非智慧型裝置使用者的安裝意願，增進使用經驗。不過，車智恩坦言在進軍海外的過程中，挫折難免。例如目前各國WiFi的密集度、連線品質不一，常會造成語音通話品質不良，這些都是未來必須克服的技術問題。

策略4：口碑行銷優於營利，台灣為國際宣傳第一站

LINE的行銷策略，一直是採取「公關先行，廣告次之」的方式。因此，從去年底到今年初，都是以口碑行銷為主。他們認為，有價值的服務，藉由良好的口碑，必定能獲得用戶的青睞，進而產生影響力，更可跨越不同的國度，逐步進軍全球。車智恩表示，初期的宣傳活動都以日本為主，隨著LINE在亞洲市場逐漸受到歡迎，尤其是台灣成長的速度相當驚人，因此他們決定以台灣為進軍國際宣傳的第一站。因為各國民情的不同，宣傳方式、貼圖喜好等均有不同，沒有到當地進行深入的市場調查，很難做出準確的判斷。因此，NIIN有意在台灣設立辦公室，針對台灣使用者做出更準確的行銷策略。

目前，LINE已經開始有收費機制——使用者可付費獲得更精美可愛的表情貼圖。但車智恩認為，這並不會是LINE的未來營利模式，目前還是會以擴充市場為主要重點策略。談到此，她特別表示感謝台灣，因為要不是台灣和香港用戶在短期之內快速成長，且建立起極高的忠誠度，LINE也不會這麼快就決定進軍海外。至於NHN未來是否有可能將旗下兩大熱門產品NAVER和LINE結合，在手機平台上推出整合性服務，車智恩表示目前無此打算，但也不排除這樣的可能性。車智恩淺淺一笑繼續解釋：「現在對於我們而言，LINE就像是一個剛出生的小baby，未來會如何，還都要看環境如何去塑造它。」LINE是否能一如其名，成為使用者之間的一條熱線，甚至取代E-mail、Facebook或是Twitter等工具，且讓大家拭目以待。

資料來源：沈孟學（2015）。LINE行銷大解密：推廣告給一個人只要0.2塊，誰不用啊！2015/01/07，http://buzzorange.com/techorange/2015/01/07/the-line-marketing-strategy/
賴宛琳（2015）。LINE進軍全球的四大關鍵策略，第116期，2015/07/05，http://www.watchinese.com/article/2012/4403

第一節　國際行銷之定義與策略

一、國際行銷之定義

Terpstra（1983）提出國際行銷（international marketing），是指執行一個或多個跨國界的行銷活動。廣義言之，在每一個國家執行所有的行銷功能。美國行銷學會（American Marketing Association, AMA）於1985年對國際行銷的定義：「以多國籍企業策劃並執行創意、產品與服務的概念化、定價、促銷與配銷活動，並透過交換過程以滿足個人與組織的目標」。于卓民（2000）則定義國際行銷為當行銷者國籍和消費者（或使用者）所在國不同時，經商品（或服務）由行銷者流行至消費者或使用者的企業活動。

國際行銷指為了獲取利潤而有步驟的從事計畫、定價、推廣，藉此引導公司的產品及服務流向兩個國家以上的消費者或使用者的企業活動（廖武正，2006）。

綜合上述學者的觀點，國際行銷即為「行銷者以國際企業規劃執行將產品及服務行銷至消費者之行銷活動，以滿足個人與組織的目標」。

二、國際行銷策略

在台灣加入WTO之後，隨之而來的是一股國際化的浪潮。言必稱國際化的結果，是一窩蜂的盲從與「國際化」此一名詞的濫用。再者，對於國際化之後，一家企業如何尋找行銷上的競爭優勢，乃至於在進入一新市場時，應如何有效制訂行銷策略，以作為企業在訂定國際行銷策略與推動企業國際化之參考值得深入探討。

隨著代工利潤日漸微薄，已有更多的台灣代工廠商嘗試著朝向建立自有品牌（Original Brand Manufacturer, OBM）的營運模式轉型，以開拓更廣大的國際市場。企業服務多個國際市場有其連動性，因此，國際行銷活動的集中、協調與整合，都有賴通盤考量的國際行銷策略來指導。

　　國際行銷乃是將組織的資源及目標，集中於全球市場機會之過程
（Subhash, 1987）。「策略」是爲達成特定目標所採取的手段，經由重要資源
調配方式來達到目標（唐富藏，1996）。而國際行銷策略是企業爲了達到目
標，因應內外部環境因素所採取的方法。其包括了產品策略、價格策略、促
銷策略、通路策略（Seifert & Ford, 1989）。國際行銷學術領域中有兩種不同
的國際行銷觀念：標準化及差異化（順應化）國際行銷策略。Douglas與Wind
（1987）及Onkvisit與Shaw（1990）將完全標準化與完全適應化視爲連續帶的
兩端，大部分國際行銷策略選擇均是落在兩個極端之間的混和策略。

 **第二節　國內及國際行銷之間差異與對國際行銷
應有的認識**

　　國際行銷與國內行銷有何差異？國際行銷與國內行銷在行銷觀念的基本
原理都是相同的，只是在實務應用上，由於全球環境的差異，使得企業在從事
國際行銷時將面對更複雜及不確定的環境。而對國際行銷應有的認識可分爲
開創國際行銷商機的主要因素、國際行銷的限制與國際行銷之效益。分述如
下：

一、國內及國際行銷之差異

　　國內及國際行銷之差異在於執行行銷計畫時所面對的相對環境不同，需
要各種策略來克服。行銷人員不能控制或影響那些不可控制因素（競爭、法律
限制、政府管制、氣候、善變的消費者及其他），但在某種程度上可以調整或
適應它取得勝利的果實。在市場的不可控制因素的架構下，將行銷決策中的可
控制因素，如產品、價格、推廣、配送通路，加以調整，以達成行銷目標。不
同環境產生的難題，正是國際行銷人員最應關切的課題。

　　國際行銷和國內行銷有下列幾點的差異：

1.國際環境更具複雜性：國內行銷面對的只是單純的國內環境，因此複
　雜性及不確定性相對較低，而國際行銷面對全球差異的文化、政治、經

濟、法律和科技環境，故複雜性及不確定性相對較高。

2.行銷策略需求不同：國內行銷所使用的行銷策略概念，皆可適用於國際行銷，惟國際行銷所強調的策略要求是國際行銷活動的全球協調整合及回應當地。因此，在產品、定價、配銷及促銷等策略上，應考慮有哪些活動應全球整合，有哪些部分應修正以符合各國消費者的需要。

3.行銷組織結構不同：國際行銷與國內行銷的基本組織結構概念是相同的，只是國際行銷必須考慮到國際部與海外事業部的設立。同時，國際行銷的組織結構，必須配合企業國際策略的全球協調與整合，如此才能創造出較佳的績效。

　　國際行銷與國內行銷本質，均是將創立品牌的產品，採取行銷通路送至消費者，滿足消費者的需求，創造更高的利潤。兩者不同點是，國內行銷較小規模且遵行國內的風土民情，財經、政治、文化、法律發揮行銷創意即可創造流行風潮。但國際行銷除了創意、投入大量資金、人力、物力、設備外，尚需注意各國民情、政治穩定、法律、關稅、經濟環境才能行銷國際，例如，可口可樂、麥當勞、香奈兒、星巴克、大同電鍋、7-11等，能行銷全球都是有最佳的物流及最好的通路才能擁抱世界與利多。

　　國際行銷是一項複雜又艱難的工作，而國際化是非走不可的路。要做國際行銷，必須具備獨特的產品、行銷與國際管理能力三要素，除了獨特產品與行銷能力必備國際水準競爭力之外，還要有當地化的管理能力（廖武正，2006），亦即要有全球化的思考（global thinking）與當地化的行動（local action）。

二、對國際行銷應有的認識

　　對國際行銷應有的認識可分為開創國際行銷商機的主要因素、國際行銷的限制與國際行銷之效益，分述如**表1-1**。

表1-1　對國際行銷應有的認識

因素、限制與效益	內涵
一、開創國際行銷商機的主要因素	1.市場需求的擴增。 2.技術與產品的擴散。 3.規模經濟的效益。 4.產銷之複製效果。 5.地球村的展現。
二、國際行銷的限制	1.政府對國內企業的保護。 2.企業既存行銷典範的困擾。 3.市場差異認知與適應不易。
三、國際行銷之效益	1.外銷。 2.國外行銷。 3.善用優勢。 4.增加競爭力。 5.降低營運風險。 6.克服貿易障礙或降低成本。 7.移轉國際行銷經驗。

第三節　國際行銷涉入階段

　　在談「國際行銷」之前必須先討論「國際企業」，因為國際行銷是國際企業所執行的功能之一。而所謂的「國際企業」（International Business, IB）實乃一通稱，其中包含有許多不同性質的企業體。一個企業的規模，是否已達到國際企業（即多國企業）經營規模組織，就會涉及到國際行銷管理、國際企業行銷管理。因此國際企業的定義乃凡涉及兩個以上國家的企業，包含跨國間原物料、商品貨物、勞務服務、金錢或資訊的一切商業交易，無論是由私人企業或政府企業來進行，都可稱為國際企業，而多國企業（Multinational Corporation, MNC）或跨國企業（Transnational Corporation, TNC）則是對從事上述活動公司組織的稱呼。

一、國際企業海外活動策略六階段

　　Robinson對國際企業海外活動之策略決定，區分發展的階段有六項：

1.國內型（domestic）：只在公司內設置對海外的貿易部門。

2.海外導向型（foreign-oriented）：設置專責的海外部門，即獨立貿易部門。

3.國際型（international）：集中國內全體部門，一致應付海外市場之商業活動。

4.多國型（multinational）：一公司有多數子公司在海外的國際企業組織。

5.跨國型（transnational）：總部不一定是在起源國的複數母公司機構的國際企業。

6.超國界型（supernational）：即以世界經濟為基礎，不是以某一個國家為主的企業組織，在這類多國企業中，母公司與子公司的界限漸泯，認同的對象是組織本身，而非國籍或文化。大家都是全球營運網路體系中對等之營運實體。

我們一般所謂的國際企業，是企業國際化後的一種通稱，而國際化也有程度的深淺之分。前述六項愈往後面，如跨國籍和超國籍企業其國際化程度也就愈深；反之，則愈淺。

二、國際企業進行國際行銷之原因

原因如下：

1.市場需求。

2.交通、通訊及電腦科技的進步。

3.成本。

4.品質。

5.槓桿的機會，即產生綜效，全球公司可以發展五種類型的槓桿：

　　(1)經驗／技術移轉：企業技術創新能力的來源，除了透過內部資源整合之外，亦應該掌握環境變動的趨勢與其他企業建立良好的合作關係。可透過技術授權或是購買技術等形式取得企業外部的技術資源，以增進企業內部技術創新之能量。這種由外而內，透過不同通路，以直接或間接移轉技術之過程，便稱之為技術移轉。

(2)系統移轉：在全球化以及知識經濟時代下，國際企業所面臨的是一種資訊的世紀，建構知識型的組織已經成為一種必然的趨勢，如何將組織資源透過適當分配，並做好全球策略布局，將知識與技術有系統地移轉至海外，以增強國際企業的競爭優勢，是一項重要的課題。

(3)規模經濟（economies of scale）：指擴大生產規模引起經濟效益增加的現象。規模經濟反映的是生產要素的集中程度與經濟效益之間的關係。

(4)資金運用：在國際貿易中每筆交易通常只採用一種支付方式，但根據不同的國家與地區，不同的客戶，不同的市場狀態與不同貨源國的情況，為了把商品打入國際市場，可採用靈活的多樣的支付方式綜合運用，加強競爭，便於成交，旨在按時安全收匯，加速資金週轉，爭取好的經濟效益。

(5)全球策略：全球化發展策略，有些是到低度開發國家進行投資，有些是尋求更高層次的技術來研發新產品。不論是前者或後者，都有技術移轉產生。

國際市場進入模式的類型包括：出口模式（如間接出口、合作出口、直接出口、相對貿易）、契約模式（如授權、加盟、整廠輸出、契約製造、合資）、獨資子公司（如設新廠、收購）。

三、行銷哲學對國際行銷類型之影響

國際行銷類型受到三個不同的行銷哲學所統御：

1.國內市場延伸哲學：第一階段通常是邁向國際化經營的企業，也就是把國外市場當作次要的，作為平穩國內生產，擴增經濟規模，增加獲利機會的策略性思考並不努力去經營，只承接不大力推銷的訂單。依然把重心放在國內，但企業本身還是會去努力追尋國外的市場。

2.多元國內市場哲學：即本國市場需各國外市場給予最大的回應，所以對各國外市場建立不同的生產、行銷、研發的創造價值活動策略。子公司

彼此是獨立作業的，但是會因目標市場而發展不同的行銷策略及執行行動方案，並移轉各市場所獲取之行銷技能及經驗而創有效的經營效能。

3. 全球市場哲學：為追逐全球各個市場機會，以達成企業目標而思考各個市場對企業目標的相對性貢獻潛力，做互補或增強的效應來進行系統性的決策。

　　國內國外的市場不做單獨的考慮，而是針對各個市場對於企業的目標相對性的貢獻潛力。

四、國際行銷涉入程度五階段

　　企業在國際行銷涉入的程度可分為五個階段：

(一)非直接海外行銷

1. 指透過貿易商或某些海外客戶，直接向該企業購買後回國銷售。
2. 國內的批發商或經銷商也可能將產品銷售至海外市場。
3. 當企業建構網站後，也會收到來自海外的訂單。

(二)偶發的海外行銷

1. 由於暫時性供給過剩，導致少量的海外行銷。
2. 企業為了跟顧客維持長期的商業關係，只有少部分企業以此模式運作。

(三)定期的海外行銷

1. 廠商建置永久性的生產設備，專門生產產品銷售到海外市場。
2. 企業可能僱用海外或本國的海外中間商，或在重要的海外市場擁有自己的業務代表或營業分公司。
3. 一旦海外需求成長，部分產能就會分配給海外市場，並可能修改產品以配合不同的海外市場的需求。海外市場利潤逐漸成為經常性的國內利益，最後變成整個公司必須依賴海外銷售及利潤才能達到年度目標。

(四)國際行銷

　　這個階段的企業，完全承諾並投入國際行銷活動中。企業的目標是行銷全球，為各個不同的國家進行計畫性生產及銷售。企業在國外進行的業務，除了行銷還包含產品的生產，因此這一企業變成國際性或多國籍的企業。

(五)全球行銷

1. 在此階段，企業把全球市場（包括本國市場）視為一個單一市場。
2. 市場區隔決策不再以國界區分，而是以跨國家或區域的所得水準、使用方式及其他要素等來作市場區隔。
3. 企業的營收有一半以上來自海外，企業經營採取更大的轉變，即企業的所有運作流程，包括組織結構、財務資金、生產、行銷等，也開始具有全球觀。

第四節　國際行銷管理內涵

一、國際行銷的工作

　　國際行銷人員必須處理至少兩層不可控制的不確定性。「不確定性」是企業環境的不可控制因素所造成的，每個國家或地區都有其獨特的不可控制因素。**圖1-1**說明了國際行銷人員所面對的所有環境。企業營運的海外市場愈多，所要處理的海外環境因素的種類也愈多。

(一)行銷決策要素

1. 指**圖1-1**最內層代表行銷人員所能控制的範圍，在企業運作所需資源充裕情形下，行銷管理人員便可結合價格、產品、推廣及通路、研究等活動。
2. 行銷人員能夠從可控制因素中協調一組行銷組合，但面對那些控制因素，必須主動評估，甚至必要修正其行銷組合。

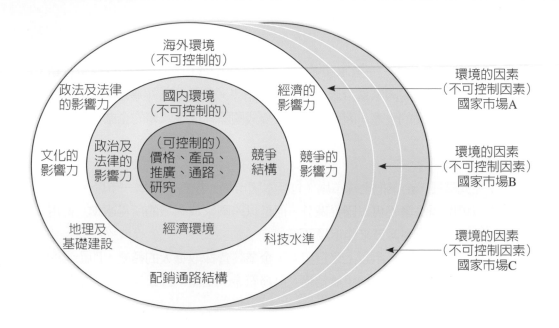

圖1-1　國際行銷的工作

資料來源：瞿秀蕙譯（2005）。

(二)國內環境層面

指**圖1-1**的第二層，代表經常在企業控制範圍以外的國內環境的不可控制因素。這些能直接影響國外投資成敗的國內因素，包括：政治及法律的影響力、經濟環境及競爭結構。

(三)海外環境層面

指**圖1-1**最外層所描述的變數。在一個國際行銷計畫中，要評估這些不可控制因素，經常涉及嚴重的文化、政治及經濟的衝擊。同時在幾個國家運作的企業，在商業決策中重要的因素包括：政治的穩定、階級結構及經濟環境，而且可能會發現一些極端的事例。海外環境因素包括政治及法律的影響力、經濟的影響力、競爭的影響力、科技水準、配銷通路結構、地理及基礎建設，以及文化的影響力。

(四)適應環境之必要

　　為了針對海外市場來調整及修正行銷計畫，行銷人員必須有效地解釋各個不可控制的環境因素（即一般所稱文化）對其海外行銷計畫的影響及衝擊。國際行銷人員必須避免受到本國文化固定價值觀及假設的影響（瞿秀蕙譯，2005）。

二、影響國際行銷規劃的六大環境

　　六大環境因素乃包括人口、經濟、自然、科技、政治及文化等六個主要環境力量，而在公司或企業面對此六個主要環境力量時，又會轉化公司或企業內部的環境力量來因應，並藉著內部的環境力量之優點及缺點來尋找外部環境力量所造成的威脅與機會。說明如**表1-2**所示。

表1-2　影響國際行銷規劃的六大環境

環境因素	內涵
一、人口環境	1.人口不斷地增加，成長率下降。 2.年齡結構，日趨成熟和老化。 3.家庭戶數不斷地增加，家庭規模漸小。 4.人口向都市集中，並向郊區移動。 5.初婚年齡緩慢上升，離婚率不斷地增加。 6.職業婦女不斷地增加，女性主管普遍增多。
二、經濟環境	1.經濟持續成長。 2.平均國民所得不斷地提高。 3.家庭消費支出型態持續變動。 4.產業結構改變。 5.經濟政策改變──保守邁向自由開放。 6.對社會主義國家及中國大陸的往來逐漸增加。
三、自然環境	1.自然環境遭破壞。 2.空氣及水遭汙染程度嚴重。 3.原料缺乏。 4.能源成本增加。 5.政府由消極管制轉為積極保護。 6.國際環境保護主義盛行。
四、科技環境	1.科技發展經費與人員擴增。 2.技術不斷地引進，產品品質不斷地改良。 3.資訊科技的應用日益普及。

（續）表1-2　影響國際行銷規劃的六大環境

環境因素	內涵
五、政治環境	1.對企業的法令規範日漸增多。 2.政府的行政管制日益增強。 3.國際社會運動逐漸增大。
六、文化環境	1.休閒與自由時間增加。 2.休閒活動以室內活動為主。 3.國際觀光旅遊不斷地增加。 4.人與大自然的關係日益受重視。 5.外來文化的輸入與次文化的興盛。

三、國際行銷環境對國際行銷管理之影響

　　行銷人員在擬定行銷策略以達成公司目標之前，必須先考慮內在環境因素和外在環境因素（如國際經濟環境因素、國際社會文化環境因素、國際政治和法律環境因素等）、行銷策略（如產品、價格、通路及推廣）、目標市場的決定與行銷組合的安排，如**表1-3**與**圖1-2**所示。

　　當國與國之間的環境因素有交集，而且其中兩國的交集明顯比較大的時候，彼此調整行銷組合的必要性就比到他國來得低。也就是說，當各國環境因素愈相似，標準化的行銷策略就愈可行。

表1-3　行銷組合

產品	價格	通路	推廣
・各種產品 ・品質 ・設計 ・特徵 ・品牌名稱 ・包裝 ・規格 ・服務 ・保證 ・退貨	・售價 ・折扣 ・津貼 ・付款期限 ・信用條款	・銷售管道 ・銷售範圍 ・銷售搭配 ・地點 ・存貨 ・運輸	・促銷 ・廣告 ・銷售人員 ・公共關係 ・直效行銷

資料來源：于卓民、巫立民、蕭富峰等（2009）。

國際經濟環境 國際社會文化環境 國際政治／法律環境	⟫⟫⟫	行銷組合	⟫⟫⟫	當地消費者

圖1-2　國際行銷環境對國際行銷管理之影響

行銷透視

綠色環境行銷對國際行銷上的影響

　　「綠色消費」強調的是要使用對環境損害最小的「綠色產品」，所謂「綠色產品」，其定義大約可從該產品之生命週期來考量，亦即該產品於原料取得、產品製造、銷售、使用、廢棄處理過程中，具有「可回收、低汙染、省資源」等功能或理念。

◎提升企業形象及營業額

　　根據國外實施的經驗顯示，擁有環保標章產品的企業，對其企業形象及營業額的提升是有積極助益的。

◎可塑造、提升國家形象及國際行銷

　　綠色行銷已成為國際潮流，先進國家皆已採用類似標章以鼓勵綠色產品，故環保標章除了可作為促銷廣告，有助於產品之國際行銷外，並有助於國家形象塑造與國際友誼之提升。「綠色行銷」除了需有環保意識外，並需要有環保知識及相關的檢驗、安全等能力，一般環保工作者亦難辨識，遑論一般的消費者，所以為了讓消費大眾能夠清楚輕鬆地選購較有利於環境的產品，並促使廠商能因市場上的供需關係，自動生產較有利於環境的產品，而有「環保標章」的產生。

　　因此，「環保標章」制度乃是配合「綠色行銷」所設計的，除了具有嚴密審查、檢驗、核發的組織架構外，並於獲授證的產品上印上或貼上鮮明的環保標章圖樣及授證理由，除了具供消費者辨識、教育宣導及供企業綠色行銷之效用，同時亦

代表企業經由確實的環保努力而得到的名望，獲取社會及國際間正面評價，展現文明國家的象徵。例如，經濟合作暨發展組織（OECD），簡單地說，就是國際認證也是品牌保證更是有責任公司的象徵。

各國環保標章

資料來源：行政院環境保護署。

全球觀點

安麗之國際行銷

　　歷經五十年的辛勤耕耘，安麗以優質的產品和完備的安麗事業計畫，將安麗的事業機會散播到全球各地，幫助每一個想要成功的人擁有創業的機會，現在安麗已成為國際最具規模的直銷公司之一，旗下直銷商超過300萬人，積極於全球八十多個國家和地區推展安麗事業計畫，2009年度安麗全球的營業額達84億美元，此外，安麗更是直銷業中發出最多獎金的公司，自1959年至2009年，安麗全球共發出332億美元的獎金，卓然成就，在在展現安麗跨國企業的雄厚實力。安麗，2008富比士調查為全球第44大企業。在美國還和微軟合作開網路商城。

　　今日，安麗仍然秉持著當初兩位創辦人創立安麗時的宗旨，以最誠信的態度、最執著的理念以及最豐富的營運經驗，全力支援直銷商發展安麗事業，為開創安麗世界更璀璨的明天而努力不懈！

跨國企業，實力雄厚，位居直銷業領導地位──從簡陋的地下室到躍登國際舞台，安麗不斷地突破，力求進步，開創更璀璨的未來
資料來源：安麗台灣全球資訊網。

◎從昔日的地下室開始

　　位於美國密西根州亞達城（Ada, Michigan）的安麗公司，於1959年由狄維士（Richard M. DeVos）與溫安洛（Jay Van Andel）創立。當年，他們兩人憑著多年的

商場經驗與冒險患難的精神，以自家的地下室作為辦公室和貨倉，為安麗開啓了扉頁；當時，他們只有一項叫做L.O.C.的產品（即安麗多用途濃縮洗潔劑）和一個獨特的「安麗事業計畫」；開業後的第一年，營業額已達50萬美元。

　　狄維士與溫安洛從創業至今，始終合作無間，並以最堅定的信念，最執著的態度，為消費者供應最佳品質的產品，為社會大眾提供一個自行創業機會。1971年，第一個海外公司——安麗澳大利亞分公司——成立之後，安麗以優異品質的產品和完備的直銷計畫，將安麗的機會散播到全球各地，隨著業績蓬勃發展，安麗現今已是一個聲譽卓著的跨國企業。

◎穩健成長，成就斐然

　　走過創建時的篳路藍縷，歷經成長的艱辛與陣痛，今天，安麗已從昔日的地下室，躍身國際舞台，積極於世界八十多個國家和地區推展安麗直銷計畫。現今，安麗已成為家喻戶曉的名字，同時也是全球規模最大、最具領導地位的直銷公司之一。目前，安麗全球員工逾13,000人，廠房設施達390英畝，自行生產四百多種產品，旗下直銷商人數超過360萬人等，種種斐然成就，在在印證安麗直銷計畫的完善與確實可行。

　　2006年8月成功收購美容化妝品公司——Gurwitch Products公司，Gurwitch Products公司原隸屬於妮夢‧瑪珂絲集團（Neiman Marcus Group），自行研發、生產和行銷Laura Mercier品牌的高級化妝品。此次收購，象徵安達高公司旗下的美容化妝品擁有了一個新的合作夥伴。公司也希望藉由引進其出色的研發實力，加強ARTISTRY頂級美容化妝產品的開發，進而為全球安麗直銷商帶來新的事業發展機會。邁入新世紀，安麗的發展也有了進一步突破，成立Alticor（安達高）母公司，統管Amway、Quixtar（捷星）、Access（捷通）、Gurwitch等四家子公司所組成的企業群，以更精確的任務分工，邁向更多元化的業務發展，提升強化企業的整體競爭力，使安麗成為一個後援更強大、更有效率且更具前瞻性的企業。

資料來源：安麗（2010）。安麗之國際行銷，http://www.amway.com.tw/1knewamw/from.asp

問題與討論

1.國際行銷之定義與策略為何？

2.國內及國際行銷之間差異為何？

3.國際行銷涉入階段為何？

4.國際行銷的工作為何？

5.影響國際行銷規劃的六大環境為何？

6.國際行銷環境對國際行銷管理之影響為何？

國際行銷策略規劃

◆ 國際行銷策略規劃與程序
◆ 國際行銷策略之STP規劃
◆ 國際行銷策略的設計
◆ 國際行銷策略

布局全球策略時，行銷是將想法、商品與服務等加以規劃，並透過訂價、促銷和通路的一連串過程，以滿足個人及團體需求的交易行為，而國際行銷則是這些活動在國外的延伸。產業外銷是企業成長的趨勢，在國際競爭環境中，國際行銷策略的布局成為企業成功國際化的重要因素。經貿市場趨於國際化，企業布局全球時，應瞭解國際行銷策略，才能在國際市場上保有競爭優勢。

　　面對21世紀變化萬千的市場，如何找到正確的目標市場並推出適合的行銷策略，創造出獲利，都是企業著重的關鍵。不論企業如何努力，它都不可能讓所有的購買者滿意，企業應能選擇它可有效爭取且具吸引力的部分市場作為它的行銷對象，此即所謂的目標行銷觀點，亦即國際企業經營國際市場所需之完善的行銷策略分析。

　　國際行銷策略的設計需根據目標市場特性，考慮不同目標國家市場的差異性，調整行銷組合，設計出符合個別市場需求的行銷活動方案。

　　最後，針對不同的經營哲學、不同的產品特性與不同的市場特性，企業可以發展出不同的國際行銷策略。

　　本章共分四節，內容包括國際行銷策略規劃之定義、策略規劃層級與國際行銷規劃程序與內涵、國際行銷策略之市場區隔、目標市場選擇與市場定位（Segmenting, Targeting, Positioning, STP）規劃、國際行銷策略的設計與國際行銷策略等課題，希望提供給讀者更多的參考與建議。

news 行銷視野

台灣發展國際觀光之國際行銷策略

　　台灣發展國際觀光之國際行銷策略，首先必須瞭解自我的定位、機會與國際的環境，才能夠知道何者可為，何者不可為。再者，國際行銷是一種自我的提升與生活的方式，與國家整體的規劃發展息息相關，需要領導、願景與執行力才能有成。

行銷台灣的環境分析與國際局勢

　　要想規劃妥適可行的行銷策略，必須先做完整的市場環境分析。市場環境分析

思考可行性與客源方向，其內容包括社會文化、人口、經濟、技術、政治與法律、競爭、生態、國際政治經濟、地緣等因素的考慮。若以整體台灣作為國際行銷來思考，國際政治經濟與地緣等因素占有重要地位。若以台灣與新加坡及香港做比較，新加坡與香港的腹地廣大，台灣的腹地呢？旅客來到台灣之後，要從台灣到哪裡呢？除了商務旅客，面對各國的競爭，多少觀光客誰會專程來台？台灣與韓國事實上一度被列為東亞最不令人感到旅遊興趣之國家。台灣的國際旅客在2015年創歷年新高，根據觀光局統計，外籍人士來台創造1,000萬人次的新高，因此事實上是觀光產業大量入超。相對於外籍旅客，對旅遊業來說，國民旅遊反而是更重要的旅客來源。

台灣作為運籌和轉運中心的想法是對的，但是做法卻有很多的顧忌與問題。台灣是個腹地狹小的島嶼，如果不是作為轉運中心，國際旅客為何需要來台？如果台灣能夠加入國際社會，今天韓國是否這麼容易超過台灣的發展，其實不無疑問。缺乏國際的舞台，讓台灣的損失無可計數，影響無比深遠。台灣基礎穩固，若能夠全心發展，仍能有美好的明天。

一個國家的發展，乃至一個城市地區的發展，與其外在的形勢是息息相關的。國家的行銷所要考量的自身特質，與其國家的外在整體形勢是密不可分。

行銷台灣的形象概念，其實就是在行銷台灣這個品牌，最終的目的是要造成台灣這個品牌的價值，讓它深入人心，讓她在人們心目中自成一種不言而喻的價值。

建立國際品牌的方法，絕不是關在家裡面自己搞的。台灣的人們、官方、家長、學生、老闆等，應該早早覺悟，不惜花大錢，不管是國家支持或是私人投資，大量將優秀及有動機的人才送出國去，愈多愈好，去到愈多不同的國家愈好。八〇年代台灣初步的成就造成了後來的自大與自閉，這是今天台灣國際行銷困難的導因之一。

資料來源：李力昌，《英語環境與國際行銷策略》，國立高雄應用科技大學觀光管理系。

行銷視野

國際行銷與觀光發展——全球化與在地化

在全球化（globalized）的世界中，在地化（localized）所保有的固有特色反而更加珍貴，也因此被稱為全球在地化（globalization）。台灣能夠拿出來傲人，吸引人的在地化特色為何？這要看顧客是怎麼想的。外籍人士眼中的台灣有何珍貴的特色？資訊產業？夜市？故宮？文化傳統？台北101？美食？工業汙染？議會打架？往往被誤認為泰國？在確立自身特色之後，就應該編列大筆行銷預算，針對目標對象與重點進行行銷。

但是在發展國際觀光服務業上，台灣其實落後先進國家相當多。《商業周刊》[1]就曾經以「願意用幾十億來研究一個IC，卻不願意以幾千萬來研究服務生的眼神」來形容台灣對服務業的忽視程度。觀光發展需要興建硬體設施，還要大筆預算做規劃，努力提升服務品質，並非目前國人想像中，發展觀光好像只要用嘴巴說說就好。

台灣國際行銷最希望達到的是其各方面的附加價值，而外籍人士來台觀光交流則是台灣國際行銷的具體成果展現方法之一。觀光產業已經成為全球重要的產業，具有全球化意涵，被期許為最乾淨的經濟發展途徑（Dwyera et al., 2004），其目的在獲得外匯、協助發展、平衡收支並提高國民就業率與收入（Edgell Sr., 1995）、平衡區域發展（Wen & Tisdell, 2002）[2]。由於我國特殊的處境，公部門更希望能夠利用它成為一種和平的外交手段。然而希望能夠有良好的觀光發展，則必須具備基礎建設、人員訓練、相關法律與規範、產業服務品質、行銷等等作為（Wade et al., 2001）。

台灣觀光新亮點——驚豔水金九
資料來源：新北市政府觀光旅遊局。

也因此，觀光政策之目的並不僅在於經濟上的發展，更在於藉由整體均衡的規劃與環境的維護，達到永續發展（sustainability）的目標，在台灣，還包括與國際對話交流的機會。Pearce（1998）的研究指出，公部門的參與往往出自對文化與政治的考量，超過對經濟的考量，特別是與提升城市形象以及增加其影響力相關者。因此，觀光的角色與功能也含有文化、政治等考量，包括必須向社區與固有文化負責（Harrison & Husbands, 1996）、文化觀光的發展與社區認同的關係（Cano & Mysyk, 2004）、觀光在文化資產管理與保存上的功能（McKerchera et al., 2005; Borg et al., 1996）等。

◎政府在觀光發展中所能扮演的角色

政府作為公權力的來源，其許多的政策皆可對觀光的發展造成重大影響，包括：匯率及利息政策、外匯收支政策、鼓勵投資的作為、環境汙染的控管、法律、進入障礙、購物退稅、假日政策、國家及地區性觀光推動組織之組織結構及目標、勞動市場政策、教育及研究政策等（Smeral, 1998）。也因此一般咸認為政府是影響觀光發展的最大來源。Sofield和Li（1998）則發現，觀光的發展對於既古老又現代的中國有許多的功能。它緩解了當代中國社會中三大力量之間的對立與衝突：社會主義的意識型態、仍舊保守的傳統以及經濟發展的需求。儘管這三大力量之間彼此是如此地矛盾，觀光的發展卻能夠穿梭其間，透過對現代化過程的貢獻、將文化遺產加以商品化以持續其self-sustaining的發展，並達成社會主義制度當中所希求的角色等，因而成功地在整合這幾大矛盾力量之間扮演重要的角色。

儘管政府是最大的力量，但是公部門的運作與效率往往不如預期。Zhang等人（1999）對中國從1978年改革開放以來政府的觀光發展政策顯示，早期中國政府發展的策略並不順暢，專業知識貧乏，整體水準相當差。而Alipour（1996）對土耳其政府觀光政策的探討也指出，公部門的觀光政策往往相當片斷，未加以良好的整合。而且規劃往往在硬體建設上打轉，忽視社會環境與整合的規劃。觀光發展因此跟隨著市場機制，而非規劃而行。然而，跟隨市場機制往往卻會造成對環境與社區文化的負面影響，不利於長久的永續發展。

◎外在因素對觀光發展的影響與觀光規劃的層面

觀光政策與規劃領域的重要學者Hall（2000）認為，觀光政策的重點在於永續經營。而觀光規劃從國際層面到國家層面，到區域層面再到地點層面卻皆不同。各個層面之間的整合對於成功與永續發展皆是不可或缺的。這顯示，在考量發展國家的觀光時，若不從整體外在形勢上來觀照，可能將導致事倍功半的後果。Nuryanti（1996）針對印尼發展文化觀光議題的研究主張：發展文化觀光是整體國家發展的問題，並非獨立的偶然事件。

觀光發展與規劃，應與國土永續發展，國家策略形勢與地位，國家發展方向，以及國際行銷，甚至地方建築規劃之適當性相結合。其中缺一則發展不能夠完善與永續。也因此，Fayos-Sol（1996）的研究顯示，就發展觀光而言，公部門的參與是必須的，但是與私部門、非營利機構之間的合作更是成功的關鍵。

由是可見，觀光規劃應該要考量到不同的層面，並且要瞭解各層面之間彼此相互為用，缺少任何一個環節都將可能功虧一簣。台灣目前發展國際觀光的努力，是否在某處有「失落的環節」，以致看來似乎事倍功半？

註：1.《商業周刊》，第911期，2005年5月。亦見唐佩君（2006）。〈中經院：不著重服務業台灣投資難有好成績〉。《大紀元》，2006/04/09。

2.就平衡區域發展而言，觀光可說是一把雙面刃，不但可能可以平衡發展，往往也導致發展失衡。Seckelmann（2002）對土耳其的研究發現，土耳其的觀光發展導致原先就已經較為發達的沿海地區更加繁榮。

第一節　國際行銷策略規劃與程序

一、策略規劃之定義

策略有廣義與狹義之分，廣義的策略包括目標及為達成目標所採行的手段；狹義的策略僅含為達成目標所採行的手段；策略規劃（strategic planning）

是為達成企業的目標的一套程序，使組織內、外部資源做最適當的配置。規劃可以用五個特點加以定義：(1)規劃是針對未來的思考；(2)規劃可控制未來；(3)規劃即決策；(4)規劃是整合決策的過程；(5)規劃是為達成目標所進行的正式化程序。

　　策略規劃是建構在「規劃」與「策略」兩者之上。所謂規劃乃是一種決策的過程，共分四個步驟：預期目標的設定（公司使命與目標）、內外部環境的評估、替代方案的研擬及最適方案的選擇。規劃的必要性可分為：建立協同一致的努力方向、可分清在環境改變下所做的反應對組織造成的後果、減少重複浪費、規劃有助於控制。

二、策略規劃層級

　　策略規劃分為三個層級：(1)總公司層次的策略規劃（企業策略規劃程序）；(2)事業層次的策略規劃（事業策略規劃程序）；(3)功能層次的策略規劃（執行事業策略規劃程序），以下分別說明如**表2-1**。

三、國際行銷規劃程序與內涵

　　國際行銷策略規劃程序大致可以分為：界定策略管理要素；診斷分析；評估選擇；組織、執行與控制等四個階段，各階段內容分述如下：

1. 界定策略管理要素階段。包括：(1)企業使命與目標；(2)事業使命與目標；(3)國際行銷使命與目標。
2. 診斷分析階段。包括：(1)外部行銷環境分析；(2)內部行銷環境分析。
3. 評估選擇階段。包括：(1)發展國際行銷目標；(2)選擇國際行銷目標市場（策略性國際行銷）；(3)擬定國際行銷策略（戰術性國際行銷）。
4. 組織、執行與控制階段。建立明確的工作職掌、司屬關係、整個部門配置才能達成組織目標。

以下詳細說明國際行銷規劃程序與內涵如下：

表2-1 策略規劃層級

策略規劃的層級	內容
一、總公司層次策略規劃	1.界定企業經營使命。 2.建立策略事業單位（Strategic Business Units, SBU）：可分成SBU策略事業單位與SBA策略事業領域兩種。一般常見的方式為奇異電器公司所提SBU，他們將公司區分為四十九個策略性事業單位（SBU）並舉出SBU具有三個特徵： (1)是一個單獨事業或相關事業的集合體，可與公司的其他單位分開而獨立規劃與作業。 (2)有自己的競爭者。 (3)專責的經理負責策略、規劃與利潤績效，且能控制影響利潤的絕大多數經營要素。 3.分派資源給事業單位：BCG矩陣將SBU劃分為四種事業單位（金牛、明星、問題、衰狗）。 4.規劃新的事業領域：密集式成長機會、整合式成長機會與多角化成長機會。
二、事業層次策略規劃	1.事業使命與目標。 2.外部環境分析（機會與威脅分析）。 3.內部環境分析（優點與弱點分析）。 4.目標之形成。 5.策略之形成：成本領導策略、差異化策略與集中策略。 6.行動計畫。 7.計畫之執行。 8.回饋與控制。
三、功能層次策略規劃	功能層次策略規劃需由行銷、生產、人事、財務等功能策略落實。 1.行銷：選定目標市場及確認產品定位，以利潤極大化為目標。 2.生產：須進行生產排程與存貨控管，以成本最小為其主要目標。 3.財務：以編列預算與平衡現金流量，以股東價值極大化為其主要目標。 4.人事：維持人力的質與量。

(一)界定策略管理要素階段

◆使命與目標

①使命

　　即解釋企業存在社會的理由，是由創始人或企業發展期間的主要策略制定者所提出，必須包含下列條件：企業競爭範疇（即競爭市場）、成長方向

（即未來產品市場與技術）、功能性領域的策略本質、事業本身的基本資產與技能。使命的功能如下：

1.指引企業未來追求的共同方向與價值，導引並聚集企業成員共同努力。

2.避免企業追求相互衝突的目標。

3.提供資源分配的準則。

4.提供工作上廣泛的指導原則。

5.可作爲發展企業後續目標的基礎。

6.建立組織氣候。

②目標

1.經濟性目標：包含企業成長目標、生存目標、企業營運獲利目標。

2.服務性目標：爲社會大衆謀福利，負起社會責任目標。

3.個人目標：企業內個別成員的個人目標。

Ansoff與Mcdonnell（1990）則將企業目標分成四種類型：

1.績效目標：由進行活動方式來追求成長性與利潤性目標。

2.風險目標：經由活動追求策略穩固性與策略機會性目標。

3.綜效目標：經由活動追求管理性、策略性與功能性的目標。

4.社會目標：以負起社會環保責任爲目標，以帶動員工福利滿足社會需求。

總而言之，良好目標必須具備四個特性，即：(1)書面的；(2)可量化的；(3)具時效性；(4)具挑戰性與可達成性。

③使命、目標、利害關係人與策略間關聯

企業經營階層的策略企圖會受股東、員工、其他內部關係人的影響，或受顧客、政府、當地民衆等外部利害人的壓力而有所調整，所以良好的陳述、溝通以及明確的使命、目標，可免除未來各個國家的策略事業單位，爲了資源分配及績效衡量引發爭議。

◆建立目標的目的

目標有四個目的：

1.定義企業所處的環境。

2.協調決策本身與決策制定者。

3.提供衡量組織績效的標準。

4.相較於使命更能明確地提供有形的目的。

◆良好的目標應具備的特性

良好的目標應具備的特性有四項：

1.必須是精確且可衡量的。

2.必須能顯示重要的議題。

3.必須具挑戰性但又可以達成。

4.能明確指出目標達成的時間。

◆成果領域

該領域的績效與成果，對企業的存亡興衰具有直接影響力，以下為八項關鍵成果領域（Drucker著，齊若蘭譯，2004）：

1.市場地位。

2.創新。

3.生產力。

4.資源水準。

5.獲利力。

6.管理者績效及發展。

7.員工績效與態度。

8.社會責任。

(二)診斷分析階段

包括外部行銷環境分析與內部行銷環境分析，通常以SWOT分析作為企業內外部環境分析，SWOT分析是指企業的優勢（strength）、劣勢（weakness）、機會（opportunity）和威脅（threat）的整體評估。

◆外部行銷環境分析

1. 經濟環境面：強調國際行銷與海外市場環境的關聯性，海外市場政府政策與貿易障礙區域經濟整合作分析。
2. 社會文化環境面：文化因素對國際行銷的影響與因應之道需從消費市場、工業市場進行探討。
3. 政治法律環境面：各國政治法律環境對國際行銷的影響及對戰爭、意識型態差異、政治利益衝突等政治風險評估與解決之道。

◆內部行銷環境分析

企業管理者檢測行銷、生產、研發、人事、財務等企業資源與能力來決定企業的優勢或劣勢並發展出公司獨特競爭優勢。內部行銷環境分析是指：(1) 獨特且具有高價值的資源；(2)潛能。

(三)評估選擇階段

包括發展國際行銷目標、選擇國際行銷目標市場（策略性國際行銷）、擬定國際行銷策略（戰術性國際行銷）。

◆發展國際行銷目標

①銷售額成長／規模成長：可從維持傳統的正常利益

1. SBA（一個或數個策略行銷計畫）的成長。
2. 改進傳統產品使其繼續成長。
3. 透過打進新SBA以增加銷售額與規模。

②獲利率的改進

1. 進入早期成長階段的SBA來增加長期利潤。
2. 進入當前有利潤的SBA來提升短期利潤。
3. 利用國外的SBA提升維持短期利潤。

③公司策略性投資組合的平衡

1. 確保公司未來不會因技術、經濟、社會政治的變化不定而易受到傷害。
2. 公司在長短期中利用填滿需求與技術生命週期組合中的缺口以確保公司

成長及有獲利率。

◆選擇國際行銷目標市場——策略性國際行銷（STP）

1.市場區隔化。

2.選擇目標市場。

3.市場定位：主要是按目標市場競爭情勢及未來機會及威脅發展出一套適性的行銷目標及行銷活動。

◆擬定國際行銷策略——戰術性國際行銷

運用內部非行銷的資源（如生產設施、研發技術、財務資源、人力資源、企業形象）及產品、通路、價格、推廣、公權力、民意等6P行銷組合，來考慮外在的變數及內在的行銷預算、行銷組合、行銷分配來達成目標。從事國際行銷者應該針對各個國家、地區的環境差異，擬定不同的行銷策略，以進行不同的行銷活動。

四、組織、執行與控制階段

◆國際行銷組織

1.產出導向：按組織的產出類別、銷售對象、銷售地為基準分為產品基礎、地區基礎、顧客基礎三種組織型態。

2.程序導向：以企業的轉換能力及轉換過程作為部門依據，可分為功能基礎與程序基礎兩種組織型態。

◆國際行銷執行

1.權力的分配。

2.溝通與協調。

3.國際行銷人才之培訓與激勵。

◆國際行銷控制

是在於衡量及改正下屬人員的行為績效以確保目標能達成。包括四個程序：

1.建立衡量績效標準。

2.衡量實質績效。

3.比較實際成效與預期標準之差異。比較實際績效與實質差異但需設置可接受的差異範圍。

4.評估差距結果並採取必要修正行動。如有重大差異需採取修正行動，若實際成效小於預期成效則修正目標；反之，實際成效大於預期成效則採取實際成效。

◆總公司對海外子公司有五種控制程度的策略

1.海外公司完全自主，總公司毫不過問。

2.總公司建立策略目標及長期規劃，由海外子公司依此擬定個別目標及計畫。

3.由總公司決定一般策略、政策，並過問海外子公司達成目標的功能規劃內容。

4.總公司除了決定一般政策外，尚統籌擬定有關管理人員的徵審、任用、具體計畫內容與實施程序。

5.總公司過問海外附屬事業單位具體的業務內容。

成功的國際行銷需要永續經營！成功的組織經營需要縝密的國際行銷策略規劃！

 ## 第二節　國際行銷策略之STP規劃

不論企業如何努力，它都不可能讓所有的消費者滿意，企業應能選擇它可有效爭取且具吸引力的部分市場為其行銷對象，此即所謂的目標行銷觀點，亦即國際企業經營國際市場所需之完善的行銷策略（marketing strategy）分析。Kotler與Armstrong（1994/1999）認為，目標行銷的三個步驟為：市場區隔（market segmentation）、目標市場選擇（market targeting）與市場定位（market positioning），就是所謂的STP行銷，亦即行銷學上常稱的STP規劃（STP Process）。組織可依此三大方針來制定策略，建構於市場上獲取策

略性成功的有利架構,之後才針對每一區隔發展產品與行銷組合。Kotler與Andreasen(1987/1991)認為,行銷者要找出目標市場必須採取一套程序來配合,此程序共分為兩階段:第一是概念化及研究階段,目的是在找出行銷者所希望的目標群眾,稱為市場區隔。市場區隔需要找出區隔所採用的基礎、剖析各區隔市場、發展出衡量區隔市場吸引力的辦法;第二階段是目標市場的建立,選擇一個或多個區隔市場以定位,擬定每一個市場之行銷組合策略,其步驟如圖2-1所示。

市場區隔,意指將市場分割成數個不同的購買群體,其各有不同的需要、特徵或行為,因此可能需要個別不同的產品與行銷組合。一旦確認出購買者群體後,接下來便需要選擇目標市場,以及評估每個市場區隔的吸引力,並建議一個或多個即將進入的區隔。市場定位則包括為產品設定競爭性的定位,並發展更詳細且具體的行銷計畫(Kotler & Armstrong, 1994/1999)。

有關市場區隔、目標市場選擇以及市場定位說明如下。

一、市場區隔

區隔(segmentation)概念首先由Wendell R. Smith於1956年提出,其認為區隔乃是建構在市場需求面之分析,展現對於消費者或使用者需求一個理性與更精確的產品或行銷調整(Smith, 1956)。Myers(1996)定義「市場區隔」係由一群對特定行銷組合有相似反應或是在其他方面對行銷規劃目

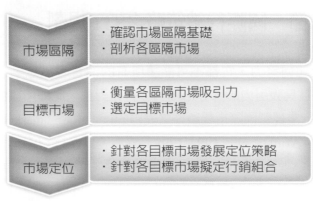

圖2-1　STP規劃

標有意義的群眾所組成的團體。陳思倫、劉錦桂（1992）更進一步提出，所謂「區隔」（segment）是指銷售者將銷售市場劃分成若干個不同的次級市場（submarket），而「市場區隔」（market segmentation）即是將一個異質性的市場依所選擇的區隔變項區隔為幾個比較同質的次級市場，使各次級市場具有比較單純的性質，以便選定一個或數個區隔市場作為對象，開發不同產品及行銷組合，以滿足各次級市場的不同需要，這種行銷方式亦稱為目標行銷（target marketing）。也因此選擇適當的區隔變數是十分重要的。Kotler（1997）將區隔變數分類為地理特性、人口統計特性、心理特性以及行為特性。

Peter與Donnelly（1991）、Myers（1996）、Dibb與Simkin（1996）以及Schnnars（1991）等學者亦提出類似的區隔變數分類。

(一)市場區隔的方法

確認區隔化變數、區隔市場並描述各市場區隔的輪廓，可分為下列三階段。郭振鶴（1996）將市場區隔化的程序描述如下：

◆調查階段

對消費者做訪問與深度訪談，以蒐集並挖掘消費者的有關動機、態度與行為。經由訪視後再整理出一份正式之問卷發給樣本消費者填答，以蒐集：產品之屬性及重要性評點、品牌知名度和品牌評點、產品使用型態、對產品類別的態度，以及受訪者之人口統計、心理統計及接觸媒體分析。

◆分析階段

將所蒐集的資料利用統計方法集群不同區隔之群體。區隔化之分群，可從第一階段所得之資料，應用因素分析等多變量統計方法來消除資料中彼此高度相關之變數，再利用集群分析來產生最大之區隔數目，使每一區隔中之觀察值之內部一致性高，且與其他集群間有差異存在。

◆描繪（剖化）階段

根據第二階段所區隔出之集群之特有態度、行為、人口統計變數、心理統計變數，以及消費習慣等，一一加以描述，並依各集群（區隔）主要顯著特徵

加以命名。例如，流行性消費群、中性消費群、保守消費群。

因此，市場區隔是市場規劃的必要工具之一，其方法即是將整體市場依據不同變數、標準，將市場作區隔劃分，目的在於找出目標市場，並針對目標市場擬定適當行銷組合。而學校也可利用市場區隔之方法，依據不同學生的偏好或需求做市場區隔，進而瞭解不同集群之學生之特性，並針對不同區隔市場設計合適之課程規劃和相關服務，以強化學校在招生市場的競爭力。

(二)市場區隔的標準

陳正男（1992）指出，區隔市場的方法不是唯一的，可採用不同的變數，用許多不同的方法同時來區隔市場，以真正瞭解市場的結構。一般而言，可分為個人有關的變數和情境有關的變數兩大類：

◆個人有關的變數

是指和消費者本身有關的一些變數，又包括人口統計變數、地理變數及心理性變數三類。例如：

1. 人口統計變數的區隔：年齡與家庭生命週期階段、性別、所得、教育、職業、宗教、種族、國籍等。
2. 地理變數的區隔：國家、省縣、城市或鄉鎮等。
3. 心理性變數的區隔：社會階層、生活型態、人格等。

◆情境有關的變數

是指和產品的購買及使用情境有關的變數，包括購買情境、產品使用情境、對行銷組合的反應三類。

1. 購買情境的區隔：購買時機、購買地點、決策時間長短、購買行為之階段等。
2. 產品使用情境的區隔：追求利益、使用時機、使用率等。
3. 對行銷組合的反應：對產品的態度、價格敏感度、對廣告的態度、忠誠度等。

(三)理想的市場區隔須具備之條件

余朝權（2001）表示，理想的市場區隔必須有下列條件的配合，才能發揮作用：

1. 可衡量性：從事市場區隔，必須有利於計量工具的應用，而對於區隔市場中的許多問題，能夠找出量的因素，如區隔市場內的顧客多寡、購買力高低等，此點稱為區隔的可衡量性（measurability）。
2. 可接近性：廠商所釐訂的行銷計畫，必須能更深入或接近市場，才能有效從事行銷工作，提高行銷工作的效率水準，此點稱為可接近性（accessibility）。
3. 具備持久性：市場區隔在性質上便於廠商鞏固其產品的市場地位，以及與市場的長期培養，使之更具有後延的效果，而將前期的行銷努力維持到最後，此點稱為區隔的持久性（sustainability）。
4. 可行動性：行銷人員即使已找出獨特的市場區隔，事前並未就此結束，最後的一項條件，乃是公司能夠為各個區隔制定有效的行銷方案。此點稱為可行動性（actionability）。

大致而言，可將區隔標準分為地理、人口統計、心理、行為等部分，學校進行招生市場區隔時，可依照學校所欲瞭解之市場特性做區隔劃分，然而所劃分出的區隔市場亦須符合上述四種特性，以利於之後的行銷策略規劃並發揮預期之功用。

二、目標市場選擇

(一)目標市場的定義

著名的市場行銷學者麥卡錫提出了應當把消費者看作一個特定的群體，稱為目標市場。透過市場細分，有利於明確目標市場，透過市場行銷策略的應用，有利於滿足目標市場的需要。即：目標市場就是透過市場細分後，企業準備以相應的產品和服務滿足其需要的一個或幾個子市場。例如，現階段城鄉居

民對照相機的需求，可分爲高價位、中價位和普通價位三種不同的消費者群。國內各照相機生產廠家，大都以中價位和普通價位相機爲生產行銷的目標，因而市場出現供過於求，而各大中型商場的高價位相機，多爲高級進口貨。

(二)目標市場的分析與選擇

◆企業選擇目標市場的原因

1.企業資源的有限性（限制條件）。
2.企業經營的擇優性（追求目標）。
3.市場需求的差異性（可行條件）。

◆候選目標市場的基本要求

1.差異性：顧客購買行爲、成本、資金需求等上有足夠的差異使差異化策略具有合理性。
2.可衡量性：市場規模、購買力等特徵可測量。
3.可達到性：透過相應行銷組合，產品能送抵。
4.實用性：規模足夠大，有較大的盈利潛力。
5.可行性：針對性的行銷努力能有效抵達特定群體，對行銷組合的反應基本一致。

◆選擇目標市場的標準

1.市場規模與增長率：量化市場。
2.市場競爭狀態與特性：尋找有利機會。
3.與企業目標和資源的相容性：把握自身優勢。

◆目標市場選擇策略

目標市場的選擇策略，即關於企業爲哪個或哪幾個細分市場服務的決定。通常有五種模式供參考：

1.市場集中化：企業選擇一個細分市場，集中力量爲之服務。較小的企業

一般這樣專門填補市場的某一部分。集中行銷使企業深刻瞭解該細分市場的需求特點，採用針對的產品、價格、通路和促銷策略，從而獲得強有力的市場地位和良好的聲譽，但同時隱含較大的經營風險。

2. 產品專門化：企業集中生產一種產品，並向所有顧客銷售這種產品。例如服裝廠商向青年、中年和老年消費者銷售高級服裝，企業為不同的顧客提供不同種類的高級服裝產品和服務，而不生產消費者需要的其他等級的服裝。這樣，企業在高級服裝產品方面樹立很高的聲譽，但一旦出現其他品牌的替代品或消費者流行的偏好轉移，企業將面臨巨大的威脅。

3. 市場專門化：企業專門服務於某一特定顧客群，盡力滿足他們的各種需求。例如，企業專門為老年消費者提供各種等級的服裝。企業專門為這個顧客群服務，能建立良好的聲譽。但一旦這個顧客群的需求潛量和特點發生突然變化，企業要承擔較大風險。

4. 有選擇的專門化：企業選擇幾個細分市場，每一個對企業的目標和資源利用都有一定的吸引力。但各細分市場彼此之間很少或根本沒有任何聯繫。這種策略能分散企業經營風險，即使其中某個細分市場失去了吸引力，企業還能在其他細分市場盈利。

5. 完全市場覆蓋：企業力圖用各種產品滿足各種顧客群體的需求，即以所有的細分市場作為目標市場，例如上例中的服裝廠商為不同年齡層次的顧客提供各種等級的服裝。一般只有實力強大的大企業才能採用這種策略。例如，IBM公司在電腦市場、可口可樂公司在飲料市場開發眾多的產品，滿足各種消費需求。

◆目標市場的行銷策略（覆蓋策略）

選擇目標市場行銷策略，明確企業應為哪一類用戶服務，滿足他們的哪一種需求，是企業在行銷活動中的一項重要策略。為什麼要選擇目標市場呢？因為不是所有的子市場對本企業都有吸引力，任何企業都沒有足夠的人力資源和資金滿足整個市場或追求過於大的目標，只有揚長避短，找到有利於發揮本企業現有的人、財、物優勢的目標市場，才不至於在龐大的市場上瞎撞亂碰。選擇目標市場一般運用下列三種策略：

①無差異性市場行銷策略（undifferentiated marketing）

就是企業把整個市場作為自己的目標市場，只考慮市場需求的共性，而不考慮其差異，運用一種產品、一種價格、一種推銷方法，吸引可能多的消費者。美國可口可樂公司從1886年問世以來，一直採用無差別市場策略，生產一種口味、一種配方、一種包裝的產品滿足世界156個國家和地區的需要，稱作「世界性的清涼飲料」，資產達74億美元。由於百事可樂等飲料的競爭，1985年4月，可口可樂公司宣布要改變配方的決定，不料在美國市場掀起軒然大波，許多電話打到公司，對公司改變可口可樂的配方表示不滿和反對，不得不繼續大批量生產傳統配方的可口可樂。可見，採用無差別市場策略，產品在內在質量和外在形體上必須有獨特風格，才能得到多數消費者的認可，從而保持相對的穩定性。

這種策略的優點是產品單一，容易保證質量，能大批量生產，降低生產和銷售成本。但如果同類企業也採用這種策略時，必然要形成激烈競爭。聞名世界的肯德基炸雞，在全世界有八百多個分公司，都是同樣的烹飪方法、同樣的製作程序、同樣的質量指標、同樣的服務水平，採取無差別策略，生意興隆。1992年，肯德基在上海開業不久，上海榮華雞快餐店開業，且把分店開到肯德基對面，形成「鬥雞」場面。因榮華雞快餐把原來洋人用麵包作主食改為蛋炒飯為主食，西式馬鈴薯沙拉改成酸辣菜、西葫蘆條，更取悅於中國消費者。所以，面對競爭強手時，無差別策略也有其局限性。

②差異性市場行銷策略（differentiated marketing）

就是把整個市場細分為若干子市場，針對不同的子市場，設計不同的產品，制定不同的行銷策略，滿足不同的消費需求。如美國有的服裝企業，按生活方式把婦女分成三種類型：時髦型、男子氣型、樸素型。時髦型婦女喜歡把自己打扮得華貴艷麗，引人注目；男子氣型婦女喜歡打扮的超凡脫俗，卓爾不群；樸素型婦女購買服裝講求經濟實惠，價格適中。公司根據不同類婦女的不同偏好，有針對性地設計出不同風格的服裝，使產品對各類消費者更具有吸引力。又如某自行車企業，根據地理位置、年齡、性別細分為幾個子市場：農村市場，因常運輸貨物，要求牢固耐用，載重量大；城市男青年，要求快速、樣式好；城市女青年，要求輕便、漂亮。針對每個子市場的特點，制定不同的市

場行銷組合策略。

這種策略的優點是能滿足不同消費者的不同要求，有利於擴大銷售、占領市場、提高企業聲譽。其缺點是由於產品差異化、促銷方式差異化，增加了管理難度，提高了生產和銷售費用。目前只有力量雄厚的大公司採用這種策略。如青島雙星集團公司，生產多品種、多款式、多型號的鞋，滿足國內外市場的多種需求。

③集中性市場行銷策略（concentrated marketing）

就是在細分後的市場上，選擇兩個或少數幾個細分市場作為目標市場，實行專業化生產和銷售。在個別少數市場上發揮優勢，提高市場占有率。採用這種策略的企業對目標市場有較深的瞭解，這是大部分中小型企業應當採用的策略。日本尼西奇起初是一個生產雨衣、尿布、游泳帽等多種橡膠製品的小廠，由於訂貨不足，面臨破產。總經理多川博在一個偶然的機會，從一份人口普查表中發現，日本每年約出生250萬名嬰兒，如果每個嬰兒用兩條尿布，一年需要500萬條。於是，他們決定放棄尿布以外的產品，實行尿布專業化生產。一炮打響後，又不斷地研製新材料、開發新品種，不僅壟斷了日本尿布市場，還遠銷世界七十多個國家和地區，成為聞名於世的「尿布大王」。採用集中性市場行銷策略，能集中優勢力量，有利於產品銷售，符合市場需求，降低成本，提高企業和產品的知名度。但有較大的經營風險，因為它的目標市場範圍小，品種單一。如果目標市場的消費者需求和愛好發生變化，企業就可能因應變不及時而陷入困境。同時，當強有力的競爭者打入目標市場時，企業就要受到嚴重影響。因此，許多中小企業為了分散風險，仍應選擇一定數量的細分市場為自己的目標市場。

前述三種目標市場行銷策略各有利弊，選擇目標市場進行行銷時，必須考慮企業面臨的各種因素和條件，如企業規模和原料的供應、產品類似性、市場類似性、產品壽命週期、競爭的目標市場等。

選擇適合本企業的目標市場行銷策略是一個複雜多變的工作。企業內部條件和外部環境不斷地發展變化，經營者要不斷地透過市場調查和預測，掌握和分析市場變化趨勢與競爭對手的條件，揚長避短，發揮優勢，把握時機，採取靈活的適應市場態勢的策略，去爭取較大的利益。

◆影響目標市場策略選擇的因素

上述三種策略各有利弊，企業在進行決策時要具體分析產品和市場狀況與企業本身的特點。影響企業目標市場策略的因素主要有企業資源特點、產品特點、市場特點和競爭者的策略四類。

①企業資源特點

資源雄厚的企業，如擁有大規模的生產能力、廣泛的分銷通路、高程度的產品標準化、好的內在質量和品牌信譽等，可以考慮實行無差異性市場行銷策略；如果企業擁有雄厚的設計能力和優秀的管理素質，則可以考慮施行差異性市場行銷策略；而對實力較弱的中小企業來說，適於集中力量進行集中性市場行銷策略。企業初次進入市場時，往往採用集中性市場行銷策略，在累積了一定的成功經驗後，再採用差異性市場行銷策略或無差異性市場行銷策略，擴大市場份額。

②產品特點

產品的同質性表明了產品在性能、特點等方面的差異性的大小，是企業選擇目標市場時不可不考慮的因素之一。一般對於同質性高的產品如食鹽等，宜施行無差異性市場行銷；對於同質性低或異質性產品，差異性市場行銷或集中性市場行銷是恰當選擇。

此外，產品因所處的生命週期的階段不同，而表現出的不同特點亦不容忽視。產品處於導入期和成長初期，消費者剛剛接觸新產品，對它的瞭解還停留在較初淺的層次，競爭尚不激烈，企業這時的行銷重點是挖掘市場對產品的基本需求，往往採用無差異性市場行銷策略。等產品進入成長後期和成熟期時，消費者已經熟悉產品的特性，需求向深層次發展，表現出多樣性和不同的個性來，競爭空前的激烈，企業應適時地轉變策略為差異性市場行銷或集中性市場行銷。

③市場特點

供與求是市場中兩大基本力量，它們的變化趨勢往往是決定市場發展方向的根本原因。供不應求時，企業重在擴大供給，無暇考慮需求差異，所以採用無差異性市場行銷策略；供過於求時，企業為刺激需求、擴大市場份額殫精竭慮，多採用差異性市場行銷或集中性市場行銷策略。從市場需求的角度來

看，如果消費者對某產品的需求偏好、購買行為相似，則稱之為同質市場，可採用無差異性市場行銷策略；反之，為異質市場，差異性市場行銷和集中性市場行銷策略更合適。

④競爭者的策略

企業可與競爭對手選擇不同的目標市場覆蓋策略。例如，競爭者採用無差異性市場行銷策略時，你選用差異性市場行銷策略或集中性市場行銷策略更容易發揮優勢。企業的目標市場策略應慎重選擇，一旦確定，應該有相對的穩定，不能朝令夕改。但靈活性也不容忽視，沒有永恆正確的策略，一定要密切注意市場需求的變化和競爭動態。

◆目標市場的評估與選擇

面對21世紀變化萬千的市場，如何找到正確的目標市場並推出適合的行銷策略，創造出獲利，都是企業著重的關鍵。評估每一區隔的吸引力並選擇目標市場（**圖2-2**）。誰是企業的目標客群或服務對象？他們需要什麼？首先，行銷者必須對這些區隔，就其規模大小、成長、獲利、未來發展性等構面加以評估。其次，考量公司本身的資源條件與既定目標，從中選擇適切的區隔作為目標市場。

市場定位即為每一目標區隔發展定位觀念。企業是否滿足了目標客群？是否充分達到了設定的目標？應如何改善？（**圖2-2**）其方法為：(1)找出可能的潛在競爭優勢來源；(2)選擇競爭優勢；(3)發出競爭優勢的訊息。

		市場吸引力			
		高	中	低	風險
競爭優勢	高				低
	中				
	低				
	高				高
	中				
	低				

圖2-2　目標市場的評估與選擇

三、市場定位

(一)市場定位的意義

　　STP流程的完成是指有沒有找到企業本身的產品與服務定位而言,因此最終市場定位的釐清與擬定爲本階段重要查核工作。市場定位是行銷策略的核心,在目標市場中,顧客對產品或是服務的看法、認知,自然有所不同。而這些不同的看法、認知便是所謂的市場定位。因此,行銷人員若想要業績大增,便必須盡一切努力,爲自己公司的產品或是服務建立起特定需求的市場定位。如此,才能夠替公司提高銷售業績。一旦公司選定區隔市場,接著就必須決定在這些市場內所要占有的「定位」。

　　市場定位(market positioning)意指建立產品在市場上重要且獨特的利益地位,以利與目標顧客溝通,提升競爭優勢。易言之,定位是一種產品或服務在消費者心中的地位或形象,定位的對象可以是一件商品、一種服務、一家公司,甚至是一個政府機構。透過定位技巧,使其在特定對象心目中,建立起深刻且有意義的印象(Al Ries & Jack Trout著,張佩傑譯,1992)。定位策略的目的在於突顯與建立有利市場競爭的差異化(Kotler, Bowen & Makens, 1996)。

　　Kotler和Armstrong(1994/1999)認爲,產品定位是消費者對於某產品與競爭產品相較的一種知覺、印象和感受的複雜組合。定位意味將品牌獨特的利益與差異化,深植入消費者的心中,而消費者對於產品的定位可能受到或未受到行銷者的協助。郭振鶴(1996)認爲市場定位的意義是一種知覺與偏好的方法,在顧客心目中具有獨特且價值感的地位。定位眞正的意義是去瞭解本企業或品牌在消費者心目中的知覺與偏好。郭振鶴(1999)進一步提出,「定位」這個名詞是由Ries和Trout所提出,他們將定位視爲現有產品的一種創造性活動,對定位的定義如下:「定位始於產品,一件商品、一項服務、一家公司、一家機構、甚至於個人⋯⋯,皆可加以定位,但是定位並非是你在產品方面的作爲,而是對潛在顧客的心理作用,即將產品定位在顧客的心目中」。定位最重要的前提:差異化(differentiation),定位的結果是以消費者

的主觀認知來判斷，定位並非一成不變。當環境改變，品牌可能需要重定位
（repositioning）。

(二)市場定位的重要性

定位的重要性包含占據目標顧客的腦海版圖、協助口碑流傳，擴大市場
基礎（例如半夜肚子餓，會想到7-11，因為他們是「您方便的好鄰居」）、作
為行銷策略規劃的基礎、產品的包裝、廣告設計、價位或銷售管道等行銷組合
決策，都必須配合定位才能有效的突出產品的整體形象。

(三)市場定位的功能

定位不但會影響產品差異化的一種既定程序，它還具有以下的功能：

1. 訂出公司目前所處的地位，以及瞭解本公司和其他競爭者間的競爭態
   勢。
2. 訂出公司潛在消費者心日中的地位，瞭解公司目前在消費者心目中的地
   位，以及希望本公司在消費者心目中建立何種地位。
3. 訂出行銷計畫，以及根據1、2項配合公司目標，決定重新定位或加強定
   位，並研擬行銷策略。

(四)市場定位的基礎

定位的基礎分為下列七種：

1. 屬性（attributes）：屬性有的較為具體，例如材料、體積、顏色、價
   格；有的較為無形，例如美感、保證、服務速度。
2. 功能（functions）：功能常和屬性結合用來定位品牌，例如聯強國際強
   調「兩年保固、30分鐘完修」的服務。
3. 利益（benefits）：利益與用途是傳達產品可以解決什麼問題，或帶來什
   麼功用。
4. 品牌（brand）：適合較昂貴、涉入程度較高或可以用來彰顯個人品味或
   地位的產品。
5. 個性（personalities）：和品牌個性定位幾乎同步，品牌個性的定位幾乎

在暗示「想表現某某個性的人,最適合用這個品牌」,例如玫瑰卡最適合認真生活與工作的女性。

6.使用者(user):強調哪一類型的人最適合或最應該使用某個品牌。

7.競爭者(competitor):以與競爭者針鋒相對作為定位的方式,常以暗示性質或指名道姓的比較性廣告為手段。

(五)市場定位的策略

◆定位策略之方式

Ries與Trout(引自郭振鶴,1999)指出,市場上的產品或品牌在消費者的心中已經擁有其已存在的定位,而且競爭者很難取代消費者心中的地位。此時,可採用的定位策略方式主要有三種:

1.劣勢策略:強化與強調在消費者心目中的地位。例如:「我們雖然屈居第二,但我們會加倍努力,迎頭趕上」。

2.滲透策略:亦即發覺市場為重疊的新區隔,找尋市場空隙並發現另一個擁有足夠消費者的市場層面,據此可與市場領導者的品牌區分清楚,不做正面競爭。

3.舉出對手的弱點:扭轉重新定位競爭者在消費者心目中既有的形象。

◆定位策略之步驟

Kotler與Armstrong(1994/1999)認為定位策略可分成三個步驟:

1.找出一組競爭優勢以形成定位。

2.選出正確的競爭優勢。

3.在此區隔市場有效地溝通以傳達選定的定位等三步驟。

(六)知覺圖

歐聖榮、張集毓(1995)亦認為當我們對一個行銷市場做好了市場區隔,便需進行產品定位的策略;定位的主要功能即針對產品給予一種知覺印象,其呈現出來的差異認知是產品本身特質形塑出的產品競爭立基,消費者心理知覺圖即是用來呈現自家產品與競爭者的相對印象(地位)。而在市場定位

的實證研究方面，最常被運用的方法是知覺定位圖（Myers, 1996）。知覺定位圖（perceptual mapping）主要是依據消費者對於產品（或品牌、公司）的特質評估，在一空間向量關係裡，標示本身以及競爭者的相對表現。Urban與Star（1991）提出運用知覺定位圖進行市場定位分析應包括：(1)消費者評估市場競爭的構面；(2)評估構面的組成與重要性；(3)自家產品與競爭者在評估構面上的相對表現；(4)產品定位的選擇與分析。在決定公司的市場定位或產品定位時，首先要分析競爭者在目標市場中的定位，瞭解各競爭者在知覺圖中的位置，然後再來決定本身的定位（黃俊英，2002）。

Kotler與Fox（1995）表示，在定位競爭中，關鍵在於先去找出和定義目標市場使用者評估和選擇時所考量的重要屬性。想要規劃市場定位，或是重新定位市場時，知覺圖（圖2-3）可以幫助企業做出最好的規劃。知覺圖便是把不同的市場定位及重新定位的結果繪成圖表，在交叉相比對的結果之下，可以讓企業更簡單的知道該如何做自己的市場定位。並且對於市場定位的目的一目了然，有助於行銷人員的工作。因為同樣的商品並非在每個年代都會受到歡迎，也並非在每個年齡層都會接受，所以要針對主要的顧客群做出行銷方案，針對其需求做出能夠吸引他們的行銷手段，如此才能夠有效的提升公司的業績，並且提升公司的名聲。

新的市場定位除了改變廣告內容外，對於產品的包裝、銷售通路等，都要重新加以考量之後做出新的行銷方案。嚴格來說，市場定位改變了行銷的組合，重新定出了目標市場，但此種全新的市場定位卻可以讓銷售量有大幅的成長，是行銷流程中很重要的一環。所以，當目標市場改變了以後，品牌也要重新定位，行銷組合當然也要重新調整。其中最主要的目標，都是為了影響顧客心目中對公司產品或是服務的定位認知，因此公司的所有人都必須為了行銷盡一份心力。

會影響市場定位的除了行銷組合之外，目標市場的選定也會影響市場的定位。行銷組合所包括產品或服務本身、促銷方式、運送方式和產品銷售等，都會影響顧客心目中對產品或服務的定位認知。而顧客群的不同，也就必須擬定不同的市場定位。所以唯有對市場狀況、市場需求、市場區隔及選定的目標市場有深入的瞭解之後，才能夠做出有效的市場定位。發展定位策略不僅需要界定顧客所重視的屬性，也需要決定企業所欲提供的服務水準，這與消費者是

由左圖可看出，價格與服務屬性之間有清楚的關聯。提供較高服務水準的旅館，相對較昂貴。

Belleville主要商務旅館定位圖——服務水準vs.價格水準

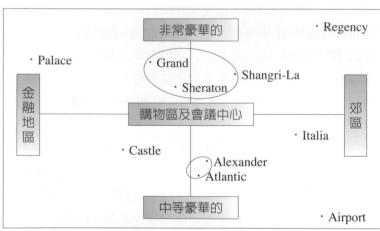

地點與豪華程度這兩個變數並不相關，但Palace在定位圖上的位置是一個相對空曠的區域（金融地區唯一的旅館）。

Belleville主要商務旅館定位圖——位置vs.實體豪華程度

圖2-3　知覺圖

否爲價格敏感者息息相關，例如，飯店業會分爲一至五星級。

　　選擇定位時，最重要的工作是分析競爭者在目標市場中的定位，瞭解競爭品牌在消費者的產品知覺圖（product perceptual mapping）中所占據的位置。分析主要競爭者在知覺圖中的位置，再決定本身的定位，縱軸和橫軸各決定相對屬性，前提是屬性的決定要適切，例如，車子市場的知覺圖，此市場有可切

入的點（外型與經濟），但若要切入此市場，本身是否具備此技術生產？生產出來是否符合成本？此而市場的需求是否有利可圖？如能克服許多的條件後，即可依照此定位研訂周詳的行銷組合決策。

產品知覺圖的限制：忽略消費者或其他廠商未曾注意但卻重要的定位基礎。誰成功改變市場遊戲規則？例如：麥斯威爾咖啡成功將友情與分享的觀念帶入咖啡的定位；誠泰銀行Hello Kitty信用卡，首開業界以卡通玩偶的可愛氣質為定位。

(七)定位圖

策略視覺化即視覺覺醒（visual awakening），利用圖像表現企業的策略輪廓與產品定位，以視覺化的呈現，強調出顧客和管理者看待企業時的差距。定位圖是一個展示蒐集得來的資料的方法，它幫助有效地把資料歸類，使人更易從資料作出決定。定位圖（positioning mapping）又稱為知覺地圖（perceptual mapping），描述消費者對各種商品選擇的圖解方法，當屬性超過兩個以上時，可以利用電腦模型來分析所有相關屬性。使用定位圖以旅館業為例（圖2-3），分析Palace目前的市場定位與可能面臨的威脅，其研究的變數如下：

1. 房間價格：根據舊有的商務旅館，銷售人員會瞭解價格策略及折扣，而新成立的商務旅館價格是與每間房間的平均建造成本有關。
2. 實體設備豪華水準：主觀的，經由管理團隊成員評鑑，得到一致性看法。
3. 人員服務水準：每位員工服務的房間數，作為服務水準的尺度基準。低比率代表高服務水準。
4. 地點：金融地區的股票交易大樓為參考指標。

使用定位圖以咖啡業為例，如圖2-4描繪目前的咖啡市場定位。

◆步驟

1. 根據重點研究目標在白紙上畫出XY軸線，每軸的兩端為相反意義的字詞（留意兩軸上所用的字詞需為相反及中性，否則意義不大。例如，軸

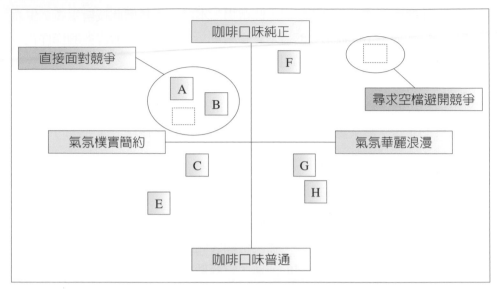

圖2-4　咖啡市場定位圖

上的兩端為美／醜,貴／平,又貴又醜的一端必定出現空間。因消費者一定不會買又貴又醜的產品,所以這空間不是設計師所找尋的機會窗口)。

2.把從市場中蒐集到的現有產品,根據其定位放置於軸線上,這樣市場定位圖便完成。

3.在已完成的市場定位圖中圈出有較大空間的位置,這便是機會窗口,即有市場潛力的產品位置。

◆缺點

定位圖只是一個把資料歸類和幫助作出決定的過程,它對思考和創作並無幫助。

◆例子

市場定位圖的軸心、從市場定位圖找出機會窗口。

有效的定位策略,可藉由市場分析、公司內部分析以及競爭分析,找出一家公司所面對的機會與威脅,**圖2-5**提供了研究與分析的步驟,以及相關研究

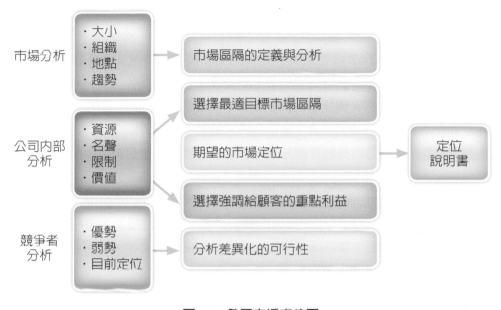

市場分析 · 大小 · 組織 · 地點 · 趨勢 → 市場區隔的定義與分析

選擇最適目標市場區隔

公司內部分析 · 資源 · 名聲 · 限制 · 價值 → 期望的市場定位 → 定位說明書

選擇強調給顧客的重點利益

競爭者分析 · 優勢 · 弱勢 · 目前定位 → 分析差異化的可行性

圖2-5　發展市場定位圖

變數，主要由下列四個構面組成：

1.市場分析：確定整體的市場需求與趨勢。

2.公司內部分析：確認公司本身所擁有的資源、限制、價值與管理目標。

3.競爭者分析：瞭解競爭者的優劣勢資訊，以提供公司差異化的機會。

4.定位說明書：整合上述三項分析結果，可得到定位說明書，告訴公司在市場中適當的定位。

　　針對定位說明書所提供的市場定位，執行相關的計畫與行動之前，管理者也需要考慮到是否有競爭者也即將採取相同的市場定位，或者是否有其他競爭者藉由重新定位而對新策略產生威脅。所以要瞭解現有與潛在競爭對手，對競爭者作內部的整體分析，並從對方的管理層面來加以考量，進一步對競爭者可能採取的行動有所瞭解。

　　定位的演進是非靜態的一個過程，隨著時間發展，企業會藉由增加或刪減服務、區隔市場重新定位，使自己的服務範圍更集中、增加銷售或是吸引更多的新顧客。

(八)重定位

「重定位」為修改原先企業所提供的服務屬性、特色，重新定義目標市場。可以透過廣告來改變消費者知覺，期望改善負面的品牌知覺，亦可從既有定位找到創新的面向。傳統看法將焦點放在差異點（point of difference），這些差異化讓顧客記得某個品牌，並因此與其他競爭者區隔開來。但若企業只專注在差異點，容易忽略其他重要課題，所以管理者應注意到競爭性定位的另外兩個層面：(1)品牌建立在什麼參考座標系（frame of reference）下運作；(2)展現出與競爭品牌所共同具備的產品特色，即等同點（points of parity）。例如：SUBWAY原先專注在和其他速食店的關鍵差異——「健康」，忽略身為速食業，參考座標系的必要條件（同等點）——「口味」。

針對重定位，品牌定位有三問：

1. 品牌第一問：是否建議了參考架構？參考座標系由同等點與差異點的不同組合構成，其在於和顧客溝通「用了某牌子就可以達到所期待的目標」。
2. 品牌第二問：是否已經善用同等點？依產品所處生命週期階段，思考用哪種方法是符合參與競爭遊戲的最低需求。
3. 品牌第三問：差異點夠吸引人嗎？成功的品牌定位，最基本的是要有強大、有力且獨特的聯結（association）。以下我們將運用三個面向來看差異化的觀點，這些聯結是以品牌固有屬性為基礎，思考「此產品真能做到所說的那樣嗎？」

(九)品牌定位的陷阱

1. 在品牌定位尚未建立好之下，急於建立品牌意識。
2. 促銷某些消費者並不在乎的品牌特質。
3. 大力投資在易被模仿的差異點。
4. 刻意回應競爭，與所建立的定位漸行漸遠。
5. 輕忽品牌重定位的難度。

(十)維持品牌定位的方式（周逸衡，2007）

　　品牌成熟面臨的挑戰爲確保能跟得上時代，且隨顧客需求變化而轉移，以下提供兩種維持品牌定位的方式：

◆步步逼近（laddering up）

　　消費者先獲得實質特性，再被激勵到更上一層抽象的推論結果。例如某家手機廣告攻勢如下：

第一波：手機服務爲可靠的獨特產品功能。
第二波：驗證可靠服務所代表的意義——消費者不用爲了等電話被綁在辦公室。
第三波：更普遍的意義——行動上更大的自由。

◆大構想（big idea）

　　由李奧貝納廣告公司（Leo Burnett）提出，此方法說明需長時間呈現、暗示一個對消費者很重要的差異化利益點，且其脈絡要保持連貫，方便消費者容易將廣告與品牌名稱聯想在一起。例如：綠巨人（Green Giant）廣告中，人們一看到山谷就知道綠巨人要出來了，此脈絡確實被運用，且在各廣告中利用推陳出新的特性（眞空包裝、新鮮冷藏、浸在奶油醬），暗示始終是「絕佳品質」的品牌利益點。

(十一)定位選擇的判斷標準

1. 競爭差異性：差異性越大，越能吸引目標市場的注意。銀行以「良好的服務態度」爲定位。
2. 市場接受度：是否被目標市場認可，或認爲有必要或重要的。標榜「世界最小的冰淇淋」。這是一種名叫MINI MELTS的冰淇淋，是全世界最小的冰淇淋！一顆直徑約0.7公分大小的小冰球，體積比一元硬幣還要小，是英國最HITO的冰品。它是利用新鮮水果製成的冰淇淋，透過-187度急凍，經儀器壓力噴射出一顆顆小冰淇淋球，酷似BB彈糖果般大小的七彩造型，強烈的視覺震撼下，彷彿五顏六色、跳躍不停的彩石，和

現在市面上所販售的冰淇淋有很大的不同。

3.本身條件的配合。

行銷透視

體驗經濟

　　顧客體驗的來源包括「周遭的硬體」、「服務的組織」、「服務的人員」、「服務的內容」，乃至「其他顧客給人的感受」等（**圖2-6**）。Pine II與Gilmore（2003）認為，「體驗經濟」的時代已經來到，就像佳麗寶說：「We don't sell cosmetics, we sell beauty.」，能夠提供給顧客一個良好的體驗與感受，比有形的物質本身更重要。台灣讓人或希望讓人體驗到什麼呢？就娛樂、教育、審美與逃避現實等四項，台灣有什麼可以提供作國際行銷的呢？文化觀光是近來在觀光學界受到最多討論的項目。文化就是生活全面的體現，它是最吸引外來者的東西，因為它在於最深層、最基本的地方。整體而言，台灣服務業也亟待提升；服務業是個舞台，就像Walt Disney的宗旨，行銷國家或是城市，就是要服務外來的旅客。國家、城市與公民皆應展現服務業的款待精神（hospitality & courtesy），讓人有賓至如歸的感受，才能夠吸引外來旅客。國際化首重於語文、文化、經濟條件。

　　《中國時報》（2005/2/19）曾經專題製作有關台灣各種粗製濫造的節慶活動的現況，顯示這些活動缺乏文化根源，無法持久並轉化為文化創意產業。洪萬隆也曾說這些活動，「……大多是各地政府官員爭奇鬥豔的結果，或者為了輸人不輸陣的面子問題，每每挖空心思，只希望能夠出奇制勝，譁眾取寵……『節慶產業』不管是目的性消費商品或是擴大消費板塊的產業結合，都要經過嚴謹的產品設計與產值推估，講究文化深度與生活美感強度」。因此，重點在於我們的文化根源究竟何在，台灣所擁有能夠吸引並且行銷國際的東西為何？這也帶到文化認同與定位的問題：城市或國家行銷，是文化認同與定位的問題，在定位與品牌上，若是無法確認自己為何，如何讓人知道自己為何？發展觀光與國家的國際行銷，根本上來說，是在發展一種住民的生活方式，不僅只是一種賺錢的方法。任何最能感動遊客的事物，絕非膚

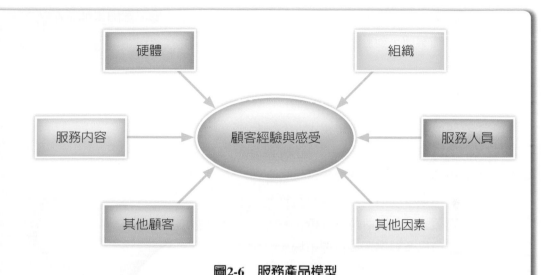

圖2-6　服務產品模型

淺誇張的鋪排，而是細緻的文化、瞬息的呼吸、流汗、生活的根本。可能最感動人的並非一個地標，而是一個小小的社區公園，因為那樣的社區公園並非為了走馬看花的膚淺觀光客（Boorstein, 1992）而設；相反地，它可能反映出本地文化當中對人的尊重、對空間規劃的重視、對大自然與人文社會和諧的需求。也因此，觀光與行銷的問題，是整個國家發展與提升的問題，絕非僅是用來拚經濟的問題。將國家社會帶往正確的方向，就是行銷與發展觀光最好的方式。這需要良好的領導（leadership），領導與全民共同形塑願景（vision），並且找到正確的人以及由全民共同來執行維護（execution）。

第三節　國際行銷策略的設計

國際行銷策略的設計需根據目標市場特性，考慮不同目標國家市場的差異性，調整行銷組合，設計出符合個別市場需求的行銷活動方案。國際行銷策略執行者在規劃國際行銷策略時，除了考量「國際行銷環境」、「海外發

展」、「進入市場方式」、「行銷管理方案」、「行銷組織」等因素外，在制訂行銷組合方案前，對於下列事項須整體考量。

一、事前準備

1.資訊的蒐集與衡量市場需求。
2.掃描行銷環境。
3.分析消費市場與購買者行為。
4.分析企業市場與企業的購買行為。
5.面對競爭（產業與競爭分析）。
6.確認市場區隔與選擇目標市場。

二、國際行銷策略規劃應考量之因素

1.評估國際行銷環境。
2.決定是否向海外發展。
3.決定加入哪個市場。
4.決定如何進入市場。
5.決定行銷管理方案。
6.決定行銷組織。

三、定位策略的差別化選擇

　　許多行銷人員主張只推廣一項產品利益，藉以為其所要定位的產品創造一個獨特的銷售命題。人們傾向只記得「第一位」。採用雙重利益定位與三重利益定位亦有成功的案例，但是行銷人員必須謹慎地運用。在一個競爭的產業，取得競爭優勢的關鍵在「產品差異化」。以下說明三種定位策略的差別化選擇：

(一)單一性定位

　　廣告製作人羅澤・里福斯說，企業應為每一種品牌建立唯一的銷售主張，並堅持這一主張。企業應給每一個品牌分派一個特點，並使它成為這一特點中的「第一名」。購買者趨向於熟記「第一名」，特別是在一個訊息泛濫的社會中。因此，黑人牙膏始終宣傳它能讓牙齒潔白的功能。有吸引力的「第一名」品牌有什麼特徵呢？最主要的是「最好的質量」、「最優的服務」、「最低的價格」、「最佳的價值」以及「最先進的技術」等。企業若著重圍繞這其中的一個特點進行宣傳，並且堅持不懈，就很有可能因此而聞名。

黑人牙膏美白系列推出全亮白牙膏——晶亮修護，成為消費者追求美白牙齒的首選

(二)雙重定位

　　如果有兩家或更多的公司在同樣的屬性上都聲稱是最好的，這樣做就很有必要了。這樣做的動機是在目標細分市場內找到一個特定的空缺。比如將其汽車定位為「最安全」和「最耐用」。這兩項利益是可以兼容的。通常認為，一輛很安全的汽車也將是非常耐用的。

家護三效牙膏，著重於預防蛀牙、去除牙菌斑及口氣清新

(三)三重利益定位

　　例如，牙膏提供三種利益：「防蛀」、「爽口」和「增白」。顯然，許多人覺得這三種利益都很重要，問題是要使他們相信這一品牌確實具有這三種利益。透過同時擠出三種顏色的牙膏，使顧客藉由視覺相信該牙膏確實具有三種利益，從而解決了這個問題。

根據上述三種定位策略定位企業之產品、服務、人員、通路與形象，說明如下：

1. 產品：以形式、功能、一致性、耐用性等方面建立定位，例如，強調去屑功能的洗髮精。
2. 服務：以容易訂購、交貨、安裝、顧客諮詢、維護與修理等方面建立定位，例如，小家電終身免費維修服務。
3. 人員：以卓越服務的員工等方面建立定位，例如，強調親切、即時服務。
4. 通路：以快速二十四小時服務的通路等方面建立定位，例如，強調三十分鐘完修的快速手機維修通路據點。
5. 形象：以符號、媒體、氣氛及事件等方面建立定位，例如，CIS企業識別、媒體報導企業投入公益等事件。

四、產品策略

產品是行銷組合中最重要的要素。產品策略需協調有關產品組合、產品線、品牌及包裝與標籤等決策的制定。產品可包括：實體產品（physical goods）、服務（services）、經驗（experiences）、事件（events）、人物（persons）、地點（places）、所有物（properties）、組織（organizations）、資訊（information）與理念（ideas）等。

(一)新產品上市前的規劃與準備

依據美國產品發展管理協會（PDMA）調查顯示，新產品的平均失敗率為41%，同時也發現，排名前20%的頂尖企業，其營收有38%，利潤有42.4%，來自新產品的銷售。這代表新產品的企劃開發和新產品上市行銷的重要性，是絕對不容忽視的。以下乃新產品上市前的規劃與準備：

1. 選對池塘釣大魚：如何找對目標市場和正確的目標顧客。
2. 如何創造新產品的獨特銷售賣點（USP）：新產品動態定位技巧與USP設計。

3.新產品上市行銷的策略規劃。

4.新產品的定價策略、技巧與利潤管理。

5.新產品通路策略與「走廊效應」。

6.新產品上市前之溝通與銷售支援要點。

(二)規劃市場產品時須考慮的五個層次

在規劃市場提供物或產品時，行銷人員須考慮五個層次：

1.最基本的層次：是核心利益，它是顧客真正要購買的產品或服務的基本利益。

2.第二個層次：行銷人員必須將核心利益轉化為基本的產品。

3.第三個層次：行銷人員預備一個期望產品，這是購買者通常會在其所購買的產品上所期望與同意應該具有的　組屬性。

4.第四個層次：行銷人員預備一個延伸產品，這是銷售者所附加的額外服務與利益，以與競爭者所提供的商品有所區別。

5.最後一個層次：行銷人員預備一個潛在產品，這是最後可能會附加上去的所有延伸與轉換的產品形式。

大多數公司所銷售的產品不只一種，其產品組合可依產品的寬度、長度、深度與一致性來分類與描述。這四個產品組合的構面是發展公司行銷策略的重要工具，並可用來決定培植、維持、收割或撤資產品線的決策。為分析產品線與決定多少資源投資於該產品線，產品線經理必須審視產品線銷售額、獲利力及市場概況。公司可透過產品線延伸（向下、向上或雙向延伸）或產品線填補、產品線現代化、產品線特色化、削減產品線中最無獲利產品的各種方式修改行銷組合中產品的組成部分。

品牌建立是產品策略中一項重要的議題。品牌是一複雜的符號，傳達多種層次的意涵，創建品牌不僅昂貴、耗時，還攸關是否能成功塑造一項產品，還是摧毀該產品。最有價值的品牌不僅是公司重要資產，且皆有其品牌權益。公司考慮品牌建立策略時，必須決定是否要在商品上掛上品牌（包括是否掛上製造商品牌、配銷商品牌、私有品牌），要使用哪一個品牌名稱，以及是否使用產品線延伸、品牌延伸、多品牌、新品牌或共品牌策略。最佳的品牌名稱

帶給產品較佳的產品品質，易發音、認識及記憶，獨特的、不會帶來負面的意義，或在其他國家語言中不會造成不好的涵義等。

　　許多實體產品在進入市場前皆需要包裝與加標籤。設計優良的包裝可創造顧客便利的價值與產品促銷的價值。事實上，包裝扮演「五秒鐘商品廣告」的角色。行銷人員必須發展包裝觀念，並從功能上與心理層面來測試，以確保它能達成所要的目標並與公共政策和環境影響相一致。實體產品亦需要標籤以資辨識、分級、描述及促銷。銷售者必須遵照法令的規定在標籤上註明一些必要的資訊，以告知與保護消費者。

五、產品生命週期策略

　　產品生命週期理論是美國哈佛大學教授雷蒙德・弗農（Raymond Vernon）1966年在其〈產品週期中的國際投資與國際貿易〉一文中首次提出的。

　　產品生命週期（Product Life Cycle, PLC），是產品的市場壽命，即一種新產品從開始進入市場到被市場淘汰的整個過程。弗農認為，產品生命是指市場上的行銷生命，產品和人的生命一樣，要經歷形成、成長、成熟、衰退這樣的週期。而這個週期在不同的技術水平的國家裡，發生的時間和過程是不一樣的，期間存在一個較大的差距和時差，正是這一時差，表現為不同國家在技術上的差距，它反映了同一產品在不同國家市場上的競爭地位的差異，從而決定了國際貿易和國際投資的變化。為了便於區分，弗農把這些國家依次分成創新國（一般為最發達國家）、一般發達國家、發展中國家。

(一)產品生命週期四階段

　　由於經濟環境的變動及競爭活動的千變萬化，公司通常都會發現必須隨產品生命週期進入不同階段而重新擬訂其行銷策略。科技、產品形式及品牌亦有其生命週期，且各階段有其不同。產品生命週期各階段的一般順序分別是導入期、成長期、成熟期及衰退期（**圖2-7**），而今日大多數的產品皆處在成熟階段。

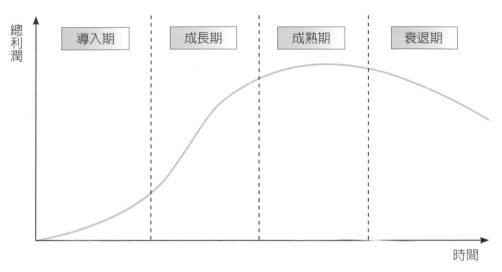

圖2-7　產品生命週期

◆導入期

　　指產品從設計投產直到投入市場進入測試階段。新產品投入市場，便進入了導入期。此時產品品種少，顧客對產品還不瞭解，除了少數追求新奇的顧客外，幾乎無人實際購買該產品。生產者為了擴大銷路，不得不投入大量的促銷費用，對產品進行宣傳推廣。該階段由於生產技術方面的限制，產品生產批量小，製造成本高，廣告費用大，產品銷售價格偏高，銷售量極為有限，企業通常不能獲利，反而可能虧損。產品被導入市場配銷後，銷售成長呈現緩慢且利潤最低的時期。因需較高的費用來導入，所以是無利可圖的。若此階段成功，產品即進入成長階段。

◆成長期

　　成長期是指產品試銷效果良好，購買者逐漸接受該產品，產品在市場上站住腳並且打開了銷路。這是需求增長階段，需求量和銷售額迅速上升。生產成本大幅度下降，利潤迅速增長。與此同時，競爭者看到有利可圖，將紛紛進入市場參與競爭，使同類產品供給量增加，價格隨之下降，企業利潤增長速度逐步減慢，最後達到生命週期利潤的最高點。產品快速的被市場接受，銷售快速成長且產品利潤逐漸增加，但是產業的利潤才升高就由於競爭者的增加而

開始降低。隨後便進入成熟階段。當產品進入導入期，銷售取得成功之後，便進入了成長期。

◆成熟期

指產品走入大批量生產並穩定地進入市場銷售，經過成長期之後，隨著購買產品的人數增多，市場需求趨於飽和。此時，產品普及並日趨標準化，成本低而產量大。銷售增長速度緩慢直至轉而下降，由於競爭的加劇，導致同類產品生產企業之間不得不在產品質量、花色、規格、包裝服務等方面加大投入，在一定程度上增加了成本。此時產品已被大多數購買者所接受。銷售成長趨緩且利潤趨於穩定，也可能因對抗競爭者而增加行銷支出。最後，產品進入衰退階段。

◆衰退期

是指產品進入了淘汰階段。隨著科技的發展以及消費習慣的改變等原因，產品的銷售量和利潤持續下降，產品在市場上已經老化，不能適應市場需求，市場上已經有其他性能更好、價格更低的新產品，足以滿足消費者的需求。此時成本較高的企業就會由於無利可圖而陸續停止生產，該類產品的生命週期也就陸續結束，以至最後完全撤出市場。此時產品銷售急速下降，且利潤也可能大量減少。新產品取代舊的產品，價格競爭越來越激烈，但有強力品牌的公司仍可創造利潤。公司的主要任務在確認真正的弱勢產品，並為每一項產品發展策略，最後採用一種可使公司的利潤、員工與顧客損害最小的方式，逐漸撤回這些弱勢的產品。

產品生命週期是一個很重要的概念，它和企業制定產品策略以及行銷策略有著直接的聯繫。管理者要想使他的產品有一個較長的銷售週期，以便賺取足夠的利潤來補償在推出該產品時所做出的一切努力和經受的一切風險，就必須認真研究和運用產品的生命週期理論，此外，產品生命週期也是行銷人員用來描述產品和市場運作方法的有力工具。但是，在開發市場行銷策略的過程中，產品生命週期卻顯得有點力不從心，因為策略既是產品生命週期的原因又是其結果，產品現狀可以使人想到最好的行銷策略，此外，在預測產品性能時產品生命週期的運用也受到限制。

(二)產品生命週期各階段之行銷策略

產品生命週期的每個階段皆需要不同的行銷策略,說明如下:

◆導入期的行銷策略

商品的導入期,一般是指新產品試製成功到進入市場試銷的階段。在商品導入期,由於消費者對商品十分陌生,企業必須透過各種促銷手段把商品引入市場,力爭提高商品的市場知名度;另一方面,導入期的生產成本和銷售成本相對較高,企業在給新產品定價時不得不考慮這個因素,所以,在導入期,企業行銷的重點主要集中在促銷和價格方面。一般有四種可供選擇的市場策略,分述如下:

①高價快速策略

這種策略的形式是採取高價格的同時,配合大量的宣傳推銷活動,把新產品推入市場。其目的在於先聲奪人,搶先占領市場,並希望在競爭者還沒有大量出現之前就能收回成本,獲得利潤。

適合採用這種策略的市場環境為:

1. 必須有很大的潛在市場需求量。
2. 這種商品的品質特別高,功效又比較特殊,很少有其他商品可以替代。消費者一旦瞭解這種商品,常常願意出高價購買。
3. 企業面臨著潛在的競爭對手,想快速地建立良好的品牌形象。

②選擇滲透策略

這種策略的特點是在採用高價格的同時,只用很少的促銷努力。高價格的目的在於能夠及時收回投資,獲取利潤;低促銷的方法可以減少銷售成本。

這種策略主要適用於以下情況:

1. 商品的市場比較固定、明確。
2. 大部分潛在的消費者已經熟悉該產品,且願意出高價購買。
3. 商品的生產和經營必須有相當的難度和要求,普通企業無法參加競爭,或優於其他原因使潛在的競爭不迫切。

③低價快速策略

這種策略的方法是在採用低價格的同時，做出巨大的促銷努力。其特點是可以使商品迅速進入市場，有效的限制競爭對手的出現，為企業帶來巨大的市場占有率。該策略的適應性很廣泛。

適合該策略的市場環境是：

1. 商品有很大的市場容量，企業可望在大量銷售的同時逐步降低成本。
2. 消費者對這種產品不太瞭解，對價格又十分敏感。
3. 潛在的競爭比較激烈。

④緩慢滲透策略

這種策略的方法是在新產品進入市場時採取低價格，同時不做大的促銷努力。低價格有助於市場快速的接受商品；低促銷又能使企業減少費用開支，降低成本，以彌補低價格造成的低利潤或者是虧損。

適合這種策略的市場環境是：

1. 商品的市場容量大。
2. 消費者對商品有所瞭解，同時對價格又十分敏感。
3. 存在某種程度當前的競爭。

◆成長期的行銷策略

商品的成長期是指新產品試銷取得成功以後，轉入成批生產和擴大市場銷售額的階段。在商品進入成長期以後，有越來越多的消費者開始接受並使用，企業的銷售額直線上升，利潤增加。在此情況下，競爭對手也會紛至沓來，威脅企業的市場地位。因此，在成長期，企業的行銷重點應該放在保持並且擴大自己的市場份額，加速銷售額的上升方面。另外，企業還必須注意成長速度的變化，一旦發現成長的速度由遞增變為遞減時，必須適時調整策略。

這一階段可以適用的具體策略有以下幾種：

1. 積極籌措和集中必要的人力、物力和財力，進行基本建設或者技術改造，以利於迅速增加或者擴大生產批量。
2. 改進商品的質量，增加商品的新特色，在商標、包裝、款式、規格和定

價方面做出改進。

3. 進一步開展市場細分，積極開拓新的市場，創造新的用戶，以利於擴大銷售。

4. 努力疏通並增加新的流通通路，擴大產品的銷售面。

5. 改變企業的促銷重點。例如，在廣告宣傳上，從介紹產品轉為建立形象，以利於進一步提高企業產品在社會上的聲譽。

6. 充分利用價格手段。在成長期，雖然市場需求量較大，但在適當時企業可以降低價格，以增加競爭力。當然，降價可能暫時減少企業的利潤，但是隨著市場份額的擴大，長期利潤還可望增加。

◆成熟期的行銷策略

商品的成熟期是指商品進入大批量生產，而在市場上處於競爭最激烈的階段。通常這一階段比前兩個階段持續的時間更長，大多數商品均處在該階段，因此管理層也大多數是在處理成熟產品的問題。

在成熟期中，有的弱勢產品應該放棄，以節省費用開發新產品；但是同時也要注意到原來的產品可能還有其發展潛力，有的產品就是由於開發了新用途或者新的功能而重新進入新的生命週期。因此，企業不應該忽略或者僅僅是消極地防衛產品的衰退。一種優越的攻擊往往是最佳的防衛。企業應該有系統的考慮市場、產品及行銷組合的修正策略。

①市場修正策略

即透過努力開發新的市場，來保持和擴大自己的商品市場份額。例如：

1. 透過努力尋找市場中未被開發的部分，例如：使非使用者轉變為使用者。

2. 透過宣傳推廣，促使顧客更頻繁地使用，或每一次使用更多的量，以增加現有顧客的購買量。

3. 透過市場細分化，努力打入新的市場區劃，例如：地理、人口、用途的細分。

②產品改良策略

企業可以透過產品特徵的改良，來提高銷售量。例如：

1.品質改良，即增加產品的功能性效果，如耐用性、可靠性、速度及口味等。
2.特性改良，即增加產品的新的特性，如規格大小、重量、材料質量、添加物以及附屬品等。
3.式樣改良，即增加產品美感上的需求。

③行銷組合調整策略

即企業透過調整行銷組合中的某一因素或者多個因素，以刺激銷售。例如：

1.透過降低售價來加強競爭力。
2.改變廣告方式以引起消費者的興趣。
3.採用多種促銷方式，如大型展銷、附贈禮品等。
4.擴展銷售通路、改進服務方式或者貨款結算方式等。

◆衰退期的行銷策略

衰退期是指商品逐漸老化，轉入商品更新換代的時期。當商品進入衰退期時，企業不能簡單的一棄了之，也不應該戀戀不捨，一味維持原有的生產和銷售規模。企業必須研究商品在市場的真實地位，然後決定是繼續經營，還是放棄經營。

①維持策略

即企業在目標市場、價格、銷售通路、促銷等方面維持現狀。由於這一階段很多企業會先行退出市場，因此，對一些有條件的企業來說，並不一定會減少銷售量和利潤。使用這一策略的企業可配以商品延長壽命的策略，企業延長產品壽命週期的途徑是多方面的，最主要的有以下幾種：

1.透過價值分析，降低產品成本，以利於進一步降低產品價格。
2.透過科學研究，增加產品功能，開闢新的用途。
3.加強市場調查研究，開拓新的市場，創造新的內容。
4.改進產品設計，以提高產品性能、質量、包裝、外觀等，從而使產品壽命週期不斷地實現再循環。

②縮減策略

即企業仍然留在原來的目標上繼續經營，但是根據市場變動的情況和行業退出障礙水平，在規模上做出適當的收縮。如果把所有的行銷力量集中到一個或者少數幾個細分市場上，以加強這幾個細分市場的行銷力量，也可以大幅度的降低市場行銷的費用，以增加當前的利潤。

③撤退利潤

即企業決定放棄經營某種商品以撤出該目標市場。在撤出目標市場時，企業應該主動考慮以下幾個問題：

1.將進入哪一個新區劃，經營哪一種新產品，可以利用以前的哪些資源。
2.品牌及生產設備等殘餘資源如何轉讓或者出賣。
3.保留多少零件存貨和服務以便在今後為過去的顧客服務。

六、市場角色策略

如同產品一樣，市場的演變亦會經歷四個階段：導入、成長、成熟與衰退。郭美卿（2004）指出，行銷人員在公司日常營運及市場策略上扮演重要的前線角色。市場策略則包括一連串的市場活動及計畫以滿足客戶的需要。這些活動及計畫並且要有明確及長遠的目標，例如市場定位或市場占有率。事實上，行銷與市場策略經常混在一起，因此有時候會令人誤會兩者的角色及關係。

(一)成功的市場策略

市場活動及計畫應隨著營商環境及顧客需要的改變而作出靈活的調節。創意及關心顧客的需要是成功的市場策略的主要因素。成功的市場策略亦可細分為兩個部分：首先是公司內部的配合，包括適當的資源及管理文化。在公司內的每一位成員（不論是否前線工作者）都應有「以客為尊」的服務精神及態度，因為每一位員工亦可被視為或扮演公司的「小公關」角色。此外，「以客為尊」的精神及態度更可增強及凝結團結精神及競爭能力。另外一部分就是與行銷人員有直接的聯繫。因為很多時候在完成生意的過程中，行銷人員會

扮演與顧客直接聯絡的重要角色。行銷人員的人際關係及能瞭解顧客的需要是十分重要的。在競爭環境中建立互信的良好合作商業關係是不簡單的事情，因爲需要時間及資源才可建立友好的生意夥伴。怎樣才算成功的行銷人員？Kotler提出：「一個成功的行銷人員首要任務必須要關心及瞭解顧客的需要，其次才是對產品質素及有關的事宜關注。」行銷人員是公司與顧客的橋樑，與顧客直接交往及溝通。他們的言行直接影響公司的形象及與顧客的關係。行銷人員的工作範圍亦是與顧客息息相關的，例如客戶諮詢、訂購服務及售後服務等，因此「以客爲尊」的精神及工作態度是十分重要的。

(二)市場策略重要還是行銷重要

事實上，這兩者都是同樣重要的，因爲優質的行銷管理可幫助市場策略管理人員去創造無限的商機，以及爲長遠公司策略建立良好的成功基礎。前線的工作人員可以提供最新的市場動態及顧客的資訊給市場策略管理人員，令他們可調整市場策略來迎合時刻在變的經營環境，達到相得益彰的效果。

 行銷透視

渦輪行銷——以快速反應時間作爲競爭工具

企業有四種建立競爭優勢的途徑：提供顧客更好、更新、更快或是更便宜的產品及服務。目前有許多精明的公司是把未來的前景押注在快速提供客戶產品及服務的方法上，成爲渦輪行銷者，學會壓縮與加速循環週期的藝術，將渦輪行銷觀念應用到四個領域：創新、製造、後勤和零售。在產品生命週期不斷地縮短的現代企業環境中，加速創新程序是最基本的工作。許多產業的競爭對手會同時發現新的科技與市場機會，例如製藥業者爭相研究治療愛滋病的藥物，科技業者設法推廣超導體的應用範圍，以及各家電業者集團聯手發展高畫質電視的規格。那些率先將創新導入實用的企業可以享受「先占者優勢」。

日本汽車業者具備可以在三年內完成新車型的設計與開發上市工作之能力，故

能在競爭激烈的汽車市場中保有相當的競爭優勢。新產品提早上市會比延遲上市帶來更大的利益。根據一項麥肯錫的美國企業調查顯示，在研發預算內完成但上市延後六個月的產品，前五年的獲利比平均收益率低33%，準時上市但費用超出預算50%的產品，其獲利只比平均收益率低4%。

製造是第二個最能縮短產品生命週期的領域。過去豐田需要五週才能生產一輛特殊規格的汽車，現在則只要三天。廠商在後勤方面則是積極開發快速倉儲及供貨系統，舉例來說，佐丹奴（GIORDANO）、班尼頓（Benetton）與李維（Levi Strauss）等服飾業者相繼採用快速反應系統，將供應商、製造工廠、配銷中心與零售通路的資訊系統有效地加以整合。加快零售速度是企業發展競爭優勢的另一個機會選擇。就在短短數年之前，消費者要沖洗照片或配製眼鏡都必須等上一週左右的時間，但是今天這些交易都可以在一小時以內完成。

市場能夠有這麼大的進步，主要關鍵在於「把零售店變成小型工廠」的新觀念。目前幾乎每一家照相館都擁有快速相片沖印機，而眼鏡行也大多有驗光及配鏡設備。服務業也因資訊科技的使用而加快速度，例如，縮短貸款批准的時間及處理汽車損害險的理賠等。只要有一家公司能夠更快地提供更好的產品，將會迫使其他同業重新檢討本身在創新、生產、後勤與零售等方面的表現。

第四節　國際行銷策略

針對不同的經營哲學、不同的產品特性與不同的市場特性，可以發展出不同的國際行銷策略。

一、國際行銷活動的演進歷程

國際行銷活動的三個演進歷程，包括：國際化程度最低的進出口貿易活動、成立海外子公司以及國際化程度最高的第三階段——成立跨國公司。

以下詳細說明三個演進歷程：

(一)進出口貿易活動

行銷事務較單純國家，國外部門負責的業務經由代理商、貿易商、輸出產品至他國，從他國輸入進口原料。一般而言，多是工業化國家輸出成品至開發國家，或未開發國家再將原料輸入工業國家。

(二)成立海外子公司

在海外成立子公司通常只將銷售站、服務站等單位設在地主國，以達到獲取當地原料及推銷母國產品的目的，海外子公司是配合母公司業務的需要，但主要決策功能和管理人員仍留在母國。

(三)成立跨國公司

跨國公司分布在各國之行銷策略，以因應全球行銷環境中可預見的機會與威脅，來形成一個完整的國際行銷計畫，打破地主國與母國界限，完成全球導向的經營理念。

故不同的經營哲學、不同的特性與不同市場，就產生不同的國際行銷策略。國際行銷策略主要目的，是尋求組織資源的最佳運用整合。

二、國際行銷策略

(一)國際行銷策略的分類

Heenan與Perlmutter的國際行銷策略是依組織複雜性、權威與決策、評估與控制、溝通資訊流動、招募用人發展與地理認同等六大面向，將國際行銷分成四大類（**表2-2**）。

◆民族主義策略取向

基於母國是最優秀的觀念，以母公司為主，採「集權式的規劃與控制」，適用國際化的初期階段。

表2-2　國際行銷策略

項目	民族主義	多元主義	區域主義	世界主義
組織複雜性	・母公司複雜 ・子公司簡單	多樣、獨立	地區高度互賴	全球互賴程度漸增
權威與決策	母公司權力高	母公司權力低	地區總部權力高，與其他地區子公司高度合作	世界總部與子公司合作
評估與控制	依母公司標準	依地主國決定	依地區決定	依世界與地區的標準
溝通資訊流動	對子公司下大量的建議，指派與命令	母公司與子公司溝通少	母公司與地區總部溝通少、地區總部與地區子公司溝通多	母公司與地區總部溝通多、地區總部與地區子公司溝通亦多
招募用人發展	母公司外派至世界各地	地主國自行訓練所需人員	地區訓練外派至各地	全球菁英訓練外派至各地
地理認同	所有者的國籍	母公司國籍	地區公司	全球性公司認同國家利益

◆多元主義策略取向

採「分權計畫與控制」，即分公司各自決定自己的規劃與市場行銷策略，母公司只能干預早期的投資與高階管理人員派遣決策，失去充分利用子公司最大的潛能。

◆區域主義策略取向

採因環境的不同、地區的不同、因地制宜，局部考量而採鄰近國家管理方式的策略取向，反應出多國籍企業地區性策略與結構，運用大量的管理人才。即地區上擁有某種程度的決策，但地區經理不能升遷至母國的核心位置，控制權只限在特定區域內。

◆世界主義策略取向

採「分權計畫及集權控制」，是以全球各地最佳情況制定一套指導標準，由各地子公司依此準則制定經營計畫，母公司只在子公司未盡全力執行計畫時

才干涉。此策略不重視國際差異,只重個人能力高低,需要的只是一種能夠成功整合公司全球策略管理人員。

(二)國際行銷的四個基本策略

Hill與Jones的國際行銷策略則依成本降低壓力與區域回應壓力兩個構面,劃分出公司在國際環境上競爭的四個基本策略:

◆國際策略

公司藉由「移轉有價值的技術與產品」轉移至缺乏此技術與產品的國外市場。特點包括:

1.母國集中產品的研究發展。
2.主要國家建立製造與行銷功能。
3.負責一些地區的產品與行銷策略顧客化。
4.總公司維持行銷與產品策略的緊密控制。

◆多國策略

即公司傾向達到最大的回應。特點包括:

1.將母國研發的產品及新技術轉移至海外市場。
2.依不同的國家情況擴大其產品與行銷策略顧客化。
3.在主要市場建立一個完整的價值創造活動組合,包括製造、行銷等功能活動。
4.因無法瞭解由經驗曲線效果與區域經濟所獲得的價值,經常處在高成本結構。

◆全球策略

藉由經驗曲線效果與區域經濟達到降低成本來增加獲利。特點包括:

1.追求低成本策略。
2.公司的製造、行銷、活動是集中於一偏好地區。
3.不依地區情況將產品與行銷策略顧客化。

4. 偏好於銷售一項全世界標準化的產品，從經驗曲線的規模經濟達到最大利益。

5. 使用成本優勢對全世界市場採取侵略性訂價。

◆跨國策略

即面對競爭激烈的對手就需發展以經驗曲線爲基礎的成本經濟和區域經濟，移轉獨特的經濟地區。特點包括：

1. 公司可在世界任一營運點來發展獨特的競爭力。

2. 「全球學習」即技術及產品的流向不是一個方向，而是母公司可流向子公司，或子公司流向母公司，或子公司流向國外子公司。

3. 跨國策略應適用「高度地區回應力」與「高度成本降低壓力」才有意義。

全球觀點

國際市場行銷策略── 沃爾瑪效應

全球零售業的龍頭

沃爾瑪是世界最大的連鎖大賣場企業，光在美國就有超過3,600家門市，連人口僅數萬人的小鎮都可以找到沃爾瑪的蹤跡，日常生活所需物品通通一網打盡，是美國最大的雜貨店、玩具店、珠寶店、書店及第三大的藥房，美國人每小時在沃爾瑪消費3,500萬美元，九成的美國人住家15英里內就有一家沃爾瑪。對美國人來說，沃爾瑪

簡直就像公共設施一樣。

◎沃爾瑪展店的市場飽和策略

每擴張一個區域,會以20英里左右為間隔,讓沃爾瑪的分店遍地開花,使該地區的零售市場趨於飽和。這樣做,既可以充分發揮配送中心的效率,降低配貨成本;也避免了競爭對手的進入,和自己爭奪該地區的市場和顧客。沃爾瑪在美國雇員人數高達120萬;營業額超過3,000億美元,占美國國民總產值的2%。如果沃爾瑪是個國家的話,他們會是中國的第五大貿易夥伴。有人認為世界經濟已經逐漸被「沃爾瑪化」,半世紀前,GM和福特汽車為製造業設定了產業發展的標準,現在沃爾瑪似乎也成為服務業的成功模式。

◎經營哲學

1962年,山姆·沃爾頓在他的第一家商店掛上沃爾瑪招牌後,在招牌的左邊寫上了「天天平價」,在右邊寫上了「滿意服務」。三十八年來,這句話幾乎就是沃爾瑪全部的經營哲學,從一家門店發展到4,000家門店,這一原則從未更改過。沃爾瑪導致許多小店倒閉?沒錯,在這些小店中,老闆可能隨時親切地喚你的名字,但是也正是同一批客人,決定改到沃爾瑪買東西。因為東西便宜,明顯地更能改善他們的生活,勝過老闆的微笑。沒有陰謀,這只是自由市場運作的結果。

◎女褲理論

沃爾瑪的創始人山姆·沃爾頓的「女褲理論」就是對沃爾瑪行銷策略的最好闡釋:女褲的進價0.8美元,售價1.2美元。如果降價到1美元,會少賺一半的錢,但卻

沃爾瑪展店的「市場飽和策略」

能賣出三倍的貨，增加三分之一的利潤。沃爾瑪的經營宗旨是「天天平價」，始終如一，它指的是「不僅一種或若干種低價商品低價銷售，而是所有商品都是以最低價銷售；不僅是在一時或一段時間低價銷售而是常年都以最低價格銷售；不僅是在一地或一些地區低價銷售，而是所有地區都以最低價格銷售」。力求使沃爾瑪商品比其他商店更便宜這一指導思想，使得沃爾瑪為行業中的成本控制專家，它最終將成本降至行業最低，真正做到了天天平價。

這承諾絕非一句口號或一番空談，而是透過低進價、低成本、低加價的「三低」經營方式，始終如一執行到底。首先，沃爾瑪採購上不搞回扣，不需要供應商提供廣告服務，也不需要送貨，但必須得到進貨最低價。其次，沃爾瑪嚴守辦公費用只占營業額2%的低成本運行規範，「一分錢辦成兩半花」，從而「比競爭對手更節約開支」。沃爾瑪在中國強調的就是每個店都要有合法的手續才開始經營，面對競爭對手家樂福的快速擴張，沃爾瑪感到了壓力，但又不想去冒違規運作的風險。

美國零售業龍頭「沃爾瑪」準備以10億美元（台幣331億元）併購中國大陸台資的「好又多」量販店，將使其據點增加一倍以上，為大陸最大外資連鎖店業者奠基。這代表沃爾瑪立足大陸市場的策略向前邁進了一大步。「好又多」併購案對沃爾瑪而言規模雖小，卻十分重要，因為大陸市場在沃爾瑪整體國際策略中的地位日益重要。沃爾瑪在其他市場的銷售業績衰退，在美國本土又擴張受阻，而中國大陸卻是成長迅速的龐大海外市場。併購「好又多」讓沃爾瑪得以在大陸地區和法資的家樂福並駕齊驅，並超越英國的特易購和大陸的聯華超市等對手。沃爾瑪在大陸只有66家店，同樣有意併購「好又多」的家樂福則有兩百多個點。併購「好又多」也讓沃爾瑪能夠和大陸本土的兩大量販業者華潤、上海百聯競爭。華潤和上海百聯的營業額合計超過30億美元，據點超過8,000家。「好又多」在大陸二十多省開設一百多家店，有3萬名員工，但訴求對象主要是連鎖超市的底層市場。併購「好又多」後，沃爾瑪將須重新決定其在量販市場的定位。沃爾瑪四十五年前從美國阿肯色州起家，後來成為墨西哥與加拿大的最大外資零售商。不過沃爾瑪在許多外國市場遭遇挫折，包括撤出德國與南韓市場，在日本等地攻取市占率也面臨嚴酷挑戰（查爾斯・費希曼，2006）。

資料來源：查爾斯・費希曼（2006）。《沃爾瑪效應》。大塊文化出版社。

問題與討論

1.國際行銷策略之定義與程序為何？

2.國際行銷策略之市場區隔為何？

3.國際行銷策略之目標市場與市場定位規劃為何？

4.國際行銷策略的設計與管理為何？

5.國際行銷策略（依組織複雜性、權威與決策、評估與控制、溝通、資訊流動、招募用人發展與地理認同）可分為哪幾種？

6.國際行銷策略（依成本降低壓力與區域回應壓力）可分為哪幾種？

國際行銷之經濟環境

- ◆ 行銷的國際經濟環境
- ◆ 國際經濟制度
- ◆ 國際經濟環境與消費者的關係
- ◆ 世界經濟的主要變化

國際環境中包含許多不同層面的環境，彼此環環相扣，例如，經濟環境、社會環境、文化環境、政治環境、法律環境與科技環境，每一方面都非常重要。但從國際企業以追求利潤為企業目標的角度思考，經濟環境的層面最為重要。若國際企業因為國際經濟環境欠佳，導致國外長期的虧損，將會對企業生存與發展帶來極不利的影響。國際經濟環境會影響到國際企業在國際環境經營企業的生存、風險與利潤，因此國際行銷人員應隨時洞察國際經濟環境的變化與發展。而觀察國際經濟環境可從世界重要地區或國家的經濟情況來思考。

　　從事國際行銷工作的企業，面對的是一個動盪且不穩定的環境，在這種情勢下，若欲經營事業，並獲得良好績效，就必須運用國際行銷策略規劃模式來進行企業的策略規劃工作，以對企業所處的政治法律、社會、經濟與技術等大環境有所瞭解，分析與判斷其競爭者、供應商、顧客、股東、員工甚至社會大眾等內外部利害關係人的最新動向，並據以規劃出企業的目標及手段，最後找出最適合企業經營的可行方案。

　　本章著重在分析經濟環境和國際行銷的關係。首先分析行銷的國際經濟環境、國際經濟制度及其變化；其次探討國際經濟環境與消費者的關係；接著分析世界經濟的主要變化情況。

 行銷視野

低碳經濟下的品牌行銷

　　企業對自身碳足跡的理解是低碳品牌營銷的第一步，欲精確計算一企業所提供產品或服務的碳排放量，必須從整個產業鏈的源頭入手，完整地計算將產品或服務交付到消費者手中的所有環節，亦即從原料來源、供應商、物流、生產、分銷到販售的完整過程。

　　碳足跡的計算，通常需經由獨立第三方的客觀認證。目前國際上知名的碳足跡認證，主要由英國「碳信託足跡認證公司」（The Carbon Trust Footprinting

Certification Company）提供。

　　通過按照AS2050標準審計而達成減排的產品，可以獲得一個腳印圖形的碳減排標章（據該機構2008年2月調查，英國80%的民眾熟悉其碳足跡標章，其具極高的知名度），有助於品牌或產品向市場溝通其在節能減碳方面做出的努力，進而影響消費者的購買決策。

　　企業在檢視碳足跡的同時，還能借此審視自己的產品及服務策略，進而進行成本優化。以HSBC英國為例，早在2005年就宣布達成碳排放平衡（carbon neutral），採取合理用電與用紙舉措以節約成本，更進一步向客戶推廣電子帳單，希望全面取代郵寄信件。而HSBC的無實體網路銀行（first direct）業務也朝低碳經濟之勢迅速擴張。百事集團在英國著名的Walkers薯片，積極採取減碳行動優化生產線啟動與關閉程序使節能成效達33%，同時在包裝與配送方面付出非同尋常的努力，成功減少了7%的碳排量，終於在2007年3月獲得了碳減排標章，更為重要的是，高達44%的消費者因為Walkers取得了碳減排腳印標章而改善了對該品牌的看法。

台灣產品碳足跡
資料來源：行政院環境保護署。

　　北京環境交易所主導的熊貓標準終於在2009年年末發布，其中確立了監測標準、評定機構和相應的原則，是中國第一個自願減排標準。熊貓標準涉及以減排項目為主的碳權核定與交易，尚未有明確的產品標章運用。與此同時，中國在碳交易市場上正急起直追，除了北京、天津、上海和深圳外，太原、武漢、杭州、昆明等地也都成立了環境權益交易所，隨著更多的城市跟進，最終形成一個交易網，提升中國在碳權經濟競賽中的影響力。

◎低碳經濟下，品牌傳達些什麼[1]

　　企業獲得節能減排認證之後，還要進一步宣傳以影響顧客的態度與品牌喜好。即便目前有關低碳品牌營銷尚未形成系統性的經驗成果與理論說法，但其仍有一些明顯的特點，瞭解這些特點，可以幫助國內的品牌經營者有效地進行低碳品牌行銷。

一、檢視品牌主張是否與低碳經濟的價值相左

這類衝突多出現在主張高檔消費的品牌身上，低碳經濟並不要求大家過苦行僧般的簡單生活，但對奢侈鋪張則敬謝不敏。如何調整品牌調性，主張「尊貴」而不「奢靡」，追求「極致價值」而不「炫富鋪張」，是奢侈品牌在低碳經濟風潮下必要的調整。

二、不要試圖「漂綠」（green washing）你的品牌

低碳經濟是一個帶有道德價值的消費觀，節能減排更與企業的社會責任緊密相連，在這個議題上，企業切忌誇張虛報自己的減排成果。縱使虛報減排成果能讓企業在短期內獲利，但是真相一旦被揭露，將對品牌造成嚴重的負面影響。

三、用消費者聽得懂的語言進行溝通

氣候的異常變化讓國人明白了節能減排人人有責，儘管如此，有關碳足跡、溫室氣體等認識仍然十分有限，企業在推廣初期將遭遇一些理解與接受的難題。如何以平易近人的圖表和文字說明專業概念與品牌的關聯，將是企業進行傳播時要仔細思考的問題。

四、積極正面的態度

傳播內容方面，企業應該聚焦減排的好處與美好遠景，避免擴大公眾對環境變化的憂慮。獲得消費者對減排成果的認同，接受你的產品和服務，就是參與了節能減排。對於國內領先品牌來說，迎接低碳經濟的到來刻不容緩，與其到時候無助地面對國際品牌的衝擊，不如現在就未雨綢繆，把握企業永續經營的契機。

註：1.陳漢（2010）。〈低碳經濟下品牌的必由之路〉。《新營銷》雜誌。http://finance.sina.com.cn/leadership/mscyx/20100225/16147457996.shtml

第一節　行銷的國際經濟環境

　　總體環境（macro environment）是指影響層面較廣大深遠、較難控制的、會間接影響個體環境的因素，因此，總體環境也稱為「間接環境」。總體環境的變化比較緩慢，含括的環境變數很多，但影響層面卻較為廣泛。通常「總體環境」影響所及的不只是單一產業，而是「泛產業」，也就是說很多產業都會受其影響。這些會影響企業經營與從事行銷活動的國際性及整個社會力量的環境，包括：經濟、政治、政策、法律、人口、社會文化、科技、網際網路、國際情勢等。由於總體環境的因素難以控制，所以必須隨時密切注意並慎謀預防與因應之道（圖3-1）。

　　一國的工業結構往往決定其商品與服務的需求、所得多寡及就業水準，其中又可分為自給自足經濟、原料出口經濟、開發中經濟及工業化經濟四種。所得分配方面，自給自足經濟國家，可能有許多低家庭所得的家計單位；相較之下，工業化經濟的國家可能有低、中、高所得的家計單位。藉由「工業結構」與「所得分配」兩個最能顯示外銷市場吸引力的經濟指標，可瞭解行銷的四種國際環境。

1. 自給自足經濟：在此種經濟型態下，絕大多數的人都只從事簡單的農業，其產出的大部分也都是供自己消費，若尚有剩餘，就與他人交換一些簡單的產品和服務。

圖3-1　行銷的總體環境

2.原料出口經濟：此經濟型態的國家都擁有一種或數種豐富的天然資源，但其他方面的建設則稍嫌落後，這些天然資源的輸出便成為其主要的收入來源。

3.開發中經濟：此經濟型態下，製造業通常約占其國家經濟中的10～20%。工業化通常會帶來一些新的暴發戶及愈來愈多的中產階級，這二種階級都需要許多進口產品。

4.工業化經濟：此經濟型態的國家為工業製品與投資基金的輸出國。他們除了彼此間的貿易往來，還將工業產品輸往其他經濟型態的國家，以換取原料與半成品。

 # 第二節　國際經濟制度

國際經濟制度主要可分為下列四種（**圖3-2**）：

1.市場資本主義：個人及公司分配私有生產資源的一種經濟制度。由消費者決定其所要的產品。國家的角色是促進公司間的競爭，以及保護消費者的權益。

2.中央計畫型資本主義：大多數的國家或多或少同時具有命令式及市場式的資源分配，與私有及公有的資源擁有。例如：瑞典、日本。

3.市場社會主義：在此制度下，公有的整體環境允許市場分配政策存在。例如：中國、印度。

資源分配

		市場	命令
資源擁有者	私有	市場資本主義	中央計畫型資本主義
	國有	市場社會主義	中央計畫型社會主義

圖3-2　國際經濟制度

4.中央計畫型社會主義：財產權公有，政府有很大的權力從事它認為是適當的公共服務，但消費者仍能決定該把錢花在哪裡。此經濟制度中，需求往往超過供給。企業很少依賴產品差異化、廣告或促銷推廣。

 ## 第三節　國際經濟環境與消費者的關係

國際經濟環境與消費者的關係如**圖3-3**。國際經濟環境包括：景氣循環、通貨膨脹、所得水準、經濟政策、區域經濟整合與國際經濟組織；消費者則包括其購買力及支出型態。

一、景氣循環

景氣繁榮（prosperity）、景氣衰退（recession）、蕭條（depression）及復甦（recovery）等景氣循環（business cycle）四階段構成了總體經濟波動的現象，總體經濟波動幅度劇烈，會造成社會福利水準下降，因此各國政府莫不追求經濟穩定為目標。理論上，隨著時空背景的不同，各派學者對經濟循環存在不同的看法與主張，景氣循環理論至今仍是總體經濟學熱門的研究課題。

凱因斯（J. M. Keynes）認為「景氣循環」主要來自資本邊際報酬率的崩潰。資本邊際報酬率和資本的未來預期相關，當景氣繁榮的時候，人們會普遍對未來預期樂觀，加上證券市場熱絡，人人都以預測別人的樂觀而變得更樂

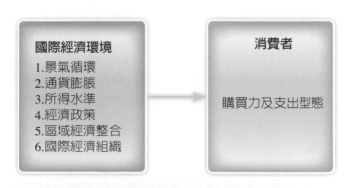

圖3-3　國際經濟環境與消費者的關係

觀,導致過高的資本邊際報酬率,甚至連完全不會獲利的投資計畫都能募集到資金。最後,因為過度投資不能產生收益,導致未來預期心理崩潰,產生危機,景氣循環轉向悲觀發展。凱因斯建議緩和景氣循環的方式是所得移轉,目的是刺激消費與鼓勵投資,同時維持低利率。例如:較高的遺產稅可以刺激人在生前多消費,雖然高遺產稅也會促使人設法避稅,不過這個設法避稅的過程也是一種消費,從這點來看,最近台灣降低遺產稅的決定,可能會讓消費衰退。高的所得稅,特別是針對利息課稅,會鼓勵投資,同時讓食息者(靠利息過日子的人)會設法去挑一個較高投報率的投資工具,而不是只持有貨幣存款。

二、通貨膨脹

通貨膨脹(inflation)係指在一定期間內,物價持續上漲的現象。通貨膨脹帶來以下影響:(1)消費者會把握現在的購物機會;(2)消費者之消費習慣改變;(3)增加國際行銷人員的銷售成本。

通貨膨脹使得企業的成本費用不斷地提高,與生產率增長不相稱的成本增長速度,降低了出口企業的創匯幅度,使得許多企業不得不提高產品價格。需要注意的是,企業提高產品價格後,應該使用各種溝通管道,向客戶說明提價原因並聽取反應。企業的外銷人員應該說明客戶解決因提價而帶來的各種問題。

最具代表性,同時也最常被用來觀察通貨膨脹的是「消費者物價指數」以及「躉售物價指數」兩種物價指數。消費者物價指數則是包括了和一般百姓日常生活有關的各種商品及勞務的零售價格,是消費者會切身感受到的。躉售物價指數是用來反映大宗物資,包括原料、中間產品及進出口產品的批發價格,和廠商的關係較密切。

通貨膨脹還會影響消費者需求,因為公司會將上升的部分成本轉嫁到消費者頭上。因此,每個人都有機會,也有責任參與防範通貨膨脹的工作。

三、所得水準

各國所得水準不同,其人民的購買動機及消費行為也有所差異。國際行

銷人員需針對不同所得水準之國家或地區之人民擬定其行銷方案。例如，國民所得與平均國民所得及世界各國經濟發展程度，詳述如下：

(一)國民所得與平均國民所得

國民生產毛額（GNP）係指一年內國內資源所生產的最終財貨和勞務的市場價值。國內生產毛額（GDP）則是一年內在某國所生產的最終財貨和勞務的市場價值。其差別為GDP不考量進口和本國資源在他國所產生的效益。

(二)世界各國經濟發展程度

全世界各個國家經濟發展程度不同，世界銀行以國民生產毛額（GNP）為基礎，根據1998年的平均GNP將國家分為以下四類：

1. 低所得國家：低所得國家每年每人所得（GNP）低於785美元。特點：工業化程度低，且就業人口高度集中於農牧業、高出生率、低識字率、極度依賴外援、政治動盪不安、集中於非洲撒哈拉沙漠以南地帶，只有中國和印度被認為是屬於大型新興市場。

2. 中低所得國家：平均每人國民所得在755～2,995美元之間，可通稱為低度開發國家（LDCs）。特點：處於工業化初期、廉價勞工投入出口產業、勞力密集的產業，如玩具與成衣業，兩大型新興市場：印度與泰國。

3. 中高所得國家：國民所得係處於2,996～9,266美元之間。特點：快速的工業化、工資上漲、國民識字率與教育程度提高、工資成本仍較先進國家為低、有時被總稱為新興工業化經濟（NIEs），四大型新興市場：阿根廷、巴西、墨西哥、南非。

4. 高所得國家：平均國民所得超過9,266美元，亦稱為後工業化國家。特點：服務業的重要性資料處理、資料處理交換的關鍵性、智慧科技勝過機器科技成為關鍵的策略資源、重視未來發展及社會的人際關係。

世界經濟發展程度，從計畫經濟到市場經濟的發展可分區如下：

1. 高度發展：歐洲、美國。

2.新興工業國：台灣、新加坡、南韓、墨西哥、巴西、印度。

3.經濟轉型國家：東歐、俄羅斯、中國。

4.中度發展：中南美洲。

5.低度發展：非洲。

◆GDP超越日本，中國成為世界第二大經濟體（陳世昌編譯、田思怡報導，2010）

中國今年第二季國內生產毛額（GDP）為13,350億美元，超越日本12,860億美元，成為僅次於美國的世界第二大經濟體，且預期全年GDP也將超過日本。《華爾街日報》指出，一個開發中的國家取得第二大經濟體地位，是前所未有的空前現象。日本第二季GDP值比中國還少486億美元，由於茲事體大，幾乎所有日本媒體都把這個新聞放在一版頭條報導。2010年1月至6月統計，日本的GDP為25,871億美元，中國25,325億美元，日本還是略勝一籌，不過未來兩季日本經濟並不樂觀。《紐約時報》指出，中國歷經三十年的快速發展，終於凌駕日本，成為世界第二大經濟體。此一「重大里程碑」說明中國崛起貨真價實，全世界都必須面對這個新的經濟強權。

日本政府16日公布，第二季GDP年增率只有0.4％，遠低於第一季的4.4％，顯示全球經濟成長走緩使日本的復甦失去動能，專家預估，日圓走強將威脅仰賴出口的日本經濟復甦，日本下半年經濟將持續疲弱。《紐約時報》指出，這幾年中國連續超過英國、法國和德國，現在又把日本甩在後面，專家預估，以此速度，中國將會在2030年超越美國，成為世界第一大經濟體。《華爾街日報》指出，中國過去曾有在第四季GDP超過日本的情況，因為在一年的最後一季，中國經濟因季節性原因更加活躍。但現在第二季就超過日本，顯示中國經濟動能強，可望全年把日本甩在後面。根據高盛集團的研究報告：2050年全球十大經濟體GDP預估，中國將超越美國成為全球第一大經濟體（**圖3-4**）。

更令人吃驚的是，在中國不流行二手貨交易，尤其1980年後初生的新生代，以跳躍式消費習慣，直接享受最新式產品，追求時髦，崇尚品牌。這樣的轉變正是推動中國由出口黃金十年轉變為內需拉動經濟成長的動能。當美國經濟搖搖欲墜，日本、歐洲為惡化的經濟焦頭爛額之際，中國的確比別的國家更有本錢消費。這個世界勞力工廠轉變為誘人的「世界消費市場」，也早已成為全球企業（global corporation）覬覦的對象，未來誰能掌握這塊市場，誰就有

單位：億美元

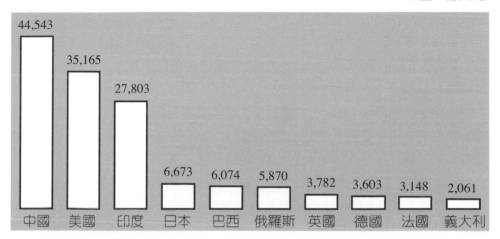

圖3-4　2050年全球十大經濟體GDP預估

機會脫穎而出。

①中國是最大的禽肉消費國（林佳靜，2009）

　　中國雞蛋產量居世界領先地位，雞肉則名列第二，僅次於美國。雖然中國家禽產業資料的獲得已較為容易，但要得到完整的資訊，仍是相當困難的。雖然土地面積和美國相當，但其人口數在1996年達12億3,200萬，是美國人口的4.5倍。根據美國農業部估計，中國取代美國成為世界第一大禽肉消費國，世界糧農組織的統計資料與美國農業部一致，而且世界糧農組織認為，中國1996年的禽肉消費就已經超越美國了。美國農業部的統計資料顯示，中國在1997年的禽肉產量就已大量增加至1,250萬公噸，至1998年更高達1,400萬公噸。然而，這兩項數據與世界糧農組織的資料卻略有差異，該組織認為中國之禽肉在1997年只有少量增加，其總產量（含雞、鴨、鵝）少於1,100萬公噸，如果數據屬實，那麼美國仍舊是禽肉消費的龍頭老大，但被中國取代的時間恐不遠矣。

②IEA：中國超越美國成為全球最大能源消費國（霍約斯，2010）

　　鳳凰網財經20日引述英國《金融時報》報導，國際能源署（IEA）指出，中國已在去年超越美國，逾百年來首度成為全球最大能源消費國。IEA首席經濟學家拜羅（Fatih Birol）表示，2009年大陸消費了包括煤炭、石油、核電、

天然氣和水電等共22.52億噸石油當量的能源，比美國所消費的21.70億噸多出3.8%。IEA表示，包括經濟危機對美國的衝擊大於中國，以及美國持續提高能源使用效率等，都促使中國大陸成為全球最大能源消費國。過去十年來，美國每年對能源的使用效率約提高2.5%，而中國則每年提高1.7%。中國也在2007年超越美國成為全球最大的溫室氣體排放國。另一方面，美國仍然是目前最大的人均能源消費國。IEA的數據顯示，每年美國人均消耗能源量是中國的五倍。同時，美國也是最大的石油消費國，因全球最大產煤國的中國更依賴燃煤發電，美國每天平均消耗大約1,900萬桶石油，而中國每天的石油消費量為920萬桶。中國工業和信息化部19日公布，2010年1～6月份，全國全社會用電量20,094億千瓦時，較去年同期增長21.57%；6月份，全國全社會用電量3,520億千瓦時，較去年同期增長14.14%。1～6月份，全國工業用電量為14,933億千瓦時，較去年同期增長24.20%；輕、重工業用電量分別較去年同期增長13.71%和26.46%。

③中國家電狂賣，空調市場有大商機（黃啟乙，2010）

　　2010年中國的人均GDP將超越4,000美元，中國的內需除了食衣住行持續成長之外，對高檔消費的需求，也與日俱增，其中3C產品就是個中代表。而近年來，中國大潤發，全力衝刺3C產品的業務，在今年已逐漸發酵！自從去年中國政府強力推動「家電下鄉」，或者是「以舊換新」，令中國家電業者的銷售呈現凌厲成長。過去市場把焦點主要放在電視的成長，尤其是平面電視的增長，但空調的需求，正火紅開始上升。用一個很簡單的邏輯，當一個家庭生活開始改善，若要添購家電產品，首先會先買電視、冰箱，其後是洗衣機，最後才是空調。從這個趨勢來看，也的確是如此。去年中國大陸，包括電視、冰箱、洗衣機，在政策強力推動之下，果然狂賣！但隨著所得大幅提高之後，空調的需求量，也出現強勁的增長！從上述的情況來看，今年可能是中國空調市場，進入爆發的一年。中國空調品牌的市占率，其中前三大業者——格力、美的、海爾。

　　中國大陸資訊產品內銷市場，每年以平均複合率約30%的速度成長，年增率在全球市場獨占鰲頭，市場規模預估將於2010年超越美國，成為世界第一大數位產品消費國家（張銘欽，2009）。

④中國將取代美國2009年有機會成為全球最大汽車市場（黃志偉，2009）

　　隨著中國人均GDP的不斷地成長，對生活的需求，也隨之不同。簡單來說，當一個國家的經濟開始發展，漸漸有點錢之後，第一個需求一定是吃、穿，再來就是對住的要求！若再更有錢，對行的要求就會提高。根據過去全球的發展經驗，一旦人均GDP超過3,000美元之後，汽車的消費便會開始飛。對照去年中國的人均GDP正式超過3,000美元以上，果然看到中國汽車的銷售量暴衝而上。全年銷售量高達一千三百多萬輛，成為全球最大的市場。美國市場真的如歐巴馬所言，面臨有史以來最嚴峻的考驗了嗎？1月份的汽車銷售量公布，中國大陸市場首度超越了美國，成為全球規模最大的單一汽車市場。車業人士分析，依照兩者市場在1月份的表現，今年美國全年的銷售量約為九百多萬輛，而中國全球銷售量可能會突破千萬輛，因此，2009年中國汽車市場將晉升為全球第一大汽車市場。

　　歸納上述，**表3-1**是中國大陸與美國消費數量。

表3-1　中國大陸與美國消費數量

產品項目	中國	美國
穀物	382百萬噸	278百萬噸
肉類	63百萬噸	37百萬噸
石油	7百萬桶	20百萬桶
煤	800百萬噸	574百萬噸
鋼鐵	258百萬噸	104百萬噸
肥料	40百萬噸	20百萬噸
行動電話（使用中）	269百萬具	159百萬具
電視機（使用中）	374百萬噸	243百萬噸
冰箱（生產量）	14百萬台	12百萬台
個人電腦（使用中）	36百萬台	190百萬台
汽車（使用中）	24百萬輛	226百萬輛

資料來源：美國地球政策研究所（Earth policy Institute）。

四、經濟政策

　　政府採取自由開放或保護管制政策，都將影響國際行銷人員對行銷策略的制定。實行自由貿易政策，無條件地、全面地開放市場，讓發達國家的商品占領我國市場，對消費者來說暫時可以得到「物美價廉」的商品，但從長遠看必然會衝擊我國的產業。那麼，如何從我國基本國情和世界政治、經濟格局的現實出發，如何從我國經濟發展策略和我國產品在世界市場上的競爭力，以及我國的科技水準、資源、產業結構等情況出發，把自由貿易和保護貿易兩種政策結合起來，制定更加科學的、符合國際慣例的對外貿易政策，就成為我們面臨的一項任務。現階段及今後一段時期，我國的對外貿易政策，應是對外開放的基礎上實行適度保護貿易政策。適度保護貿易政策對我國有關行業和企業實行一定程度的保護，使國際競爭限制在我國所能承受的範圍內，並逐步向WTO所要求的國際慣例接軌，這有利於提高資源的配置效率，並與國際市場保持有機聯繫。在現實經濟生活中，面對激烈的市場競爭，各國包括發達國家在內都在一定時期和一定範圍內採取程度不同的貿易保護，我國作為發展中國家更有充分理由實行適度的保護貿易政策。

　　適度保護貿易政策，開放是前提，貿易保護是在開放基礎上的保護。隨著國際分工和國際交換的深化，各國之間的經濟聯繫日益加強。從某種程度上說，一個國家參與世界經濟的程度和範圍，成為衡量該國經濟發展水平的重要標誌。我國要想發展自己的經濟，就必須逐步開放市場，把我國的市場納入到整個世界市場經濟體系中去，而不能獨立於這個體系之外，並進一步提高我國企業在國際上的競爭能力，培養它們在競爭環境中生存和發展的本領。充分利用國際國內兩個市場、兩種資源，對國內幼稚產業採取動態的保護措施，對在國外有發展潛力的產業和產品，實施鼓勵出口措施，促進技術進步和產業結構調整，推動國民經濟迅速發展。

五、區域經濟整合

　　2008年8月，世界貿易組織（World Trade Organization, WTO）在卡達多哈

（Doha）舉行的多邊貿易自由化談判破裂，各國紛紛轉向推動區域性經濟整合，簡稱WTO-Plus Agreement。所謂「區域經濟整合」，就是兩個以上的國家或政治實體共同組成一個集團，形成一個特殊的經濟實體，對內「減少或廢除彼此間的貿易障礙」，對外則形成共同的貿易壁壘。目前區域經濟整合狀況已形成歐洲的歐盟（European Union, EU）、美洲的北美自由貿易區（North American Free Trade Agreement, NAFTA）及亞洲的自由貿易區三大塊。

近年來，經濟全球化將區域性經濟一體化推到了前所未有的重要地位。從全球體系來看，雖然世界上也有若干個區域經濟聯盟，但最具規模的還要數歐盟（EU）和北美自由貿易區（NAFTA）。最早建立自由貿易區是歐洲共同市場，即EU的前身，早在1969年成立之初就建立了關稅同盟。1999年歐元的啟動代表著歐洲完成了貨幣一體化。NAFTA在1987年成立，並於1994年實現了區域內貿易自由化。而在東亞這個有著世界最多人口的地區，卻至今在經濟合作方面，未有實質性的進展。東協自由貿易區（ASEAN Free Trade Area, AFTA）是東亞唯一的自由貿易區，惟目前為止尚未完成貿易的完全自由化。隨著南韓東協自貿區、日本東協自貿區建設進程的推進，一個以中國、日本、南韓及東協十國為主體的「10＋3」東亞經濟共同體已經開始孕育。中國東盟（東協）商務理事會主管中方秘書處常務副秘書長許寧寧認為，三大自由貿易區競相發展，發展到一定程度，有可能會融合成「10＋3」東亞自由貿易區，最後可能形成東亞經濟共同體。

六、國際經濟組織

近年來，區域經濟合作蔚為潮流，即使在WTO的架構下，雙邊或多邊自由貿易協定簽署的案例也與日俱增，值得出口導向的台灣正視與警惕。雖然區域經濟協定對非會員國不利，但藉由會員國間的協定消弭了部分在協定會員國貨品勞務流通的障礙，以及整合的貿易創造效果，也是另一種商機的呈現。有鑑於此，積極參與國際經濟組織，藉由其間的網路、合作，一方面消弭他國對我國之貿易障礙。另一方面，為中小企業爭取商機，是政府必須努力的方向。WTO、亞太經合組織（APEC）為台灣目前所加入的重要國際經濟組織，藉由體制內的談判、運作，積極為國內中小企業降低貿易障礙，創造可能的商機，

也值得正視。

其次，協助台灣尚未成爲會員國的經濟組織如國際貨幣基金（International Money Fund, IMF）、世界銀行（International Bank for Reconstruction Development, IBRD）、經濟合作暨發展組織（Organization For Economic Cooperation and Development, OECD）、東協自由貿易區（AFTA），非政府組織（Non-Governmental Organization, NGO）等，對全球經濟有舉足輕重的影響，如何藉由參加相關委員會或合作網路，也是政府爲中小企業另闢市場的大好機會。此外，尋求合作的背後必須有一專責單位或組織負責協調統合，美國的經驗相當值得我們參酌借鏡。

(一)世界貿易組織（WTO）

其前身爲關稅暨貿易總協定（GATT），於1995年召開成立，設定了自由貿易之間的相關規則，負責協商會員國之間的貿易糾紛，處理世界各國的經濟貿易、法律、文化、投資等事宜。其基本原則包括：無歧視原則、貿易自由化原則、互相諮詢原則、關稅談判原則。

(二)亞太經合組織（APEC）

APEC是澳洲首相霍克（Hawke）於1989年所倡議成立。第一次部長會議於當年11月於澳洲首府坎培拉（Canberra）舉行，一共有十二個國家的部長出席。1993年6月改名爲亞太經濟合作組織，簡稱亞太經合組織或APEC。1991年11月，在漢城（即今首爾）亞太經合組織第三屆部長級會議上通過的《漢城宣言》，正式確定該組織的宗旨和目標是：相互依存，共同受益，堅持開放性多邊貿易體制和減少區域內貿易壁壘與平等及逐步演進之原則。APEC成立之初宣示，各經濟體在一律平等基礎上進行多邊會談，但是在現實政治與經濟環境下，如同其他的國際組織，APEC是強國的舞台，也是經濟實力競賽的場合。無可避免地領袖會議以致整個APEC的政治色彩漸趨濃厚，台灣也因此需要不斷地挑戰與適應。APEC是台灣最重要的國際舞台，是目前台灣唯一能派高級政府官員與會的主要國際組織。

(三)國際貨幣基金（IMF）

二次世界大戰結束後為重建經濟，由美、英兩國主導1994年在美國布雷頓召開的國際經濟問題會議，決議在1945年後成立IMF。該組織為自願性質的合作組織，至1970年已有一百一十五個國家加入。其主要功能為監督各會員國以維持匯率的穩定。

(四)世界銀行（IBRD）

1944年在美國布雷頓舉行的聯合國貨幣金融會議上通過了《國際復興開發銀行協定》，隔年並宣布正式成立「世界銀行」。該組織是世界上最大的政府間金融機構之一。其功能為解決會員國的資金困難，貨幣基金之設立屬長期治標的方法，故世界銀行主要是提供長期貸款，以利國際生產方面的投資。

(五)經濟合作暨發展組織（OECD）

於1960年成立，目前組織擁有三十個會員國，大部分為工業先進國家，其國民生產毛額占世界三分之二。原本被俗稱為「富國俱樂部」或是「已開發國家俱樂部」因為1992年之前的二十三個會員國都是已開發國家。主要任務：讓他們的成員都能夠達到最高持續性的經濟成長，與改善他們國民經濟與社會的福利。其功能包括：OECD係該等先進國家聚會談論國際經濟事務之論壇，經過意見交流以使會員國間能相互瞭解彼此採行政策所產生之影響，透過溝通協調以促進全球經濟持續成長及健全發展。依OECD設立協定書第一項條款所載示之內容，OECD設立之主要目的係為推動下列政策事項：

1. 在維持金融穩定之前提下，促進會員國相互間之經濟合作關係，並加速達成各國經濟之持續成長與提高就業率，以改善會員國之生活水準。
2. 相互協調及援助開發中國家充分發展其經濟，以促進會員國經濟之健全發展。
3. 在符合國際規範之多邊化與非歧視性基礎上，促進自由貿易以擴大國際間之經貿往來。
4. 與非會員國互動方面：為更進一步瞭解非會員國家，OECD定期或不定

期地與非會員國展開對話。我國組團積極參與OECD/DNMES與EMEF
非正式研討會，繼續爭取成爲OECD單項委員會之觀察員。

(六)東協自由貿易區（AFTA）

　　於1992年提出，現包括原東協六國（印尼、馬來西亞、菲律賓、新加坡、
泰國、汶萊）和四個新成員國（越南、寮國、緬甸、柬埔寨），共十個國家。
經過十年的構建，原東協六國於2002年正式啓動自由貿易區，其他新成員國也
將加快關稅的削減速度。其主要功能爲關稅減讓（快速減稅、正常減稅、一般
例外清單、敏感產品清單、臨時例外清單）、最惠國待遇、取消數量限制和非
關稅壁壘、原產地原則、開放服務原則、建立東協投資區（AIA）、實現投資
自由化、東協工業合作計畫（AICO）、東協一體化優惠制度（AISP）、東協
運輸便捷化、標準和質量統一措施、電子東協（E-ASEAN）和信息通訊產品
貿易自由化。

(七)非政府組織（NGO）

　　NGO是一個不屬於政府、不由國家建立的組織，通常獨立於政府。一般
僅限於非商業化、合法的、與社會文化和環境相關的倡導群體。非政府組織一
詞開始於1945年聯合國成立，在《聯合國憲章》第71條款第10章中提出作爲機
構的諮詢角色，沒有成員是政府或州。常見的非政府組織包括了環境保護組
織、人權團體、照顧弱勢群體的社會福利團體、學術團體等。20世紀的全球化
提升了NGO發展的重要性。許多問題不是民族內能解決的。國際條約和像世
界貿易組織這一類國際組織被認爲過於以資本主義企業利益爲中心。爲了平
衡這一矛盾，NGO以發展人道主義、發展資助和可持續發展爲重點。非政府
組織的存在是爲了各種不同的目的，大多數是爲了推廣其成員所信仰的政治理
念，或實現其社會目標。

第四節　世界經濟的主要變化

一、世界經濟的影響力

　　美國匹茲堡G20高峰會弱化了八國集團的作用，將包括十個新興經濟體的G20作為「國際經濟合作的最重要論壇」和「世界經濟新協調群體」，突顯出主導世界經濟的美日歐三強已無法單獨解決全球性大問題，影響力日益增長的大型新興經濟體，在全球經濟體系中地位的提升和發話權的擴大，也突顯出世界經濟格局發生了新的變化。**表3-2**說明了世界經濟的影響力之轉移。

表3-2　世界經濟的影響力之轉移

編號	項目	劃分依據：貿易依賴的程度	世界經濟的影響力之轉移
1	三大經濟板塊	(1)歐盟。 (2)美國。 (3)日本。	(1)獨立國協、非洲。 (2)中南美洲、南亞。 (3)澳紐、中國、東南亞、西亞。
2	三極國家	以前世界主要的經濟中心為： (1)日本。 (2)美國。 (3)西歐。	現在擴大修正三極國家的全球觀點為： (1)整個太平洋區域。 (2)北美。 (3)歐洲的邊界往東移。
3	七大工業國組織G7	(1)美國。 (2)日本。 (3)德國。 (4)法國。 (5)英國。 (6)加拿大。 (7)義大利。	將全球經濟往繁榮的趨勢帶領並確保貨幣的穩定性。
4	八大工業國組織G8	目前八大工業國組織的成員為英國、法國、德國、美國、日本、義大利、加拿大和俄羅斯八個國家。	由於俄羅斯經濟不算發達，所以在經濟部長會議上，俄羅斯不是與會成員，有時八國集團又被稱作7+1。

（續）表3-2　世界經濟的影響力之轉移

編號	項目	劃分依據：貿易依賴的程度	世界經濟的影響力之轉移
5	二十大工業國組織G20	G20起初是一個國際經濟合作論壇，在亞洲金融風暴後，於1999年12月16日在德國柏林成立，屬於布雷頓森林體系框架內非正式對話的一種機制，由八大工業國集團、十一個重要新興工業國家加上歐盟所組成。按照慣例，國際貨幣基金組織與世界銀行列席該組織的會議。G20設立之初，旨在讓有關國家就國際經濟、貨幣政策舉行非正式對話，以利穩定國際金融和貨幣體系。自成立以來，G20以每年一度的「財政部長及中央銀行行長會議」為其主要活動。組成G20的二十個經濟體，人口達全球的三分之二；GDP加總起來占全球的85%。	由於國際金融海嘯影響全球經濟甚鉅，G20層級被提升為元首高峰會。第一次的G20高峰會於華盛頓舉辦，第二次G20領袖高峰會，歐巴馬挾著強大民意走馬上任，一連串具體救市方案端出檯面，而其他與會諸國也在各議題上積極斡旋，動作頻仍，逐讓倫敦高峰會重要性遠甚於前。他們將共同為二次世界大戰以來所面臨最大的經濟危機尋覓出路。為了對抗此全球金融危機，屬於傳統經濟強權的G8工業國，身陷衰退泥沼，必須加強與新興開發中國家的合作，這將讓G20成為全球政經勢力版圖的重大重分配。過去被認為是富人俱樂部的G8（八大工業國組織），影響力勢必會被G20（二十國集團）漸次取代。

　　在這場世紀高峰會上，二十國領袖若能達成具體共識、結論，將能發揮比IMF（國際貨幣基金）、世界銀行等國際組織更大的影響力，帶領全球——包括台灣——走出這場餘波未平的金融海嘯，因此，被媒體以新的「布雷頓森林會議」投以殷殷企盼。但若與會國無法一致合作，英國外交大臣Malloch Brown日前便憂心地指出，「若G20無法獲致真正重大的結論，高峰會結束次日，市場將會遍地哀號」，台股自然也難以倖免。此次高峰會上，各國領域將就新的全球經濟振興方案、金融監理工作的改革，以及防止保護主義，三大議題協商對策。新的全球振興方案規模，可能決定世界何時走出這波衰退泥沼，關心經濟何時復甦的台灣人民，自然不能不投以關心；金融監理改革，將牽涉到避稅天堂、銀行資本適足率等議題，亦在在扯動國內金融業的敏感神經；台灣作為全球第十七大貿易體，對於G20將討論的保護主義措施、WTO杜哈回合

談判可否達成共識，更不當輕忽。此外，美國總統歐巴馬，也將在這次峰會期間，首度與中國領導人胡錦濤碰面。未來可能左右世界局勢的雙強，如何在這國際舞台上或明或暗較勁，勢將勾連全球政經脈動。

 行銷透視

2010年世界經濟大變化——「中國生產，美國消費」重新解構

過去十年來，「中國製造，美國消費」的世界經濟形態，2010年可能面臨全新的變化。這個轉折點出現在2009年11月，進入後金融海嘯的美國經濟仍在奮力掙扎，但是歐巴馬總統上任以來，對美國經濟的「調結構」行動已然展開。2009年11月2日，美國總統歐巴馬在一場演說中明確指出，今後美國經濟要轉向可持續成長的模式，也就是說，要從過去維繫在金融信貸之上的高消費模式，轉向出口推動和製造業推動的成長模式。歐巴馬在美國遭遇金融危機重創後，提出美國「再工業化」的戰略思惟，勢必影響未來幾年的全球經濟形態。美國「再工業化」的戰略思惟：歐巴馬的新戰略思惟，主張體現了美國從虛擬經濟到實體經濟的回歸，歐巴馬即將進行的「再製造業化」（remanufacturize）前景下，美國經濟的新未來。其實再工業化的概念很多年前已有人倡議，不單是美國，歐洲的德、英、法等國也都打出「再工業化」這張牌，如今金融海嘯重創歐美經濟，造成了高失業率，這個概念再被提出，反映了一些西方發達國家對「去工業化」發展模式的反思，和重歸實體經濟的主觀願望。但這個轉機是完全與自由經濟發展的規律背道而馳的。

過去十幾年來，由於美國在傳統製造業領域已不再具有優勢，因此，外包（outsourcing）成為一個新趨勢。90年代，台灣電子業就是靠著為美國大廠代工而崛起，今天的鴻海、華碩、廣達、仁寶、緯創都是這個模式下的贏家；後來，台灣的電子業大規模西進，中國扮演生產基地的角色，搖身變成世界工廠。美國從中國等新興國家進口廉價工業產品，已是一個難以改變的大趨勢，加上資源的全球化配置和生產要素的全球化流動已不可逆轉，受制於成本等生產要素的制約，美國在傳統製造業領域完全不具優勢，歐巴馬想要帶領美國重返實體經濟，也是一項高難度的挑

戰。當然美國不會笨到與中國等新興國家去搶低附加價值的工業產品,美國回歸實體經濟,實現再工業化,當然不會是簡單地回歸傳統製造業領域,一定會與中國等新興國家形成差異化的發展。美國的「再製造業化」或「再工業化」一定是致力於製造業裡最高端、最高附加價值的領域。在設計、技術、工藝、行銷等關鍵領域,美國企業必然會搶占制高點,這正是「微笑曲線」的兩端。

目前非製造業占美國經濟比重已將近九成,未來美國轉向再製造業化,其來自製造業中高附加價值領域的製造業總量一定會增加,而美國這個大轉變也會侵蝕到大多數以製造業出口為導向的國家的經濟。美國的轉變勢必對很多國家形成挑戰,包括日本、德國都會受影響,因為市場就只有那麼大,美國想要保持市占率,只有與別的國家競爭。

資料來源:謝金河(2009)。〈2010世界經濟大變化──「中國生產,美國消費」重新解構〉。《今周刊》,第679期,2009/12/28,頁138-142。

二、區域經濟整合

從關稅暨貿易總協定(GATT)到世界貿易組織(WTO),設立自由貿易的規則,負責協調各會員國之間的貿易糾紛,並且監督各會員國的貿易政策,是目前世界性組織中,唯一擁有強制約束力的組織。但近年來的發展走向區域經濟整合,區域經濟的形成,乃根基於國際間的市場協定,市場協定之經濟合作形式主要有:(1)優惠貿易協定;(2)經濟同盟;(3)共同市場; (4)關稅同盟;(5)自由貿易區;(6)政治聯盟等六種。區域整合的目的不外乎消除或降低貿易障礙與限制非會員國的進口,各種協定均對區域內經濟活動有所優惠,相對地跨區域的經濟活動則有較大的障礙存在。

(一)區域經濟與發展演變過程

區域主義的發展呈現出五種重要型態:

1. 區域化發展：主要是區域內整合與互動的過程，屬於非正式的整合，例如，人員的交流，透過由下向上的流動，使得區域內與區域間得以相互連結，又稱爲「軟性的區域主義」（soft regionalism）。

2. 區域認同與意識：係指一種對於區域共同體的歸屬感，內涵包括文化、歷史、宗教等的聯繫，也就是一種「想像的共同體」。

3. 區域內的國家合作：係指區域內透過政府的協商與談判活動達成區域內的合作，這偏向於國際制度與典範的建構。

4. 以國家爲主要行爲者的區域整合：透過國家來協商有關合作的議題，包括人員、貨物、勞務、資金等的區域流動，成立超國家的組織便是屬於此種型態。

5. 區域的凝聚力：指區域對外的互動，進而處理有關跨區域的議題與事務。從區域「經濟整合」的觀點來看，對於區域經濟發展階段之特徵，匈牙利裔美籍教授Bela Balassa認爲制度化的區域經濟整合形式可以依合作的程度，從高至低分爲五種不同的階段或類型：(1)貨幣同盟（Monetary Union, MU）；(2)經濟同盟（Economic Union, EU）；(3)共同市場（Common Market, CM）；(4)關稅同盟（Customs Union, CU）；(5)自由貿易區（Free Trade Area, FTA）。

　　目前東亞國家之區域經濟發展策略有二：一是對外的區域經濟合作，積極建構自由貿易圈或是自由貿易協定，甚至建立建設性夥伴關係的外在做法外，來擴張區域市場的優勢；二是對內的經濟振興策略，在國內內部積極升級產業建構全球行銷平台　　國際行銷學科技、強化人力資源、增強研發能力、發展知識經濟、制度創新、擴大內需等，創造永續發展的企業優勢環境，有利於加速與區域經濟接軌和整合。

　　自從第二次世界大戰以來，各國的貿易障礙明顯下降，貿易自由化逐漸成爲世界的潮流。促成此一自由化的成果，主要來自於「多邊談判」以及「區域經濟整合」等兩股力量：(1)多邊談判：採行「會員國一體適用」的不歧視性政策；(2)區域經濟整合：採行會員國享有比非會員國更優惠之進口待遇的歧視性政策。

　　區域經貿集團化（regional trade blocks）的發展，主要來自於國際經濟

關係之整合發展趨勢，其觀念始見於1942年。區域性的經濟合作協定自二次世界大戰結束後開始出現，歐洲聯盟（EU）便是一個成功的例子，它是世界最大的多國市場區域和經濟合作的最佳範例。雖然經濟合作成長的趨勢增強了對全球競爭的影響，但是政府和企業仍然擔心歐洲聯盟、北美自由貿易區（NAFTA）與其他合作的區域經濟組織將成爲各地區的貿易聯盟，導致對內沒有貿易限制，對外卻採取嚴密的保護政策。

(二)區域經濟整合的類型

經濟整合（economic integration）是指國與國間逐漸去除貿易障礙以及生產要素移動限制，使商品、服務與生產資源的市場逐漸合而爲一的過程。一般而言，參與經濟整合的國家大都是區域上或地理上接鄰的國家，因此又稱之爲區域經濟整合。簡單來說，就是一國對一國的WTO，以更嚴謹的貿易糾紛解決機制替代關稅壁壘。鑑於WTO會產生經濟強國經濟殖民弱國經濟的現象，弱國便透過自由貿易協定團結起來，這種團結的機制便是「共同市場」，團結之後便可形成區域經濟。

區域經濟整合的類型與其合作的特性依各會員國整合程度之深淺不同，可分爲下列幾種類型（**表3-3**）。

表3-3　經濟整合組織型態

項目	自由貿易區	關稅同盟	共同市場	經濟同盟	政治同盟
廢除會員國間關稅	○	○	○	○	可能
建立共圖貿易障礙	×	○	○	○	可能
移除生產因素限制	×	×	○	○	可能
形成一致國家經濟政策	×	×	×	○	可能
形成一致國家政治政策	×	×	×	×	○

資料來源：S. Onkvixit and J. J. Shaw (2004). *International Marketing: Analysis and Strategy*, p.40, New York: Routledeg.

◆自由貿易區（FTA）

係由兩個或兩個以上的國家共同締造協定，取消參與協定國家之間的關稅及其他貿易障礙，並允許商品在國家中自由地流通，並在區內開放所有產業，成為一個自由貿易區（開放市場），但每一個會員國對非會員國仍保有獨立自主的貿易政策。整合程度為區域性貿易組織中最低的，為自由貿易區協定。例如，北美自由貿易區（NAFTA）：1988年美國與加拿大首先正式簽訂自由貿易協定，主要想取消美加之間的貿易障礙，到1993年兩國與墨西哥為因應歐盟及東亞經濟勢力，遂正式簽訂北美自由貿易協定（North American Free Trade Agreement, NAFTA），自1994年1月1日開始生效，並擬繼續向南延伸整合成美洲自由貿易區。東南亞自由貿易區（AFTA）：又稱東南亞國家協會（Association of Southeast Asian Nations, ASEAN），是在1997年成立，成員國包括汶萊、柬埔寨、印尼、寮國、馬來西亞、緬甸、菲律賓、新加坡、泰國和越南等十個國家，再加上中國大陸、日本、南韓等三個對話夥伴，緊接著東協峰會後，以東協會員國和對話夥伴為基礎，再加上澳洲、印度、紐西蘭的東亞峰會，共計有十六個東亞國家就加強區域合作，以及類似歐洲模式的經濟整合方案加以討論。

◆關稅同盟（CU）

由自由貿易區演變而來，其整合程度較自由貿易區大。關稅同盟是指數個國家結合在一起，在同盟國間，除了保有自由貿易區的合作關係與商品可在國家中自由地流通外，會員國之間的商品貿易完全免除關稅（沒有關稅障礙與非關稅的障礙）；對外則採取共同一致的外部關稅（common external tariffs）及貿易政策。例如，荷比盧關稅同盟（Lux）。

◆共同市場（CM）

經濟結合的程度上相較於關稅同盟要更進一步，除了加入國對內和對外的政策都與關稅同盟一致的規定外，而且在市場內部還規定勞動與資本可以自由移動，財稅制度與政策也盡可能一致。亦即廢除會員國之間的貿易障礙，對外採取共同一致的貿易政策。例如，CARICOM、E.E.C.，自由貿易區與共同市場不同之處在於，共同市場允許各國的生產要素（如勞力、資本、技術）在會員國間自由移動，提供了生產要素走向最佳生產利用之途。

◆經濟同盟（EU）

　　經濟同盟的合作程度包含共同市場的所有合作關係。經濟同盟是指會員國整合及協商彼此的經濟政策以制定共同的貿易、貨幣、財政政策、農業及社會等政策，甚至發行共同的貨幣。例如，歐盟為促進貿易自由化及建立經濟暨貨幣同盟（EMU），成立了歐洲貨幣機構，並將歐洲貨幣改成單一的歐元。經濟同盟會員國間無關稅與其他貿易障礙，對外訂定統一的關稅政策、生產要素（如勞動力）可在各國間自由流通。

◆政治同盟（PU）

　　政治同盟（Political Union, PU）即是一個讓各會員國人民相信合作的政府機構。其整合程度包含了經濟同盟所有的合作關係，除了擁有相同的財政、貨幣政策之外，會員國之間的國防政策也統一，由共同承認的政府來掌管整體組織，亦即政治上原本獨立的各國整合為單一的政治架構。例如，在1991年東西德統一，合併成為一個政治同盟。

　　歐盟（EU）的整合層次最高，不僅「國境因素」日益消亡，政策的協調與擬定也高度制度化，甚至連國家主權象徵的貨幣也逐步統一，而成為近代「深度整合」的濫觴與典範，可說不僅將屆經濟整合的極限而日趨政治整合的境界，更在2004年完成東擴計畫，由十五個成員國增加到二十五國（**表3-4**）。

表3-4　歐盟新加入會員國經濟實力

國家	人口（千人）	面積（平方公里）	GDP（10億歐元）
波蘭	38,654	312,685	200.2
捷克	10,278	78,886	73.9
匈牙利	10,043	93,030	69.9
斯洛伐克	5,399	49,035	25.1
立陶宛	3,699	65,300	14.6
拉脫維亞	2,424	64,589	8.9
斯洛維尼亞	1,988	20,273	23.4
愛沙尼亞	1,439	45,227	6.9
塞浦路斯	755	9,251	10.8
馬爾他	388	316	4.1
10新會員國合計	75,067	738,572	437.8
原15會員國合計	376,455	3,191,000	9,162.3
新歐盟總計	451,522	3,929,572	9,600.1

資料來源：歐盟統計局網站，www.eurostar.com。

(三)區域性經濟整合的效益

區域性經濟整合的效益分為下列四種：

1. 貿易效果：關稅取消，有助於會員國間的貿易活動，甚至會員國間的貿易會取代與非會員國間的貿易。
2. 提高資源的生產力：資源可自由移動，有助於提升資源運用效率。
3. 規模經濟：市場擴大，有助於廠商擴大生產規模。
4. 競爭和創新：會員國內的廠商，必須面對其他會員國廠商的競爭，因此，必須設法提升自己的競爭力。

(四)企業因應經濟整合之策略

區域性經濟整合對於企業具有策略意涵：市場的地理範圍擴增，來自各國的競爭也加劇。就非會員國廠商而言，可採取以下因應措施：

1. 和地主國公司購併、合資、成立策略同盟。
2. 蒐集資訊。
3. 成立含括全區的銷售網。
4. 教育企業員工具有地區觀。
5. 降低成本、將產品標準化。

(五)台灣面對區域經濟整合之道

面對區域經濟整合的國際大趨勢，台灣可以有以下因應之道：

◆廠商直接赴區內投資設廠

如此可享有與區內廠商相同的待遇，但此舉勢必會加速台灣產業外移，對台灣經濟發展有相當程度的負面影響。其次，融入自由貿易區，融入的方式有三：

1. 直接與自由貿易區的組織洽談，但歐盟、北美自由貿易區及東協均與中國大陸經貿關係密切，只要中國大陸阻撓，成功的可能性微乎其微。
2. 與自由貿易區內之單一國家洽談，如東協之新加坡、北美之美國、歐盟中之東歐國家，借單點融入區域經濟體，此舉成功機率雖然較前項為

高，但同樣會遭到中國大陸的阻力，且即使成功，台灣必須透過此一國家中轉才能與其他國家貿易，必然會增加成本。

3.與中國大陸洽談：只要台灣與中國大陸簽署ECFA與大陸達成協議，我國與其他國家洽簽FTA的外在政治障礙就比較容易排除，台灣即可就純經濟的角度來與其他國家洽談。兩岸經貿關係極為密切，2007年為台灣第一大貿易夥伴、第一大出口夥伴及第二大進口夥伴，很有條件組成自由貿易區。兩岸可以仿效歐盟及東協經貿整合經驗，在尊重雙方自主性的前提下，以ECFA為起點，進一步邁向「兩岸共同市場」，為兩岸帶來和平契機，邁向雙贏境界。只要兩岸關係朝目前和平、和諧與合作的方向發展下去，台灣就有可能解決經濟被邊緣化的問題，台灣能否加入東協，完全要視大陸態度而定，台灣只要維持現狀，就有加入的可能。

 全球觀點

台灣必須努力參與區域經濟整合

　　從2000年到2008年，亞太地區簽了五十六個自由貿易協定，只有兩個國家不在裡面，這兩個國家，一個叫做朝鮮人民民主共和國，一個叫做中華民國。台灣必須更努力參與這波區域經濟整合，否則台灣會被進一步孤立或邊緣化。台灣已與中國大陸簽訂金融監理合作瞭解備忘錄（MOU），兩岸進一步合作，台灣也期待與東南亞國家加強互動。台灣是亞太經濟合作會議（APEC）經濟體之一，與東南亞國家有密切經貿關係，包括勞務、觀光、貿易等層面。台灣在資訊科技、通信、教育、漁業、醫療保健、創業等經驗，可幫助東南亞夥伴。台灣非常渴望參與亞太區域經濟整合，不希望被孤立或邊緣化。過去亞太地區迅速進行區域經濟整合，特別在東亞，近期澳洲總理陸克文倡議建立亞太共同市場，日本首相鳩山也提倡推動東亞共同市場，在亞太區域經濟整合趨勢中，台灣也希望與國際接軌[1]。

　　政府宣示在簽署兩岸經濟合作架構協議後，即要推動與主要貿易夥伴簽署自由貿易協定或經濟合作協議。台星的經濟合作協議，正式啟動。

外貿協會「後ECFA兩岸會展合作訪問
團」，成功爭取與簽訂兩岸經濟合作架
構協定三件赴台會議獎勵旅遊案及促成
兩團大型買主團，並舉議（ECFA），希
望讓海峽兩行簽約儀式。

　　新加坡政府，對於台灣參與東亞區域經濟整合給予支持，我國將與新加坡持續
深化雙方的互動關係。我國政府全力為人民營造有利的經濟環境。兩岸簽署ECFA之
後，為求參與經濟整合與全球互補，政府必定會全力與其他主要貿易夥伴洽簽經濟
合作協議[2]。由於政治因素的影響，台灣在區域自由化或雙邊自由化路徑中均受到阻
礙，參與區域經濟整合成為優先與必要的選擇。在全球化的時代，幾乎沒有國家會
自願從全球自由化的舞台中退卻，但是由於政治因素，有些國家卻被全球自由化所孤
立。北韓是自願選擇鎖國，我們則是被迫鎖國，如果不能突破自由貿易的切口，將會
被迫繼續鎖國。不論我們喜不喜歡，突破這個困境的切入口，正是中國大陸，這也是
地緣經濟與地緣政治的必然。

　　隨著多邊貿易體系的式微，區域貿易結盟與雙邊貿易協定相繼而起。全球貿易互
動的改變，由於政治因素，外國不願意與台灣簽署雙邊貿易協定，使得台灣在全球自由
化的競爭中相對處於劣勢，致使如今台灣產品不論輸往東協、歐洲、美國、南美所需擔
負的關稅，均較那些彼此簽署自由貿易協定的國家來得高。東亞國家近年紛紛推動簽署
FTA，韓國已簽署的FTA計有美、印度、歐盟、東協、智利、新加坡等，日本所簽署的
計有東協、墨西哥、智利、澳洲、韓國、印度等，中國大陸所簽署的同樣也包括東協、
智利、紐、澳、南非關稅同盟等。面對如此情勢，台灣外貿環境更處劣勢。

　　在全球自由化受到阻礙後，誰能掌握區域自由化或雙邊自由化，誰就是可能的贏
家。台灣這些年的出口全球排名直線下滑，內部因素是政府近年產業政策、技術發展
等政策的鈍化，外部因素則是台灣近年難以參與區域經濟整合，貿易條件日趨惡化。今

年起東協加一已經開始進行，全球的雙邊FTA更是快速成長，如果台灣不思突破此一困局，以台灣外貿導向的經濟而言，如何繼續發展？如果台灣再不能進入區域自由化或雙邊自由化的領域，台灣等於就被完全邊緣，也等於被迫鎖國了。面對全球多邊貿自由化的頓挫，如果想要突圍，唯一的道路就是突破目前難以參與區域經濟整合的困境。

過去和台灣已簽署的FTA僅中、南美洲巴拿馬、瓜地馬拉等五個國家，占台灣對外貿易只有0.18％。如果台灣只和中國大陸簽ECFA，而無法和其他國家簽FTA，則無疑台灣會被中國大陸經濟統合而邊緣化。但美、日和東協不會坐視ECFA後台灣被邊緣化。目前亞洲區域經濟整合，最成功的模式是「東協加N」的模式，如東協加一、加三或加六，其重點是東協為軸心。若台灣只和中國大陸簽ECFA，對中國大陸無疑如虎添翼，東協恐有淪為邊陲的輪輻之虞，故東協為自己和亞洲整體的利益都應該和台灣簽FTA。以台灣過去工業化和國際化的發展經驗，台灣可在亞洲區域經濟整合中扮演技術整合與資源協調者角色，以及作為他國進入中國市場的風險緩衝器。

註：1.何旭如（2009）。〈總統：台灣必須努力參與區域經濟整合〉。《中央社》，
　　　2009/12/16。
　　2.陳思穎（2010）。〈證實台星洽簽FTA　吳敦義：有助與他國洽簽經濟合作協議〉。
　　　Nownews，2010/08/05，http://www.nownews.com/n/2010/08/05/671464。

問題與討論

1.全球的主要區域經濟整合有哪些？

2.何謂世界貿易組織（WTO）？其主要功能為何？

3.經濟環境和國際行銷的關係為何？

4.國際經濟制度及其變化為何？

5.世界經濟的主要變化情況為何？

6.行銷的國際經濟環境為何？

7.國際經濟制度主要可分為哪幾種？

8.國際經濟環境與消費者的關係為何？

國際行銷之社會文化環境

- ◆ 行銷與社會的關係
- ◆ 社會責任
- ◆ 國際社會文化環境
- ◆ 文化的元素內涵、特性與構成因素及文化價值的關連性
- ◆ 東西文化差異對國際行銷的影響

　　針對行銷、社會與文化所形成的關係，行銷人員須注意以下的變化：(1)社會價值觀的改變；(2)人口結構的變化；(3)文化的多樣性。而文化是一個社會中成員的生活習慣，對各國「市場需求」及「管理方式」均有持續、廣泛而又深入的影響力。「國際行銷者」應對本身文化懷抱堅持信念，並以「同理心」對異國文化深入體驗，以致力瞭解各國「文化元素」，並分析對「國際行銷策略」之影響。國際文化的主要差異可以從高、低脈絡文化、個人主義或集體主義、權力距離、不確定之迴避以及陽剛性或陰柔性來進行分析。此外，國際行銷者應學習系統化克服自我參考架構與跨文化訓練以因應文化差異之挑戰。

　　國際行銷者應清楚其一方面扮演文化接受者的角色，另一方面亦肩負文化改變的推動者角色。妥善地順應環境、改變活動，將能促成跨國行銷的成功。消費者需求與購買行為，深受所處社會的文化所影響。文化是一種生活方式，是人類社會之知識、信仰、藝術、道德、習俗，以及其他各種能力與習慣之總和。而全球企業必須處理不同文化的顧客、供應商、競爭者或策略夥伴，故應分析文化之差異，並配合各國之文化特性，方能成功地達到目的。

　　本章首先介紹行銷與社會的關係、社會責任（social responsibility）、國際社會文化環境、社會文化、社會大眾、社會環境、地理環境變數、人口統計變數。其次探討企業文化的四個層次、文化的元素內涵與文化價值的關連性、文化之特性與構成因素，接著進行跨國文化分析，探討國際文化差異分析，介紹東西文化差異對國際行銷的影響，最後探討從全球化到文化全球化，以供讀者與國際行銷者處理全球文化差異問題之參考。

第一節　行銷與社會的關係

　　行銷與社會之關係包括：(1)行銷是在企業外在環境運作；(2)行銷回應環境；(3)行銷會受環境影響。例如唯物主義、忽略生活的品質。

　　針對行銷、社會與文化所形成的關係，行銷人員須注意以下的變化：(1)社會價值觀的改變；(2)人口結構的變化；(3)文化的多樣性。

 **行銷視野**

華德迪士尼公司

◎持續擴張　進入明日樂園

　　為卡通動畫電影技術寫下新頁，以美國主題樂園及孩童的電視節目等廣為消費者所熟知的華德迪士尼公司，在過去二十年間急速擴張事業版圖，其浩瀚的帝國包含了海外主題樂園、幾家電影製作公司、特效公司、職業球隊，有線及無線電視、出版社、零售店、郵輪、戲劇製作，還有房地產。2002年，華德迪士尼公司歡慶迪士尼先生百年誕辰，該公司透過週年活動，希望重新引起大眾對其主題公園的注意，因而選擇「100年的魔力」作為主題，並投下巨資，以特別的廣告、新的遊行、各種紀念商品等，來促銷此一活動主題。在巴黎開幕的迪士尼影城，讓已在1992開幕的巴黎迪士尼樂園更形完美。無論是美國境內的兩個樂園或是海外的所有主題樂園，全都如迪士尼持續的承諾：充滿歡樂的小小世界。

◎一隻老鼠起家

　　第一個迪士尼公園的構想及創立，來自華德迪士尼本人。將住宅抵押貸款，並出售他在ABC有線電視網的部分股份，華德耗資1,700萬美元，在南加州的Anaheim市買下182畝的土地。這一大片土地便成為第一個迪士尼樂園，在1955年開幕。華德迪士尼世界的Magic Kingdom在1971年開幕，1982年開設迪士尼未來世界，1989年是

迪士尼米高梅影城,迪士尼動物王國則在1998年。之後,迪士尼又在Anaheim建立了迪士尼加州冒險樂園,於2001年與世人見面。

華德迪士尼世界也需要更多遊客,因此持續增加更多吸引人的設備,如最近在Anaheim的Disney Kingdom,及壯觀的迪士尼動物王國旅館。迪士尼也同時嘗試一些不同的戰術,「我們知道這裡有很多不同的設備可帶給人們歡樂,但許多人以為這裡只適合家庭來玩,因此我們重新界定品牌,以吸引不同年齡層的遊客。」迪士尼選出四個不同的目標市場:年輕夫婦、孩子已成年的老年夫妻、有幼童的家庭,及有青少年的家庭。透過特別設計的高爾夫課程、歡樂島(內夜間俱樂部式的環境),以及舒適的用餐選擇,迪士尼世界試著吸引包含蜜月夫妻到退休人士等不同的消費者,並希望那些退休族群能帶著他們的孫子一同前來。有了這些多樣的吸引元素,超過26,000間旅館房間,及享有「地球上最快樂的地方」之美名,迪士尼世界成為美國最受歡迎的遊樂景點。華德迪士尼公司希望能將這套成功的模式複製到其他歐洲及亞洲樂園。

◎將魔力散播到海外

迪士尼主題樂園及迪士尼世界吸引了全世界的遊客,特別是亞洲。結果,迪士尼與日本公司Oriental Land達成授權協議,在1983年於東京開設東京迪士尼樂園。該樂園極為成功,一位日本教授甚至稱它為「80年代日本最偉大的文化活動」。但遊客在1999年開始銳減,每一位遊客的花費及樂園的獲利也都降低了。第二個海外公園在1992開幕,位於巴黎郊外的歐洲迪士尼樂園,一開幕就得面對批評及冷漠的歐洲客,有些歐洲知識份子甚至認為它是一種文化沙漠。該公園前幾年的營運就虧損了20億美元。迪士尼的主管被威脅,除非成本降低且營收增加,否則將關閉該公園。經過財務重整,並將門票訂價降低,遊客因此增加。該樂園改名為巴黎迪士尼樂園,這最大的轉變,讓遊客人數從1994年的880萬增加到1995的1,070萬人,成長21%,旅館的住房率也隨之提升。但最重要的是該樂園在1995年獲利達到2,300萬,如今已是法國旅遊勝地的第一名,吸引的遊客比羅浮宮或艾菲爾鐵塔還多。

東京的迪士尼海洋世界在2001年開幕,定位類似加州冒險樂園,希望東京迪士尼樂園的遊客能從每年1,700萬增加到2,500萬人。目標顧客較為成熟也更廣泛,園內

因此提供全套spa，及含酒精的飲料，但一張門票高達46美元，在經濟不景氣時看來有點過高。此外，東京還面臨該公司2001年在大阪開幕的環球影城的競爭。當日本開設了第二個樂園後，迪士尼決定在法國也進行相同的動作。華德迪士尼巴黎影城，和奧蘭多的迪士尼米高梅影城很像，在2002年開幕，根據歐洲顧客的喜好，設計了許多受歡迎的公園設施。最後一個樂園的計畫則是在2006年於香港開幕的香港迪士尼樂園。迪士尼的執行長Michael Eisner稱香港樂園是「我們在全球最壯麗的樂園」，也是「迪士尼進軍地球上人口最多的國家的灘頭堡」。2002年中，《香港經濟時代雜誌》的報導更指出，迪士尼不只跨出重要的第一步，還將更進一步在中國大陸的上海開設第二大的樂園（蘋果日報，2015）。

一、社會價值觀的改變

什麼是價值？價值是一個社會之文化體系的重要要素。根據人類學家Kluckhohn等人（1951）的定義：「價值是一個人所特有或屬於一個群體特色的，或是隱含性的或外顯性的，一種認為什麼是值得的想法。這種想法影響了個人或群體在可用的行動方式、途徑及目的中做選擇」。Kluckhohn等人進一步指出一套價值體系包括了對大自然的看法、人在大自然的位置的看法、人與人之間關係的看法，以及對在處理人與人和人與其環境的關係時認為值得或不值得做的看法。簡言之，價值就是一個社會的文化所提供給社會成員一套認定何者為真、善、美之準則。根據Kluckhohn等人的觀點，楊中芳（1993）認為價值體系包括了世界觀、社會觀和個人觀等三種價值理念。世界觀是指對人及其宇宙、自然、超自然等關係的想法；社會觀則是對社會及其中成員關係的想法；個人觀則是社會成員個人所必須有的價值理念。這種比較廣泛抽象的分類可以涵涉文崇一（1989）比較具體的價值觀分類。其具體的分類大致包括了與世界觀有關的宗教價值，與社會觀有關的政治價值、經濟價值、家庭價值，及與個人觀有關的道德價值和成就價值等。不論是何種分法，價值本身是具有普遍性的，也就是價值是會反應及運用在不同的情境中。價值也是抽象的，必

須要透過對反映價值觀之具體態度，方能觀察和瞭解。

　　一個社會的價值體系取向有兩種形式的變化。其中一種變化是在同一時期內，社會成員因其所屬的群體、面臨的處境或人生階段的不同，所形成之不同價值觀或會對同一主流價值有不同程度的認同的差異。另一種變化則是因爲不同世代的社會成員，因其經驗的歷史與社會的環境及事務不同，而分別自幼年起就逐漸發展出不同但相當穩定之價值觀（王振寰、章英華，2005）。

　　就台灣漢人社會的傳統價值來說，我們大致可以孝親敬祖、安分守成、宿命自保、遵從權威、男性優越，以及追求功名等取向來描述（楊國樞，1993；文崇一，1989）。這些價值觀往往被認爲是受到儒家思想的影響。但隨著經濟資本主義化、政治民主化、文化西方化，以及社會日益多元開放等等的變化，識者均認爲台灣社會，不論是在社會結構或人際關係上，都已經與傳統社會不同。特別是在1980年代因爲金錢遊戲的起起落落，政治體制的巨大變化，以及一些重大自然災難的衝擊等，整個社會似乎處於不斷變動的過程中。

　　美國學者Inglehart（1977）以「寧靜革命」一詞來描述近代各國社會在經歷工業化後，不同世代間價值觀的變化是一種緩慢但朝類似方向改變的趨勢。這個趨勢是從上一代注重與安全和保障相關的價值觀，轉變到新一代強調與個人自由相關的價值觀。台灣社會的民眾在短短三、四十年內經歷快速的工業化和都市化的過程後，其價值觀的變化在相當程度上也符合這種變化的趨勢。和傳統漢人社會所強調的孝親敬祖、安分守成、宿命自保、遵從權威、男性優越，以及追求功名等價值取向的主軸對照，今日台灣民眾在其家庭與人際關係的私領域中，可說是繼續朝向平權開放、尊重情感、兩性平等的價值取向發展（楊國樞，1993）。

　　就長期的趨勢來看，我們的整體社會價值的發展是有些值得注意的警訊。我們的社會，特別是30歲以下的年輕一代，在面對全球化競爭時，逐漸趨向以自保與個人利益爲中心的價值是否能因應這種挑戰呢？如果我們有許多高學歷的年輕人，但其心態是爲自己的出路打算時，這些有素質的人力可以到台灣以外的地方去工作，而不一定會對自己的社會有貢獻。而就台灣未來的處境來看，我們需要的不只是個人的打拚，而是要能群策群力的發揮整體的力量（王振寰、章英華，2005）。因此，我們需要有一個穩定的政治經濟環境與良好的社會保障制度，能使30歲以下的年輕人脫離自保的心態而積極的面對未

來。我們希望我們年輕的一代能重視個人才能的自我實現，也能重視自己對社會的責任。我們有責任為我們的下一代建立一個有反省力、有行動力的社會（王振寰、章英華，2005）。

　　台灣社會的民眾在短短三、四十年內經歷快速的工業化和都市化的過程後，其價值觀的變化在相當程度上轉變到強調與個人自由相關的價值觀。在家庭與人際關係的私領域中，可說是繼續朝向平權開放、尊重情感、兩性平等的價值取向發展。台灣社會在過去二、三十年間，因為社會財富的快速增加、政治制度的不斷變革，造成人與人間，以及個人與團體間關係的衝擊，使得不少識者憂心我們的社會已顯現出價值紊亂，進而導致社會問題叢生的危機（王振寰、章英華，2005）。

二、人口結構的變化

(一)人口結構對經濟成長的重要性？（《北美智權報》，第141期）

　　經濟學定義：　一個國家15～64歲的人民，稱為勞動人口；勞動人口的數量占全國總人口的比例，稱為勞動力比例。如果這個比例的趨勢是上升的，稱為人口紅利（demographic dividend），如果趨勢是下滑的，稱為人口負債（demographic debt），許多國家的經濟高速成長時期，背後都會搭配人口紅利的成長；衰退則有人口負債的時空背景。觀察一個國家未來的經濟發展前景，「人口結構」議題不得不重視。

　　從經濟學的角度來看，一個群體的數量夠多，就會形成一種紅利，讓資源往他們集中。以台灣為例，居住在台北市和台東縣的居民，一樣納稅，但每位居民可以享受的資源大不相同，台北市擁有更多人口產生更多的資源紅利。但並非人多就代表人口紅利越多，以國家的規模來說，人民的素質會比人口多寡的影響力更重要，在農業社會時代，人口數量龐大的中國和印度，GDP生產力長期位居世界第一和第二，人們平均壽命不長，國民素質的優勢並不明顯；但是進入20世紀的現代化社會後，國民的素質對國家經濟發展相當重要。評估國民素質的方式很多，其中，透過國家人口年齡結構來剖析國民素質是一種常見的方式，從許多國家二次大戰後的發展歷史來看，人口結構對於國家的經濟發

國際行銷學——全球觀點實務導向

展相當重要，甚至可說是最首要的影響力。

　　全球許多已開發國家都已經進入人口負債結構。英國是已開發工業國中，很早就面臨人口負債結構的國家。1980年代，英國在柴契爾夫人領導下經濟轉好；但到1988年後，英國經濟逐漸下滑。直到1993年，在首相布萊爾的帶領下，英國經濟又恢復成長至2007年。

　　對照英國勞動力的趨勢與經濟變化，兩者的趨勢幾乎不謀而合。經濟奇蹟絕非偶然，而是在人口紅利的前提之下，搭配穩定的政治、適當政策所帶來的成果。橫跨歐亞的俄羅斯，前身是蘇聯，1990年代，蘇聯領導人戈巴契夫宣布蘇聯瓦解。因為人民民生產業和軍工業的發展已經完全失衡，從蘇聯當時的勞動力走勢可知，持續下滑的勞動力亦為導致蘇聯解體的原因之一。俄羅斯的經濟直到2000年，新任總統普亭後，GDP開始以多元產業發展的方式成長，甚至被稱為「金磚四國」（BRIC）。

　　2009年以後，金磚四國頭銜光芒不再。從國家勞動力的走勢看來，2010年勞動力進入下滑趨勢的俄羅斯，未來的經濟發展將難以恢復過去的高速成長；那麼，俄羅斯在2000～2008年的經濟成長真的是普亭的功勞嗎？更詳細的分析俄羅斯產業結構，就不難發現俄羅斯的國家經濟主軸都圍繞在能源和原物料產業上。2000～2011年剛好是全球原物料大多頭時代，俄羅斯受惠於原物料飆漲和人口紅利的加乘效果，才有亮眼的經濟成長。2012年以後俄羅斯執政者仍然是普亭，但少了人口紅利和原物料多頭護航，俄羅斯經濟就出現如此大的落差。人口紅利和原物料多頭對於俄羅斯的影響，很明顯更甚於普亭。

　　世界第二大經濟體：中國的經濟成長也明顯和人口紅利有直接關係。1980年後，中國歷經五位中共中央總書記——包括胡耀邦、趙紫陽、江澤民、胡錦濤、習近平。1979年，中國官方實施「一胎化節育政策」以後，歷經十五年，中國的勞動力大幅提升；再加上中國主要領導人之一的鄧小平，在1980年代，經濟改革與對外擴大貿易，使得中國的GDP，在1995年以後逐漸大幅成長。2015年以前，中國勞動力的大幅提升，吸引外國企業的大量資金和技術投入，年度GDP成長率即使在全球大規模的景氣蕭條，仍然能保持6%以上的成長。人口紅利搭配適當政策發展出的經濟效益，非常可觀。但2015年過後，中國進入人口負債結構，內需消費成長遲緩，產能過剩的問題將會越來越嚴重，民間家庭的扶養負擔也會大幅增加。沒有人口紅利的中國，經濟成長將會越來越緩慢。

　　同樣位於東亞的南韓，人口勞動力從1965年以後，開始穩定上升。1980年以後，歷任主要總統為全斗煥、盧泰愚、金泳三、金大中、盧武鉉、李明博，除了1981年的景氣低迷外，大多時候GDP都是正成長；尤其是在1970～1990年代，GDP成長經常超過4%，與同樣位於東亞的台灣，長期互為競爭對手。南韓總統是否執政有方沒辦法確定，但長達五十年的人口紅利的優勢，對南韓經濟成長絕對功不可沒。

　　1990年代以前，台灣政府描述的「經濟奇蹟」，事實上只是人口紅利的加乘效果，並非任何奇蹟。1960年代開始，台灣的戰後嬰兒潮陸續進入求學階段，造成各個高中、國中、小學數量不足，政府增加各種基礎建設。1980年代和1990年代，嬰兒潮世代開始成家立業、就業與消費旺盛時期。此時廉價的勞動力，吸引歐美外國製造業進入台灣，就業機會大幅增加，勞動職缺增加速度，遠遠超過台灣勞動力增加速度；勞動力供不應求，收入上升，進而帶動全民消費，消費再產生各種產業，經濟達到所謂「台灣錢淹腳目」的盛況。

　　台灣嬰兒潮世代結婚生子，買房置產，房地產需求強勁，帶動建築業與服務業。那並不是台灣經濟奇蹟，只是自由經濟政策配合，引導外國製造業進入台灣投資生產，加上「人口勞動力快速上升」產生的經濟效應（如**圖4-1**）。如果沒有勞動力快速上升以及相對低廉的勞工成本，勞力密集度高的外國企業，根本不會到台灣投資，這是「典型人口紅利」加上「自由開放政策」所產生的例子。

　　一個國家的經濟發展要考量和規劃的要素相當多，而人口紅利可以說是對國家長期發展最大效益的因素。只要有長期的人口紅利，對外開放貿易，適當吸引熱錢，甚至培植國家特定產業，該國的經濟發展通常不會太糟糕。但國家的人民會隨著長時間而衰老，人口紅利會轉為人口負債，觀察處於人口負債結構的國家，幾乎都會面臨下列問題：國債大幅增加、民間消費難以成長、人口高齡化、房地產泡沫、所有產業營運利潤低、企業晉升制度癱瘓、社會福利制度破產、醫療資源分配不均、年輕人高失業率、外國企業停止投資或企業出走……，這些問題一旦浮現，國家財政一定會出現危機，然後陷入景氣衰退的惡性循環。

　　現今大多數的國家，都面臨國家債務的問題，只是比重多寡的差別。人口紅利過後的國家，其債務增加速度非常快速，許多國家都會以舉債作為財政手

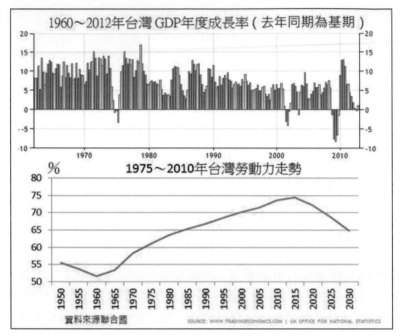

圖4-1　台灣1960～2012年度GDP成長率與1975～2010勞動力走勢

資料來源：聯合國，http://www.tradingeconomics.com

段。以希臘為例，2008年以前，希臘國債占GDP百分比仍維持在107%以下，但過了2010年，歐盟人口紅利耗盡，國際投機客與對沖基金組織進攻希臘，希臘國債立刻大幅攀升，速度之快，使得歐洲央行官員措手不及。等到2011年，歐元區有心想拯救希臘之時，希臘已變成燙手山芋，長年陷入債務還不完的深淵，直到2015年，希臘的債務問題始終沒有完全解決的可能性。

　　全球債務占GDP比例最高的日本也是如此。日本人口紅利到1990年結束，大約一年多的時間，1992年後，人口負債時期開始，日本國債立刻快速攀升。到了2015年，國債占GDP已經超過230%，而且日本每年人口減少約20～30萬人，日本政府為了拉抬民間消費和通貨膨脹，未來勢必還得擴大舉債，國債還會持續攀升。

　　1945年第二次世界大戰過後，開啟了近代的嬰兒潮（baby boomer），由於1945～1960年出生的世代，是當時人類出現數量最多最快的世代，所以全

球大多數已開發國家的經濟循環，幾乎都是跟著他們運作。當他們成年時，已開發國家率先進入人口紅利時期，國家經濟在戰後快速復甦，台灣、香港、南韓、新加坡則是緊接在後，進入長達四十年以上的人口紅利時期。1980年代，這些國家大量國民正處於勞動力巔峰，經濟進入高速成長時期，到了2010年代後，大量國民正要進入老年階段，高速成長期進入尾聲。人們開始回憶過去的榮景，每當提到「亞洲四小龍」或「90年代經濟奇蹟」，彷彿「好漢回顧當年勇」的意境，但從人口變化的概念來看，經濟從來沒有奇蹟，而且在人口負債時期，也只能加倍努力耕耘。

(二)人口結構變化的國安問題面面觀（《工商時報》，2015年02月28日）

繼少子化、高齡化、適婚男女不婚、不育等相繼成為「國安問題」後，前行政院長毛治國也在開春後的首次記者會上憂心的宣告另一項即將出現的「國安問題」。台灣的工作人口於2015年達到頂點後，2016年起將是以每年減少18萬就業人口的速率呈「拋物線下降」，估計十年之內台灣的就業人口總數將驟減180萬人。檢析毛揆的這一新春談話，識者都知道並非危言聳聽。展望台灣就業人口的減少趨勢，源頭自然在於「少子化」的後續效應，而更準確的來講，台灣「少子化」的第一波效應就在於學生生源的減少。先是小學班級人數變少，偏鄉則更面臨停辦、併校的衝擊，接著就是國高中，而這二、三年來，連大學也感受到少子化所帶來生源不足的威脅，不只迄今已有幾所私立大專院校因生源不足而只好停辦，2016年更被視為是許多大學生死存亡的關頭，教育部長吳思華也曾公開倡議應建立大學的退場機制，以免衍生更多的「國安問題」。

不論是少子化、老齡化或就業人口將呈「拋物線下滑」等現象，都並不是突然間才湧現。以少子化議題為例，前總統馬英九於2008年上任之際，就曾指出台灣少子化將成為足以動搖國本的「國安危機」，但作為執政者，馬總統不應只是發聲警告而已。但檢視這六、七年來的政府施政，不只未能有效遏止少子化的情況，反而從單純的人口結構改變，再衍生出就業人力長期看減，並成為產業發展的惡夢。從這個角度來看，馬政府的無能失職實難辭其咎。

政府執政團隊針對少子化所衍生的一系列「國安問題」雖曾發聲示警，卻拿不出對策，但從產業界的角度來看，卻不能坐以待斃，畢竟不論是人力不

足或人才素質不夠,都將影響企業的生產力與產業競爭力。因此近年來,國際間早已展開一場全方位的人才甚至包括勞力的爭奪戰,不論是爲了彌補本國就業市場人力的不足,或者網羅足以在國際間爲企業開疆拓土的人才,包括歐美及亞太地區各國,紛紛開放白領移民或教育移民的方便之門。就這一點而言,馬政府的應變對策和效率同樣是不及格的。行政部門雖已提出涉及國外專業人士得以歸化我國的相關法案如「移民法」、「國籍法」之法律修正案,但不只開放的尺度在民間業界看來仍是門檻太高,而且因立法效率不彰,也使得修法草案迄今仍無法完成三讀。這種牛步化的效率與開小門謹小愼微作風,還眞是讓人力吃緊、求才若渴的企業界即使最後望到了梅,恐怕還是產生不了止渴的效果了!

政府無能又無效率,但是民間企業不能等,只能自求多福。過去常見的手法是產業外移,將工廠遷到勞力充沛、工資水準較低的地區。而對高科技產業來說,鴻海集團董事長郭台銘在集團新春團拜時的談話,預示了產業的自救之道。他表示看好機器人產業已趨成熟,期許未來三年要以自動化設備及智能化機器人取代現有的七成人力,並配合網路及雲端技術,讓生產線達到「可控可管」,以期解決大陸缺工、台灣缺才的問題。

鴻海集團預告三年內將透過自動化及機器人的投入,減少七成的人力。從一個角度來看,這似乎是面對就業人力因少子化而萎縮,最好的替代解決對策。如果有足夠多的企業跟進,則似乎可以化解、彌補未來十年台灣工作人口每年將減少18萬人的衝擊、空缺。但是生產過程的更自動化,以及機器人的更加智能化,未來不只可以取代製造業的產製流程,可預見也將廣泛的取代目前服務業的人力功能。因此十年之後,台灣所面臨的,恐怕不是工作人口總量將減少180萬人的問題,而是屆時將有更多人面臨沒有工作機會的問題。畢竟,機器人耐操又全年無休,也沒有薪水或勞資糾紛的問題。到了那麼一天,少子化已經不再是「國安問題」,取而代之的是七或八成的人都將無工可做的另類「國安問題」。只有現在的政府團隊會感到慶幸,因爲到時已經不關他們的事了!

三、文化的多樣性（MBA智庫百科，2016）

(一)什麼是文化多樣性

　　文化多樣性是指各群體和社會藉以表現其文化的多種不同形式。這些表現形式在他們內部及其間傳承。文化多樣性不僅體現在人類文化遺產通過豐富多彩的文化表現形式來表達、弘揚和傳承的多種方式，也體現在藉助各種方式和技術進行的藝術創造、生產、傳播、銷售和消費的多種方式。文化多樣性是人類社會的基本特徵，也是人類文明進步的重要動力。

　　在國際競爭中，文化多樣性是指跨國公司在一種多元文化環境中從事經營活動。國際經營具有一個多樣化的環境、多元文化的架構。環境與文化的多樣性為國際經營增加了複雜性和不確定性，它使管理這些活動更為困難。從跨國經營的角度來看，文化多樣性至少具有兩種更具體的涵義：(1)文化的差異性導致不同國家商業習俗、經營行為與管理方式的差異性；(2)不同國家的雇員與管理者在文化上的差異性導致跨國公司內部形成多元化的思維方式與行為方式，並對公司績效產生直接影響。

(二)文化多樣性對跨國經營的影響

　　一方面為跨國公司帶來了不確定性的經營環境，增加了跨國公司管理的複雜性，給國家戰略帶來問題；另一方面，文化多樣性的協同效應給國際戰略帶來發展的機遇。

(三)不同國家管理文化多樣性的案例

　　跨國公司究竟選擇什麼樣的文化多樣性管理戰略和方法，更主要地還取決於其產業特徵的性質。要求跨國公司在進行戰略決策時，既要具有全球戰略思維眼光，又要顧及地區差異（**表4-1**）。

表4-1 不同國家管理文化多樣性的案例

國家	管理文化多樣性
美國	一、美國總體概況 　　廣袤的國土面積，豐富的自然資源；優越的地理位置，發達的基礎設施；先進的教育體制，強烈的競爭意識；良好的工作觀念，難得的歷史機遇；實用的利益取向，狂熱的國家主義；偏狹的道德優越，驕橫的國際獨尊。 二、美國社會價值觀 　1.以白人中產階級價值觀為核心，其主要特徵是低權力距離、強個人主義、弱不確定性迴避、中等程度的男性化。 　2.美國是一個多元文化和多元種族的社會，既存在嚴重的種族歧視現象，又具有多元文化的寬容精神。 　3.人們強調年輕與新穎，追求時尚與趨勢，重視創意與革新，崇尚競爭與利益，畏懼「過時」與「落伍」。 三、美國的管理哲學具有五個特點 　1.崇尚增長，認為增長是公司發展所必需的。 　2.崇尚利潤，認為利潤是效率與績效的標誌，並可以提供社會福利。 　3.崇尚自由創造與私有企業，認為私有企業比其他企業體制可以提供更多的有效性。 　4.崇尚接受困難的決策，認為放棄無效的業務、解僱不稱職的經理人員、在沒有盈利的情況下解僱雇員是正常的。 　5.崇尚變革，認為變革及承擔由變革導致的風險，是一個企業家必須具備的素質。 　　美國管理哲學的上述這些方面，是形成美國人的獨特管理風格的基礎，也是美國管理者與其他國家的管理者的區別之所在。 四、美國從事商務活動指南 　1.美國是一個多元文化的社會，美國文化的多樣性也反映在市場方面。 　2.美國管理者具有明顯的未來時間取向。 　3.美國公司重視季度利潤指標。 　4.美國是一個法律無處不在的國家。 　5.美國消費者是世界上最挑剔的消費者，也是最喜歡打官司的消費者。 　6.在僱用雇員時必須瞭解招聘與面試的法律要求。 　7.美國人非常自負與傲慢，總覺得自己是世界上「最棒」的。 　8.美國是一個不講求人際關係的社會，即使他們試圖建立良好關係，其背後也帶有明顯的功利。
日本	一、日本總體概況 　1.明顯的島國文化特徵。如強調命運共同體、團結、固執、尊重長者、憂患意識、高度安全需要等。 　2.非常男性化的社會。特徵是工作中心主義、社會地位和身分具有重要作用、大公司具有吸引力、強調性別差異、金錢與事業取向、生活為了工作。

（續）表4-1　不同國家管理文化多樣性的案例

國家	管理文化多樣性
日本	3.兩種重要價值觀規範著行為。一是對公司老闆的絕對忠誠。二是對工作場所的極大認同。 4.不確定性迴避非常高。對未來具有憂患意識：採取終身僱傭制、年資薪金制和晉升制；公司文化強調合作與和諧：服從上司、忠誠公司、目標共識、努力工作、照顧下屬、協商問題、長期視野、集體主義、參與管理及共擔責任。 5.獨特的績效評估與晉升系統。人員晉升速度非常緩慢，以年資為基礎；公司對雇員進行績效評估時，忠誠、可靠和準時是評估的重要指標。 二、日本從事商務活動指南 1.日本人重視的是「情景的邏輯」，而不是「事實的邏輯」。 2.日本管理者具有明顯的「種族優越感」。 3.日本人非常重視人際關係。 4.在日本做生意少不了應酬交際。 5.在決策中，日本人採取的是過程取向，而不是結果取向或目標取向。 6.日本人在商業交往過程中最流行的習慣是首先交換名片，然後再握手和鞠躬。
澳大利亞	一、澳大利亞總體概況 地處南半球，人口接近1,900萬，國土面積大約700萬平方公里；典型的多元文化國家，94%來自歐洲、5%來自亞洲和其他國家，土著1%左右；被稱為「幸運國家」，是世界上最大的與任何國家都沒有陸路邊界的國家，地廣人稀，資源豐富、環境優美，沿海氣候宜人，生活質量較高，是經濟發達國家之一。 二、澳大利亞文化特徵 主流文化表現出明顯的盎格魯撒克遜文化特徵；個人主義指標高、權力距離指標小，不確定性迴避低和中等男性化；多元文化：種族包容性及友善性；保留著西方個人主義文化特色：關心線性目標、戰略與結果，強調正式的和邏輯化的商業計畫，重視商業活動中的信用關係；澳大利亞人不拘形式，非常實際。 三、在澳大利亞從事商務活動指南 1.為了吸引外國投資，澳大利亞聯邦政府和各州政府制定了一系列優惠政策，如為外國投資者提供必要的協助安置費用、提供勞動力培訓資金和研發資金等。 2.與美國商人相比，澳大利亞商人的冒險意識相對較弱。 3.澳大利亞是一個低情景文化國家。 4.澳大利亞工會勢力非常強大。
英國	一、英國總體概況 位於歐洲大陸西部的島國，約有5,900萬人口。西元1世紀，被羅馬人占領並統治達三百年；西元4世紀，來自北歐的盎格魯撒克遜人乘機占領英倫島；11世紀，來自法國北部的諾曼底人入侵英倫島，並建立了一個完整的封建王朝；近代的幾百年的殖民擴張，世界許多國家受其影響。

（續）表4-1　不同國家管理文化多樣性的案例

國家	管理文化多樣性
英國	二、英國社會價值觀 　　個人主義是英國社會的主要價值觀，崇尚「橫向個人主義」：個體獨立性但與他人平等，集體共用但公平競爭，高度平等與自由。民主社會主義管理方式的特徵：強調個人主義，順從與接受職位的不平等，自控與保守，誠實與信賴，關注自由及階層意識。儘管權力距離較小，但是一個非常強調社會階層和地位差異性的國家。 三、在英國從事商業活動的指南 　　1.英國人最強調的是教養與耐心。 　　2.在與英國人作生意時，不要過分誇大自己的實力，尤其是資金方面的實力。 　　3.在英國從事經營活動需要考慮的最重要的因素就是工會。 　　4.英國人強調「正確地做事情」，而不是「做正確的事情」。 　　5.英國人在與外國商人交往時往往邀請合作者去觀看英國足球、橄欖球和板球比賽，你可接受也可不接受邀。
法國	一、法國總體概況 　　法國位於西歐中心，大約5,800萬人口；是世界上經濟發達國家之一，經濟規模在全球排名名列前茅；法國始終在歐洲占據著支配地位。 二、法國社會價值觀中等偏高權力距離： 　　1.創立了「自由、平等、博愛」的價值觀，但實際上推崇的是「貴族文化」。 　　2.在法國家庭，父親擁有絕對權力。 　　3.在企業中，老闆決定一切。 　　4.進入名牌大學是進入社會「精英階層」的「通行證」高不確定性迴避。 　　5.強調控制風險，主要方法是通過家庭，簡歷和保持擴散性親屬關係或準親屬結構，緩衝或支持面對風險的個體。 　　6.一些大型集團始終處於家族控制中。 　　7.人們強調社會生活質量。 　　8.在工作場所，競爭並非是激勵因素。 　　9.喜歡大量的閒暇時間，不想因工作而犧牲生活樂趣。 　　10.與其他發達國家比，法國工人的平均假期是世界上較長的（每年四至五週），但他們在工作時間內非常努力，勞動生產率高。 三、法國從事商業活動指南 　　1.法國人非常重視頭銜，頭銜表明了一個人的身分和地位。 　　2.每年8月份是法國人的假期。 　　3.法國人非常友好，但有時過於尖刻。 　　4.法國人推崇文化情趣。 　　5.專業化和邏輯清晰是最受法國人推崇的。

（續）表4-1　不同國家管理文化多樣性的案例

國家	管理文化多樣性
德國	一、德國總體概況 　　最講求理性，其文化特徵是：理性、等級結構、紀律和控制取向；較高的個人主義、較小的權力距離、中等程度的不確定性迴避記男性化特徵。 二、德國管理哲學 　　1.強調「社會市場哲學」，認為市場本身必須經過設計並需要加以管制。 　　2.經濟法規要支持企業的成功，而不是敵意的收購，這種行為並不能為企業帶來任何效率或經濟性。企業組織結構嚴謹，管理層次分明，責權分工清晰，決策權力集中。 　　3.在德國公司中，角色與規則都是經過正式規定的。 　　4.公司追求產品導向，而不是市場導向。 　　5.運營資金主要從銀行借貸，而不是從股票市場上籌集。 　　6.強調管理取向，而不是創業取向。 　　7.高附加價值產品和技術是管理者的座右銘。 　　8.質量和產品設計足管理者最重視的方面。 　　9.注重正式系統，依托經過嚴格培訓的勞動力資源，雇員較高的技術能力使管理層透過扁平結構和較大控制幅度實施管理，推崇技術工人的自我監督。 　　10.如大約三分之二的德國工人具有國家承認的學徒證書。 　　11.管理層和工會組織具有良好協商合作關係。一旦出現勞資糾紛，勞資雙方都傾向於協商式的解決方式。 　　12.雇員每年有十週的帶薪假期，是世界上雇員帶薪假期最長的國家之一。 三、德國從事商業活動指南 　　1.德國是一個講究身分的國家。 　　2.德國人非常講究專業性。 　　3.德國是低情景文化的社會。 　　4.德國文化是一種中性文化。 　　5.德國人追求長期利益，而不是短期利潤。 　　6.德國人的決策過程比較緩慢。 　　7.在德國商人舉行的宴會上注意的事項。
阿拉伯國家	一、阿拉伯的宗教 　　阿拉伯人的宗教無所不在、無所不包、無所不能；伊斯蘭教構成了阿拉伯文化的核心，幾乎支配著人們的一切社會活動；每天幾乎都要花兩小時做宗教祈禱；在穆斯林「齋月」，企業都要「關門」；宗教影響其思維方式和行為方式。 二、伊斯蘭文化 　　本質上是一種宿命論文化；強調命運與事情的最終結果是由超自然的「真主」安排的；人應該順應「真主」的意志，接受「真主」安排；家

（續）表4-1　不同國家管理文化多樣性的案例

國家	管理文化多樣性
阿拉伯國家	庭成員之間關係非常密切，人們相互關心，和諧相處，尊重長者，保護面子；阿拉伯人將外國人稱為「兄弟」時，是對外國人非常尊重的表示。 三、阿拉伯從事商業活動指南 　　1.避免在還沒有獲得主人的瞭解或還沒有建立良好關係之前，就開始與阿拉伯人談生意。 　　2.阿拉伯人對伊斯蘭文化非常執著。 　　3.阿拉伯國家是等級結構森嚴的社會。 　　4.穆斯林文化非常講究禮節儀式和各種宗教規範。 　　5.當出現嚴重衝突時，阿拉伯人特別傾向於用第三方去調解衝突。 　　6.阿拉伯社會是一個非常講究人際關係與社會關係網路的社會。 　　7.阿拉伯商人是最願意討價還價的商人。 　　8.阿拉伯商人一般沒有交換禮物的習慣。 　　9.在阿拉伯國家，重要決策通常都是當面作出的。

資料來源：MBA智庫百科（2016）。

 第二節　社會責任

一、生態環境（維基百科，2016）

　　生態環境是自然的生態環境，即未經過人為破壞與介入的天然環境，廣義的說法為「大自然中各類生物能存活的環境」。世上各種生物都有適合自己生存的生態環境，多種生物一同棲息的相同生態環境即為一個生態系統，而在相同生態環境下的生物會互相競爭，造成食物鏈。人類為了保育稀有動物，專業人員會研究該動物的習性後，量身打造能夠復育牠們的環境。四川大熊貓棲息地即為此類實例。

二、汙染（維基百科，2016）

汙染（環境汙染），指自然的或人為的向環境中添加某種物質而超過環境的自淨能力而產生危害的行為。主要對環境自然生態系統和人的健康產生危害，即使當時不造成危害，但後續效應有害也算是汙染行為，如氮氧化物，雖然本身並不有害，但在陽光催化下與自由基等物質作用會轉化成光化學煙霧，對生物造成危害，對建築物造成腐蝕。

汙染有兩種規模，區域性汙染和全球性汙染。過去人們的注意力只放在區域性汙染上面。如燃燒煤會產生煙霧和二氧化硫，有害人的呼吸道健康，降低汙染的注意力主要放在如何去除煙霧和處理二氧化硫方面。但最近幾十年，科學研究發現汙染會造成全球效應，如燃燒煤會產生對人體健康不會造成危

害的二氧化碳,但大量二氧化碳的排放會造成劇烈的溫室效應,引起全球氣候的異常變化。

是否是汙染取決於行為造成的後果,例如由於工農業生產或人類生活排放含有氮、磷的有機營養物質,會造成水體中藻類異常繁殖,因此在淡水水體中產生水華,在海洋中產生赤潮,也是一種汙染。一般汙染被分為空氣汙染、水汙染、固體廢棄物汙染、土壤汙染和放射性汙染。現在汙染的範圍越來越大,有船舶汙染、光汙染、噪音汙染、熱汙染和過度消費等各種新興汙染開始被人們關注。

主要的汙染源來自各種化學工業、有毒、有害及有放射性廢棄物的處置不當、農藥過量使用、生產及生活汙水的排放、機動車廢氣排放;各種噪音,包括工廠、機動車和商業噪音;工業、生活燃燒燃料排放的廢氣等。核電站和油輪的事故會造成局部地區的嚴重汙染事故。

今天,汙染物廣泛存在於環境當中,其影響如下:

1. 生物放大作用指毒素(如重金屬)透過營養級一步一步地呈指數變濃。
2. 二氧化碳釋放導致海洋酸化,地球海洋的pH值正在下降,二氧化碳正在溶解進入海水。
3. 釋放溫室氣體導致全球變暖,以多種方式影響生態系統。
4. 入侵物種會與當地物種競爭,減少生物多樣性。入侵植物的雜物和生物分子(化感作用)會改變環境的土壤和化學成分,常常導致當地物種競爭力降低。
5. 氮氧化物透過雨水從空氣中移除,土地中的肥料會改變生態系統中物種的組成。
6. 霾會減少植物接受的光照,降低光合作用,生成的對流層臭氧對植物有害。
7. 土地會退化,無法生長植物。這會影響食物鏈中的其他物種。
8. 二氧化硫和一氧化氮會導致酸雨,降低土壤的pH值。

(一)溫室氣體和全球變暖

二氧化碳是光合作用的關鍵,有時被認為是汙染物,因為它在大氣中含

量過高，影響地球氣候。對環境的影響也可以進行普通分類，像水和空氣一樣。近期的研究顯示大氣中長期高濃度二氧化碳可能會導致海水稍微變酸，但是導致的後果嚴重，並可能影響海洋生態系統。

(二)發展中國家汙染之最

布萊克史密斯研究所是國際非營利組織，致力於消除發展中國家威脅生命的汙染物，每年公布世界上最為汙染的地區。2007年發布的前十大汙染地包括已經工業化的國家，有亞塞拜然、中國、印度、秘魯、烏克蘭和尚比亞（The World's Most Polluted Places: The Top Ten of the Dirty Thirty (PDF), 2013-12-10）。

三、綠色行銷（Green marketing）（MBA智庫百科，2016）

(一)綠色行銷簡介

英國威爾斯大學肯‧畢提（Ken Peattie）教授在其所著的《綠色行銷——化危機為商機的經營趨勢》一書中指出：「綠色行銷是一種能辨識、預期及符合消費的社會需求，並且可帶來利潤及永續經營的管理過程。」綠色行銷觀念認為，企業在行銷活動中，要順應時代可持續發展戰略的要求，注重地球生態環境保護，促進經濟與生態環境協調發展，以實現企業利益、消費者利益、社會利益及生態環境利益的協調統一。從這些界定中可知，綠色行銷是以滿足社會和企業的共同利益為目的的社會綠色需求管理，以保護生態環境為宗旨的綠色市場行銷模式。

所謂綠色行銷是指企業在生產經營過程中，將企業自身利益、消費者利益和環境保護利益三者統一起來，以此為中心，對產品和服務進行構思、設計、製造和銷售。綠色行銷是指企業以環境保護為經營指導思想，以綠色文化為價值觀念，以消費者的綠色消費為中心和出發點的行銷觀念、行銷方式和行銷策略。它要求企業在經營中貫徹自身利益、消費者利益和環境利益相結合的原則。

目前，西方發達國家對於綠色產品的需求非常廣泛，而發展中國家由於資

金和消費導向上和消費質量等原因，還無法真正實現對所有消費需求的綠化。以我國為例，目前只能對部分食品、家電產品、通訊產品等進行部分綠化；而發達國家已經透過各種途徑和手段，包括立法等，來推行和實現全部產品的綠色消費。從而培養了極為廣泛的市場需求基礎，為綠色行銷活動的開展打下了堅實的根基。以綠色食品為例，英國、德國綠色食品的需求完全不能自給，英國每年要進口該食品消費總量的80%，德國則高達98%。這表明，綠色產品的市場潛力非常巨大，市場需求非常廣泛。

綠色行銷只是適應21世紀的消費需求而產生的一種新型行銷理念，也就是說，綠色行銷還不可能脫離原有的行銷理論基礎。因此，綠色行銷模式的制定和方案的選擇及相關資源的整合還無法也不能脫離原有的行銷理論基礎，可以說綠色行銷是在人們追求健康（health）、安全（safe）、環保（envioroment）的意識形態下所發展起來的新的行銷方式和方法。經濟發達國家的綠色行銷發展過程已經基本上形成了綠色需求—綠色研發—綠色生產—綠色產品—綠色價格—綠色市場開發—綠色消費為主線的消費鏈條。

(二)綠色行銷管理內容

綠色行銷管理包括以下各方面的內容：

◆樹立綠色行銷觀念

綠色行銷觀念是在綠色行銷環境條件下企業生產經營的指導思想。傳統

行銷觀念認為，企業在市場經濟條件下生產經營，應當時刻關注與研究的中心問題是消費者需求、企業自身條件和競爭者狀況三個方面，並且認為滿足消費需求、改善企業條件、創造比競爭者更有利的優勢，便能取得市場行銷的成效。而綠色行銷觀念卻在傳統行銷觀念的基礎上增添了新的思想內容。企業生產經營研究的首要問題不是在傳統行銷因素條件下，透過協調三方面關係使自身取得利益，而是與綠色行銷環境的關係。企業行銷決策的制定必須首先建立在有利於節約能源、資源和保護自然環境的基點上，促使企業市場行銷的立足點發生新的轉移。對市場消費者需求的研究，是在傳統需求理論基礎上，著眼於綠色需求的研究，並且認為這種綠色需求不僅要考慮現實需求，更要放眼於潛在需求。

◆企業與同行競爭的焦點

企業與同行競爭的焦點，不在於傳統行銷要素的較量，爭奪傳統目標市場的份額，而在於最佳保護生態環境的行銷措施，並且認為這些措施的不斷建立和完善，是企業實現長遠經營目標的需要，它能形成和創造新的目標市場，是競爭制勝的法寶。與傳統的社會行銷觀念相比，綠色行銷觀念注重的社會利益更明確定位於節能與環保，立足於可持續發展，放眼於社會經濟的長遠利益與全球利益。

◆設計綠色產品

產品策略是市場行銷的首要策略，企業實施綠色行銷必須以綠色產品為載體，為社會和消費者提供滿足綠色需求的綠色產品。所謂綠色產品是指對社會、對環境改善有利的產品，或稱無公害產品。這種綠色產品與傳統同類產品相比，至少具有下列特徵：

1. 產品的核心功能既要能滿足消費者的傳統需要，符合相應的技術和質量標準，更要滿足對社會、自然環境和人類身心健康有利的綠色需求，符合有關環保和安全衛生的標準。
2. 產品的實體部分應減少資源的消耗，盡可能利用再生資源。產品實體中不應添加有害環境和人體健康的原料、輔料。在產品製造過程中應消除或減少「三廢」對環境的汙染。

3.產品的包裝應減少對資源的消耗，包裝的廢棄物和產品報廢後的殘物應盡可能成為新的資源。

4.產品生產和銷售的著眼點，不在於引導消費者大量消費而大量生產，而是指導消費者正確消費而適量生產，建立全新的生產美學觀念。

◆制定綠色產品的價格

價格是市場的敏感因素，定價是市場行銷的重要策略，實施綠色行銷不能不研究綠色產品價格的制定。一般來說，綠色產品在市場的投入期，生產成本會高於同類傳統產品，因為綠色產品成本中應計入產品環保的成本，主要包括以下幾方面：

1.在產品開發中，因增加或改善環保功能而支付的研製經費。

2.在產品製造中，因研製對環境和人體無汙染、無傷害而增加的工藝成本。

3.使用新的綠色原料、輔料而可能增加的資源成本。

4.由於實施綠色行銷而可能增加的管理成本、銷售費用。

但是，產品價格的上升會是暫時的，隨著科學技術的發展和各種環保措施的完善，綠色產品的製造成本會逐步下降，趨向穩定。企業制定綠色產品價格，一方面當然應考慮上述因素，另一方面應注意到，隨著人們環保意識的增強，消費者經濟收入的增加，消費者對商品可接受的價格觀念會逐步與消費觀念相協調。所以，企業行銷綠色產品不僅能使企業盈利，更能在同行競爭中取得優勢。

◆綠色行銷的通路策略

綠色行銷通路是綠色產品從生產者轉移到消費者所經過的通道。企業實施綠色行銷必須建立穩定的綠色行銷通路，策略上可從以下幾方面努力：

1.啟發和引導中間商的綠色意識，建立與中間商恰當的利益關係，不斷發現和選擇熱心的行銷夥伴，逐步建立穩定的行銷網路。

2.注重行銷通路有關環節的工作。為了真正實施綠色行銷，從綠色交通工具的選擇，綠色倉庫的建立，到綠色裝卸、運輸、貯存、管理辦法的制

定與實施，認眞做好綠色行銷通路的一系列基礎工作。

3.盡可能建立短通路、寬通路，減少通路資源消耗，降低通路費用。

◆做好綠色行銷的促銷活動

綠色促銷是透過綠色促銷媒體，傳遞綠色訊息，指導綠色消費，啓發引導消費者的綠色需求，最終促成購買行爲。綠色促銷的主要手段有以下幾方面：

1.綠色廣告：透過廣告對產品的綠色功能定位，引導消費者理解並接受廣告訴求。在綠色產品的市場投入期和成長期，透過量大、面廣的綠色廣告，營造市場行銷的綠色氛圍，激發消費者的購買欲望。

2.綠色推廣：透過綠色行銷人員的綠色推銷和營業推廣，從銷售現場到推銷實地，直接向消費者宣傳、推廣產品綠色訊息，講解、示範產品的綠色功能，回答消費者綠色諮詢，宣講綠色行銷的各種環境現狀和發展趨勢，激勵消費者的消費欲望。同時，透過試用、饋贈、競賽、優惠等策略，引導消費興趣，促成購買行爲。

3.綠色公關：透過企業的公關人員參與一系列公關活動，諸如發表文章、演講、影視資料的播放，社交聯誼、環保公益活動的參與、贊助等，廣泛與社會公眾進行接觸，增強公眾的綠色意識，樹立企業的綠色形象，爲綠色行銷建立廣泛的社會基礎，促進綠色行銷業的發展。

第三節　國際社會文化環境

一國文化的所有面向，包括：語言、教育、宗教態度和社會價值等。語言在國際行銷中扮演非常重要的角色，確定使用的語言適當，確定所要表達訊息是正確的翻譯，正確傳達想要表達的意義。

一、社會文化（http://researcher.nsc.gov.tw/caroljoe/ch/）

1.核心文化（culture）與次文化（subculture）：影響消費者購買行爲的重要因素。

2.社會階層（social class）：影響消費行爲。

3.社會趨勢：有別於文化。文化較具長久性，形成與變遷的時間往往亦較長。

4.社會責任。

二、社會大衆

對公司的行銷活動，具有實質的或潛在的影響力及興趣的任何群體，包括：

1.財務大衆（financial publics）。

2.媒體大衆（media publics）。

3.公民大衆（citizen-action publics）。

4.當地大衆（local publics）。

5.一般大衆（general publics）。

6.內部大衆（internal publics）。

三、社會環境

1.人口成長與年齡結構（兒童旅館、女性百貨等）。

2.人口的地理分布。

3.婚姻狀態與家庭結構。

4.就業女性（就業女性增加、女性可支配所得增加、許多針對女性的服務業興起，且競爭激烈等）。

四、地理環境變數

1.地形：大陸板塊或海洋島嶼、平原或山地地形。

2.氣候：溫度炎熱或寒冷、氣候乾燥或潮濕。

五、人口統計變數

1. 人口數目、種族膚色、性別比例、年齡分布、學歷分布、職業分布、婚姻狀況、所得分配。
2. 宗教：宗教是在相信超自然力量的基礎上具有共有的信仰、活動與制度，是人類社會的基礎，提供個人處理事情的方式。基督教、伊斯蘭教與印度教的信奉人數約占全球人口三分之二；基督教人口約占全球人口的三分之一。
3. 教育：教育為個人進入社會的前置準備，並將社會化的經驗有系統的傳承；社會上員工專業技能和生產力的指標，國際企業管理者能夠使用教育程度來評量一國的人力資本。

六、企業文化的四個層次

以下分別從不同的觀點，來對企業文化的四個層次進行分類：

1. 國家文化：在民族國家政治領域內主流文化。
2. 企業文化：在一企業文化中，附屬於企業中的規範、價值觀和信仰。告訴人們在社會要如何以正確、可被接受方式做生意。
3. 職業文化：職業文化是在同職業團體內人們的規範、價值觀和信念，與預期人們行為的方式。
4. 組織文化：為組織中成員共有一套重要理解方式。

第四節　文化的元素內涵、特性與構成因素及文化價值的關連性

　　文化的元素一般可分為五大類，包括人類宇宙、社會制度、物質文明、語言與文化、美學藝術。文化價值意指文化本身傳達的特有理念與意象。例如迪士尼獨一無二的企業文化，它的企業文化可以與「歡樂文化」畫上等號。散播

歡樂,並且為家庭娛樂服務,已經成為迪士尼公司神聖的使命和經營理念,更是不斷取得進步的強大動力。細節掌握的好壞,決定成敗;就算是樂園中的清潔工,也要擁有提供服務、滿足顧客、製造歡樂的能力。如果讓客人聽見「對不起,那不是我的工作」,他們的遊興必定大打折扣。

一、文化之特性與構成因素

(一)文化之特性

文化之特性有下列四種:

1.是「後天」習得的。
2.為一社會所「共享」的。
3.具「強制」性。
4.文化之各「組成元素」是相互關聯的。

(二)文化構成因素

與國際行銷最有關聯之文化構成因素如**表4-2**所示。

表4-2　文化構成因素

因素	內容
1.物質生活	反映用以「生產」、「分配」及「消費」產品的科技。一個社會的物質生活就是其經濟發展的水平或生活水平。
2.語言文字	「語言」是溝通的必要工具,亦是反映各國思想與生活習慣的文化要素。
3.審美觀念	係指該社會如何認知各種藝術形式,例如,音樂、繪畫、戲劇、舞蹈、建築等,何為美麗與品味。
4.教育	教育一方面是將文化一代傳一代的工具,亦為文化改變之主要途徑。國際行銷者欲與不同文化者溝通新思想、態度及行為,須先認識地主國之教育現況,才能進行適當行銷活動。
5.宗教	欲瞭解人們內在而根本之行為動力,就須瞭解其宗教信仰。
6.態度與價值觀	價值觀影響人們對事物之善惡、美醜及重要性的判斷,是人類外在行為的決定要素。

行銷透視

麥當勞的文化侵略

不同的種族、文化本來就有各自的環境飲食文化，但麥當勞的文化侵略卻令全球人民的飲食文化統一化。無論你身在何方，都吃一樣的漢堡、薯條及奶昔。這不單促使不同地區的本土文化瓦解，更確立了一種對生態極度不利的飲食模式。麥當勞的全球風行亦標誌著美式「牛肉狂」的飲食文化及只講效率不講營養的垃圾文化（junk culture）的大量輸出。但在麥當勞等美國速食集團登陸後，日本人吃牛肉的數量直線上升，可樂、奶昔等美式食品亦變得普遍，但隨此而來的卻是心臟病、糖尿病、癌症等「文明病」在這個曾被稱為「長壽民族」中擴散。日本只是一個例子，還有多少國家的文化也正遭受侵略？

麥當勞叔叔之家兒童慈善基金會舉辦「麥當勞叔叔說故事」活動，並且到病房內幫病童加油打氣。

麥當勞無法不對人產生震撼，因為它本身代表了一種文化，一種卓越而成功的文化。今天，在我們的生活中，麥當勞儼然已扮演著一種不可或缺的角色。麥當勞在企業的責任中，不僅在「經濟責任」方面做得很成功，它在「自由裁量責任」方面，同樣也做得令人滿意。例如：積極參與社會公益活動，像是對於殘障人士的捐款活動，以及幫助喜憨兒的一些愛心活動，都讓人感到溫馨。

因此，一個成功的跨國企業在進行國際行銷時必須注意到其企業文化對全球地區不同國家的影響，且更需要在賺錢之餘別忘了要履行其社會責任，回饋當地國家與人民，如此才能在全球各地永續經營！

二、跨國文化分析

進行跨國文化分析之重要性有二：首先，若行銷人員忽略跨國分析，單純地以自己本國文化來評估外國文化，常導致失敗的行銷活動；其次，跨國文化分析可以指出市場機會，例如，幾家嬰兒用品製造商體認到日本人對產品輕、薄的需求，而推出比日本領導品牌幫寶適更輕、更薄的紙尿布，在日本市場大受歡迎。

又如主題樂園領導者——迪士尼樂園，繼加州、佛羅里達及東京迪士尼的成功經驗之後，在巴黎建造歐洲迪士尼（Euro Disney），於1992年春天開幕。但歐洲迪士尼卻遭遇最大之失敗，不但被法國知識份子視為「文化之車諾比事件」（Cultural Chernobyl），也不為歐洲之消費者認同。主要是迪士尼的經營方式與歐洲的生活方式、休閒習慣、甚至排隊與餐飲習慣均不同所造成。當初歐洲迪士尼籌劃時就針對文化差異做了各種的努力，但其主管階級自以為是的做法，不但讓歐洲迪士尼在一開始就花了許多冤枉錢，更慘的是他們一連串為彌補文化差異的努力反成眾矢之的。比如說，為了與法國周遭的環境融合，歐洲迪士尼的入口並不是像迪士尼集團其他的主題樂園是巴伐利亞式的堡壘，而是根據法國一份15世紀的手稿所建造的古堡，其建造成本從原來的20億元增加至38億元，使得歐洲迪士尼的建造成本超出其預期的金額許多，然而多花了18億建造的城堡並未得到多大的好評。

又例如，迪士尼集團向來禁止其主題公園內販賣酒精飲料，所以在歐洲迪士尼也採取相同的規定，但他們卻忽略酒精飲料是歐洲人吃飯必備的飲料；再者，自認為文化敏感的歐洲迪士尼管理階層當初為配合歐洲人的習慣，園內的餐廳都是歐式的，也就是那種可以好好坐下來享受一頓豐盛而昂貴的餐點。不過現在歐洲迪士尼已經從失敗中學到歐洲民眾真正想要的是什麼了，現在歐洲迪士尼園內可以買到酒精飲料，而且除了提供歐式餐點以外，也提供自助餐餐廳和道地的美式快餐。

歐洲迪士尼在文化差異上所犯下的錯誤還不僅如此，與美國相較而言，歐洲的假期雖然比美國來得長，但歐洲父母卻不習慣在假日帶小孩到戶外走動，因此他們願意花在歐洲迪士尼的時間也就比較少。此外，通常歐洲人在規

劃假期時，會將前往歐洲迪士尼安排在假期的最後階段，一旦假期結束，他們勢必要離開，沒有多餘且彈性的時間停留在歐洲迪士尼。使歐洲民眾將歐洲迪士尼安排在假期最後階段的主要原因是他們不想將整個預算花費在昂貴的歐洲迪士尼，昂貴的門票對他們而言是一種浪費。當歐洲迪士尼終於瞭解到他們在文化差異上的錯誤判斷，並且願意虛心瞭解法國及歐洲消費者的生活、休閒及飲食習慣，而做出了各項改善措施，終於逐漸使其為歐洲顧客所認同。

行銷透視

上海迪士尼樂園

　　上海迪士尼樂園是一座剛開幕的主題樂園，位於上海浦東，屬於上海迪士尼度假區的一部分。樂園在2011年4月8日動工興建，訂於在2016年6月16日開幕（蘋果日報，2015），由華德迪士尼公司和上海申迪集團組成的三家合資公司分別負責持有及營運，其中兩家是業主公司，第三家是管理公司。業主公司股份按照出資比例中方占57%，迪士尼公司占43%，管理公司美國總部擁有絕對管理權，持股比例70%（上海迪士尼樂園新聞發布室，2011/05/26）。目前該樂園在2016年5月7日已經開始試營運。

◎園區

　　上海迪士尼樂園將與其他世界各地傳統「迪士尼樂園」的規劃有所不同，且將不包含許多其他迪士尼樂園內的知名設施。上海迪士尼樂園不使用迪士尼常見的「樞紐與軸輻」設計，樂園內並不會有傳統的「樞紐」區域，也沒有繞行整個園區的軌道運輸設施。取代「樞紐」的是在樂園中央占地11英畝大型花園。樂園內的旋轉木馬和小飛象遊樂設施將設置在中央城堡的「前方」而非後方，這是迪士尼樂園中首次出現的規劃設計。此外，與其他迪士尼樂園不同，上海迪士尼樂園中將沒有「探險世界」和「美國小鎮大街」區域。在開幕時，上海迪士尼樂園將會有六個主題區域，分別為：米奇大街、夢幻世界、奇想花園、明日世界、寶藏灣（上海迪士尼度假區，2014/07/28）和冒險島。

　　上海迪士尼樂園將創立以下八項全球「第一」：

1. 首個集齊所有公主的城堡。
2. 首個海盜主題景區。
3. 首創船載漂流項目「晶彩奇航」。
4. 首發遊樂設施景點「創極速光輪」。
5. 獨有的「十二朋友園」景區。
6. 擁有全球最高、最大的迪士尼城堡。
7. 擁有最長迪士尼花車巡迴路線。
8. 首次推出中文版《獅子王》音樂劇。

◎米奇大街（美國小鎮大街）

　　上海迪士尼樂園將包含一個類似於美國華德迪士尼世界度假區，迪士尼好萊塢影城主題樂園入口區域的同名入場園區「米奇大街」，取代傳統的「美國小鎮大街」，區域內將設有多間以迪士尼各時期歷史為主題的商店和餐廳。

◎奇想花園

　　「奇想花園」坐落於樂園中央的奇幻童話城堡前方，由多座小型花園組成，將占地11英畝，並將取代迪士尼樂園傳統的「樞紐」區域。其中包含一座以十二生肖為

主題的「十二朋友園」，把十二生肖與迪士尼明星齊聚一堂，並將有以迪士尼角色為主角的馬賽克瓷磚拼貼（Disney Parks Blog, 2014/05/21）。此外，一座以《幻想曲》為主題的旋轉木馬景點，和「小飛象」也將出現在此區域。

◎明日世界

全球所有的迪士尼樂園都擁有以太空為主題的「明日世界」區域，上海迪士尼樂園的將有一個在設計上與傳統略有不同的「明日世界」區域。上海迪士尼樂園的明日世界將沒有「飛越太空山」景點，取而代之的是以《創：光速戰記》為主題的全新半室內騎行雲霄飛車，名為「創極速光輪」。此外，迪士尼熱門的巴斯光年室內景點將以新版在上海迪士尼樂園中出現，稱為「巴斯光年星際營救」，該景點設施內將使用與其他迪士尼樂園不同的全新科技。香港與巴黎迪士尼的互動景點「幸會史迪奇」也將在上海迪士尼樂園中出現。

◎幻想世界

全球所有的迪士尼樂園都擁有「幻想世界」區域，上海迪士尼樂園中將包含新版本的「幻想世界」區域。樂園的城堡名為「奇幻童話城堡」，所有的迪士尼公主都將在此出現，並將會是所有迪士尼樂園城堡中最具互動性的一座（Disney Parks Blog, 2014/05/21）（上海迪士尼度假區，2014/07/28）。上海迪士尼的夢幻樂園區域將被分為兩個部分，城堡的後方是傳統的「夢幻世界」，而城堡前方則是全新區域「奇想花園」。

夢幻樂園區域內將有新版本的「小飛俠天空之旅」，以及在華德迪士尼世界魔法王國內也設有的「七個小矮人採礦列車」。與香港迪士尼樂園的「瘋帽子茶派對」旋轉杯設施不同，上海迪士尼將有以「小熊維尼」為主題，稱為「旋轉瘋蜜罐」的類似設施。區域內將有一座全新遊樂設施「晶彩奇航」，其中遊客可乘坐船舶遊覽城堡。此外，區域內也有「小熊維尼歷險之旅」室內景點和以《魔境夢遊》為主題的迷宮。

◎寶藏灣

「寶藏灣」將是上海迪士尼樂園獨有的全新主題區域，上海迪士尼樂園擁有其五年獨有權，以《神鬼奇航》系列電影為主題（Disney Parks Blog, 2014/05/21）。此區域將有全新獨創版本的「神鬼奇航」遊樂景點，名為「神鬼奇航：沉沒寶藏之

戰」，將會使用在其他樂園中未曾見過的全新科技和特殊效果。區域內也將有一齣以傑克·史派羅船長為主角的特技表演。

◎探險島

「探險島」是一個與其他迪士尼樂園內「探險世界」類似的主題區域。與巴黎迪士尼樂園的探險世界類似，上海的探險島區域內將沒有「叢林巡航」景點，亦沒有「雷鳴山極速礦車」景點，取而代之的是類似迪士尼加州冒險樂園內「灰熊山谷漂流」，而上海迪士尼樂園以外型看似鱷魚及古龍的巨獸為主題，命名其「雷鳴山漂流」，以及以迪士尼加州冒險樂園內「飛越加州」為藍本的升級新版本「翱翔飛越地平線」，這個升級新版本的景點也將於2016年在迪士尼加州冒險樂園和華德迪士尼世界度假區Epcot樂園同步上海迪士尼樂園的開幕登場。此外，區域內也將會有一座名為「古蹟探索營」的步行遊樂設施，其設計與迪士尼加州冒險樂園內的「紅木溪挑戰步道」相似。

國際文化差異分析

身為人類即有許多基本需求，馬斯洛（Maslow）將需求分為五個層級，分別為生理、安全、社會、尊重與自我實現的需求（**圖4-2**）。人們尋求這些需求的滿足，而且是依循著由下往上的需求層級前進。從過去的研究與觀察中發現，當一個國家的經濟逐漸成長，人民的消費型態亦逐漸從滿足基本的生理與安全需求移轉到高層的自我尊重需求，因而購買一些著名的品牌或奢侈品來引起他人注意，或進展到自我實現階段，消費讓自我身心成長的課程、書籍等。因此，國際市場需求的差異可以由各地區經濟發展的進程，作相當之解釋與預測。

除了經濟地位的變化之外，各地區的文化差異也造成消費者不同的需求。近年的一項研究報告指出，亞洲消費者的需求層級與西方社會消費者不盡相同，其最低的兩層級仍維持為馬斯洛所提出之生理與安全需求，但第三層被修改為從屬需求，亞洲消費者喜歡被群體接受，因為會有購買相似產品的群體

圖4-2　馬斯洛需求層級理論

行為。第四層為崇拜需求，藉由加入令人尊敬的團體，個人可以獲得滿足，因此可以針對目標顧客建立一些社群，並經營該社群的聲望，來維繫顧客。最高層級則為地位需求，亞洲消費者藉由購買名牌精品來滿足此需求，這可以由全球精品有22%的銷售發生於亞洲，而另有20%的銷售額是由日本市場所達成看出。

　　國際文化的主要差異，可從全球文化的兩種分類架構進行分析：

◆高、低脈絡文化

　　霍爾（Edward T. Hall）提出高、低脈絡文化之分類架構來說明文化之異同，如**表4-3**所示。

1.高脈絡文化（high-context culture）：口語文字僅表達了少部分之訊息，更多的訊息是包含於溝通之情境中。
2.低脈絡文化（low-context culture）：溝通是直接明確的；語文本身及包含了所欲溝通的主要訊息。

◆霍夫斯蒂文化分類架構

　　霍夫斯蒂文化分類架構（Hofstede's cultural typology）最被廣泛用來分析

表4-3　高、低脈絡文化之分類架構

因素／向度	高脈絡	低脈絡
律師之重要性	較不重要	非常重要
人的諾言	有強烈的約束力	不可信、須文字記錄方有效
組織錯誤的責任	由最高階承擔	由最低階承擔
人際空間	較少的人際距離	擁有私人空間，厭惡受侵擾
時間觀念	多元的：所有事情在應處理時即刻處理	單元的：時間就是金錢，線性的、時間、事件
協商	冗長的：為使協商各方互相認識	快速的程序
競標行為	不常見	常見
國家／地區之代表	日本、中東	美國、北歐

資料來源：Edward T. Hall (1976).

文化異同之架構。霍夫斯蒂在1980年提出國家文化的四個構面：

1. 個人主義與集體主義（individualism versus collectivism）：「個人主義」成員傾向個人採取行動，焦點放在自身利益。社會結構較為鬆散，在這些社會中可以在公事的接觸中即建立信任，不須依賴私人關係；「集體主義」社會成員以「群體」利益為行動焦點，個體之間渴望相互依賴並建立連結。社會結構較為嚴密，當成員遭受困難時，群體成員會保護他們。

2. 權力距離（power distance）：係指該文化成員對於「財富」與「權力」不平等的接受程度。「高度權力」距離的社會，成員接受力較大，因此在談判或組織管理上應指派位階較高者擔任；「低度權力」距離的文化中，人民儘量消弭不平等及權力地位象徵，上級雖有權力，員工敬而不畏，主管尊重下屬。

3. 不確定之迴避（uncertainty avoidance）：反映社會成員對「非結構」的不確定狀況的接受程度。不確定之迴避「程度低」的國家，對未來的不確定，以及社會中與自己不同意見或行為，均能處之泰然；不確定之迴避「程度高」的國家，對未來及其他沒有清楚規則的狀況感到焦慮不安。人們傾向制定正式規範來增加確定感，較不願意創新，影響國家創新力。

4. 陽剛性或陰柔性（masculinity versus femininity）：在「陽剛性」的社

會，成員傾向以雄性價值觀，如果斷、金錢等判斷個人在社會中的競爭力和成就，包括日本、委內瑞拉、奧地利、墨西哥等；在「陰柔性」的社會，成員崇尚女性價值觀，如人際關係、團結一致、生活品質、保護環境等，包括瑞典、丹麥、挪威、荷蘭等。

◆國際行銷者如何因應文化差異之挑戰

1. 克服自我參考標準架構：自我參考標準（Self-Reference Criterion, SRC）係指個人之行為深受過去之「文化經驗」所影響，在一個新環境中處理一個類似問題時，常不自覺地導入其原有之「價值觀」及「解決途徑」。為避免這種文化差異造成之偏誤，Lee提出系統性程序以克服SRC之影響：(1)先以「本國」之文化、特質、習性、價值觀來定義問題；(2)再以「地土國」之文化、特質、習性、價值觀來定義問題，並避免任何「價值判斷」；(3)比較前兩項之差異，將SRC之「影響」予以指認；(4)除去SRC之「影響」，再重新定義該問題，並提出解決方案。
2. 跨文化訓練：企業可以系統化的提升公司成員語言能力及跨文化知識，如透過個案分析、角色扮演、留學、短期駐外工作指派等，以增加公司跨文化專才。

 行銷透視

麥當勞的國際行銷個案

「麥當勞」成功的因素，主要是因為：三「S」與「Q、S、C、V」。在經營管理上，「三S主義」即「簡單化」（simplification）、「標準化」（standardization）、「專業化」（specialization），這是麥當勞的經營理念。而在經營哲學上，麥當勞則注重Q、S、C、V，也就是品質、服務、整潔及物美價廉。1978年，麥當勞在全世界已有五千家分店，而在西元1988年，全世界的麥當勞更增加至一萬多家，在短短的十年裡，麥當勞以驚人的速度擴展至全世界，自麥當勞於1955年成立第一家餐廳以來，全球總家數已超過3萬家，而在台灣公司直營及加盟店合計有400多家，而且平

均每三小時就有一家麥當勞在世界各地誕生。直到現在,麥當勞速食店已遍及全世界,且數目仍持續增加中。全球營業額超過400億美元,為全球速食業的龍頭,品牌價值超越400億美元,全球排名第八位。

從市場行銷的行為來提高Local Store(單點餐廳)的營業額,進而到全國市場行銷,最後達到全球市場行銷的行為,來達到總公司的營業額目標。藉由單點餐廳成功的行銷,複製到全國其他有潛在市場的地方。

◎行銷的模式

尋找當地適合的企業或人士合資,採直接管理經營模式。而且在進入一個國家(或地區)之前,必經過非常詳細的評估,並去瞭解當地的文化、地理位置、房地產情況、建設、原料供應、人員素質、法令規定以及做好與政府的關係。

◎策略的應用

1. 採多國本土策略:除了強調成本的下降,重視學習曲線外,因麥當勞本身的主要營業項目為吃的速食業,所以務必回應當地消費者的口味,重視當地人的宗教、文化等。同時,也極為重視原料的供應,除了關係到成本外,原料品質的控制是首要因素。因此除了較不重要的原料包裝外,麥當勞會將在美國的原料供應鏈(supply chain)複製到海外當地,因在美國當地供應麥當勞的忠誠度非常的高,他們是關係緊密的生命共同體。

2. 公司的核心技術輸出:(1)美國總公司的全國性行銷方法輸出;(2)與原料供應商緊密關係的複製輸出;(3)嚴格控管各分店的作業流程;(4)鼓勵個人加盟者創業的加盟制度。

3. 適用子公司的技術:麥當勞本身除了將自己的核心技術輸出到各子公司及分店外,也會將子公司營運中所學習到的技術推廣到全球各地與分店共享。

今天,在我們的生活中,麥當勞儼然已扮演著一種不可或缺的角色,它能夠在競爭激烈的速食市場中開創出另一片天,是因為麥當勞擁有無人能及的「前瞻力」、「敏銳度」和擅長抓住顧客的心理,藉著這三個優勢,麥當勞成功的在一百五十多個國家中設立了三萬多個據點。麥當勞把速食餐飲與當地的文化做高度的結合,這也是入境隨俗的最好表現。由此可證,麥當勞的卓越成功不是沒有原因的,麥當勞是經過了無數的努力與重重考驗才有今天如日中天的跨國企業!

第五節　東西文化差異對國際行銷的影響

一、文化與國際行銷

　　文化不但影響消費者的行為，而且也左右行銷決策制訂者的思考模式。行銷工作者必須先對文化深入瞭解，才能確實掌握顧客需求，調整行銷策略。

　　國際行銷者常因東、西方文化不同而造成衝突，例如，西方國家的買主到亞洲國家或拉丁美洲國家洽談生意時，常常對於這些賣方不守時及公事、私事混為一談的做法感到不解。而亞洲國家的買主也可能對美國或北歐國家的賣方「公是公、私是私」這種幾乎不近人情的作風頗不以為然。其實這主要是文化差異使然。

　　美國或北歐國家對時間的觀念（文化的一部分）是：時間是可以精確切割的。既然時間是可以精確切割，而且這些國家人民又習慣於一次只做一件事情，因此最有效率（不見得是最有效果）的方式，便是事先約定時間、準時約談、準時完成工作，然後再全心全力進行下一個工作。相對地，大多數亞洲國家與拉丁美洲國家人民的時間觀念是：時間是延續不斷的，也是可以與他人（尤其是親戚朋友）分享的。因此，他們並不認為需要守時；他們也常常在同一個時段處理不同的事情，或與不同的人交談。也因為這些人重視社會關係網或人際關係，所以公私兼顧的情況也就屢見不鮮了。買賣雙方如果無法瞭解這種文化上的差異，必然造成溝通上的障礙，更甭談滿足顧客的需求了。

二、文化一致性vs.文化歧異性（工商時報，1996）

　　隨著科技的進步與自由貿易的提倡，有不少學者專家認為世界各國的文化差異已逐步縮小。他們最常舉的例子是：全世界對電腦的需求、對麥當勞與可口可樂或百事可樂的喜好都是一樣的。但是，這種消費文化的共同性只反應整體文化的一部分。因此，其他學者則認為文化差異不但存在，而且正持續擴大。他們認為除了傳統文化之外，世界各國正不斷地創造新的文化，如青少年

文化、老年文化或休閒文化等。

　　以台灣為例，不但這種新文化的創造得到驗證，就連以前受到壓抑或忽視的次文化，如台灣文化、客家文化或原住民文化，都已引起社會或各族群的普遍重視。這種文化呈多樣化發展的趨勢，將隨著世界各國的民主化過程而更行普遍。

　　身為行銷工作者，當然也不能忽視這種文化的演變與趨勢。尤其對於本土市場狹小的台灣企業而言，如何進一步體認國外文化與市場及企業經營之關係，更是進攻國外市場與有效逐行行銷策略的前提。

　　「知己知彼，百戰百勝」，如何瞭解文化差異對國際行銷之影響，以及行銷如何塑造新的文化，都是有心於國際化的組織不能忽視的課題。

三、全球行銷中的商業習慣

(一)商業習慣及網際網路

　　網站上的訊息是企業的延伸，其對企業習慣也應該如同其他企業代表一樣敏感。一旦訊息在網站上貼出來，它可能在任何時間到達任何地點。結果，一不小心就傳達了一些不想要傳達的訊息。現今網站的內容估計有78%是用英文寫的，但是一個英文的電子郵件會使35%的網路使用者不能瞭解。三分之一被調查的歐洲資深管理者說他們不能容忍線上的即時英文，而最極端的是法國人，他們甚至禁止使用英語的詞彙。對這個問題的解決方案是使用特定國家的網站，像那些國際商業機器公司、微軟以及其他企業一樣。例如，戴爾電腦為他的商業客戶所建立的網頁（premier pages），就有十二種語言可以挑選。

　　除了注意語言及符號的運用外，網站是否對使用的客戶非常平易近人也非常重要。企業網路上的網頁是一家公司的前門，而進出的門口應該要有全球化的思維。一家公司的網站不僅容許選擇及購買貨品，也能提供後續的支援服務、訓練課程、額外的產品說明，甚至職業的資訊。因此，有句格言「思想全球化，行動全球化」不僅應用在全球的行銷策略，也可以應用在世界寬頻網站上。

(二)名片的禮儀

　　一般名片都放在襯衫的左側口袋或西裝的內側口袋，名片最好不要放在褲子口袋。要養成檢查名片夾內是否還有名片的習慣；名片的遞交方法，將各個手指併攏，大姆指輕夾著名片的右下，使對方好接拿，以弧狀的方式遞交於對方的胸前。拿取名片時要用雙手去拿，拿到名片時輕輕的念出對方的名字，以讓對方確認無誤；如果唸錯了，要記得說對不起。拿到名片後，可放置於自己名片的上端夾內。同時交換名片時，可以右手遞交名片，左手接拿對方名片。不要無意識地玩弄對方的名片、不要當場在對方名片上memo事情、上司在旁時不要先遞交名片，要等上司遞上名片後才能遞上自己的名片。

四、跨文化廣告傳播中的變數：文化差異

　　跨文化廣告傳播面對的是不同國家或地區、不同民族、不同社會的消費者，政治、經濟、文化環境都與本土有著巨大的差異，而所有差異中對傳播影響最直接也是最深刻的是文化的差異（賀雪飛，2006）。「不同種類的文化，是根據一系列按照某些基本的尺度或核心的價值特徵建立起的變數來表現差異的。」（薩默瓦與波特主編，麻爭旗等譯，2003）。這些變數包括語言文字、思維方式、價值觀念、風俗習慣、宗教與法律、審美心理等等（**表4-4**），它們可以說是跨文化廣告傳播中「潛在的陷阱」，如果不懂或忽視這些在資訊交流中發揮重要作用的傳播變數，廣告發布的可能性和廣告傳播的效果就可能受到極大的影響和衝擊。典型的跨文化誤解乃至衝突源於資訊的錯誤傳播，顯然地，在跨文化語境中對於跨文化廣告傳播來說，知道做什麼與知道不做什麼同樣重要。

表4-4　跨文化廣告傳播中的變數

變數	內容
語言符號	語言是文化的載體，每一種語言符號都蘊涵著約定俗成的意義——它們都與文化有關。在文化溝通方面，語言與非語言符號都是習得的，「是社會化過程的一個組成部分——也就是說，象徵以及意義是由每一種文化教給它的成員的」（薩默瓦與波特主編，麻爭旗等譯，2003），比如「龍」字，英語通常把「龍」翻譯為「dragon」，是一種很可怕的動物，這與中國人心中神聖的圖騰「龍」是完全不一樣的。所以，文化既教我們符號，也教我們符號所代表的意義，每一個人成長過程中在吸收某種社會文化的同時也吸收了符號的意義。跨文化傳播在語言符號方面的難度就在於「理解任何文化的語言意味著必須超越這種文化的詞彙、語法和範疇。擴大我們對文化的理解角度而達到一種宏闊的視野」（薩默瓦與波特主編，麻爭旗等譯，2003）。 當我們置於一個多元的文化背景和國際市場，面臨著眾多的語言文化差異——語言文字的種類、使用範圍、使用習慣、語言歧義時，就必然會產生溝通的障礙。在跨文化廣告傳播中，無論是品牌名稱，廣告文本還是包裝及說明，廣告語言在不同國家和地區所造成的誤譯、誤讀或誤解，主要是缺乏對語言差異的深入瞭解所致。翻譯既不是建立在共同的詞彙基礎上，也缺乏熟悉的指標對象，以至廣告想傳播什麼資訊與實際傳播了什麼資訊有時是不一致的。美國布孚公司在德國宣傳該公司的薄棉紙時才發現，「puff」在德語裡是「妓院」的意思。CUE作為美國一個牙膏的品牌名，在法語俚語裡卻是屁股的意思。對於一個國家來說完全沒有攻擊性的品牌名稱，對於另一種語言的人們或許就很具有攻擊性。語言的差異使得一些資訊不是被錯誤傳播就是根本無法傳播，即使同樣的詞彙在不同的文化中都會有完全意想不到的語意。由此可見，要進行有效的跨文化廣告傳播，語言文字如何得到當地民族國家的文化認同是至關重要的。要做到這一點就必須對語言的多樣化和差異性作深入的瞭解，精通眾國的語言，適應其語言習慣及特色；瞭解文化造成的詞語的直意、隱意的變化，以免產生歧義而影響廣告效果。廣告中有很多反映各民族事物和觀念的語言，它們有著深厚的文化內涵，體現了特定的價值觀，在翻譯過程中要盡可能用對等的語言表達出來。
風俗習慣	風俗習慣很難改變，無論哪個國家、民族都存某些禁忌，對於千百年來形成的民族風俗，我們應給予必要的尊重，正如ABB總裁阿西巴尼維克所言：「我們如何可能取消千百年來的風俗習慣呢？我們並不應企圖去這麼做，但是我們的確需要增進瞭解。」（劉首英主編，2002）。不同的社會習俗對廣告的影響很大，對於跨文化廣告傳播來說，只有瞭解與尊重當地特殊的風俗習慣，有的放矢地傳遞資訊，才能使廣告奏效。尊重風俗習慣意味著廣告資訊不能觸犯當地的禁忌，否則將會引起不必要的麻煩，甚至受到抵制。比如對性有著特別禁忌的東方國家如泰國和印度，廣告一旦涉及到「性」，很可能冒犯風俗。里斯特公司（Listerine）試圖將它著名的美國電視廣告照搬到泰國，廣告裡一個男孩和一個女孩手牽手，建議使用里斯特治療其呼吸困難。這則廣告沒有獲得成

（續）表4-4　跨文化廣告傳播中的變數

變數	內容
風俗習慣	功，因為在泰國公開地描繪男孩與女孩的關係是無法被接受的。後來當廣告把人物換成兩個女孩後，產品的銷售就明顯地增加了。 有時甚至一些無意識使用的顏色、數字、形狀、象徵物、肢體語言等等，都可能會潛在地冒犯某種特定的文化習俗（周向民、田力男譯，1999）。因為在不同的文化中，數位、顏色、動物形象的意義各不相同的。百威公司廣告中的青蛙形象已深入人心，它的很多廣告都是以青蛙為主角，並用青蛙叫出公司品牌。但在波多黎各「coqui」的當地吉祥物卻取代了青蛙，因為波多黎各人視青蛙為不乾淨的象徵。再如，「高露潔」牙膏在馬來西亞開拓市場時，廣告訴求一再強調其增白的功能，而該地區卻以牙齒黑黃為高貴的象徵，且透過咀嚼檳榔來使牙齒變黑，顯然這則廣告是在幫倒忙。很多時候人們經常立足於自己的文化去看待他人的文化習慣，所作出的判斷可能恰好觸犯了文化禁忌。
價值觀念	每個人乃至每個民族，都是在價值觀的支配下行事的。不同的價值取向，會使同一事物異化，並被拉開距離，使得事物有天壤之別。廣告作為商品資訊與文化資訊的傳播載體，必然會融進民族文化特定的價值觀念，尤其是當廣告從傳遞有形的產品資訊轉向傳遞無形的文化附加價值之後，廣告中很多反映本民族文化事物和觀念的訴求，都再現了各特定文化的價值觀。而在跨文化廣告傳播中，對傳播效果產生重要影響的一個因素就是如何理解不同文化人們價值觀的差異，因為價值觀所反映的思想觀念、道德行為準則、態度等等，實質上代表了社會的意志和廣大消費者的意志。所以一旦廣告中傳遞的價值觀得不到認同甚或引起反感，那麼廣告當然會受到排斥。耐吉（Nike）精心打造的廣告語「Just do it」（想做就做），以其對自我、個性、叛逆的推崇和張揚而風靡美國，影響了整整一代人的精神理念。但是這一廣告所宣揚的價值觀在香港和泰國等地卻沒有產生應有的共鳴，該廣告被認為有誘導青少年不負責任、幹壞事之嫌而屢遭投訴，無奈耐吉只得將廣告語改為「應做就去做」以平事端。
宗教與法律	宗教作為一種精神現象，從消費的角度看，既有精神消費的內容，又有物質消費的成分，能滿足人們的雙重需求；從傳播角度講，它又是能引起人們廣泛關注的注意力元素。因此，把宗教作為廣告傳播的題材元素，除了能立即引起受眾注意外，更有不可低估的吸引力和感召力。同時，宗教作為敏感的話題，也容易引起爭議，對廣告傳播而言，這本身就是某種意義上的成功。中外廣告史上以宗教入題的很多，由於宗教元素運用不當而引發的爭議、衝突甚至訴訟在國際廣告界也是屢見不鮮的。1989年，超級巨星瑪丹娜為百事可樂拍了一部廣告片，並作為其新歌〈像個祈禱者〉的音樂電視。這個耗資500萬的廣告片在美國及世界四十個國家同時上映，場面感人。然而在「百事」毫不知情的情況下，瑪丹娜又為同一首歌拍了搖滾版，並在音樂電視台幾乎同一時段的黃金檔播出。在這部瀆聖的音樂電視中，瑪丹娜在燃燒的十字架前跳來跳

（續）表4-4　跨文化廣告傳播中的變數

變數	內容
宗教與法律	去，向人們展現手掌上的聖痕，還和一個黑人聖徒在教堂的長椅上親熱。這部片子立刻激起公憤，「百事」不得不撤下它的廣告。 廣告被喻為「帶著鐐銬跳舞」，除了宗教，廣告的「鐐銬」還有法律。國與國之間對廣告內容、形式和傳播等方面在法律上的差異也是非常大的。無論是發達國家還是發展中國家，政府在法律層面上對廣告控制的日益加強已成為廣告業的一個普遍趨勢。不同國家有關廣告實施的法律、法規、法令、政策各異，它們直接限制、影響著跨國廣告的進行。因此，在跨文化廣告傳播中，必須瞭解各國的法律環境，知曉並遵循各國政府制定的有關廣告的法規。一般而言，在法律上各國政府關於廣告的各種規定主要涉及以下內容： 1.對某些產品的廣告限制：例如，2003年歐洲議會透過一項決議，從2005年7月起，禁止在報紙、廣播和網際網路上刊播菸草廣告，也禁止菸草公司贊助一級方程式等國際性體育賽事。此舉是為了減少德國、希臘和西班牙等歐盟國家居高不下的菸草消費量（但禁止播發菸草廣告的範圍不包括電視台，因為電視廣告受到歐盟其他法律的保護）。 2.對廣告資訊的限制：例如1991年，法國頒布了對酒精類廣告進行限制的《艾文法》，該法規定廣告中不得出現正在飲酒者的形象；酒精飲料廣告中不得涉及酒精度、原產地、酒的種類、產品的成分、生產廠家、代理商和經銷商的名稱和地址，以及包裝樣式、銷售方式和飲用方式等；廣告中應清楚指明飲用酒精飲料會危及健康。在美國頻繁出現的比較廣告，英國和德國禁止使用。許多國家的廣告法都禁止在電視廣告中使用兒童形象。在斯里蘭卡禁止電視廣告使用兒童作模特兒來推銷商品，其理由是因為斯里蘭卡太窮，在160萬人口中20%的人生活在貧困線以下，對於那些無力購買的父母來說，這種電視廣告會引起傷心和為難。 3.對廣告媒介的限制：在比利時、瑞典和丹麥等國，電視上禁止播放廣告。法國每天電視廣告不得超過十三分鐘，德國不得超過二十七分鐘，瑞士卻可以達到一百五十分鐘，美國更為寬鬆，平均每一頻道每天的廣告時間可高達一百八十分鐘。日本規定電視廣告一則不能超過十五秒鐘，長文案在日本電視廣告中即成廢紙。

資料來源：賀雪飛（2006）。

　　一個多元文化並存的世界，其多元並存的文化空間使跨文化交流與跨文化傳播達到了前所未有的地步。在如此大的文化背景與文化環境中，對於普遍缺乏跨文化傳播意識與經驗的廣告業與廣告人而言，成功的跨文化廣告傳播最迫切與重要的基點就是關注與研究跨文化廣告傳播中的變數問題。

五、全球化商機難賺（李郁怡，2006）

在台灣，或是美國、英國，OK手勢代表的意義就是「沒有問題！」，但在日本，同樣的手勢代表的意義是「錢」，在俄羅斯，這個手勢代表「零」，是令人沮喪的回答，而在巴西，這個手勢代表的是「汙辱」。市場全球化，溝通卻不一定能夠全球化。在國際商場上，如果不能夠正確解讀訊息，後果往往是災難。瞭解文化的差異，台灣企業才有機會擁有打開全球500大企業大門的金鑰匙，世界各國組織樣貌與溝通之差異，如**表4-5**所示。

表4-5　世界各國組織樣貌與溝通之差異

國家	組織樣貌與溝通特色
美國	既中央集權，又講求集體利益，組織溝通重視「正式的流程」，經理人有許多paper work要做。美式企業的管理風格，CEO的責任重大，必須擬定決策，又要成功帶領人心。與這類企業溝通，不僅要重視決策階層，更要重視他們的企業文化。
拉丁美洲	「中央集權、重視權力、人際之間的關係比任務重要，而『規章』則是為敵人而設的，決策不一定是理性的結果，相反的，感性非常重要」。這些描述解答了——為什麼在組織中，有些時候有些部門特別重要，有時候又會失靈。
英國	「上面說一套，下面做一套？」從組織圖看來，英式管理上層的決策與下層的員工之間像斷了線般，但其實不然。重視規章的英國人，推動組織溝通還有一道看不見的線：「制度與法令」以及「說服與協商」。如果你發現，組織內所有人的工作職掌細節都以「書面」詳載，但人們做的事卻與書面不同，可不要太驚訝！
中國	高度中央集權，層層分工、層層負責，每一個人都是組織中的一份子，層級分明而複雜，組織圖一點都不扁平化，決策的流程往往是由上而下的。領導人比較有威嚴，重要的決策都是上面說了算。做生意，找到Key Men最重要。
阿拉伯	在沙漠中放牧的傳統，部族文化仍然主導阿拉伯社會，部落「有福同享，有難同當」，酋長為部落的大家長，影響力是絕對的，即使是王公貴族，也要尊重部落的自主權。在這裡做生意，分頭協商的手腕非常重要。
義大利	沒有真正的領導人？上層主管彼此之間也沒有橫向的溝通？人們對於義大利企業的管理風格或許有些偏見，不過，當真正嚴重的問題發生時，總會有人出面「找出創造性的解決方案，並強力整合」。這樣的風格，很難被強調共識、自動自發的文化所接受，例如瑞士企業。

（續）表4-5　世界各國組織樣貌與溝通之差異

國家	組織樣貌與溝通特色
法國	法國企業的組織圖看來令人困惑。組織層級之間似乎缺乏垂直的連結，但不同的階層間又有許多非正式的溝通管道，與法國人溝通，千萬要小心觀察，才能找出關鍵。其實，看來浪漫的法國人位階分明，對於領導人的期望是「能下明智決策」，「中央集權！精英主義！」這是許多人對於法國企業的看法。
挪威	最基層的組織與最上層的決策者之間，有明確的溝通管道，要有效溝通，上下兩端都要打通。這是包括挪威在內，許多北歐企業的文化風格。在這樣的組織內，為了要完成任務，「越級報告」不是太嚴重的事，人與人之間的地位較為平等，也不太會認為解決事情的方案是黑白分明的。
前蘇聯共和國	組織上層集體決策，組織下層以功能分工。如果單從組織圖上來看，要與前蘇聯體系下的企業打交道，在決策圈中的每一個人都應該要打點到，即使做不到，也要爭取一半以上的支持。

(一)台灣，站在文化地圖中央

跨越文化，最重要的是，先瞭解自己在世界文化地圖上的位置，同時也瞭解對手的位置。知名文化大師霍夫斯蒂（Geert Hofstede），將全球四十幾個國家依據人與人之間的權力距離、對於不確定性的接受度等指標，標出了各國的文化位置，說來也許難以讓人置信，台灣的位置幾乎是在這張世界地圖的中央，台灣的位置與500大企業所屬國家的文化距離相距並不遠。

(二)跟全球500大做生意

瞭解文化的差異，台灣企業才有機會擁有打開全球500大企業大門的金鑰匙。許多人都誤以為，全球500大最主要的企業成員，主要來自美國、英國，但事實上，《財星》雜誌近年的全球500大企業儼然就是個聯合國，成員廣布三十個國家，從美洲、歐洲、亞洲到澳洲，其中有先進工業國家，也有巴西、墨西哥、馬來西亞、土耳其、沙烏地阿拉伯、泰國等國的企業。台灣的鴻海、中國石油也名列其中。

500大的成員組成多元，文化各異，各有做生意的規矩與門道。台灣企業熟悉的遊戲規則，很難放諸四海皆準。趨勢科技第一個全球500大的客戶是英特爾（Intel）。這家全球知名的科技公司，有著標準的美式作風，有話當面直

說，員工可以為了一個意見相持不下，不管有沒有外人在場，就在會議上拍桌子吵得不可開交，讓當時的趨勢科技執行長張明正等人當場看得目瞪口呆。而趨勢科技的企業文化講究柔性溝通，一件事大家有共識了才會去做，這點跟英特爾非常不同。

但是這並不意味著台灣的企業已經拿到了跨越文化、打開生意大門的鑰匙。站在文化地圖的中央，表示台灣擁有瞭解他人的能力，但並不代表著對方也能夠瞭解你，或者能夠被溝通、說服。管理文化差異，不是加分選項，而是必修學分。不管面對的是哪一家500大企業，每一家企業的文化差異仍然明顯，趨勢科技克服的方法是建立自己的「企業文化」與「核心技術競爭優勢」，致力建立企業自己的內部文化，作為凝聚共識的平台，對外溝通，而更重要的是以核心技術吸引生意夥伴與己合作，「只要有共同利基，文化差異是可以克服的」，陳怡蓁表示，台灣企業正在轉型，由早期單純的進出口貿易與製造者，轉型成為全球布局、全球銷售的整合者，面對文化差異管理，涉及深度的溝通、談判、說服、形成共識，對於往來生意對手的瞭解與溝通手腕，功力都要再升級。

(三)台灣，與世界溝通

台灣人的溝通方式，傳統上被歸類為Unspoken的亞洲國家，人們相信，許多事即使不說，「相信對方也會理解」，但是多年來受到西式教育的洗禮，以及與西方企業交手的經驗，台灣企業的行事風格，已經逐漸有「明文化」的趨勢，無論是內部的規定章程，還是涉外的事務，面對面講清楚、以白紙黑字訂下契約已是普遍被接受的共識。

在外國工作的商業人必須對企業的環境有所警覺及具備敏感度，並且在有需要的時候願意去適應或修正。不同的激勵模式不可避免地會影響在不同國家從事生意的方法。某些國家的行銷者從競爭中成長，而在其他國家的其他對手可能想盡辦法來減少競爭。認為對一個文化的瞭解必然可以應用在另一個文化，這種嚴重的錯誤想法一定要避免。

(四)世界「不」是平的，半個文化全球化

Thomas Friedman認為「世界是平的」，但從「文化貿易地圖」來看，這

世界顯然是崎嶇不平的。

　　歐美與東亞文化輸出國家，其文化貿易輸出額，是大多數拉丁美洲與非洲國家的100倍以上（如**圖4-3**中深色表文化貿易輸出額大於1,000億美金，白色表小於10億美金）。就統計上來看，歐洲國家文化輸出總額，占全球的一半，而非洲大陸的文化產品貿易額，不到全世界總額的1%。上述G77國家的地圖〔Group of 77，貧窮小國的聯盟，從阿富汗（Afghanistan）到辛巴威（Zimbabwe）〕（**圖4-4**），不正是「文化貿易地圖」中，輸出小於10億美金的弱勢地區嗎？

　　哈佛教授Pankaj Ghemawat認為，Thomas口中的一個全球化的世界，其實只是「半個全球化」（semiglobalized）。但本書作者對這位教授的「半個全球化」，也只同意了一半。他的「半個全球化」，指的國界障礙，仍存在於商場上，因此這位教授出了一本談全球商業策略的書——*Redefining Global Strategy: Crossing Borders in a World Where Differences Still Matter*，談跨國企業如何跨過障礙與善用地方差異。

　　從文化的角度與事實來看，所謂的全球化策略，就是教跨國企業如何跨過國界輸出主流強勢文化，並對開發中國家的文化藝術工作者，進行壓榨。隨

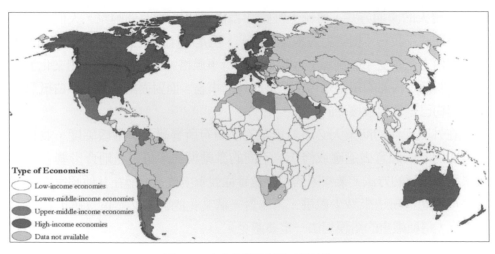

圖4-3　文化貿易地圖（輸出）

資料來源：Exports of core cultural goods in million US$, 2002, from UNESCO，http://www.
aestheticeconomy.com/blog/?p=35.

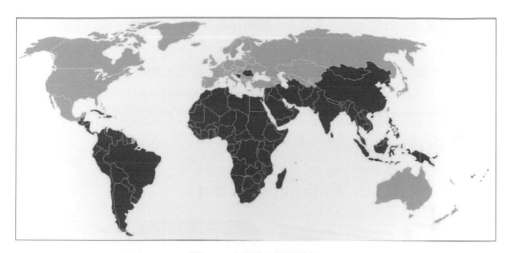

圖4-4　G77國家的地圖

資料來源：Map of G77 from Wiki, http://www.aestheticeconomy.com/blog/?p=35.

著跨國資本跨過社會經濟與國界的障礙，這世界也會變得更均質化，因而顯得無聊。我的「半個全球化」觀點則是：有一半的國家，不能參與全球快速成長的美感經濟，文化與藝術的財富，只屬於富國的權利，如G7，而不是G77，對於文化弱勢國家而言，風格社會未曾到來，美感未曾變成經濟。

(五)別讓文化差異，毀了生意

　　世界經濟已經全球化，不論規模大小，企業也都要全球化，員工也必須接受相關訓練，瞭解各不同文化之間的差異，才能做成生意。美國一名企業家因為文化隔閡，失去潛在的中國客戶。這名企業家送四座骨董鐘給對方，而且是用白色紙包裝，犯了中國人對「送終」、「死」的忌諱，生意當然就飛了。軍方和外交單位早就知道先對駐外人員及其眷屬提供外國風俗、文化的資訊，以避免不必要的誤會，但企業界在這方面相對落後。不只是東西方存在文化鴻溝，西方國家間的禮俗也常差異甚大，很多人卻不知道，因此，未接受教育訓練。

　　例如，英國一家礦業探勘公司無法獲得美國客戶的合約，這家探勘公司的簡報有問題，一開始以十頁說明探勘的失敗風險和代價，讓美國人倒胃口。英國人習慣避免風險，美國人則把失敗視為激發創造力的學習過程，因此認為

英方的提案過於負面、缺乏進取心。英國探勘公司修改簡報內容，傳達較正面思考，第二天就拿到合約。英國人和美國人語言相同、長相接近，就忽略彼此差異，「大家以為我們都一樣，其實不然」（范振光，2010）。

 全球觀點

7-ELEVEN之經營模式

　　每個企業都有屬於自己獨特的管理哲學與特質，而產生不同的經營模式，這些經營模式將影響企業的經營績效，因此以7-ELEVEN為例，整理及歸納出便利商店的經營模式。近年來，全球商業環境的快速變遷，產業的競爭日益激烈，不少企業經營紛紛朝向國際化、資訊化及多角化發展，7-ELEVEN當然也不例外。由於全球貿易時代的來臨，國際市場的情況遠較國內市場複雜，無論是從總體觀點（經濟、政治、法律、文化和社會習俗）或是個體觀點（購買動機、購買行為和溝通方式）都呈現出極端紛歧的現象。

　　在面臨全球市場的環境下，跨國界、跨文化的消費行為差異會影響國際行銷策略，如果透過跨國消費行為的比較研究分析，可看出發展趨勢或顯著的差異性，以決定是否應採行標準化策略或是因地制宜的差異化策略。

　　台灣地小人稠，大家都想在社會上嶄露頭角，獨立創業意願濃厚，使得小型店尤其是連鎖型便利商店呈現快速成長。而7-ELEVEN的經營方式，具有眾多營業據點、多元化服務以及二十四小時營業，不僅提供給消費者時間、距離以及服務上的便

利，更不斷地推陳出新，來滿足消費者多樣化的需求。7-ELEVEN從國外引進到現在已經二十多年，其不僅成為國人日常生活中不可缺少的一環，也是台灣各鄉鎮現代化的指標。

7-ELEVEN提供多元化服務及24小時營業，滿足消費者多樣化需求。

　　7-ELEVEN的經營和其他商店相較之下，更是要求制度、標準及效率，不僅提供給消費者一個完善的購物環境，也是社區及商圈的代收服務中心與資訊情報中心。因此7-ELEVEN的經營者在面對競爭激烈的市場，掌握消費者需求，隨著內外環境及趨勢的改變而調整經營策略及模式，以提供更多的服務，創造更高的競爭優勢。三十年來7-ELEVEN成為台灣第一家，也是唯一單一連鎖突破4,000店的企業，它的經營秘訣在於透過引進各式新商品、新事業，提供消費者更多價值及便利，共同為台灣寫下「全球密度最高便利商店市場」的奇蹟。以下由7-ELEVEN經營策略的革新窺見台灣社會都市化的軌跡，與為了企業經營，7-ELEVEN由一個全盤移植美國經驗的現代化空間摸索成為結合在地需求、本土化的新台灣企業。

　　八○年代前後台灣新興都市裡接連誕生的一個重要國際性連鎖企業——7-ELEVEN，它既是「在地的」消費行為又是「西方的」跨國企業商業活動。一方面，跨國企業為求生存，必須瞭解到「在地的」消費大眾其實是背負著當地生活習慣與習俗在「地方上」消費，而做因地制宜的本土化經營；同樣地，八○年代這個「西化的」日常消費空間，以流動的通路為八○年代帶來日常生活的現代性，更是一點一滴、不斷地創新「在地的」文化經驗。

　　7-ELEVEN這樣的消費霸權，在消滅傳統店家的同時，為台北人帶來了新的消費經驗，也為老台北在日常生活文化建構了新的標準，注入了新的生命。最明顯的例子就是7-ELEVEN從1984年以後的本土化經營為台灣的零售業帶來新的指標，與近年來統一超商成立「好鄰居基金會」深入地方鄉土，帶動企業關懷鄉里。

7-ELEVEN這樣明亮有序的現代化空間，以效率、客戶心理學以及資訊化電子商務為服務基礎的產業陸續在八○年代的台灣出現有其特殊的社會、政治發展之脈絡可循。事實上，細探台灣7-ELEVEN的經營過程，可以說是結合了美國連鎖超商便民導向服務、高效率商品管理經驗與日本電子化通路、物流系統經營，最後再加上台灣化的結果。

　　7-ELEVEN在草創初期的策略是想以一致化的經營方式和傳統的雜貨店競爭，但是因為尚未建立一套較有系統的商品流通動線，儘管店內商品種類繁多，顧客一進門就可以看到商品，但是產品種類和一般雜貨店一樣繁雜，還是未能達到其原本成立宗旨。其早期的發展模式大都是採用美國南方公司的經營模式，然而台灣當時的社會型態及人民消費習慣等都和美國大不相同，沒有把這些因素納入展店的經營策略考量，導致無法充分掌握消費者的實際需求，初期營運相當不順利。我們可以說，7-ELEVEN經營初期摸索階段，只是一味地移植美式經驗，不考慮台灣本地的差異，無法掌握當時的社會脈動與消費者的心理，可以說是經營挫敗的主因。

　　在1984年有了重大的改變。除了調整美國南方公司當初傳授的一些經營策略（如將開店重點由社區轉到車水馬龍的街角路口），並且引進在美國銷路良好的熱咖啡、速食等產品，因應國人的飲食習慣也推出像包子、茶葉蛋傳統的中式食品。1981年，7-ELEVEN首次嘗試將營業時間從原本的16小時（早上7點至晚上11點）改為24小時。為了配合營業時間，商品結構也改為更適合夜生活的消費特色。此時的7-ELEVEN在國人心目中的定位再也不是迷你超市的縮影，而是24小時皆可提供服務的好鄰居。

　　7-ELEVEN在1984年以後轉虧為盈，除了印證了台灣都會空間的成熟，更標示著外來的跨國企業在台灣扎根，喚出台灣本土意義的開始。7-ELEVEN由實際經驗出發，跳脫美國母公司的經營理論，重新建立一套自己的本土化經營模式。首先將超商的客層由在家的家庭主婦轉為講求效率與便利的「流動」上班族及青少年。改變定位以後，與傳統柑仔店做了更徹底的區隔，提供便利快速的流通商品。新店面也開始由社區搬進大馬路邊，掌握交通人潮的命脈，讓統一超商真正成為一個「方便的好鄰居」，人們無論往哪，都很容易走進7-ELEVEN。

　　發展之最時，7-ELEVEN之普及度：一開始，7-ELEVEN先在大都市或是人口密

度較高的據點展店，之後，在計畫性展店的策略下，開始在人口較稀少的偏遠地區設立據點，1997年11月進駐花東地區，完成7-ELEVEN全省便利連線網。除了在本島積極擴展店數之外，分別在1999年的4月和6月跨海進駐澎湖及金門地區，為7-ELEVEN離島展店寫下新頁。同年，順應時代趨勢進駐捷運站，並且與加油站結合，讓進加油站的顧客順便購物，吸引更多的客源。2000年9月7-ELEVEN更進駐台鐵車站，在全台三十個台鐵車站設立三十六個販售點（7-Eleven Express Store）以便服務旅客。統一超商在國內漸漸站穩腳步後，2000年開始，積極由台灣本土往國際化邁進。投資菲律賓，正式將台灣7-ELEVEN的經營know-how輸出至菲律賓。

　　自創產品：現在最熱門的商品是什麼？是15秒就能買到的熱騰騰的三明治早餐？還是冬天隨時可以來一份能溫暖您心房的關東煮？7-ELEVEN正逐漸創造出一種象徵新生活方式的飲食文化！不論是早、中或晚餐，在7-ELEVEN，都可以隨時吃到熱騰騰、有新鮮蔬菜的鮮食。自1979年第一家店開張後，統一超商就不斷地創造自有品牌的即食商品，從一開始的思樂冰、重量杯、大燒包、大亨堡，到最近兩年叫好叫座的御飯糰、關東煮。因為這些商品都兼具經濟與便利的特性，相當受到消費者歡迎。學者趙義隆認為，這類特有品牌的開創，確保了統一超商的競爭優勢。有鑑於市場需求，7-ELEVEN全力投注於鮮食市場的開發，不但使其他同業為之仿效，也使相關的企業連鎖受益，例如奇美的包子和媽媽塔便當都與7-ELEVEN有長期合作關係。

資料來源：7-ELEVEN官方網站，http://www.7-11.com.tw/

問題與討論

1.針對行銷、社會與文化所形成的關係，行銷人員須注意哪些變化？

2.社會價值觀的改變為何？

3.人口結構的變化為何？

4.文化的多樣性為何？

5.文化之特性與構成因素為何？

6.如何進行國際文化分析運行？

7.國際文化差異分析為何？

8.東西文化差異對國際行銷的影響為何？

9.何謂全球化與文化全球化？

國際行銷之政治法律環境

◆ 行銷者面對的國際政治環境

◆ 如何評估一個國家的政治風險

◆ 國際政治風險的管理與因應策略

◆ 國際行銷的法律環境與法律對國際行銷的影響

　　政治法律環境是影響企業行銷的重要環境因素，包括政治環境和法律環境。政治環境引導著企業行銷活動的方向，法律環境則為企業規定經營活動的行為準則。政治與法律相互聯繫，共同對企業的市場行銷活動產生影響和發揮作用。

　　政治法律環境是指一個國家或地區的政治制度、體制、方針政策、法律法規等方面。這些因素常常制約、影響企業的經營行為，尤其是影響企業較長期的投資行為。

　　政治環境的發展包含政治體制和政治的安定程度，政治風險可能對於投資造成重大傷害，跨國企業因為海外投資金額與據點遍及全球，在運作上對政治風險考量格外注重。國際行銷的大環境因素中，政治與法律環境經常困擾著行銷者，國際行銷活動必須與該國政府、黨派與組織有關係，而且企業的活動一定受到該國法律的規範，總之，國際行銷策略須依據全球不同法規運作。

　　本章之主要內容將探討：(1)國際行銷所面對的國際政治環境，包括地主國、母國以及國際間政治環境；(2)闡明如何評估一個國家的政治風險，評估指標包括政治穩定性、社會安定性和經濟發展性，並且說明國家的風險分析機構對新興國家的政治風險評估結果；(3)國際政治風險的管理與因應策略；(4)國際行銷的法律環境與法律對國際行銷的影響，探討一般國家使用哪些法律行為，來干擾或規範國際行銷活動，包括本國法律、地主國法律、國際法律，以及智慧財產權認定和仿冒相關法令的影響，並且說明法律對國際行銷組合的影響。

第一節　行銷者面對的國際政治環境

　　行銷者面對國際政治環境，可以政治環境發展與分析、地主國的政治干預及國際政治環境的分類來作探討，說明如下：

news 行銷視野

全球三成機率陷蕭條，政治台灣穩定度高

　　根據「經濟學人資訊社」（EIU）公布的最新報告，全球經濟有三分之一的機率會進入蕭條，世界各國的政治穩定度亦將因此受到衝擊。其中非洲和新興市場是政治風險最高區域；而台灣的政治穩定度則比中國好，甚至超越美國、南韓與新加坡。EIU的報告指出，從2009年到2013年，世界已開發國家的年平均經濟成長率將低於1%。目前各國政府注入的經濟振興方案只有60%的機率，在2010～2011年間，重建金融市場的穩定性，亦即全球經濟仍有超過30%以上的機率會陷入蕭條。美元崩盤機率則為10%。

◎政治風險度低，更勝美中韓

　　報告分析，破產、失業率、通貨緊縮、收入減少、壞債增加，將使銀行負債表更加脆弱。在此前提下，主要經濟體的經濟未來五年平均成長將低於1%，即使出現復甦，也將難為新一代創造就業機會。至於非「經濟合作開發組織」（OCED）國家的經濟成長，未來五年的年成長率，平均在1～4%間。即使中國的年成長也很難超過5%。經濟持續衰退，將造成社會不安，進而對政治不穩造成的威脅，已成為愈來愈不可避免的壓力和趨勢。EIU根據經濟危機深度、個人危機壓力、不確知的焦慮，以及綜合性交錯因素，四個主要焦點，分析全球165國，受經濟危機衝擊造成社會動盪，引發政治不穩定的風險度，結果發現，非洲的辛巴威排名第一，挪威排名最末。

◎經濟衰退，對政治威脅日深

　　台灣在這項政治風險評估中，排名第139，比排名第124的中國，因經濟衰退引發的社會不安和政治動盪，風險度低。這項評估中風險最高的前十個國家，依序為辛巴威、查德、剛果、柬埔寨、蘇丹和伊拉克、象牙海岸、海地、巴基斯坦、尚比亞、阿富汗和中非共和國則並列第7。接著是排名第13的北韓。亞洲其他國家中，泰國、印尼、菲律賓和馬來西亞，分別排名第38、51、53和63，均屬於前95名可能因經濟衰退引發政治不穩定的高風險國家。在歐洲，烏克蘭排名第16，是政治不穩定最高的歐洲國家；其次是排名54的土耳其，以及並列55的愛莎尼亞和拉脫維亞。俄羅斯排名第65，也在高風險範圍內。亞洲主要經濟體之一的南韓則排名116，新加坡130，政治不穩定機率都高於台灣。香港與日本，則比台灣穩定，分別排名第146和150。

資料來源：江靜玲（2009）。〈全球三成機率陷蕭條 美元崩盤機率10%〉。《中時電子報》，2009/03/25。

一、政治環境發展與分析

政治環境是指企業市場行銷活動的外部政治形勢。一個國家的政局穩定與否，會給企業行銷活動帶來重大的影響。如果政局穩定，人民安居樂業，就會給企業行銷造成良好的環境；相反地，政局不穩、社會矛盾尖銳、秩序混亂，就會影響經濟發展和市場的穩定。企業在市場行銷中，特別是在對外貿易活動中，一定要考慮地主國政局變動和社會穩定情況可能造成的影響。

政治環境的發展對國際行銷決策的影響非常重大，其中包含了政治體制和政治的安定程度。所謂「政治體制」是指該國政府是屬何種政治型態？是議會政治或是中央集權制度，凡此均會影響國家經濟、商業的發展和進行方式。目前全球各個國家中，政治體制約可區分為「民主政治」、「君主立憲」和「共產集權」三種。民主國家如美國、加拿大、中華民國等；君主立憲國家如英國、日本、瑞典等國；共產制度則如蘇聯、中共等。不同制度國家由於在政治運作上不同，也連帶對經濟、產業政策會有迴異的做法，凡此均是國際企業在作投資、營運時不得不考量的因素。

「政治安定程度」則是指一個國家的政治是否能維持長期的安定，地主國政府的政策是否有長期合理且明確的態度，若是政治搖擺不定，將阻礙國外機構投資，甚至由市場中撤退。企業應如何衡量政治安定度，並沒有一定的準則，但是可以由以下幾點來觀察：

(一)政權更換的頻率

政黨政治下的政權更換是否過於頻繁，若是政局不能持久穩定，或是不同政黨之政見差異極大，則易導致企業無所適從，先前的投資也極易遭受到損失。例如泰國的政局即是政權變更快速，國家總理無法在較長的任期內完成政見中所承諾的建設。

(二)軍事政變的可能

若是國家遭受到暴力的軍事政變，則不僅在政策上會有重大的改變，隨之在社會經濟、對外貿易上，也勢必受到嚴重衝擊與破壞。早期印尼強人蘇卡

諾在軍隊政變中下台，換上蘇哈托；而今蘇哈托在執政三十年後，亦因金融風暴處理不當等因素，在軍人的要求下辭職，政局動盪均對國家的經濟發展形成威脅。

(三)政治體制的改變

政治體制是否會在短時間內改變，如早期的越南阮文紹政府，在淪陷後由民主轉為共產；東德在柏林圍牆倒後也回歸了民主自由，這些都是政治體制的劇烈改變。

(四)社會的安定程度

諸如暴動、罷工等均會影響到社會的安定與和平，連帶也會使外商裹足不前不敢大量投資。

政治環境分析主要是分析國內的政治環境和國際的政治環境。國內的政治環境包括以下要素：(1)政治制度；(2)政黨和政黨制度：國家政黨可能有很多，政黨的政治信念會影響國家貿易，而政黨輪替對政府的政策穩定性有很大影響；(3)政治性團體；(4)政黨和國家的方針政策；(5)政治氣氛；(6)國家主權：指一個國家所擁有的主權，包括其對外與其他國家間的權力及其對國內人民的至高統治權。有時國家願意退讓部分主權與其他國家共有共榮（如EU、NAFTA、NATO、WTO）；(7)國族主義：指喚起一國人民對國家民族的尊嚴及統一的濃厚情感，轉成反對外國企業的偏見，希望將外國投資最小化或加以控制，如愛用國貨、拒買外國貨、限制進口或關稅、設立貿易障礙。

國際政治環境主要包括：(1)國際政治局勢；(2)國際關係；(3)目標國的國內政治環境。

二、地主國的政治干預

地主國的政治干預可分為下列三種：

(一)地主國不可控制因素

戰爭、革命、暴動、罷工、綁架、黑道勒索、環境與團體抗爭。例如台商在柬埔寨投資遭遇政變，部分台商損失很大；台商大陸投資遭人恐嚇、勒索，甚至殺害。

(二)地主國干涉

在國際貿易中，不同的國家也會制定一些相應的政策來干預外國企業在本國的行銷活動。主要措施有：

1. 國有化政策：指地主國或去外資企業資產，政府擁有股權，若股東歸國民所有稱為民營化。
2. 沒收：沒收可分兩種：充公、徵收與本地化。
3. 自製率規定。
4. 聯合抵制。
5. 進出口限制。
6. 價格管制。
7. 勞工政策，僱用當地人的配額。
8. 卑鄙的徵收。
9. 稅收政策（賦稅）：優惠條件，雙邊租稅條款。
10. 外匯管制。

(三)政府角色

1. 限量採購項目及國家。
2. 政府市場政策：內隱型與外顯型。

三、國際政治環境的分類

國際行銷所面對的國際政治環境可分為「地主國」、「母國」及「國際間」政治環境，說明如下：

(一)地主國的政治環境

1.貧富差距大小、發生窮人暴動的機率等。

2.工會組織發展程度、勞資矛盾與罷工情形。

3.司法體系運作情形。

4.實行資本主義或是社會主義，對私人財產保護程度。

5.企業之稅賦減免優惠措施。

6.政變風險。

地主國的政府行動可分為：刁難、國內採購的限制、貿易限制、政府對本國產業的激勵、作業條件的規範、要求對當地有所貢獻、投資規範、杯葛與接管等。其中的作業條件的規範為地主國政府可以透過對跨國公司，設定一些運作的必要條件來影響其營運，例如：對於跨國公司的廣告、訂價、配銷和推廣活動加諸某些限制；要求對當地有所貢獻，為地主國政府要求跨國公司必須為當地社會創造某些程度的貢獻與價值，例如：產品應該有多少在當地製造，或是應該僱用多少當地人工。投資規範分為所有權管制和財務管制，所有權管制是地主國政府要求跨國公司必須讓當地人民分享公司的所有權，也就是要讓在地人士入股；財務管制則包括對於利潤匯出的限制、不同的稅賦與利率等。杯葛之定義為將某些跨國公司完全摒除在地主國市場之外，例如：政府有時會基於某些政治因素，而排斥某些和政治議題相關的廠商來分享當地市場，或是阻止他們獲取當地的利益。接管乃最為激烈的政府管制措施，其定義為政府採取某些行動直接剝奪跨國公司在該國的部分財產和所有權，或是使跨國公司的股東失去對該企業的直接控制力，包括當地化、徵收與沒收等幾種形式。

1.當地化：將外國廠商的某些經濟活動侷限於當地或者由當地的居民來執行。

2.徵收：政府支付一些補償給跨國公司的所有者，以取得該公司的資產。

3.沒收：係指政府直接將所有權由外國公司移轉至地主國，並不支付任何補償給所有者。

(二)母國的政治環境

1. 母國政治環境對於國際企業的影響主要來自於經濟發展和勞動就業機會的考量。
2. 國與國之間的政治關係也是重要考量，最明顯的例子就是中國對台灣張開雙手的招商引資政策。
3. 母國的限制可分為下列三項：
   (1)政治制裁：限制投資、禁運、貿易抵制。
   (2)禁運：出口管制、進口管制（配額制度）。
   (3)母國利益團體的壓力：環保議題、野生動物保護或是兒童福利等。

(三)國際間的政治環境

　　國際間的政治環境是另一個總體的構面，這包括地主國和母國的政治關係，以及其他第三國和母國、地主國的政治關係。當兩國的外交關係中斷時，原本的優惠條款和獎勵措施也可能被取消，當年台灣和美國斷交即為一例。

　　當企業感受到環境具不確定性時，除了透過財務管理進行避險外，亦可採分散規避、模仿、合作、控制和彈性等策略驅避之（Miller, 1992）。對於國際企業的經營者而言，來自地主國政治環境的不確定是最難以瞭解和掌握的，廠商較難透過適當的策略消弭此類不確定或降低其水準（Boddewyn, 1988）。企業管理當局認知到某一特定國家具有高度之政治風險時，若尚未進入該市場，則可延後進入；或者選擇利基策略，先加入政治不確定性較小的國家。

　　政治環境對企業行銷活動的影響主要表現為國家政府所制定的方針政策，如人口政策、能源政策、物價政策、財政政策、貨幣政策等，都會對企業行銷活動帶來影響。例如，國家透過降低利率來刺激消費的增長；透過徵收個人收入所得稅調節消費者收入的差異，從而影響人們的購買；透過增加產品稅，對香菸、酒等商品的增稅來抑制人們的消費需求。

　　政治環境對企業的影響特點是：

1. 直接性：即國家政治環境直接影響著企業的經營狀況。
2. 難於預測性：對於企業來說，很難預測國家政治環境的變化趨勢。

3.不可逆轉性：政治環境因素一旦影響到企業，就會使企業發生十分迅速和明顯的變化，而這一變化企業是駕馭不了的。

 ## 第二節　如何評估一個國家的政治風險

　　因為地主國政府、政黨、勞工團體或者是激進團體的政策或行動，威脅到外國投資的情形，就構成政治風險。地主國政府接管私人企業；或者因社會不安，造成公司營運上的衝擊，皆使外國投資者感受到威脅。像是中東緊張情勢升高，位於南非的麥當勞速食店就遭到抗議民眾攻擊，使得營運受到影響。由於政治風險可能對於投資造成重大傷害，跨國企業的海外投資金額與分布據點遍及各國，在運作上對政治風險考量格外注重，經常經由專家小組進行檢視，並且找出避險方案以為因應。

一、政治風險的定義與概念

(一)政治風險之定義

　　政治環境中的不確定性程度，包括政治與社會運動人士、暴力與恐怖主義與虛擬恐怖攻擊等。國際銀行對外投資委員會指出，政治風險（political risk）係企業因政府的行為而導致喪失其對所有權的控制或利潤者。

(二)政治風險之概念

◆政治風險發生之情況

　　Robock認為國際企業政治風險在以下的情況下會發生：

1.企業經營環境的不連續。
2.當此不連續性很難預料。
3.當此不連續是由政治變動所造成的。

　　事實上，國家風險乃源於國家整體的事件或情勢，包括經濟、財務、政治

及社會等層面，而政治風險主要是來自政治及社會因素；換言之，將國家風險中的經濟面因素扣除後，即是政治風險的範圍。

◆政治風險的初步概念

政治風險的初步概念如下：

1. 政治風險是基於政治活動而對企業的營運或績效造成影響者。
2. 政治風險是「對企業行為的干預」。
3. 政治風險是「對企業經營環境造成不連續性」。
4. 社會情勢也會透過政治力量而形成政治風險。

政治風險是外匯風險的一種形式，屬於非匯率風險。它是指由於地主國或投資所在國國內政治環境，或地主國與其他國家之間政治關係發生改變而給外國企業或投資者帶來經濟損失的可能性。

◆理解政治風險時之注意事項

在理解政治風險時，必須注意以下幾點：

1. 政治風險是外匯風險的一種類型。因此，發生政治風險的前提條件與發生外匯風險的前提條件是一致的，即企業或投資者必須持有外匯頭寸（foreign exchange position）或在國外進行直接投資（direct foreign investment），否則，就不會出現政治風險。
2. 政治風險是指因政治原因而造成的經濟損失，政治風險的根源是東道國或投資所在國國內政治環境或對外政治關係的變化，而這種變化給外國企業和外國投資者所造成的後果則是雙向的，它可能帶來積極的效應，即有利於外國企業和投資者，從而給後者帶來經濟利益；它也可能帶來消極效應，從而不利於外國企業和投資者，給他們帶來經濟損失。而政治風險是指後者，即一個國家在政治方面發生的能給外國企業或投資者帶來經濟損失的某些改變。
3. 政治風險並不是指外國企業或投資者所遭受到的實質性的經濟損失，而是指發生這種政治變化的可能性以及由此可導致的經濟損失可能性的大小。一個國家的政治風險大，並不意味著外國企業在該國進行投資或持

有該國的資產就必然會帶來經濟損失，而是意味著該國的政治環境朝著不利於外國企業或外國投資者的方向發生變化的可能性較大，從而由此引起的經濟損失的可能性也較大。但事情往往是相對的，高風險往往伴隨著高收益，一旦風險事件沒有實際發生或企業避險成功，那麼，企業或投資者得到的回報也是比較高的。

二、政治風險的來源

國內政治風險管理學者于卓民（2000）主張政治風險最主要的風險源即是地主國的國內政治情況，包括政府政策、政權交替等。地主國立法及行政機關則是直接的行為者。而地主國的社會組織、國際性組織，以及母國政府、地主國政府及第三國政府間之互動關係也是重要的政治風險源。台商在大陸的投資管理過程中必然會面臨很多由上述之政治風險源而來的政治風險，因此要想辦法降低這些風險對投資所造成的負面影響。

影響國家政治風險的來源可以分成三個層次：國際、區域以及國家本身，發生在這三個層次的事件有可能對國家政治風險造成波動。

從國際層次來看，世界大戰當然對參與國家造成風險，只是這種情形發生可說微乎其微，較有可能的是國際間相互依賴之加深，使得國際組織對於國家產生影響。例如，國際貨幣基金（IMF）可以取消對某些高風險國家的借貸；國際債信評等機構，如標準普爾（Standard & Poor）就依據政治風險高低，調整某些國家的主要公司信用評等。

區域政治環境對於政治風險的影響較國際政治更直接，區域內國家間如有衝突，就會加深參與國家的政治風險。例如，2010年11月23日北韓砲擊南韓延平島，造成與南韓、日本與中國的關係緊張。區域間結盟情形也會影響政治風險，這種結盟可能不是基於地理因素，而是宗教或其他因素，像是回教國家組織等。結盟國家可能會基於某些價值上的考量，進而對於來自「不友善」國家的投資加以限制，使得政治風險提高。研究顯示，當回教激進勢力興起之時，美國以及親美的投資者往往成為攻擊對象。

有別於國際和區域等外部因素，國家本身所形成的政治風險不僅來源多，而且發生率頻繁，尤其在開發中國家，更成為政治風險主要產生因素。國

家內政治風險來源可以是領導者本身、激進份子、利益團體、政黨等，甚至國家的體制、意識型態等都有可能對外資有負面影響。在民主尚未上軌道的東南亞國家，政權不穩定對政治風險產生的負面影響相當大。例如，2010年泰國的紅衫軍與黃衫軍的示威造成泰國政局不穩。自2009年來，泰國歷經四位總理，政權頻繁更迭，「紅衫軍」和「黃衫軍」輪流擔當反政府組織的角色。可以預期，泰國社會深層階級矛盾一日得不到緩和，政局就無法走出從示威到政變的政治怪圈。政局動盪，民不聊生，只會令整個泰國陷入停滯不前的困局。

　　但具體而言，泰國在接二連三的亂局中，無論「紅衫軍」、「黃衫軍」都沒有贏家。泰國政府仍然面臨著儘快實現政治和解、促進民眾團結、推動國家走上良性發展軌道的緊迫任務。「紅衫軍」領導人已經宣稱，將在未來組織新的反政府示威活動；而「黃衫軍」也對包括修憲在內的某些政府政策持有異議。因此，未來的泰國局勢仍複雜多變，需要現任政府謹慎加以應對。

　　政黨間的政爭，激進團體所進行的恐怖行動都會使得政局動盪。**表5-1**將這三個層次所可能引發政治風險的主要情境加以整理，值得注意的是這些因素可以互相影響，國際壓力可以導致國內政局不穩，進而使得政治風險升高。

　　政治風險來源可以更細部加以區分，David A. Brummersted將政治風險的考量因素用矩陣的形式加以說明，其中水平面包含總體和個體因素，每項又有社會性或政府性的總體或個體因素，垂直面則包括內部與外部因素（**表5-2**）。

表5-1　政治風險的主要來源

層次	發生情境	範例
國際政治環境	・國際間衝突 ・軸心化 ・相互依賴 ・政治穩定性	・世界戰爭 ・民主國與共產集團 ・國與國之間政經互動情形 ・國際領導者穩定與否
區域政治環境	・區域衝突 ・區域聯盟 ・區域政治性穩定性	・邊境戰爭 ・宗教或意識型態上不友善行為 ・區域領導國家與各國關係是否合作
國家政治環境	・仇外情形 ・社會主義趨勢 ・民族主義情緒 ・政治穩定性 ・其他因素	・對外資企業攻擊行為 ・將外資企業國有化 ・國境內排華行為 ・政權轉移 ・領導者個人特質

　　表5-1清楚界定政治風險因素，與**表5-2**相輔相成，企業可以根據欲投資國家之歷史資料，以及最近新聞事件，與表中所列之因素加以比照，作爲決策參考依據。

　　政治風險的來源不一定是某一特定的政治事件，也可能是政治或社會連續變動的過程。國際政治關係也是政治風險的來源之一。政治風險的來源可能是某些細微的社會轉換過程，在短期內雖看不出對企業的影響，但長期而言卻有可能累積其力量形成政治事件，進而對企業營運產生影響。政治風險不應侷限於對企業的負面效果，而應以宏觀的雙向思考來探究，社會的變遷會影響政治活動，進而造成政治風險，就經濟學「分割的謬誤」來看，某些對整體產業不利的政治風險，並不見得對個別廠商不利。國際政治關係也會對政治風險有所影響，且對台商尤其重要，因爲台商在從事海外投資活動時，往往會面臨更多來自中共的阻撓，或在地主國有更大的不確定性。因此，國際政治關係亦爲政治風險的主要來源之一。

表5-2　政治風險評估考量因素

	總體因素		個體因素	
	社會性	政府性	社會性	政府性
內部因素	· 革命 · 內戰 · 宗教騷動 · 廣布的暴動 · 全國性罷工示威、杯葛 · 公眾意見的轉移 · 工會的行動	· 國有化 · 歸爲母國的限制 · 領導權爭奪 · 重要的政權改變 · 高度通貨膨脹 · 高利率水準 · 官僚體制	· 選擇性暴動 · 選擇性罷工 · 選擇性示威 · 公司的全國性杯葛	· 選擇性國有化 · 聯合投資的壓力 · 差別稅率 · 居民滿意度與僱用法規 · 產業特殊法規毀約 · 價格控制 · 補助地方競爭
外部因素	· 跨國游擊隊 · 國際性暴動 · 世界性的輿論 · 不投資的壓力	· 核子戰爭 · 邊界衝突 · 聯盟的改變 · 國際杯葛 · 高外債比率 · 國際經濟不穩定	· 國際活動集團 · 外國多國及企業競爭 · 選擇性國際暴力 · 公司的國際性杯葛	· 地方國與母國外交壓力 · 雙方貿易協定 · 多方貿易協定 · 進出口限制 · 外國政府干涉

資料來源：David A. Brummersted (1988).

政治風險的來源，如**表5-3**所示，政治風險不一定會對多國企業造成負面的影響，政治風險雖對企業環境造成不連續性，卻不見得對企業有長期不利的影響，因此，企業在面對各種政治風險來源者的行動時，應以長期的觀點加以研究，而非一味地試圖消除風險來源的影響。

三、政治風險的影響與類型

政治風險的形式多種多樣，從不同的角度進行考察，可以得出不同的結論。從政治風險發生的範圍和層次來看，可以把政治風險分成兩類：巨集觀層次的風險（macro level risk）和微觀層次的風險（micro level risk）。前者是指

表5-3 政治風險的來源

來源	行為者	引發政治風險之範例
地主國政府、政黨或其他政治團體	・行政機關	・貪汙、政策及法律變動、國有化、徵收
	・立法機關	・貪汙、政策及法律變動、選擇
	・執政黨	・各種政策、法律變動
	・反對黨	・政權交替、革命
	・恐怖份子	・暴動、恐怖行動
	・游擊隊	・革命、政變
地主國社會組織	・地方派系	・利益爭奪、產業政策變動、對合資的要求
	・工會	・罷工事件
	・工商團體	・產業政策變動
	・產業工會	・保護主義、產業政策變動
	・傳播媒體	・社會輿論、價值觀
	・消費者組織	・消費者運動、抗爭、消費者保護法
	・環保團體	・環保抗爭、社會環保意識
	・學術機構	・各種政策及法律變動、社會價值觀
	・意見領袖	・各種政策及法律變動、社會價值觀
	・民間團體	・各種政策及法律變動、社會價值觀
國際組織	・聯合國	・國際公約限制
	・區域組織	・區域貿易壁壘
	・國際環保團體	・環保運動、抗爭
	・國際勞工組織	・工會運動、勞基法
第三國政府	・第三國政府之外交關係	・貿易糾紛、政治對立、戰爭
母國政府	・母國政府之外交關係	・貿易糾紛、政治對立、戰爭

會對所有外國企業或外國投資者產生不利影響的政治方面的改變，而不論這些企業和投資者是屬於何種行業、採用何種形式；後者則是指只對某個特殊行業、特殊企業、甚至特殊投資計畫產生不利影響的政治方面的改變。從政治風險的結果看，可以把政治風險分為影響到財產所有權的風險和僅僅影響企業或投資控制權的政治方面的變化，如國有化或強制性地沒收財產等；後者則是導致減少外國企業或投資者經營收入或投資回報的政治方面的改變。

大量研究表明，絕大多數的政治風險問題屬於微觀層次的問題，而且更多地涉及到企業或投資者經營收入和投資回報，而不是財產所有權。政治風險的直接原因是地主國或投資所在國國內政治環境的變化及其對外政治關係的變化，而且是對外國企業和外國投資者不利的變化。

政治風險的影響可分為兩大類，如**表5-4**所示：

表5-4　政治風險的影響與類型

項目			說明
直接影響	績效		對特定企業收取的政治獻金、紅包、稅捐等，直接影響企業的利潤數字。
	活動	價值生產活動	政府直接干涉企業的價值生產活動，干預特定的生產決策、採購決策、原物料或產品的進出口限制、行銷方式、經營地區的限制、對人員僱用的要求等。
		價值分配活動	政府直接涉入企業的價值分配，如國有化、徵收等，為直接取得企業的所有權（進而完全取得分配價值的權力），而指定合資對象則干涉了企業的股權結構，影響了企業分配盈餘的權利，對利潤匯回的限制，也是影響企業價值分配活動的行為。
間接影響	績效		政府對利率、匯率、貨幣政策的操縱，會影響企業的利潤；環境保護意識的覺醒，也會造成企業有「社會責任」的壓力，進而影響利潤。
	活動	價值生產活動	政府政策改變影響企業經營的環境，例如，投資法規的改變影響了企業投資活動、公平交易法或消費者保護法的施行影響了企業的行銷活動、採購合約的法律規定則改變了企業的採購行為。
		價值分配活動	投資法對股權結構、股利分配、提撥公積金或其他對企業盈餘分配方式的限制。

1.直接影響企業的活動（包括價值生產活動與價值分配活動）。

2.經由對企業經營環境的影響，間接影響企業的活動或績效。

所謂「價值分配活動」，係指企業如何分配其所賺取的利潤或資源，包括將盈餘保留在公司作為再投資的資本，或以股本的方式分配給股東，或將資金移轉至其他關係企業。某些政治風險會同時對企業造成多種的影響，因此，同一個政治風險來源可能同時對企業的活動及績效造成影響。

政治風險來源、引發政治事件之範例、影響及因應方式分析，如**表5-5**所示。

表5-5　政治風險來源、影響及因應方式

	來源	範例	影響	因應方式
直接干預企業活動	政府、政黨	貪汙、選舉	直接影響企業績效： ・政治獻金 ・紅包文化 ・稅捐	・建立有利的連結關係
	行政機關、立法機關	賄賂、關說		
	行政機關	徵收特許費		
	工會團體、環保團體	罷工事件、環保抗爭	直接影響價值生產活動： ・生產停頓 ・行銷方式的限制 ・人員僱用的限制 ・原料、生產及輸出等的限制	・隔離風險 ・分散風險 ・增加彈性
	第三國政府、游擊隊	戰爭、革命		
	消費者團體	消費者抗爭		
	工會	勞資對立		
	民間團體	影響政策制定		
	政府	國有化政策	直接影響價值分配活動： ・所有權移轉 ・指定合資對象	建立有利的連結關係： ・掌握重要資源、關鍵技術、管理能力 ・擴大當地資金來源 ・形成商業聯盟 ・運用母國或第三國力量
	政黨、恐怖份子、游擊隊	政權交替、內戰、革命導致之徵收、占領等事件		
	政府、政黨、工商團體、地方派系	對所有權比例要求、指定合資對象等		

（續）表5-5　政治風險來源、影響及因應方式

	來源	範例	影響	因應方式
環境變動間接影響企業活動	行政機關	貨幣政策導致的通貨膨脹或干預匯率變動等，致使企業利潤縮水者銀行利率的調整	環境變動間接影響績效： ・貨幣實質利息費用上升 ・利息費用上升	・建立有利的連結關係 ・建立嚇阻性力量，以退出作為要脅
	政府、消費者團體、傳播媒體等	消費者保護法、公平交易法之施行	環境變動間接影響價值生產活動： ・行銷活動 ・生產活動 ・投資活動	・建立有利的連結關係 ・隔離風險 ・分散風險 ・增加彈性 ・建立嚇阻性力量，以退出作為要脅
	國際組織	區域經濟、貿易障礙		
	母國政府	貿易談判、貿易糾紛		
	政府、工會團體、學術組織等	勞動基準法的施行		
	環保團體、傳播媒體	環境保護法規的施行		
	地主國、母國、第三國政府等	國際關係變動，導致影響地主國對外資企業投資保障協定、避免企業投資保障協定、避免雙重課稅協定等之變動		
	政府、學術組織等	商業法規的變動	環境變動間接影響價值分配活動： ・股權結構的限制、企業盈餘分配方式的限制 ・利潤匯回的限制	・建立有利的連結關係 ・運用母國的力量進行談判
	政府	政策限制		

四、國家風險評估

(一)國家風險評估基本概念

　　風險管理與風險評估原本是經濟領域研究的議題，但這種經濟風險管理的概念不斷地為各領域引用，主要目的就是要瞭解各個領域層面所面對的危險或威脅。以國家而言，國家風險評估已成為當前國家吸收外資，評估國家競爭力的重要指標。國家風險分析起源於國際信貸活動，原本是要評估發展中國家無力或不願償付外債的威脅有多大，以提供其他國家或商業機構評估借貸的風險。當前國際社會資訊流通愈來愈快，隨著資訊的透明化與豐富化，各個領域也都強調風險管理的觀念，投資風險、環境風險、健康風險、食品風險、工業安全風險、政經風險等風險評估研究都成為許多研究者探討的重點。

(二)政治風險評估所探討的問題

　　政治風險評估可探討以下問題：

1. 地主國的政治系統是否很穩定？
2. 地主國政府就其理念與其所擁有的權力地位，對於某些特定遊戲規則（例如所有權或是合約的權利）的堅持程度如何？
3. 預估地主國政府還能繼續掌權多久？
4. 如果現在的政府續任，是否某些特定的遊戲規則會有所改變？
5. 如果某些特定的遊戲規則可能改變，則該改變會產生何種影響？
6. 基於這些影響，我們現在應該採取何種決策或行動？

(三)政治風險的評估機制

　　所謂政治風險評估就是針對政治變動可能性，對經濟機會進行預測和評估。政治風險可能對於投資造成重大損害，跨國企業因海外投資金額與分布點遍及各地，在運作上對政治風險考量格外注重，經常由專家小組進行風險分析，並找出避險方案以為因應。國際上也有許多研究機構與顧問公司，針對政治風險進行評估，並將評估結果出售。

目前，國際上的研究機構提出的對政治風險的評估方法主要有以下幾種：

◆**預警系統評估法**

該方法是根據積累的歷史資料，對其中易誘發政治風險激化的諸因素加以量化，測定風險程度。例如，用償債比率、負債比率、債務對出口比率等指標來測定資源國所面臨的外債危機，從而在一定程度上體現該國經濟的穩定性。

◆**定級評估法**

該方法是將資源國政治因素、基本經濟因素、對外金融因素、政治的安定性等可能對項目產生影響的風險因素的大小分別打分量化，然後，將各種風險因素得分彙總起來確定一國的風險等級，最後進行國家之間的風險比較。對國際投資風險進行國別比較可參照國際上較有影響的國際投資風險指數。富蘭德指數（FL），該指數是由英國「商業環境風險情報所」每年定期提供；國家風險國際指南綜合指數（CPFER），該指數是由設在美國紐約的國際報告集團編製，每月發表一次；國家風險等級則是由日本「公司債研究所」、《歐洲貨幣》和《機構投資家》雜誌每年定期在「國家等級表」中公布對各國的國際投資風險程度分析的結果。

◆**分類評估法**

根據倫敦的控制風險集團（CRG）的做法，政治風險按照規模有四種分類，即可忽略的風險、低風險、中等風險和高風險。

1. 可忽略的風險：適應於政局穩定的政府。
2. 低政治風險：往往孕育在那些政治制度完善、政府的任何變化透過憲法程序產生、缺乏政治持續性、政治分歧可能導致領導人的突然更迭的國家。
3. 中等政治風險：往往會發生在那些政府權威有保障，但政治機構仍然在演化的國家，或者存在軍事干預風險的國家。
4. 高政治風險國家：則是那些政治機構極不穩定、政府有可能被驅逐出境的國家。

即使用了上述這些方法，對政治風險的評估仍然不能做到十分精確。政治風險之所以為風險，就是源於它的不確定性，其中最重要的一點就是政治風險發生的時間不確定。例如，透過使用上面這些評估方法可以預計會有什麼樣類型的政治風險發生，卻不知道具體會在什麼時間發生，或者會不會發生。所以，在對政治風險進行評估之後，就需要採取一些措施來避免在未來可能發生的政治風險。

評估政治風險所需的資訊，可由企業內部或外部取得，來源可分為八大類：(1)海外分公司經理、人員；(2)台灣總公司的人員分析；(3)報章雜誌、政府出版品、電視及其他媒體；(4)銀行；(5)公司的顧問（個人或機構）；(6)其他業者；(7)專業、學術期刊；(8)專業風險評估機構。

另外，國際間也有許多研究機構與顧問公司，針對政治風險進行評估，出售評估結果，亞洲地區較知名者是位於香港的政治與經濟風險顧問公司（Political and Economic Risk Consultancy, PERC）。瑞士商業環境風險評估公司（Business Environment Risk Intelligence, BERI）的評估項目中也包含政治風險（**表5-6**）。另外，英國《經濟學人》（*The Economist*）雜誌的資訊部門（Economist Intelligent Unit）每季也出版國家報告（country report），其中包括各國政治與經濟情勢分析等資訊。

(四)衡量政治風險的方法

◆國家風險評估指標

國家風險評估仍以商業領域風險評估為主，常用以評估一個國家的競爭力或投資風險，國家風險評估指標，說明如下：

1. 知名的洛桑管理學院（IMD）便從經濟行為、政府效率、商業效率和基礎設施等四個面向及二十個指標來評估一個國家的競爭力。
2. Business Risk Service則以運作風險、政治風險和外匯風險等三個面向的風險指標，來評估國家的商業風險。
3. D&B國家風險報告則以政治風險、商業風險、總體經濟風險和外在風險等四個面向，對國家進行風險評估。

表5-6　BERI投資利潤機會評等

投資狀況	等級	評點範圍	評點範圍說明
投資環境良好	1A 1B 1C	75～100 65～74 55～64	在此等級範圍中的國家，適合各種投資活動，尤其隨著等級上升，投資利潤也愈豐厚。
沒有額外利潤	2A 2B 2C	55以上 50～54 45～49	在此等級範圍中的國家，投資者無豐厚的利潤存在，僅可由技術移轉、管理顧問等專門性服務項目中獲得邊際利潤。其中，屬2A者之評等較高，但亦有較高的稅賦；屬2C者，其技術提供者有被技術接受者取代的潛在威脅。
僅能從事貿易往來	3A 3B	40～44 35～39	在此等級範圍中的國家，有較大的投資風險，尤其等級愈低的國家，其支付款項的能力愈差，因此需特別注意其付款情形。
不能有任何商業往來	4A	小於35	在此等級範圍中的國家，除非以現金支付的方式，或經由第三者的書面保證，否則不能與這類國家進行任何商業交易。

4. 國際風險信貸（credit risk international）以近百種指標來評估一個國家的投資風險，在政治風險方面則是以政治社會相容性、政府穩定性、顛覆風險、戰爭風險等四大因素及十六個指標來評估政治風險。

5. 由顧問公司所發展出之風險預測指標。

6. BERI指標。

7. 營運風險指標（Operation Risk Index, ORI）。

8. 政治風險指標（Political Risk Index, PRI）。

9. R因素（remittance and repatriation factor, R Factor）。

10. WPRF模式。

11. 由公司內部自行負責分析預測。一般多國企業所採用之政治風險分析方法有：實地訪問調查、委由外國子公司負責評估、由公司委託外界專業人士代為分析預測、延聘專家進行評估、聘請顧問公司從事評估、委請專家運用數量指數分析法預測風險。

◆政治風險的評估要項

有關政治風險的評估主要包括：

1.政治穩定性：(1)與鄰國的關係；(2)權力獨裁程度；(3)政府是否腐敗無能，官僚化程度如何；(4)政府的合法性；(5)軍事或政治管制；(6)執政黨國會席次等六個指標。

2.社會安定性：一般社會安定與否，主要因素有「種族」和「宗教」的衝突，種族衝突可分為下列三種：(1)由國內紛爭造成暴亂；(2)國內紛爭把其他有關聯的國外團體捲入；(3)有來自於前兩種或來自於國際間的紛爭，導致兩國出現敵對的緊張氣氛。

3.經濟發展性：經濟不景氣，人民所得降低，引發之社會問題就多。

(五)評估結果的應用

政治風險評估結果的應用如下：

1.該產品之提供是否需經過政治上的討論或立法機關的授權許可，方能決定？

2.是否有其他產業依賴該產品或以其當再加工之原料？

3.該產品是否具有社會及政治的敏感性？

4.該產品對於農業生產是否非常重要？

5.該產品對於該國的國防重要性是否有影響？

6.該產品是否必須要利用當地資源才能有效地營運？

7.在近期內是否會有與該項產品競爭的產業出現？

8.該產品與大眾傳播媒體是否有關？

9.該產品是否為服務業？

10.該產品之使用或設計是否基於某些法令上的需求？

11.該產品對於使用者是否具有潛在的危險性？

12.該產品之行銷是否會減少地主國之外匯？

(六)國家的風險分析機構

國家的風險分析機構像是《機構投資者雜誌》、《歐元雜誌》、穆迪氏

等，它們對新興國家的政治風險評估結果如下：

1. 《機構投資者雜誌》（*Institutional Investor*）：每年3月和9月發表「國家信平統計資料」（Country Credit Rating），調查對象涵蓋一百四十餘個國家或地區，分數愈低代表風險愈低。
2. 《歐元雜誌》（*Euro Money*）：固定在每年3月和9月號雜誌上發表「國家風險排行榜」（Country Risk Ratings），評列涵蓋一百八十餘個國家或地區，分數愈低代表風險愈低。
3. 穆迪氏（Moody's）：係針對全球各主要國家，根據其所發行之「外幣債券」未來發生「債務不履約」可能性大小給予評分。

五、貪汙認知指數

(一)腐貪指數

貪汙認知指數（Corruption Perceptions Index, CPI），或譯為清廉指數，是由透明國際自1995年起每年發布「全球貪汙年度報告」，公布世界各地企業界及民眾對當地貪汙情況觀感，所整合出來的指數。要留意的是該指數並非指出某國的實際腐敗情況，而僅是人們對某國廉潔程度的個人認知。貪汙認知指數是根據各國商人、學者與國情分析師，對各國公務人員與政治人物腐貪程度的評價，以滿分10分代表最清廉，資料來源包含自由之家（Freedom House）、瑞士洛桑國際管理學院（IMD）等十個國際組織。

透明國際腐貪指數依照一國公務員及政治家腐敗程度給全世界一百三十三個國家排名，它是一個複式指數，採用了全世界十三個獨立研究機構的十七項普查資料和資料，反映全球各國商人、學者及風險分析人員對世界各國腐敗狀況的觀察和感受。

(二)腐敗的定義

受賄指數只評定公共機構的腐敗現象，所謂腐敗係指公務員濫權謀私。在腐貪指數裡所引用的那些調查，所問的問題都是跟公務員濫用職權謀取私

利有關。特別是公務員在公共採購領域裡索賄、受賄,但這些調查一般不區分行政腐敗和政治腐敗。

第三節　國際政治風險的管理與因應策略

一、國際政治風險的管理

政治風險管理(political risk management),是指企業或投資者在進行對外投資決策或對外經濟貿易活動時,為了避免由於地主國或投資所在國政治環境方面發生意料之外的變化而給自己造成不必要的損失,因而針對地主國政治環境方面發生變化的可能性以及這種變化對自己的投資和經營活動可能產生的影響,提前採取相應的對策,以減少或避免由於這種政治方面的變化而給企業或投資者自己帶來的損失。

可見,政治風險的管理,應該涉及到以下三個方面:(1)企業或投資者如何評估東道國或投資所在國,發生預料之外的政治環境變化的可能性;(2)企業或投資者如何估算上述政治環境的變化,對企業或投資者的利益可能造成的影響;(3)企業或投資者如何保護自己的利益,避免受到上述政治環境變化的不利影響,或者從某些政治環境的變化中獲利。

根據政治風險管理所涉及到的這三個方面,企業或投資者在實際的操作中,具體應該把握以下四個方面:

1. 必須對一個國家的政治風險作出評估。
2. 在進行對外投資之前,企業或投資者必須與東道國的有關部門就投資環境問題進行專門談判,以取得對方的某種承諾。
3. 一旦作出投資決策,開始進行實際投資之後,外國企業或投資者必須作好調整自己經營策略的準備,以不斷地強化自己適應東道國投資環境變化的能力。
4. 在制訂日常經營計畫的同時,外國企業或投資者還必須制訂一個反危機的計畫,以時刻應付可能發生的政治事件及由此導致的一系列危險。

二、政治風險下之因應策略

對於高政治風險之國家進行投資必須謹慎評估方可進行，當然高風險並不表示絕對不能前往投資，有些廠商從事外銷，也許可以受惠於幣值貶值增加出口競爭力。但須注意政治風險是否會影響工廠出貨、工人是否因動亂而影響上工、運費保險等支出是否因政治風險升高而提高，甚至能否獲得國外資金融通等問題都應列入考慮。對於已經進入高風險國家的廠商而言，廠房、機器設備等都已設置，不是一朝一夕就可處分，關門走人，必須經營下去。當地廠商應避免捲入政治風暴當中成為箭靶，不涉及政治，不對當前政局提出看法，以免影響公司營運是跨國企業的信條。不參與政治與不關心政治是兩回事，台商必須對於政治風險之主要成因加以關注，並做好應變計畫。

應變方案中，如何選擇避險工具是首要考量。如果國家幣值不穩，那麼交易可考慮選擇如美金等穩定貨幣進行較有保障。面對未來可能出現的貨源供給以及進貨價格升高等問題，宜調整存貨數量，以免貨源中斷，並對庫存原料的安全做好防範，減少暴動時之損失。對於購買者的付款時間、方式以及交貨方式等也應採行較為保守做法，減少風險所帶來的損失。尋求政治風險的保險對於大型投資案也不失為一種因應方法。美國國際保險（American International Underwriters, AIU）最先提供亞洲政治風險的保險，保險金額最高可達1億5,000萬美金。

AIU的保險政策針對四個項目：(1)匯率無法轉換，如果受到政府突然實施資本管制時；(2)國有化，如果政府取得私有財產又不給予適當賠償；(3)政治暴力，如果因為暴動、恐怖攻擊、戰爭導致財務損失或商業行為中斷；(4)合約中挫，如果買方因戰爭無法付款時（《東南亞投資雙月刊》，2000）。國際行銷人員面對和管理國家的政治風險時，可採用規避、保險、協商、有組織的投資策略來因應。

除了上述方式外，還有下列幾種方法供作參考：事先評估各國的政治狀況、與當地企業合資，減少排外心理、與第三國企業策略聯盟、與當地保持良好政商關係、儘量利用當地資金、協助經濟成長、提供就業機會、股權共享、參與公益事業、保持中立、幕後遊說、對政治生態持續觀察、採用當地雇員，

儘量融入當地環境之中等。

 ## 第四節　國際行銷的法律環境與法律對國際行銷的影響

　　法律環境是指國家或地方政府所頒布的各項法規、法令和條例等，它是企業行銷活動的準則，企業只有依法進行各種行銷活動，才能受到國家法律的有效保護。企業的行銷管理者必須熟知有關的法律條文，才能保證企業經營的合法性，運用法律武器來保護企業與消費者的合法權益。

　　法律環境分析主要分析的因素有：

1. 法律規範，特別是和企業經營密切相關的經濟法律法規，如公司法、專利法、商標法、稅法等。
2. 國家司法執法機關。與企業關係較為密切的行政執法機關有稅務機關、專利機關、環境保護管理機關、政府審計機關等。此外，還有一些臨時性的行政執法機關，如各級政府的財政、稅收等。
3. 企業的法律意識。企業的法律意識是法律觀、法律感和法律思想的總稱，是企業對法律制度的認識和評價。企業的法律意識，最終都會物化為一定性質的法律行為，並造成一定的行為後果，從而構成每個企業不得不面對的法律環境。
4. 國際法所規定的國際法律環境和目標國的國內法律環境。

　　對從事國際行銷活動的企業來說，不僅要遵守本國的法律制度，還要瞭解和遵守國外的法律制度和有關的國際法規、慣例和準則。例如，前一段時間歐洲國家規定禁止銷售不帶安全保護裝置的打火機，無疑限制了中國低價打火機的出口市場。日本政府也曾規定，任何外國公司進入日本市場，必須要找一個日本公司與它合夥，以此來限制外國資本的進入。只有瞭解掌握了這些國家的有關貿易政策，才能制定有效的行銷對策，在國際行銷中爭取主動。

一、國際行銷的法律環境

國際行銷策略須依據全球不同法規運作，展望全球法律制度的基礎大致上有不成文法及成文法、伊斯蘭法典、馬克斯主義者—社會主義者的教條等。法律環境分爲本國法律、地主國法律、國際法律等三種，說明如下：

1. 本國法律：本國法律最主要是針對國際貿易進出口和海外投資制訂必要規範。
2. 地主國法律：非母國法律，是國際行銷人員最難完全理解的法律。各國法律大致分爲「不成文法系」及「成文法系」兩種。
3. 國際法律：「國際法律」是各國之間經過相互政治協商結果的法律，並用以規範各國之間的商業行爲。不過，許多國際性的商業組織如：世界貿易組織、國際貨幣基金會、石油輸出國組織，或者是區域性的組織如歐盟，這些組織對會員國制定不少的「條約」規範彼此的商業行爲。

二、國際行銷的相關法律

國際行銷的相關法律可分爲：(1)商務仲裁；(2)智慧財產權與仿冒；(3)商事法；(4)賄賂（貪汙）；(5)科技法律等。另外還有傾銷與反傾銷、台商在大陸經商的法律問題。

(一)商務仲裁

在國際法律紛爭的司法裁判權方面，國際紛爭的解決方案有：調解、仲裁、訴訟。

(二)智慧財產權與仿冒

個人和公司對「智慧財產權」（發明和創造品）擁有所有權和控制權，廣爲運用的有：(1)專利權；(2)商標；(3)版權；(4)商業機密。商標則是品牌的一部分，用以定義公司所製造或行銷的產品。版權是在保護作家或藝術家的作品免於遭到未經授權者複製。

產品的製造若是侵犯到智慧財產權即是所謂的仿冒品，共可分爲五種程度仿冒：(1)完全眞正的仿冒；(2)盜版；(3)品牌LOGO、包裝圖案、顏色的模仿；(4)品牌名稱的模仿；(5)劣質品的模仿。

(三)商事法

各國的商事法大致上有行銷法、綠色行銷的立法、反托拉斯等。應用在美國法律有外國貪汙實務法案、國家安全法、反托拉斯法、反抵制法、美國法律的治外法權等。

(四)賄賂（貪汙）

◆主題上的變化

雖然賄賂是法律的議題，爲瞭解各種文化對它不同的態度，從文化上的前後關聯中去檢視也是很重要的。就文化上來說，不同的民族中對賄賂的態度也相當不同。像美國就公開輕視這樣的行爲，不過即使如此還是離道德標準相當遠。

◆賄賂

賄賂及敲詐的區別在於這個行爲是來自於主動給予或被要求付款。爲了尋求一種不合法的利益而自願給予的付款稱之爲賄賂。如果付款是在一種壓力下被當權者勒索，這就是敲詐。「潤滑金」就是給予一些較低階的官員相對小額的現金、禮物或服務，而像這樣的贈與並不爲法律所禁止。這種贈款是爲了要促進或加速政府官員合法及正常執行公務的速度。「買通錢」一般都是給予一筆款項較大的金錢，經常是不能載於會計帳上，其目的是引誘政府官員圖利這家行賄的公司。代理費有點像賄賂但又可能不是，當一個商業人不確定某個國家的法令和規定時，他可能僱用一位代理人在這個國家來代表他的公司。例如，爲了建築法規上的差異，而僱用一位律師來提出上訴，因爲基本上這位律師可能比不熟悉這些流程的人做得比較有效率而完整。當然這經常是合法且是有用的過程，但如果某部分的代理費是用來賄賂政府官員，那這中介的費用可能就是非法了。

(五)科技法律

　　科技法律，狹義的說是指「專利法」，因為只有專利才能保障科技產品。廣義的說則指「智慧財產權」，包括專利、商標、著作權，以及較少觸及的植物種苗保護、基體電子電路布局保護等，更廣泛而言，如商業間的技術簽約、網際網路的保護、生物科技等，舉凡商業往來之技術法律問題皆包含在內。範圍包含：智慧財產權、網路法律、政府科技法律及政策顧問、技術移轉規範及制度、軟體專利、電腦程式保護相關法令、資料庫、電信法、產業技術研究發展法制、生物技術法令等。此外，科技法律還包括電子商務活動相關的法律有未解決的議題、網域的名稱、稅務、契約紛爭及有效力的司法裁判等。

三、法律對國際行銷組合的影響

　　在法律上，地主國的法律最常對母國企業的產品、價格、配銷通路和促銷活動等加以規範。例如有關「消費者保護法」，對於產品的品質、標識、成分、包裝等均有規定；在國際中最常見到的即是有關「進口貿易配額」和「聯合行為」的約束。前者係指對其他國家有產品輸入上的限額，不能超過此一限度，以保障國內工業的生存。而所謂「企業聯合」係以任何方式，基於任何原因明示或默示的商議行為、協議或是聯盟。其間有垂直的企業聯合和水平的企業聯合。聯合之型態則從簡單的口頭、默示約定到複雜的組織體系設立皆有；政府之所以對此限制，主要是因為如此可以防止未來可能造成的壟斷或是托拉斯情況。

　　法律對國際行銷組合的影響，歸納如下：

1. 產品策略：受到政治和法律影響部分有產品種類、商標的註冊和使用、包裝與標示的規定、各種產品的關稅不同、對於產品成分使用的規定等。
2. 價格策略：價格策略的管制，通常是基於保護消費者權益、控制通貨膨脹或維護國內產業利益之目的。
3. 通路策略：在國際行銷中，以產品出口方式行銷到地主國，在其行銷通

路之建立中，地主國市場內通路聯結機構（institution）之選擇（Root, 1994），是成功跨國發展之關鍵。這種機構的選擇，大致上，可概分為總代理商（exclusive agent）與子（分）公司兩種。Johason與Vahlne（1977）認為企業國際化是一種循序漸進的歷程，如先出口、海外銷售代理商、海外技術授權、成立銷售子公司，最後建立據點。在代理商階段主要受心理距離（psychic distance）的影響。所謂心理距離係母國與地主國在社會、文化、經濟、法律、產業生態、政治等方面的相似性。之後，隨市場之擴大、法令之解嚴、經驗之累積與基礎之穩固都會促使企業走向子公司之設立。

4.推廣策略：受到政治和法律限制最多的是「廣告」，有些政府利用「廣告稅」抑制廣告，以減少廣告帶來的害處和通貨膨脹。

 全球觀點

法律對企業經營的影響　滴水不漏護商標

2008年，衣蝶百貨的員工為了抗議兆豐銀行假扣押「衣蝶」商標權，阻斷公司經營權轉讓的機會，影響員工退休金、資遣費等權益，先後罷工、陳情。「衣蝶」商標歸中國力霸所屬，而非衣蝶百貨。這次因為力霸風波，銀行為保全債權而假扣押商標權，導致商標被禁止處分，使得衣蝶百貨的經營權，可能因為少了商標，而沒有轉讓的實益，影響拍賣的進行，連帶地，員工也可能遭池魚之殃。整起事件的關鍵就在於商標權，由此可見，商標權對於企業經營的重要性。

◎高識別性，不易混淆

商標命名，是行銷活動的重要一環，也是企業識別體系（CIS）的血肉。企業總是希望商標命名好聽、好看又好記，能與商品或服務產生聯想。商標命名必須有「識別性」，讓商標不會有被混淆誤認之虞。以識別性的高低來區分，可分為獨創性、隨意性、暗示性及描述性商標。以商標獲准註冊的可能性來看，獨創性商標當屬最高。據說，SONY是由Sonic及Sonny二字組合而成，宏碁的Acer也是自行創設的商標。至

於暗示性或描述性商標，比較不容易取得註冊。不過，也有例外。有些本來不具識別性的商標，或是描述性的商標，因為經年累月的使用，消費者足以辨識，因此產生後天識別性，此即商標法所謂的「第二層意義」。例如，7-11因為數字不具有識別性，不能取得商標權，但因為使用時日一久，成為消費者所熟悉的標誌，而具有第二層意義。最有名的案例便是微軟的Windows作業系統，由於此英文字義為窗戶，正是作業系統的畫面或功能，有描述商品功能之嫌，為了證明其具有識別性，微軟還進行大規模的消費者調查。

◎維護權益，不遺餘力

中國大陸盛行商標「搶註」。前些日子，有人向LV集團嗆聲要求巨額賠償，因為他已在大陸取得LV的商標權；Google中國也曾被北京谷歌科技公司控告侵害其「谷歌」的名稱專用權；一些台灣知名企業因為商標被大陸個人或企業搶先註冊，最後得花費巨資買回自家商標。因此，不論新命名的商標，或是舊商標進入新市場，首先需做好查名的工作，查詢範圍包括：註冊在先或使用在先的商標、公司行號的名稱（中文及外文）、網域名稱。若在國內，最好能同時查詢經濟部智慧財產局的商標檢索資料庫（查註冊在先的商標）、商業司的公司登記資料庫（查公司中文名稱），以及國貿局的廠商登記資料庫（查公司英文名稱），並利用Google、Yahoo等搜尋引擎來搜查。網域名稱，則可透過www.better-whois.com，確認是否有前案。商標一旦獲准註冊，即取得商標權。權利人要確保權利永續存在，就要不斷地正確使用該商標。許多著名企業對商標權益維護不遺餘力，已達「時時勤拂拭，莫使惹塵埃」的境界。

◎謹慎小心，持續使用

　　Prada、LV等精品，到處取締仿冒。日前，微軟為了打擊盜版軟體，與燦坤合作推出「兩點不漏」計畫，提出「安心採購店貼」及「WGA驗證程式」兩種識別機制。有時候，品牌名氣太響，會引來別人搭便車。寶島眼鏡公司就曾要求一些「寶島眼鏡行」拆換招牌。中國鋼鐵公司為了維護其「中鋼」品牌，對中鋼紡織公司提起訴訟，禁止其使用「中鋼」二字。然而，著名商標也必須小心謹慎，避免變換使用，誤踩地雷。日前，肯德基在大陸賣起油條，取名「安心油條」，形成話題。沒想到，隨即有人主張位於武漢的安心食品已取得「安心」的註冊商標，且指定使用在第三十類的商品（油條即屬於該類），肯德基恐構成商標侵權。看來，肯德基這下子不得安心了。最近，智慧財產局舉辦商標法令說明會，介紹「商標法第23條第一項第十二款著名商標保護審查基準」及「證明標章、團體商標及團體標章審查基準」，商標法修正草案重點也於元月21日公告，顯示政府希望藉由法令與國際接軌，配合企業的全球行銷活動，使我國多一些像Acer、GIANT的著名商標，在國際市場綻放光芒。

資料來源：方裕盛（2008）。〈滴水不漏護商標〉。《經濟日報》，A14版，企管副刊，
　　　　　2008/02/25。

 問題與討論

1.國際行銷所面對的國際政治環境有哪些？

2.政治風險的來源有哪些？

3.說明如何評估一個國家的政治風險，其評估指標為何？

4.政治風險管理的管理與因應策略為何？

5.一般國家會使用哪些法律行為，來干擾或規範國際行銷活動？

6.法律對國際行銷組合的影響有哪些？

國際行銷之科技環境

- ◆ 科技面因素
- ◆ 電子商務與行動商務
- ◆ 企業的科技環境
- ◆ 其他挑戰
- ◆ 科技發明和技術創新在行銷的應用與影響

在所有影響國際行銷未來的外部因素中，科技因素可能發揮最大的影響力——更多開發新產品的機會、創造全新的產業、不同的行銷方法、增進行銷效率與成果。而每一種新科技都是一個「創造性的破壞」（creative destructions）包括：

1. 科技的影響：科技影響國際行銷非常之大，如電子商務與行動商務。
2. 科技發展的趨勢：行銷隨著科技發展的趨勢，從早期的電話行銷、e-mail行銷發展到目前最夯的多媒體數位行銷、網路社群行銷、App行動行銷等。

本章首先探討科技面因素包括：(1)全球交通、通訊及傳播媒體的發達；(2)全球網際網路與電子／行動商務的興起；(3)工業4.0與智慧型機器人時代來臨。其次分析電子商務與行動商務、多媒體數位行銷、社群網路行銷、APP行動行銷；探討企業的科技環境、企業科技環境的組成要素、3D列印、OLED（有機發光二極體）。接著介紹其他挑戰如基因改造食物，最後分析科技發明和技術創新在行銷的應用與影響包括：(1)技術創新；(2)技術取得策略與運用；(3)當代企業科技環境的發展趨勢。

  行銷視野

10大2015年行銷趨勢！

2014年是行動行銷蓬勃發展的一年，以下是10大2015年行銷趨勢：

◎APP下載量超越粉絲數

過去粉絲團的按讚數可能是一個很重要的行銷指標，但根據統計數據，許多大品牌的APP下載數已超越粉絲團的按讚數。為什麼？因為當你在「行動中」真的需要資訊的時候，APP或行動網站，比粉絲團好用多了。就連最近玩具反斗城都在他們的APP裡加強了分店地圖的功能，幫助爸爸媽媽能順利買到想買的禮物。所以，這告訴

大數據　　　　　　　　行動化　　　　　　　　雲端運算

我們，除了粉絲團經營很重要，也該重新想想你是否需要更好用的行動介面，是時候該認真考慮行動網站和APP啦！

◎出現負責「行動」的部門

　　就像幾年前開始出現「社群經理」這樣的職位一樣，未來每間公司將會投注更多人力在經營「行動介面」、「行動客戶」上，這個部門的預算、編制，也會越來越擴張。

◎位置及行動裝置導向的廣告將會大幅增加

　　隨著行動用戶、APP安裝量的增長，廣告主將可以針對更詳細的潛在客戶位置、詳細資訊來投遞廣告。

◎行動廣告活動管理工具與平台將大放異彩

　　傳統的簡訊、推播、行動廣告平台仍然會繼續發展。但未來新世代的廣告活動管理工具將會進一步讓廣告主不只可以投放，還可以即時與各種跨螢幕的廣告觀眾互動！

◎客戶管理系統、社群資料、與個人行動資訊結合

　　未來的CRM系統應該要發展更多元的資料欄位，結合會員的社群互動、APP或網站使用率等數據，提供行銷人員決策制定時的幫助，讓消費者能得到更即時、更個人化的資訊。

◎行動商務和行動支付快速發展

　　預測未來一年仍然會以Apple Pay為首，伴隨Google錢包的發展，陸續會有更多資金投入這個新興產業做研究開發。在台灣地區，從QR Code、NFC、到現在也有不少服務商陸續推出支援行動支付的解決方案，相信在明年會有更大的進展。

◎虛實整合的使用者經驗將不再有巨大鴻溝

　　詳盡的個人資訊蒐集、便利的支付方式、即時的資料處理速度，這些都將讓行銷人員未來可以提供消費者更無縫的虛實整合購物經驗，或是在客戶的購物過程中更即時的提供協助。

◎內容依舊稱王

　　隨著跨屏的使用習慣增加，我們會發現現在許多網站相較於過往，較不這麼注重在「美術」設計，大家可以拜訪Apple或是Microsoft的網站，其實只要內容圖片、按鈕文字、廣告文案拿掉了，這個網站就是一片空白，沒有複雜的設計。因此為了給跨屏使用者更好的體驗，未來必定會需要放更多心力在各種不同裝置的網站流程設計上。

◎不只大數據，還要「智能數據」

　　IT界有所謂的新摩爾定律，指出聯網的主機數和人口，平均每半年就會翻倍，而這麼多人所製造出，越來越多的數據，就非常具有商業價值性。但是，即使蒐集了這麼多資訊，也需要有專門分析的人員，找出數據間的關聯性，進而讓企業將經營對像從客戶群，還原成一個個獨立的客戶，並提供差別化的服務。

◎「即時」才是王道

　　資訊的延遲常會導致錯過或錯誤，甚至讓充滿熱情的消費者就這樣離開了。因此在對的時間，提供對的內容，讓對的人能夠馬上運用並完成活動，也會是企業未來需要面對的競爭問題。

資料來源：MobiBizs行動商機王（2011）。

第一節　科技面因素

科技面因素包括：

一、全球交通、通訊及傳播媒體的發達

在現代發達的科技社會，已經盛行一句話「網路無國界」，全球交通（如高速航空、廉價航空與高速鐵路網等）、通訊（如4G、WIFI、光纖網路等）及傳播媒體（電視、網路等）的發達，都更加提升國際行銷的效益。當高速航空二十四小時內可以抵達全球任何地方、廉價航空只要台幣一千多元即可飛到東北亞或東南亞主要城市、高速鐵路台北到高雄只要一個多小時，國際行銷者的成本大大降低而效率則大大的提升。

二、全球網際網路與電子／行動商務的興起

網路能迅速傳送文字、影像、聲音等資料，加上上網的人口日增，對國際行銷的影響相當深遠——更迅速掌握新產品、競爭者、通路、消費者等資訊；強化顧客與中間商服務、開拓國際行銷通路（電子商務通路如eBay、Yahoo、淘寶網與天貓等；行動商務通路如蝦皮行動拍賣、QR Code行銷、APP行銷、RFID無線射頻辨識應用等）。網路跨越政治、經濟與文化的界線，到達全球的每一個角落。因此，瞭解網路如何重新塑造經濟、社會和文化價值很重要。

三、工業4.0與智慧型機器人時代來臨

德國首先提出整合物聯網、雲端技術、大數據分析與智能製造為工業4.0後，全球主要先進國家如歐美日等國都積極推動，這四大領域將澈底顛覆國際行銷的策略與商業模式，對國際行銷的影響將無遠弗屆，特別是2016年被稱為智能機器人元年，鴻海與日本夏普（Sharp）、蘋果、微軟、Google等跨國企業無不積極推出各行各業的智能機器人以取代人力，包括門市服務人員、旅館

圖片來源：http://sc.jb51.netPictureDesign108819.htm

櫃檯、工廠物流、居家看護、英語老師等等機器人都可以取代人類的工作甚至做得比人類還要好，未來人類可能只剩下高端技術類、知識類工作可以做了，有一天當你看到國際行銷者在互通Line，Facebook，其背後可能也是智能機器人。

 # 第二節　電子商務與行動商務

一、電子商務

(一)電子商務的定義（MBA智庫百科）

　　電子商務（electronic commerce）是指利用電腦技術、網路技術和遠程通信技術，實現整個商務（買賣）過程中的電子化、數位化和網路化。人們不再是面對面的、看著實實在在的貨物、靠紙介質單據（包括現金）進行買賣交易。而是透過網路，透過網上琳琅滿目的商品資訊、完善的物流配送系統和方便安全的資金結算系統進行交易（買賣）。

　　上述概念包含如下涵義：

　　1.電子商務是一種採用先進資訊技術的買賣方式。

圖6-1　電子商務的發展與未來

2.電子商務造就了一個虛擬的市場交換場所。

3.電子商務是「現代資訊技術」和「商務」的集合。

4.電子商務是一種理念，而非簡單的採用電子設施完成商務活動。

(二)電子商務的起源（薛萬欣，2010）

　　世界上對電子商務的研究始於20世紀70年代末。電子商務的實施可以分為兩步，其中EDI商務始於20世紀80年代中期，Internet商務始於20世紀90年代初期。我國的電子商務及其研究起步更晚些，但進展還是比較快的。1997年底，在亞太經濟合作組織非正式首腦會議上，時任美國總統柯林頓敦促世界各國共同促進電子商務的發展，引起了全球首腦的關注。有識之士指出，在電子商務問題上，遲疑一步就可能會丟失市場、丟失機會。1998年11月18日，時任中國國家主席江澤民在亞太經合組織第六次領導人非正式會議上就電子商務問題發言時說，電子商務代表著未來貿易方式的發展方向，其應用推廣將給各成員國家帶來更多的貿易機會。一般來說，電子商務經歷了兩個發展階段：基於EDI的電子商務和基於國際互聯網的電子商務。

◆基於EDI的電子商務（20世紀60年代至20世紀90年代）

　　EDI在20世紀60年代末期產生於美國，當時的貿易商們在使用電腦處理各類商務文件的時候發現，由人工輸入到一台電腦中的數據70%是來源於另一台電腦的輸出文件，由於過多的人爲因素，影響了數據的準確性和工作效率的提高，人們開始嘗試在貿易夥伴之間的電腦上使數據能夠自動轉換，EDI應運而生。EDI（Electronic Data Interchange）是將業務文件按一個公認的標準從一台電腦傳輸到另一台電腦上去的電子傳輸方法。由於EDI大大減少了紙張票據，因此，人們也形象地稱其爲無紙貿易或無紙交易。

◆基於國際互聯網的電子商務（20世紀90年代至今）

　　20世紀90年代中期後，國際互聯網迅速普及化，逐步從大學、科研機構走向企業和百姓家庭，其功能也已從資訊共用演變爲大衆化資訊傳播。從1991年起，一直排斥在互聯網之外的商業貿易活動正式進入到這個王國，因而使電子商務成爲互聯網應用的最大熱點。以直接面對消費者的網路直銷模式而聞名的美國Dell公司1998年5月的線上銷售額高達500萬美元；另一個網路新秀──Amazon網上書店的營業收入從1996年的1,580萬美元猛增到1998年的4億美元。

(三)電子商務的優越性（MBA智庫百科）

　　電子商務提供企業虛擬的全球性貿易環境，大大提高了商務活動的水準和服務質量。新型的商務通信通道其優越性是顯而易見的，其優點包括：

1.大大提高了通信速度，尤其是國際範圍內的通信速度。
2.節省了潛在開支，如電子郵件節省了通信郵費，而電子數據交換則大大節省了管理和人員環節的開銷。
3.增加了客戶和供貨方的聯繫。如電子商務系統網路站點使得客戶和供貨方均能瞭解對方的最新數據，而電子數據交換（EDI）則意味著企業間的合作得到了加強。
4.提高了服務質量，能以一種快捷方便的方式提供企業及其產品的資訊及客戶所需的服務。

5.提供了互動式的銷售管道。使商家能及時得到市場反饋,改進本身的工作。

6.提供全天候的服務,即每年365天,每天24小時的服務。

7.最重要的一點是,電子商務增強了企業的競爭力。

(四)電子商務的分類

根據Kalakota(2001),電子商務可分為企業內部、企業間、企業與消費者間以及消費者之間等類型,如**表6-1**所示。

(五)電子商務的特點(MBA智庫百科)

◆電子商務以現代資訊技術服務作為支撐體系

現代社會對資訊技術的依賴程度越來越高,現代資訊技術服務業已經成為電子商務的技術支撐體系。

1.電子商務的進行需要依靠技術服務。即電子商務的實施要依靠國際互聯網、企業內部網路等電腦網路技術來完成資訊的交流和傳輸,這就需要電腦硬體與軟體技術的支持。

2.電子商務的完善也要依靠技術服務。企業只有對電子商務所對應的軟體和資訊處理程式不斷優化,才能更加適應市場的需要。在這個動態的發展過程中,資訊技術服務成為電子商務發展完善的強有力支撐。

◆以電子虛擬市場為運作空間

電子虛擬市場(Electronic Marketplace)是指商務活動中的生產者、中間商和消費者在某種程度上以數字方式進行互動式商業活動的市場。電子虛擬市場從廣義上來講就是電子商務的運作空間。近年來,西方學者給電子商務運作空間賦予了一個新的名詞Marketspace(市場空間或虛擬市場),在這種空間中,生產者、中間商與消費者用數字方式進行互動式的商業活動,創造數字化經濟(The Digital Economy)。電子虛擬市場將市場經營主體、市場經營客體和市場經營活動的實現形式,全部或一部分地進行電子化、數字化或虛擬化。

表6-1　電子商務的分類

類型	內容
企業內部電子商務（B2E）	透過防火牆，公司將自己的內部網與Internet隔離，企業內部網（Intranet）是一種有效的商務工具，它可以用來自動處理商務操作及工作流，增加對重要系統和關鍵數據的存取，共用經驗，共同解決客戶問題，並保持組織間的聯繫。一個行之有效的企業內部網可以帶來如下好處：增加商務活動處理的敏捷性，對市場狀況能更快地做出反應，能更好地為客戶提供服務。
企業間電子商務（B2B）	在電子商務中，公司可以用電子形式將關鍵的商務處理過程連接起來，以形成虛擬企業。在這種環境中，很難區分哪家公司正在進行商務活動。一家公司在一台台式PC機，網路PC機或移動式電腦上按下一個鍵就有可能影響一家處於地球另一端的供貨公司的業務活動。按照IDC公司1997年9月的統計，1997年全球在Internet網上進行的電子商務金額為100億美元，而時至2001年，則將高達2,200億美元，其中企業間的商務活動將占其中的79%。無疑地，電子商務，尤其是企業間的電子商務將成為Internet上的重頭戲。儘管眼下網上企業直接面向客戶的銷售方式發展勢頭強勁，但為數眾多的分析家認為企業間的商務活動更具潛力。Forrester研究公司預計企業間的商務活動將以三倍於企業—個人商務速度發展。這在某種意義上反映了現實世界中存在的情形：企業間的商務貿易金額高達消費者直接購買的10倍。
企業與消費者間電子商務（B2C）	這是人們最熟悉的一種商務類型，以至許多人錯誤地認為電子商務就只有這樣一種模式。事實上，這縮小了電子商務的範圍，錯誤地將電子商務與網上購物等同起來。近年來，隨著萬維網技術的興起，出現了大量的網上商店，由於Internet提供了雙向的交互通信，網上購物不僅成為了可能，而且成為了熱門。由於這種模式節省了客戶和企業雙方的時間、空間。大大提高了交易效率，節省了各類不必要的開支。因而，這類模式得到了人們的認同，獲得了迅速的發展。例如Mushkin公司，這是一家電腦公司，其主要業務為出售存儲器件。Mushkin公司僅僅是一家虛擬企業，它沒有實際的零售店。Mushkin最初僅在Internet網上創建了主頁和產品目錄，而訂貨則透過電話和傳真，此後，經過精挑細選，該公司決定選擇Intershop來創建虛擬店面。現在透過電子商務，該公司全天24小時在網上接收訂單，它們的主頁包括了產品的細節資訊及重要資訊。這使得它每天都要接受一千餘次光顧。在實現了電子商務後，1996年度該公司利潤增長高達500%之多。
消費者之間電子商務（C2C）	C2C的電子商務模式為買賣雙方提供一個線上的交易平台，讓賣方在這個平台上發布商品資訊或者提供網上商品拍賣，讓買方自行選擇和購買商品或參加競價拍賣。C2C電子商務的優異者和典型，典型有eBay、淘寶網等。
其他類型電子商務	上述的電子商務模式發展的比較早也相對成熟的，不過我們也應注意到一些已經形成並正在快速發展中的新的電子商務模式。例如： 1.B2G（企業與政府機構間的電子商務）。 2.C2G（消費者與政府機構間的電子商務）。 3.B2M（企業與相應產品的銷售者或經理人之間的電子商務），B2M實質是一種代理模式。

資料來源：MBA智庫百科。

◆以全球市場為市場範圍

電子商務的市場範圍超越了傳統意義上的市場範圍，不再具有國內市場與國際市場之間的明顯標誌。其重要的技術基礎——國際互聯網，就是遍布全球的，因此世界正在形成虛擬的電子社區和電子社會，需求將在這樣的虛擬的電子社會中形成。同時，個人將可以跨越國界進行交易，使得國際貿易進一步多樣化。從企業的經營管理角度看，國際互聯網為企業提供了全球範圍的商務空間。跨越時空，組織世界各地不同的人員參與同一項目的運作，或者向全世界消費者展示並銷售剛剛誕生的產品已經成為企業現實的選擇。

◆以全球消費者為服務範圍

電子商務的滲透範圍包括全社會的參與，其參與者已不僅僅限於提供高科技產品的公司，如軟體公司、娛樂和資訊產業的工商企業等。當今資訊時代，電子商務數字化的革命將影響到我們每一個人，並改變著人們的消費習慣與工作方式。它提出的「高新與傳統相結合」的運作方式，生產消費管理結構的虛擬化的深入，世界經濟的發展進入「創新中心、營運中心、加工中心、配送中心、結算中心」的分工，隨之而來的發展是人們的數字化生存，因此電子商務實際是一種新的生產與生活方式。今天網路消費者已經實現了跨越時空界線在更大的範圍內購物，不用離開家或辦公室，人們就可以透過進入網路電子雜誌、報紙獲取新聞與資訊，瞭解天下大事，並且可以購買到從日常用品到書籍、保險等一切商品或勞務。

◆以迅速、互動的資訊反饋方式為高效運營的保證

透過電子信箱、FTP、網站等媒介，電子商務中的資訊傳遞告別了以往遲緩、單向的特點，邁向了通向資訊時代、網路時代的重要步伐。在這樣的情形下，原有的商業銷售與消費模式正在發生變化。由於任何國家的機構或個人都可以瀏覽到上網企業的網址，並隨時可以進行資訊反饋與溝通，因此國際互聯網為工商企業從事電子商務的高效運營提供了國際舞台。

◆以新的商務規則為安全保證

由於結算中的信用瓶頸始終是電子商務發展進程中的障礙性問題，參與交易的雙方、金融機構都應當維護電子商務的安全、通暢與便利，制訂合適的

「遊戲規則」就成了十分重要的考慮。這涉及到各方之間的協議與基礎設施的配合，才能保證資金與商品的轉移。

(六)電子商務的發展層次（MBA智庫百科）

雖然電子商務的範圍很廣，但是企業仍是電子商務運作的主體。我們可以根據企業電子商務的運作程度將其劃分為三個層次。這三個層次也可以反映企業實施電子商務的不同發展階段。

◆初級層次——建立易於實施的可操作系統

初級層次是指企業開始在傳統商務活動中的一部分引入電腦網路資訊處理與交換，代替企業內部或對外部分傳統的資訊儲存和傳遞方式。例如，企業建立內部電腦網路進行資訊共用和一般商務資料的儲存和處理；透過國際互聯網傳輸電子郵件；在國際互聯網上建立網頁，宣傳企業形象等。在初級層次，企業雖然利用了電腦網路進行了資訊處理和資訊交換，但所做的一切並未構成交易成立的有效條件，或者並未構成商務合約履行的一部分。

企業實施初級層次的電子商務投資成本低，易於操作。這一層次的電子商務並未涉及複雜的技術問題和法律問題。

◆中級層次——維繫牢固的商業鏈

中級層次是指企業利用電腦網路的資訊傳遞部分地代替了某些合約成立的有效條件，或者構成履行商務合約的部分義務。例如，企業實施網上線上交易系統，網上有償資訊的提供，貿易夥伴之間約定文件或單據的傳輸等。在某種程度上，中級層次的電子商務是使企業走上建立外聯網（Extranets）的道路。在中級層次，企業實施電子商務的程度有所加深，特別是電子商務已涉及交易成立的實質條件，或已構成商務合約履行的一部分。因此，這一層次的電子商務就要涉及一些複雜的技術問題（如安全）和法律問題等。這一層次電子商務的實施需要社會各界相互配合，特別是政府機構和商業團體應該為電子商務創造良好的發展環境。

◆高級層次——實現全方位的數字自動化

高級層次是電子商務發展的理想階段。它是將企業商務活動的全部程式

用電腦網路的資訊處理和資訊傳輸所代替，最大程度消除了人工干預。在企業內部和企業之間，從交易的達成到產品的生產、原材料供應、貿易夥伴之間單據的傳輸、貨款的清算、產品和服務的提供等，均實現了一體化的電腦網路資訊傳輸和資訊處理。高級層次是將商業機構對消費者（B2C）、對商業機構（B2B），甚至對行政機構（B2A）的電子商務有機地結合起來，實現企業最大程度的內部辦公自動化和外部交易的電子化連接。這一層次電子商務的實現將有賴於全社會對電子商務的認同，以及電子商務運作環境的改善。

(七)電子商務的功能（MBA智庫百科）

電子商務可提供網上交易和管理等全過程的服務，因此它具有廣告宣傳、諮詢洽談、網上訂購、網上支付、電子帳戶、服務傳遞、意見徵詢、交易管理等各項功能。

◆廣告宣傳

電子商務可憑藉企業的Web伺服器和客戶的瀏覽，在Internet上發播各類商業資訊。客戶可借助網上的檢索工具（search）迅速地找到所需商品資訊，而商家可利用網上主頁（home page）和電子郵件（e-mail）在全球範圍內作廣告宣傳。與以往的各類廣告相比，網上的廣告成本最為低廉，而給顧客的資訊量卻最為豐富。

◆諮詢洽談

電子商務可借助非實時的電子郵件（e-mail）、新聞組（news group）和實時的討論組（chat）來瞭解市場和商品資訊、洽談交易事務，如有進一步的需求，還可用網上的白板會議（whiteboard conference）來交流即時的圖形資訊。網上的諮詢和洽談能超越人們面對面洽談的限制、提供多種方便的異地交談形式。

◆網上訂購

電子商務可借助Web中的郵件交互傳送實現網上的訂購。網上的訂購通常都是在產品介紹的頁面上提供十分友好的訂購提示資訊和訂購交互格式框。當客戶填完訂購單後，通常系統會回覆確認資訊單來保證訂購資訊的收悉。訂

購資訊也可採用加密的方式使客戶和商家的商業資訊不會洩漏。

◆網上支付

電子商務要成為一個完整的過程。網上支付是重要的環節。客戶和商家之間可採用信用卡帳號進行支付。在網上直接採用電子支付手段將可省略交易中很多人員的開銷。網上支付將需要更為可靠的資訊傳輸安全性控制以防止欺騙、竊聽、冒用等非法行為。

◆電子帳戶

網上的支付必須要有電子金融來支持，即銀行或信用卡公司及保險公司等金融單位要為金融服務提供網上操作的服務。而電子帳戶管理是其基本的組成部分。信用卡號或銀行帳號都是電子帳戶的一種標誌。而其可信度需配以必要技術措施來保證，如數字證書、數字簽名、加密等手段的應用提供了電子帳戶操作的安全性。

◆服務傳遞

對於已付了款的客戶應將其訂購的貨物儘快地傳遞到他們的手中。而有些貨物在本地，有些貨物在異地，電子郵件將能在網路中進行物流的調配。而最適合在網上直接傳遞的貨物是資訊產品，如軟體、電子讀物、資訊服務等。它能直接從電子倉庫中將貨物發到用戶端。

◆意見徵詢

電子商務能十分方便地採用網頁上的「選擇」、「填空」等格式文件來蒐集用戶對銷售服務的反饋意見。這樣使企業的市場運營能形成一個封閉的迴路。客戶的反饋意見不僅能提高售後服務的水準，更使企業獲得改進產品、發現市場的商業機會。

◆交易管理

整個交易的管理將涉及到人、財、物多個方面，企業和企業、企業和客戶及企業內部等各方面的協調和管理。因此，交易管理是涉及商務活動全過程的管理。電子商務的發展，將會提供一個良好的交易管理的網路環境及多種多樣的應用服務系統。這樣，能保障電子商務獲得更廣泛的應用。

(八)電子商務的四流及關係（薛萬欣，2010；Kalakota, 2002）

電子商務中金錢或帳務的流通過程，亦即因為資產所有權的移動而造成的金錢或帳務的移動。

◆商流

商流是指由零售商處接獲訂貨訊息、向供貨商訂貨的一系列商業活動；亦即商品流動過程中的所有權轉移。商流，是商品在由供應者向需求者轉移時物資實體的流動，主要表現為商品與其等價物的交換運動和商品所有權的轉移運動。具體的商流活動，包括買賣交易活動及商情資訊活動。商流活動可以創造商品的所有權效用。

◆金流

金流是指資金的轉移過程，包括支付、轉帳、結算等，它始於消費者，止於商家帳戶，中間可能經過銀行等金融部門。

◆物流

物流是因人們的商品交易行為而形成的物質實體的物理性移動過程，它由一系列具有時間和空間效用的經濟活動組成，包括包裝、裝卸、存儲、運輸、配送等多項基本活動。

◆資訊流

資訊的交換，即為達上述三項流動而造成的資訊交換。資訊流是指電子商務交易各主體之間資訊的傳遞過程，是電子商務的核心要素，它是雙向的。在企業中，資訊流分為兩種，一種是縱向資訊流，發生在企業內部；另一種是橫向資訊流，發生在企業與其上下游的相關企業、政府管理機構之間。

◆四流之間的關係

以資訊流為依據，透過金流實現商品的價值，透過物流實現商品的使用價值。物流應是金流的前提與條件，金流應是物流的依託及價值擔保，並為適應物流的變化而不斷進行調整，資訊流對金流和物流的活動起著指導和控制作用，並為金流和物流活動提供決策的依據，直接影響、控制著商品流通中各

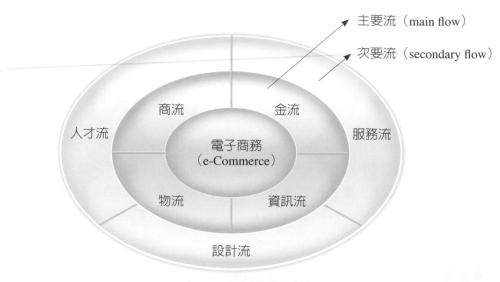

圖6-2　電子商務的四流

資料來源：Kalakota (2002).

個環節的運作效率。商流突出了與物流活動的伴隨關係。交易前蒐集商品資訊，進行市場調查（**圖6-2**）。

(九)電子商務的應用特性（MBA智庫百科）

電子商務的特性可歸結為以下幾點：商務性、服務性、整合性、可擴展性、安全性、協調性，如**表6-2**所示。

表6-2　電子商務的特性

特性	內容
商務性	電子商務最基本的特性為商務性，即提供買、賣交易的服務、手段和機會。網上購物提供一種客戶所需要的方便途徑。因而，電子商務對任何規模的企業而言，都是一種機遇。就商務性而言，電子商務可以擴展市場，增加客戶數量；透過將萬維網資訊連至資料庫，企業能記錄下每次訪問、銷售、購買形式和購貨動態以及客戶對產品的偏愛，這樣企業方向就可以透過統計這些數據來獲知客戶最想購買的產品是什麼。

（續）表6-2　電子商務的特性

特性	內容
服務性	在電子商務環境中，客戶不再受地域的限制，像以往那樣，忠實地只做某家鄰近商店的老主顧，他們也不再僅僅將目光集中在最低價格上。因而，服務質量在某種意義上成為商務活動的關鍵。技術創新帶來新的結果，萬維網應用使得企業能自動處理商務過程，並不再像以往那樣強調公司內部的分工。現在在Internet上許多企業都能為客戶提供完整服務，而萬維網在這種服務的提高中充當了催化劑的角色。 企業透過將客戶服務過程移至萬維網上，使客戶能以一種比過去簡捷的方式完成過去他們較為費事才能獲得的服務。如將資金從一個存款戶頭移至一個支票戶頭，查看一張信用卡的收支，記錄發貨請求，乃至搜尋購買稀有產品，這些都可以足不出戶而實時完成。顯而易見，電子商務提供的客戶服務具有一個明顯的特性：方便。這不僅對客戶來說如此，對於企業而言，同樣也能受益。我們不妨來看這樣一個例子。比利時的塞拉銀行，透過電子商務，使得客戶能全天候地存取資金帳戶，快速地閱覽諸如押金利率、貸款過程等資訊，這使得服務質量大為提高。
整合性	電子商務是一種新興產物，其中用到了大量新技術，但並不是說新技術的出現就必須導致老設備的死亡。萬維網的真實商業價值在於協調新老技術，使用戶能更加行之有效地利用他們已有的資源和技術，更加有效地完成他們的任務。 電子商務的整合性，還在於事務處理的整體性和統一性，它能規範事務處理的工作流程，將人工作業和電資訊處理整合為一個不可分割的整體。這樣不僅能提高人力和物力的利用，也提高了系統運行的嚴密性。
可擴展性	要使電子商務正常運作，必須確保其可擴展性。萬維網上有數以百萬計的用戶，而傳輸過程中，時不時地出現高峰狀況。倘若一家企業原來設計每天可受理40萬人次訪問，而事實上卻有80萬，就必須儘快配有一台擴展的伺服器，否則客戶訪問速度將急劇下降，甚至還會拒絕數千次可能帶來豐厚利潤的客戶的來訪。對於電子商務來說，可擴展的系統才是穩定的系統。如果在出現高峰狀況時能及時擴展，就可使得系統阻塞的可能性大為下降。電子商務中，耗時僅兩分鐘的重新啟動也可能導致大量客戶流失，因而可擴展性可謂極其重要。1998年日本長野冬奧會的官方萬維網結點的使用率是有史以來基於Internet應用中最高的，在短短的十六天，該結點就接受了將近六億五千萬次訪問。全球體育迷將數以百萬計的資訊直接透過體育迷電子郵件結點發給運動員，而與此同時，還成交了六百多萬筆交易。這些驚人的數字說明，隨著技術的日新月異，電子商務的可擴展性將不會成為瓶頸所在。
安全性	對於客戶而言，無論網上的物品如何具有吸引力，如果他們對交易安全性缺乏把握，他們根本就不敢在網上進行買賣。企業和企業間的交易更是如此。在電子商務中，安全性是必須考慮的核心問題。欺騙、竊聽、病毒和非法入侵都在威脅著電子商務，因此要求網路能提供一種端到端的安全解決方案，包括加密機制、簽名機制、分散式安全管理、存取控

（續）表6-2 電子商務的特性

特性	內容
安全性	制、防火牆、安全萬維網伺服器、防病毒保護等。為了幫助企業創建和實現這些方案，國際上多家公司聯合開展了安全電子交易的技術標準和方案研究，併發表了SET（安全電子交易）和SSL（安全套接層）等協議標準，使企業能建立一種安全的電子商務環境。隨著技術的發展，電子商務的安全性也會相應得以增強，作為電子商務的核心技術。
協調性	商務活動是一種協調過程，它需要雇員和客戶，生產方、供貨方以及商務夥伴間的協調。為提高效率，許多組織都提供了互動式的協議，電子商務活動可以在這些協議的基礎上進行。傳統的電子商務解決方案能加強公司內部相互作用，電子郵件就是其中一種。但那只是協調員工合作的一小部分功能。利用萬維網將供貨方連接到客戶訂單處理，並透過一個供貨管道加以處理，這樣公司就節省了時間，消除了紙張文件帶來的麻煩並提高了效率。電子商務是迅捷簡便的、具有友好介面的用戶資訊反饋工具，決策者們能夠透過它獲得高價值的商業情報、辨別隱藏的商業關係和把握未來的趨勢。因而，他們可以作出更有創造性、更具策略性的決策。

資料來源：MBA智庫百科。

(十)電子商務中的6C

美國線上的總裁史蒂夫·凱斯第一個分析和描述了完整的線上服務6C原則，一般電子商務的成功的網路行銷按照6C來劃分的策略分析手段如下：

1. Customization：訂製。客製化服務（按照客戶的個別需要進行產品製造）一對一行銷，亦可稱為顧客滿意度策略。顧客的趨向、記錄、習慣的把握；個人的特性把握。

2. Community：社群策略。社群（用戶—用戶溝通，維持一種將用戶和企業黏著在一起的關係），可以提高用戶忠誠度的用戶主動的社群活動，形成一種歸屬感。

3. Contents：內容策略。內容（資訊、情報）為用戶提供的內容和情報資訊。透過網路提供的有附加價值的情報，是網頁的主要評價要素兩個特性：(1)設計特性：利用便利的構成方式、有趣的設計、統一的風格；(2)技術特性：便利的檢索（商品別／企業情報別／報價別）、個人化數據構建、用戶關聯的情報。

4.Commerce：商業（收入）行銷策略。確保企業收入，營業額的職責。

5.Communication：溝通策略。溝通（透過網頁、郵件等手段，疏導顧客們的意見看法，給顧客傳遞專業、負責、積極的資訊）給顧客提供專門的知識，強化對企業的瞭解。

6.Connection：連接（企業間的連接）協力合作策略。有利於收入多樣化，形成最佳的網路；合作夥伴模式，與合作夥伴的策略聯盟。透過人力資源的活用，效率外包。

(十一)電子商務對企業管理的影響

根據MBA智庫百科，電子商務對企業管理的影響主要表現在以下五個方面：

◆電子商務對企業管理思想的影響

電子商務超越了產品、技術的範疇，成為新的管理模式的載體，推動著管理思想的創新。

1.電子商務打破了地域、時間限制，使企業直接面對全球配置資源，企業需要樹立全球化觀念。

2.電子商務使得企業直接面向全球，這就要求企業必須樹立標準化觀念。

3.電子商務改變了資訊傳遞方式，使企業在獲得資訊與發布資訊方面實現了「零時滯」，企業需要樹立快速創新的觀念。

4.電子商務改變了企業經營要素觀念，企業要樹立注重知識的觀念。

◆電子商務對企業管理方式、方法的影響

隨著電子商務的興起與發展，企業在管理方式、方法方面實現了新的突破，許多傳統的管理方式、方法得到了升級。在生產管理方面，出現了現代化的生產過程、低庫存生產、數位化訂製生產等先進的管理方法。電子商務在企業生產過程中的應用，可在管理資訊系統（MIS）的基礎上採用電腦輔助設計與製造（CAD/CAM），建立電腦整合製造系統（CIMS）；可在開發決策支持系統（DSS）的基礎上，透過人機對話實施計畫與控制，從物料需求計畫（MRP）發展到製造資源計畫（MRP-II）和企業資源計畫（ERP）。這些新的

生產方式把資訊技術和生產技術緊密地融為一體，使傳統的生產方式升級換代。在市場行銷方面，電子商務最大的影響莫過於促使電子行銷的出現。電子行銷是借助互聯網技術的一種新的行銷方式，其主要包括網路互動式行銷、網路整合行銷、網路訂製行銷等。電子行銷幫助企業同時考慮客戶需求和企業利潤，尋找能實現企業利益的最大化和滿足客戶需求最大化的行銷決策。新的國際市場經營環境要求企業必須把客戶整合到整個行銷過程中來，並在整個行銷過程中不斷地與客戶交流。

◆電子商務對企業管理手段的影響

　　電子商務對企業管理手段的最大影響莫過於電腦及網路的應用。電腦是電子商務的基礎，也是企業實現管理手段現代化的基礎。電腦的應用，大大提高了企業的效率，實現了真正的「自動化」。網路使得電子商務真正成為現實，從而成為企業最先進的管理手段。企業不僅在內部形成網路，做到資訊共用，而且還與外部網路溝通，形成互聯網路。企業透過建立自己的網站，可以使自己的經營理念、企業狀況、產品資訊處於任何人都可以隨時查看的狀態，從而提高了企業與顧客的「接觸率」。各種管理軟體的應用，不僅極大的節約了企業的人力、物力，還提高了企業的運行效率。

◆電子商務對企業組織管理的影響

　　傳統的組織是基於資訊流通和控制，以及分工細化而產生的，無論是直線式、直線職能式，還是事業部制，都是一種自上而下的垂直結構。傳統組織強調專業分工、順序傳遞等，在電子商務迅速發展的資訊時代顯得臃腫且運行效率低下。傳統分工細化的企業組織已經不能適應電子商務發展的需要，在競爭日益激烈的資訊時代，電子商務正以深刻的方式改變著傳統組織結構，促進企業管理組織現代化，這也是企業為了提高運行效率，以便具有較強的競爭力參與激烈的市場競爭的必然結果。電子商務正在使企業組織趨向結構扁平化、決策分散化、運作虛擬化。

◆電子商務對企業人才管理的影響

　　人才是企業管理的核心，企業處於不同的經營環境中需要不同的人才。在電子商務迅速崛起的時代，就需要與之相適應的現代化管理人才，具體來講，這種人才至少需要在以下三方面具備現代化水準：

1. 觀念方面：企業觀念的基礎是企業管理人才的觀念，所以改變企業觀念歸根到底是改變企業管理人才的觀念。現代化管理人才需要具有全球化觀念、快速創新觀念，這是電子商務資訊量大、傳遞速度快的必然要求。

2. 能力方面：在電子商務的影響下，企業管理在組織、方法、手段等方面都有與之相適應的變革與創新，所以這就要求人們既具備相應的專業知識，還要具備理解、使用電子網路的知識，使其能夠迅速理解、適應和進入電子商務環境，能夠熟練操作和運作電子商務活動，並要具有從中學習和進步的能力。

3. 職業道德方面：除了要遵守基本的職業道德以外，還要特別注重講信譽。

(十二)網路行銷和電子商務的關係

電子商務、網路行銷是當代資訊社會中數據處理技術、電子技術及網路技術綜合應用於商貿領域中的產物，或者說它是當代高新資訊科技與商貿實務和行銷策略相互融合的結果。電子資訊和網路化環境澈底震撼和改變了傳統商貿業務及實務操作賴以生存的基礎，引發了資訊社會中商貿實務和行銷策略研究領域中一場深刻而激動人心的革命。在此背景下，探討網路行銷與電子商務之間的關係對於促進二者的發展，有一定的積極作用（向宇，2003）。網路行銷和電子商務的相同點與不同點如**表6-3**所示。

表6-3　網路行銷和電子商務的相同點與不同點

相同點	不同點
一、借助的工具是一樣的 　　網路行銷是以互聯網為行銷環境，傳遞行銷資訊；而電子商務是在網際網路等網路上進行的，透過網路完成核心業務，改善售後服務，縮短週期，從有限的資源獲得更大的收益。二者均需借助互聯網，產生的網路基礎都是互聯網路的崛起。	一、概念不同 　　網路行銷，是指借助聯機網路、電腦通信和數字互動式媒體來實現行銷目標的一種市場行銷方式，有效地促成個人和組織交易活動的實現。而電子商務是指系統化地利用電子工具，高效率、低成本地從事以商品交換為中心的各種活動的全過程。
二、都具有無形化的特點 　　1.書寫電子化，傳遞數據化。行銷雙方無論身在何處，都可在世界各地	二、實現的目的有所不同 　　網路行銷是企業為實現其行銷目標的一種市場行銷方式，而電子商務實現

（續）表6-3　網路行銷和電子商務的相同點與不同點

相同點	不同點
進行交流、訂貨、交易，實現快速準確、雙向式數據的資訊交流。 2.經營規模不受場地限制。網路可使經營者在「網路店鋪」中擺放任意多的商品，而且可以方便地在全世界範圍內採購、銷售形形色色的商品。 3.支付手段高度電子化。現已使用的形式主要有信用卡、電子現金、智慧卡等等。	的是企業與企業之間、企業與消費者之間的各類商貿活動。網路行銷的目的除了商貿活動，還在於能夠加強與客戶的關係，形成良好的口碑，擁有穩固的顧客資源。
三、都能實現低成本 1.距離越遠，在網路上進行資訊傳遞的成本相對於信件、電話、傳真而言就越低。此外，時間的縮短與減少重複的數據輸入也降低了資訊成本。 2.沒有庫存壓力。互聯網使買賣雙方及時溝通供需資訊，使無庫存生產和無庫存銷售成為可能，從而使庫存成本接近零或降為零。 3.很低的作業成本。網路具有極好的促銷能力，其「貨架上」的商品同時又有廣告宣傳的作用，經營者不需要再負擔促銷廣告費用，而且，可以利用伺服器，將多媒體化的商品資訊動態存儲起來，既可以主動散發，又可以隨時接受需求者查詢。	**三、原理不同** 進行網路行銷的原理：電子商務涉及的關係方有五家：消費者、商家、銀行、信用卡公司和認證中心，而網路行銷主要涉及的關係方是企業與客戶（現實客戶和潛在客戶）兩家。
四、都能改觀企業內部的運作方式 由於Internet大大縮小了時間和空間的距離，企業內部部門和員工之間的溝通模式將有很大變化。在內部工作和業務流程的控制方面，企業將會主動地大量採用網路行銷或電子商務模式進行交流。無論該項業務涉及的員工或經理是否在同一物理位置或網路上，業務的處理都將會同樣順利進行。	**四、交易行為是否發生有所不同** 網路行銷是企業整體行銷策略的一個組成部分，無論傳統企業還是互聯網企業都需要網路行銷，但網路行銷本身並不是一個完整的商業交易過程。IBM公司認為電子商務是採用數字化電子方式進行商務數據交換和開展商務業務活動，比較強調交易的基礎。儘管IBM公司等對電子商務的定義側重各有千秋，但最基礎的一點就是交易方式的電子化或稱為電子交易。可見，為最終產生網上交易所進行的推

（續）表6-3　網路行銷和電子商務的相同點與不同點

相同點	不同點
	廣活動屬於網路行銷的範疇；而僅當一個企業的網上經營活動發展到可以實現電子化交易和程度，就認為是進入了電子商務階段。
五、交易效率都很高 由於互聯網將貿易中的商業報文標準化，使商業報文能在世界各地瞬間完成傳遞與電腦自動處理，將原料採購、產品生產、需求與銷售、銀行匯兌、保險、貨物托運及申報等過程無須人員干預而在最短的時間內完成。	**五、發展的環境有所不同** 互聯網的市場行銷環境與企業的現實環境共同構成了企業網路行銷活動的二元環境。而電子商務發展的環境則要苛刻得多，包括安定的社會政治環境、法律環境、市場經濟環境、安全認證體系、協同作業體系、網路運行環境、人文環境和國際環境。

資料來源：向宇（2003）。

◆ **電子商務與網路行銷之聯結**

向宇（2003）指出電子商務與網路行銷之聯結如下：

1. 從Internet的商業應用類型上講，電子商務覆蓋了網路行銷。網路行銷不僅僅是行銷部門的市場經營活動方面的業務，它還需要其他相關業務部門如採購部門、生產部門、財務部門、人力資源部門、質量監督管理部門和產品開發部門與設計部門等的配合。因此，局限在行銷部門的Internet的商業應用已經不能適應Internet對企業整個經營管理模式和業務流程管理控制方面的挑戰。電子商務是從企業全域出發，根據市場需求來對企業業務進行系統的重新設計和構造，以適應網路經濟時代數字化管理和數字化經營的需要。

2. 網路行銷作為促成商品交換的企業經營管理手段，是企業電子商務活動中最基本的重要的Internet上的商業活動。國際數據公司（IDC）的系統研究分析指出，電子商務的應用可分為下列幾個層次和類型：

   (1) 第一個層次是面向市場的以市場交易為中心的活動，它包括促成交易實現的各種商務活動和網上展示、網上公關、網上洽談等活動，其中網路行銷是其中最主要的網上商務活動；同時還包括實現交易

的電子貿易活動，它主要是利用EDI、Internet實現交易前的資訊溝通、交易中的網上支付和交易後的售後服務等；兩者的交融部分就是網上商貿，它將網上商務活動和電子貿易活動融合在一起，因此有時將網上商務活動和電子貿易統稱為電子商貿活動。

(2)第二個層次是指如何利用Internet來重組企業內部經營管理活動，與企業開展的電子商貿活動保持協調一致。最典型的是供應鏈管理，它從市場需求出發利用網路將企業的銷、產、供、研等活動串在一起，實現企業網路化、數位化管理，最大限度適應網路時代市場需求的變化。

 行銷透視

天貓

　　根據百度百科，天貓——中國線上購物的地標網站，亞洲超大的綜合性購物平台，擁有10萬多品牌商家。每日發布大量國內外商品！包括：(1)天貓電器城；(2)天貓國際；(3)天貓超市。「天貓」（Tmall，亦稱淘寶商城、天貓商城）原名淘寶商城，是一個綜合性購物網站。2012年1月11日上午，淘寶商城正式宣布更名

為「天貓」。2012年3月29日天貓發布全新Logo形象。2012年11月11日，天貓借光棍節大賺一筆，宣稱13小時賣100億，創世界紀錄。天貓是馬雲淘寶網全新打造的B2C（Business-to-Consumer，商業零售）（天貓資訊，2013/11/11）。其整合數千家品牌商、生產商，為商家和消費者之間提供一站式解決方案。提供100%品質保證的商

品，7天無理由退貨的售後服務，以及購物積分返現等優質服務。2014年2月19日，阿里集團宣布天貓國際正式上線，為國內消費者直供海外原裝進口商品（和訊網，2014/03/3）。2014年11月11日天貓雙11再刷全球最大購物日記錄，單日交易571億（搜狐網，2014/11/12）。

◎2015年雙11

2015年10月13日，在阿里巴巴集團杭州西溪園區內，2015天貓雙11全球狂歡節正式啟動。阿里巴巴集團CEO張勇宣布，2015年雙11指揮部將移師北京，在北京設置雙11指揮部。此外，11月10日20:30湖南衛視將現場直播由馮小剛導演的「天貓2015雙11狂歡夜」晚會，全球消費者將在倒計時中共同迎接2015年雙11零點的到來。

2015年10月19日下午，由馮小剛擔任總導演、天貓與湖南衛視連袂推出的「天貓2015雙11狂歡夜」晚會，活動現場地點已正式確定為北京地標建築「水立方」即國家游泳中心。

2015「雙11」購物節如約而至，11日零點正式開始。僅過72秒，淘寶天貓平台的線上交易額突破10億；1分45秒跨境貿易成交額超過2014「雙11」全天；12分28秒，交易額突破100億。天貓官方微博在1:30左右發布的消息稱，「天貓雙11交易額已經超300億，並創下多項紀錄，同時線上峰值達4,500萬人，很多品牌銷售超過60%甚至售罄。」截至11日上午9點52分，天貓雙11購物狂歡節交易額突破500億，無線占比72.93%。2014年天貓雙11突破500億的時間節點是21時12分。截至11月11日17小時28分，天貓雙11交易額突破719億元。2014年全國社會消費品單日零售額近719億元人民幣，而2015天貓雙11全球狂歡節只用了17小時28分就超越了這個數字。這意味著，互聯網消費已經成為社會消費的重要方式。阿里巴巴即時資料顯示，截至11日24:00，2015天貓「雙11」全球狂歡節交易額超912億元。

二、行動商務

(一)行動商務的定義

　　行動商務（M-Commerce，Mobile Commerce或稱為Mobile e-commerce），基本的定義，簡單來說，即是使用者以行動化的終端裝置透過行動通訊網路來進行商業交易活動。較狹義的定義為透過行動化網路所進行的一種具有貨幣價值的交易。而廣義、寬鬆的來說，只要是人們由透過行動化網路來使用的服務與應用，都可以被定義在行動商務的範疇內。在行動科技快速的發展下，許多行動商務的型態已日新月異，傳統圍繞在企業本身的商務活動，已逐漸轉變為以消費者為主角，並脫離了必須連上網際網路來進行交易活動的限制，譬如屬於無線射頻辨識（Radio Frequency Identification, RFID）範疇的近場通訊（Near Field Communication, NFC）技術等，已為行動商務領域帶來許多創新的應用（林建廷、李元生，2012）。歸納上述，行動商務可定義為「利用手持的行動設備，藉由不斷地持續上網（always-on）且高速的網際網路連線，進行通訊、互動及交易等活動」。簡單地說，行動商務就是在行動通訊器材上（mobile device）上執行電子商務（e-commerce）。

　　近年來，行動商務已漸漸成為時下資訊科技的主流名詞，行動商務顧名思義指的是利用行動裝置來作為商務的工具，許多學者對於行動商務有著不

同的定義（陳暐，2004）：

1. Clarke III在2001年提出：「行動商務提供了消費者利用具有網際網路存取能力的無線裝置，在任何地方皆得以透過此裝置購買商品之能力。」
2. Siau、Lim與Shen在2001年提出以行銷通路的觀點定義行動商務為：「目前網際網路的延伸，利用無線傳輸來提供立即、個人化的行動環境給顧客以增加更多額外加值。」
3. Heijden與Valiente在2002年提出：「人們於日常工作中以行動科技為主之工作方式，其所形成之商業處理模式。」

(二)行動商務的發展

網路的發展起源於60年代後期的軍事需求；70年代ARPA（Advanced Research Project Agency）發展跨網路軟體並連結獨立網路，並以封包交換技術傳送網路資料，形成所謂的ARPANET，是為網際網路的前身；80年代NSF（National Science Foundation）提倡以TCP/IP為基礎的網路通訊協定，而此即為今日網際網路的骨幹與應用發展的重要核心架構；到了90年代，WWW（World Wide Web）的出現將全球區域網路串聯起來，網際網路從此拉近了世界每個角落的距離。隨著網際網路科技的發展，使用網際網路科技來從事商務活動——即所謂「電子商務」亦產生各種不同的多元應用。事實上，電子商務早期源於所謂電子資料交換（EDI），其精神在於建立買賣雙方共同的電子文件交換標準以使買賣雙方傳遞文件時不須經由人力輸入以減少人為失誤。後來由於網際網路的發達，一種包括所有交易參與者的電子化標準逐漸成形，於是有所謂電子銀行、電子購物、電子訂貨等電子商務模式出現。電子商務發展至20世紀，網際網路（Internet）的持續快速發展將電子商務帶入了一個新的境界，迅速、便捷及與不同以往的交易模式，使商機遍及全世界且交易就在彈指之間。電子商務整體市場的演進過程如**圖6-3**所示（邱翊豪、莊文傑，2004）。

在此演進的歷程中，前兩項的變革只有包括系統整合和業務重整，藉由企業內部全面改組來達成。後三項則牽連到產業界：電子商務影響企業與顧客的互動；電子商業對於供應商與顧客造成類似互動的效應；尤其其中第五項所

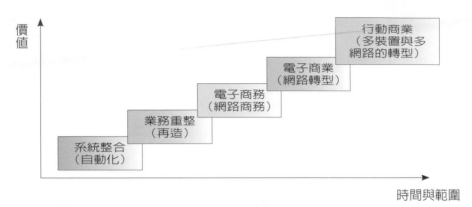

圖6-3　市場的演進

資料來源：邱翊豪、莊文傑（2004）。

謂「行動商業」或稱「行動商務」之發展，更是近年來很多電子商務研究的焦點。行動商務是將企業的影響力擴張到海角天涯，只要擁有行動科技設備，任何人都可以使用行動商業的服務。例如學者Stuart J. Barnes（2002）就表示隨著行動科技（例如行動電話、PDA）的推出，讓行動商務變成具有希望的未來發展方向。

　　圖6-3為市場的演進，隨著時間演變與應用範圍的擴展，從自動化系統整合、業務重整（再造）、電子商務、電子商業（網路轉型）到行動商業（多裝置與多網路轉型），商業價值越來越高。

(三)組成的要素

　　依照行動商務的定義範圍，以及針對行動商務主角——行動消費者的需求，組成行動商務的要素大致可以分為：

◆使用者端行動化的通訊裝置

　　一般消費者最熟悉也接觸最多的行動通訊裝置，就是現在俗稱手機的手持行動電話。1970年代初期，第一支行動電話的雛型由美國摩托羅拉公司提出，經過十幾年耗費鉅資的研發與布建相關的基礎建設，1980年代中期行動電話首次上市。

◆**可支援行動商務活動的網路架構與資訊平台**

　　行動商務發展所必備的基礎建設，除了終端行動通訊裝置的普及之外，穩定的資料傳輸以及後端的資訊平台也不可或缺。行動裝置因受限於裝置的大小、電源、使用特性等因素，在使用端只能儲存有限的資訊並作有限的運算處理，故而穩定的寬頻傳輸與強大的資訊後台，對行動商務來說就益顯重要。

◆**相關的行動式應用與服務及其商業模式**

　　行動商務真正所能提供給人們的應是即時、便利的行動應用程式與服務，內容則包含了娛樂遊戲、行動銀行、行動辦公室、行動購物、即時資訊等各領域。

(四)行動商務的特色與優勢

◆**環境感知**

　　環境感知是行動商務的一個重要特點，也被許多人視為是行動商務發展將超越電子商務限制的主要能力。行動商務的環境感知，顧名思義，即是指透過行動隨身裝置的各式感知裝置，擷取自然環境中的各種資料，並透過處理轉換這些資料，從而得知周遭物理環境所發生的變化。例如目前最為人熟知的適地性服務（Location Based Service, LBS），可以說就是行動商務中相當成功的環境感知應用。

◆**個人化的使用情境**

　　行動商務從個人的需求開始，因為相關科技構成的軟硬體基礎建設，行動商務天生便能支援更高層次的個人化、提供行動化的使用者體驗、與友善的使用者介面。使用個人化：無線上網的設備比個人電腦更具個人化的特色，因為電腦會被共用，但是要與人共用同一台行動電話或個人數位助理的可能性就降低許多。

◆**即時性與便利性**

　　以行動商務中的消費者而言，大部分的使用需求應都是具備高時效性的活動，顯而易見地，某些事情實在無法等到回到桌上型電腦的旁邊，好整以暇的操作電腦後再來獲得結果。

◆傳輸無線化

無線網路可以讓用戶透過隨身攜帶的通訊設備（例如手機、PDA等），隨時隨地（在車上、郊外等地區）只要想連接上網時，都可以滿足消費者的需求。

◆連線快速化

速度的提升到了第3代，或是在第2.5代GPRS行動通訊推出後，就可以達到大幅提升的目的。

◆追蹤便捷化

透過行動商務業者的網路，使用者的位置都可以隨時追蹤並且定位，此功能提供的商機無窮。

◆資訊保密化

一般的觀念為，行動通訊網路的安全性會比目前的有線網際網路高出許多，這都是靠SIM（Subscriber Identity Module）智慧卡及各種加密技術所賜。

Shih與Shim在2002年將行動商務分為「以消費者為主」（consumer-based）及「以商業目的為主」（business-based）兩類。「以消費者為主之行動商務」與「以商業目的為主之行動商務」的差別主要在於前者目標是提供個人化資訊以滿足一般消費者，如目前位置資訊；而後者則是利用行動裝置完成企業商務往來或增進公司生產力之運作模式，如企業間上下游供應鏈之結合。根據資策會MIC小組對行動商務所做的市場區隔研究，目前行動商務的市場以「以消費者為主」居大部分，而「以商業目的為主」的應用目前仍不多見。

(五)行動商業模式（Sadeh, 2002）

◆企業對消費者商業模式

1.產品銷售型。
2.服務提供型。
3.行銷廣告型。
4.內容傳播型。

◆個人對消費者商業模式

由蘋果公司（Apple）所推出的App Store，已經造成了革命性的軟體市場變化，這個變化來自於軟體思維、製作、發行管道及後續服務的結構性改變，可以讓個人擁有的特殊經驗與專業智慧，利用先進且免費的軟體工具加以實現，並透過國際化的傳播管道銷售至全世界，這個方式目前更已從行動軟體市場漸漸帶動了傳統軟體市場的變化。除了Apple的平台，Google也推出Google Play，微軟也有自己的軟體市集Marketplace。

◆獲利方式

1.行動服務收費。

2.合作拆帳收費。

3.一般線上產品販售。

4.行動軟體及服務販售。

(六)行動商務的價值鏈

行動商務如同電子商務也有其形成的價值鏈（如**圖6-4**），其價值鏈中所牽涉的成員包括顧客、供應商、銀行、行動商務網路操作者以及其他可能的成

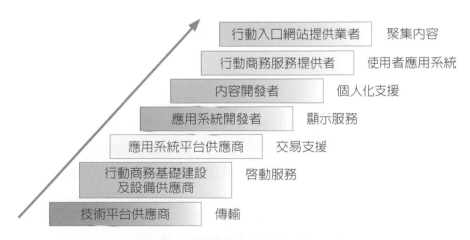

圖6-4　行動商務價值鏈及角色扮演者

資料來源：Siau et al. (2001).

員（Siau, Lim & Shen, 2001）。在行動商務的價值鏈（行動商務內容的傳遞與最終使用者的應用系統）中關鍵的要素則如**表6-4**所示。

表6-4　行動商務之價值鏈

連結（Link）	功能（Function）	提供者（Provider）
1.傳輸（transport）	維護並運作使用者裝置及應用系統提供者之間的架構及設備	技術平台供應商
2.啟動服務 （enabling service）	提供伺服器管理、資料備份，及系統整合等服務	行動商務基礎建設及設備供應商
3.交易支援 （transaction support）	提供協助交易的機制，例如交易安全、使用者帳務資訊處理等	應用系統平台供應商
4.顯示服務 （presentation service）	將網際網路應用系統為主的內容轉換為無線標準所支援的格式以呈現在無線裝置上	應用系統開發者
5.個人化支援 （personalization support）	蒐集使用者個人資訊以提供個人化服務	內容開發者
6.使用者應用系統 （user applications）	完成行動商務消費者所需之行動商務交易	行動商務服務提供者
7.聚集內容 （content aggregators）	提供資料分類或搜尋功能以幫助使用者找尋所需資訊	行動入口網站提供業者

資料來源：Siau et al. (2001).

三、多媒體數位行銷

(一)數位行銷

　　數位行銷為利用電腦科技和網路進行推銷的手法，於21世紀初期開始發展。數位行銷主要有「拉」與「推」兩種形式，各有其優缺點。數位行銷是指針對電子裝置相關的使用者與受惠者來操作的行銷，諸如個人電腦、智慧型手機、一般手機、平板電腦與遊戲機等。數位行銷的應用科技或平台，像是網站、電子信箱、APP應用程式（桌上型與行動板）與社群網站。數位行銷可以透過非網路管道，諸如電視、廣播、簡訊等，或透過網路管道，諸如社群媒體、電子廣告、橫幅廣告等。

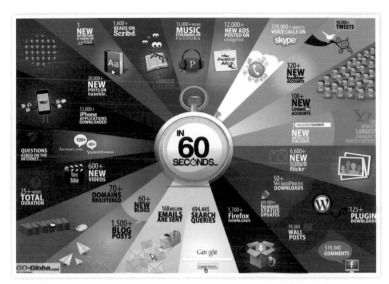

圖片來源：Infographic by-GO-Gulf.com Web Design Company

社群媒體行銷是數位行銷的一環。許多機構使用傳統式與數位行銷管道做交錯運用；然而，數位行銷漸受行銷人員的青睞來自於數位行銷可以讓行銷人員相較於傳統行銷管道更精確的掌握投資回報率（ROI）。

Digital Marketing Institute（DMI）指出，數位行銷乃使用數位管道對消費者與企業來推廣或行銷產品與服務的方式。2015年的數位行銷更趨向於內容行銷，並依照不同的消費者使用方式與形態，整合於社群媒體，行動裝置等多頻多螢的互動（Lee Odden, 2015/02/14）。

(二)歷史來源

數位行銷這名詞最早始於西元1990年代（Clark, Dorie, 11 November 2012）。從西元2000年到西元2010年，數位行銷演進的更加複雜，並且被視為創造更深層並且具有互動關聯性的顧客關係的有效方式（Kates, Matthew, 17 April 2013）。在2012年跟2013年的資料顯示，數位行銷的發展維持一個向上成長的趨勢（Brinkley, Claire, 18 October 2012; eMarketer, 25 September 2013）。數位行銷同時也代表線上行銷或網路行銷。數位行銷這個名詞隨著時間漸受歡迎並廣為接受，尤其在部分國家，在美國，「線上行銷」這個名詞

仍舊廣爲流行，但在英國，數位行銷變成更爲普遍的名詞（Google, 9 February 2014）。

(三)拉式行銷

拉式行銷的使用者必須主動尋求、抓取（也就是「拉」）內容，常用的工具有網站、部落格與串流媒體。

◆優點

1. 由使用者決定要什麼，因此沒有內容類型或多寡的限制。
2. 不需要傳送內容的技術，僅需儲存／展現內容。
3. 不受管制，也不需要註冊流程（opt-in）。

◆缺點

1. 需要不少行銷努力，才能讓使用者主動去尋找訊息／內容。
2. 有限的追蹤能力，只有下載數、瀏覽頁數等等。
3. 無法個人化——所有讀者所接收到／看到的是一樣的。

(四)推式行銷

推動行銷是由行銷人員把訊息主動傳送（推）給使用者（訂閱者），讓訊息得以被接收，常用的工具包括電子郵件、簡訊與RSS。

◆優點

1. 可以個人化：所接收的訊息可以根據特定標準進行設計，例如女性、20歲以上、居住在台北。
2. 詳細的追蹤與報表：行銷人員不只可以知道有多少人看過這些訊息，還可以知道他們的姓名、個人資訊。
3. 投資報酬高：如果執行正確，不僅可以帶來營收、還可強化品牌。

◆缺點

1. 要守規定：每一項推播技術都有其管制辦法，例如從寬鬆的（RSS）到

嚴謹的（電子郵件和簡訊）。

2. 需要傳送內容的機制：行銷人員必須採用某種系統來傳送訊息，例如電子郵件行銷工具或RSS產生器。

3. 傳送通路可能會被阻擋：如果行銷人員不遵守管制，訊息可能會在被送到接收者之前，就被拒絕或退回。

四、社群網路行銷

社群網路行銷（Social Network Marketing），或稱為社會媒體行銷（Social Media Marketing），指企業為了行銷的目的，在社群網路服務（包括Blog、YouTube、Facebook、Twitter等社群網路服務媒體）上創造特定的訊息或內容來吸引消費大眾的注意，引起線上民眾的討論，並鼓勵讀者透過其個人的社會網路去傳播散布這些行銷內容，並進而提升與客戶的關係與滿意度的行銷策略（林東清，2010）。

(一)定義

個人或群體透過群聚網友的網路服務，來與目標顧客群創造長期溝通管道的社會化過程。社群媒體行銷（Social Media Marketing）需要透過一個能夠產生群聚效應的網路服務媒體來運作或經營。這個網路服務媒體在早期可能是BBS、論壇、部落格、一直到近期的Plurk（噗浪）、YouTube、Twitter或者是Facebook。由於上述的這些網路服務媒體具有互動性，因此，能夠讓網友在一個平台上，彼此溝通與交流（林東清，2010）。

(二)網路創業——成功經營社群行銷的五大步驟！（Start-up）
（林蔚文，2008）

在web 2.0的帶領下，運用網路社群經營「品牌人脈」已具體成型，社群行銷不但是一種新傳播行為，更創造網路議題引導整合行銷新趨勢。根據無名小站分析發現，一位網友平均可牽連24位網友，進而影響到上萬個人！而目前社群是僅次於手機與即時通訊，成為第三大的人際溝通工具。企業主對於社群行銷都大感興趣，但是如何操作成功的社群行銷卻成為最大的門檻。

劉文硯表示，網路社群的影響力與互動力是無遠弗屆的。簡志宇更說，網路社群的最大價值在於網友「自發性」的分享與回饋，彼此影響與信賴，因此社群的最大的價值在於「人」。這些人共同建構了人際網路，創造了互動性與影響力強大的平台，從CNN到國內的《蘋果日報》、有線電視新聞台，無論國內外的新聞媒體引述社群所創造新聞議題儼然成為趨勢。

社群行銷不再只是附屬的行銷傳播工具，反而成為360度整合行銷的火車頭。Yahoo!奇摩媒體策略企劃部總監劉文硯認為社群行銷只要掌握五大步驟，再結合360度整合行銷操作，社群行銷其實很easy！

劉文硯更表示社群行銷要成功並不難，只要掌握五大步驟，網友絕對會成為品牌的助力。

1. 選對社群網站是第一步：社群網站必須具有「廣度」、「速度」、「深度」三個特性，讓訊息可以很快速有深度而廣泛的擴散，引發社群的迴響與互動，甚至作為新聞指標趨勢，成為民眾討論的話題。而無名小站超過千萬的網友、12億則內容、每日新增555萬則內容。
2. 鎖定特定族群，瞄準溝通：社群網站中聚集了許多不同的族群，讓企業主瞄準無障礙。
3. 抓住社群特性：瞭解網友「愛表現」、「重人氣」、「好分享」、「玩創作」、「愛溝通」、「互動性」的六大習性，搭起溝通橋樑。
4. 運用議題操作——創造有趣的議題或是搭配名人代言，很容易引發群體發酵，例如KUSO的影片特別容易引起注意。
5. 善用社群行銷工具——善用網站五大工具「癮用王」、「調查局」、

「活動機制」、「部落格」、「主題特輯」，讓企業主輕鬆多元操作。

此外，現在很多的商務中心提供：資訊平台、企業廣告平台、文章發表平台，如果創業者沒有很多預算，或是看完這些步驟，對於社群行銷仍是覺得需要多多練習，但是又希望能夠加速擴展知名度者，可以透過商務中心提供的服務，達到更好的宣傳效果！

五、APP行動行銷

(一)2015數位行銷趨勢之三：行動行銷白熱化，Must之下的DOs & DON'Ts（Yahoo數位行銷專欄，2014/12/23）

根據傳立媒體與Yahoo奇摩共同發表「跨螢行為vs.品牌溝通」研究報告中顯示，93%的消費者在購買前用手機查資料，而82%的消費者曾在店內購物時用手機搜尋產品和服務資料。顯示行動廣告的重要性日益俱增，由此可見，頭家們想要以最快的速度掌握行動消費者，並能有效控制成本的方式，就是讓自己的商品、服務在有需求的網友以手機進行搜尋的時機，立即出現在他們眼前。Yahoo亞太區消費者研究暨數據分析部總監David Jeffs，出席2014 Yahoo數位行銷高峰會時疾呼：「走向行動裝置不再只是選擇，而是必須（Must）」，當行動生活從選配變成消費者心中的標準配件，行銷人豈能不去推敲在大勢所趨下什麼該做、什麼又是不可碰觸的禁忌？

◆行動購物年齡成熟化與消費昂貴化

2015年昂貴商機持續發燒：光去年就有19%的網購族，用手機購買單筆金額超過一萬元的商品；66.5%的網購族表示可接受用手機買珠寶、精品、手錶，甚至有50.5%的人不排斥用手機買汽機車。至於五十歲以上的網購族有33.4%用手機逛街，較去年成長7.8%，而35.3%的人願意買高單價商品且無金額限制。整體來說，行動購物不再只適用於低價商品，也不僅僅是年輕人的專利，當網購力和各類網購消費者都已到位時，尚未踏入行動版圖的品牌更該加緊布局（2014年Yahoo奇摩電子商務紫皮書）。

◆行動廣告投放金額將遽增

Millward Brown在2014年調查，台灣人平均每日花在手機上197分鐘，超越電視的125分鐘。然而台灣廣告主依照民眾行動上網時間投放廣告預算的比例卻只有6：1，造成在傳統媒體和行動載具上的預算配置落差。據資策會的調查，在廣告主投放網路廣告的意願勝過報紙雜誌、成為2014年所有媒介之冠的同時，投放行動廣告的意願也大幅增加，毫無疑問的，目前仍被嚴重低估的行動廣告，將在2015呈現爆炸性的成長。

◆後APP時代：重新釐清APP的策略與價值

APP起先被視為令人眼睛一亮的行動行銷工具，到後來演變成「大家都做所以我不得不做」，在市場上多數APP石沉大海之後，行銷人又開始懷疑APP不可行。其實並不是不能做APP，而是「把APP當成短波操作」的思維應該淘汰。APP運用應屬於品牌的長期規劃，並與公司整體策略結合，以提供具實用資訊價值（如零售商建置促銷導購）或娛樂價值（規劃可提升品牌好感、凝聚粉絲向心力的創意手法）的行動服務為出發點，而非只是在APP上原封不動的複製官網資訊或服務。像Mercedes-Benz在英國就推出四款分屬查詢油價、股市、新聞和停車空間的APP，唯有搭配COMAND Online System這個多媒體導航系統的車主才可以安裝，透過專屬的尊榮感受，提高車主對品牌的認同。只要符合策略，品牌的APP甚至可以不只一款，例如Nike就針對各目標族群，推出不同功能的品牌APP，如Nike+Running App、Nike Training Club App、Nike+FuelBand App，以及Jordan Post-Up App等針對不同族群所做的差異化App。

(二)2016年14個值得關注的行動行銷趨勢（Socialbeta, 2016）

　　行動行銷已經成為一種必然的趨勢，從去年開始，行動行銷作為一個熱詞進入越來越多人的視野。今年，不同的公司都會玩出哪些行動行銷的新花樣呢？SOCIALBETA蒐集了14位美國青年企業家協會（YEC）的元老級成員對行動行銷的預測。當中有保守的想法，也有大膽的預言，行銷人們或許就可以在這裡找到2016年上半年行銷的主攻點。

◆Instagram廣告

　　就職於Market Domination Media的Janathan Long認為，Instagram的廣告業務剛剛啟動不久，未來我們可以預見一大批的品牌都會競相在Instagram上投放廣告。品牌一開始都不懂「我們為什麼要在圖片分享APP上投放廣告？」。但很多代理商都向客戶介紹了在Instagram上投放廣告的獨特優勢，品牌們逐漸轉變了態度。Instagram的用戶群體龐大，在Instagram上投放廣告的受眾群也是龐大的。而品牌要在Instagram裡讓廣告到達盡可能多的用戶，唯一的辦法就是購買它的付費廣告。Instagram一開始不能增加鏈接，這曾讓無數行銷人感到可惜。不過現在，只要支付了廣告費，品牌在發布圖片之餘還能增加鏈接。2016年上半年，Instagram的創意廣告一定會擁有極強的競爭力。

◆行動端廣告影片

　　就職於AdGate Media的Dan Sapozhnikov認為，日常生活中，人們的視線已經逐漸從電視螢幕轉移到智慧型手機上。伴隨著這一趨勢，行動端廣告影片迅速發展，廣告費也水漲船高。行動端影片的關鍵價值不僅僅是以影片內容吸引觀眾，還能引導觀眾瀏覽影片中提及的網站或下載APP，將普通觀眾轉換成消費者。根據2015年行動端影片迅猛發展的趨勢，它的市場容量估計會在2020年前增至130億美元。毫無疑問，2016年上半年，行動端影片依然會保持良好發展。

◆行動支付

　　就職於Chatter Buzz的Shalyn Dever認為，行動支付在2016年會收穫更龐大的用戶群。根據知名市場研究公司Forrester的報告，美國2019年的行動支付成

交額預計會達到1,420億美元。越來越多的品牌和APP都適用於行動支付，這也是它們抓住行動支付用戶群的方式。用戶從現金或刷卡付款到行動支付，商家也要跟隨用戶的步伐，在傳統收款方式的基礎上增加移動收款的功能，才能避免這部分用戶流失。

◆原生廣告

就職於Tiller公司的Stephen Gill認為，原生廣告在2016年的行動行銷中會占據重要部分。原生廣告能夠重塑廣告主和消費者之間的關係，改變消費者抵觸廣告的心理，成功幫廣告主完成推廣。原生廣告的點擊率是一般顯示廣告的兩倍，它的廣告形式也使得它能夠避免廣告攔截外掛程式的影響。現在美國73%的媒介購買從業人員都在投放原生廣告，到2018年，原生廣告的投放額預計會達到210億美元。

◆私人訂製訊息及廣告

就職於Webfor公司的Kevin Getch認為，四個行動端領域巨頭——Google、Bing、Apple、Facebook都已經在「虛擬助手」技術中投入了大量的時間人力財力。谷歌開發了Google Now，Bing推出Cortana，蘋果擁有Siri，Facebook的M正在測試階段。這些公司都希望他們開發的「虛擬助手」能夠成為用戶生活中最實用的私人幫手，甚至在用戶發出指令以前就能為他們提供他們想要得到的訊息。這就是我們認為的行動行銷中的一個重要發展方向。

◆結束一成不變的內容設計

就職於Ceros的Simon Berg認為，很多人都能就「如何提升數位行銷中的行動端友好度」、「如何在設計中體現行動端優先」這些話題侃侃而談。顯然，在行銷人心裡，生產能讓用戶與之互動的內容，提供更豐富的用戶體驗已經成為自覺意識。只設計一種內容，讓它覆蓋所有用戶的時代，已經結束了。人們接受行動端的新事物跟過去相比有了更高的要求。打個比方，人們在2016年覺得好的東西，到2020年的時候會覺得根本不值一提。如果企業一直停留在2016年，那到2020年，它也就要倒閉了。品牌們不得不開始思考提升用戶體驗的問題，現在的消費者需要訂製化的服務內容。所謂的訂製指的是更深層次的多樣化。提供訂製化的服務，絕對是討好用戶的不二法寶。

◆更多公司推出專屬APP

就職於Recruiter.com的Miles Jennings認為，現在各種公司都已經意識到了，與其不斷優化其網站在移動設備上的用戶體驗，不如推出公司的專屬APP。APP不僅能夠帶給用戶視覺上的愉悅，還為用戶提供相對於網站而言更多樣化的服務。同時，獲取服務的便捷性也大大提升。2016年，推出專屬APP一定是現在還沒有APP的公司們的一致目標。現在Google和APP Store上的APP索引都已經有了巨大進步，透過搜尋引擎優化，人們更容易找到自己想要的APP。APP索引的完善使得不同種類的APP都更容易進入相應的目標群體視線，這樣的進步更加推動著公司們加緊推出APP的步伐。

◆行動端產品的個性化用戶體驗

就職於Helpshift的Eli Rubel認為，基於個人訊息和海量數據進行的以個性化為特點的行銷戰役會成為2016年上半年行銷界的重頭戲。今天的消費者希望他們的每一個需求，無論多麼細微，都能被商家考慮到。所以對於商家來說，滿足消費者的特別需求，開展個性訂製的行銷戰役變得非常重要。隨著我們進入移動時代，行動端產品中是否有足夠人性化的設計，能決定這個產品的存亡。

◆垂直影片廣告

就職於Switch Video公司的Brandon Houston認為，垂直影片並不是什麼新事物，但是垂直影片的流行趨勢卻是新近出現的。像奧迪、AT&T、NBC（美國全國廣播公司）這些大公司都已經嘗試過垂直影片，而數據表明這些垂直影片廣告的播放完成率比普通影片廣告高80%。漢堡王、梅西百貨這些公司也在Snapchat上投放過垂直式廣告，反響非常不錯。垂直式廣告能夠大行其道的原因是，垂直模式是我們使用手機的默認模式，垂直廣告避免了我們觀看廣告時要旋轉手機的麻煩。垂直廣告適應了人們使用行動端多於使用PC端的習慣變化，垂直影片的生產會成為行業內穩固的一部分。2016年年初我們就已經看到了不少品牌嘗試垂直影片，隨著時間的積累，我們會看到更多更全面的數據，證明垂直影片在傳播中的優勢。

◆程式化廣告購買

就職於Automate Ads的Andrew Torba認為，根據eMarketer的數據，去年行動程式化廣告的交易額（即利用技術自動完成購買和出售行動廣告）已經達到93.3億美元，占程式化廣告總交易額的60.5％。Facebook這個行動廣告的領頭羊，去年第三季度的廣告收入是43億美元，其中大部分收入都來源於行動廣告投放。去年，Facebook全面開放了Instagram廣告的自助購買平台。這也就意味著，廣告主們2016年的行動廣告投放額，會繼續大幅增長。而廣告主們如果不重視行動廣告的程式化購買，他們就沒法玩好行動廣告這個遊戲的，他們會在接下來的日子錯失很多機會。

◆社群電商的整合

就職於Track Marketing Group的Alex Frias認為基於Instagram、Pinterest、Snapchat這些視覺類社群網站的社群電商整合，將在2016年的市場掀起大波瀾。對於零售商來說，利用社群網站直接銷售是他們從未嘗試過的一種銷售方式。這種新的銷售方式給品牌提供了機會來重塑電子商務市場，爭取新的市場地位。

◆基於簡訊的行動行銷

就職於Netjumps International的Sheldon Michael認為，手機行銷服務站點Trumpia在行動行銷領域處於領先地位。其擁有龐大企業用戶群，而這些企業用戶都迫切希望能和消費者保持密切聯繫，瞭解消費者的喜好。Trumpia能夠智能尋找目標用戶群，向當地帳戶和粉絲發送會員獎勵，優惠活動或者用戶調查訊息。這樣的方式既實現了資源共用，又能夠有效提升品牌知名度，可謂節能又高效。

◆Snapchat

就職於858 Graphics的Brandon Stapper認為，現在很多人都還沒有意識到，Snapchat的用戶群已經變得多麼龐大。青少年不再使用Facebook或Instagram，只有他們的長輩還使用這些。Snapchat為大企業發布廣告取得的良好反響為Snapchat帶來了整個品牌的升值。2016年Snapchat的廣告業務會繼續擴張。我認為為了更準確的廣告定位，Snapchat會試圖獲取更多的用戶個人訊

息，還有基於用戶所處地點而推送的廣告也會出現。

◆行動行銷自動化

　　就職於行動應用開發平台Appboy的Mark Ghermezian認為，行動行銷自動化是今年最火熱的潮流。行動化已經成為一股勢不可擋的力量。行銷者和消費者的關係，不再僅僅依靠訊息和交流維繫。現在對於行銷者來說，最最重要的是行動端。他們必須每一分鐘都關注著行動端，因為這裡有著最完整的消費者群像，從這裡他們能發現消費者想要什麼。品牌必須學會如何有技巧地和消費者保持聯繫，如何獲得更多他們的個人數據，如何讓他們信任品牌，成為品牌的忠實用戶。行動行銷自動化使得品牌能夠蒐集和使用更加確切的數據，然後適時給用戶發送訂製訊息。

第三節　企業的科技環境

一、什麼是企業的科技環境

　　企業的科技環境（Technical Environment）指的是企業所處的社會環境中的科技要素及與該要素直接相關的各種社會現象的集合（MBA智庫百科）。

二、企業科技環境的組成要素

　　概略的劃分企業的科技環境，大致上包括四個基本要素：社會科技水準、社會科技力量、國家科技體制及國家科技政策和科技立法（MBA智庫百科）。

1. 社會科技水準是構成科技環境的首要因素，它包括科技研究的領域、科技研究成果門類分布，及先進程度和科技成果的推廣和應用三個方面。
2. 社會科技力量是指一個國家或地區的科技研究與開發的實力。
3. 國家科技體制是指一個國家或地區的科技研究與開發實力。科技體制指一個國家社會科技系統的結構、運行方式及其與國民經濟其他部門的關係狀態的總稱，主要包括科技事業與科技人員的社會地位，科技機構的

設置原則與運行方式、科技管理制度、科技推廣通路等。

4.國家的科技政策與科技立法指的是國家憑藉行政權力與立法權力，對科技事業履行管理、指導職能的途徑。

如今，變革性的技術正對企業的經營活動發生著巨大的影響。企業要密切關注與本企業的產品有關的科學技術的現有水準，發展趨勢及發展速度，對於新的硬技術，如新科技與材料（3D列印、OLED等）、新工藝、新設備，企業必須隨時跟蹤掌握，對於新的軟技術，如現代管理思想、管理方法、管理技術等，企業要特別重視。

以下將介紹3D列印與OLED等新科技與材料。

三、3D列印

(一) 3D列印涵義

3D列印（3D printing），又稱增量製造、積層製造（Additive Manufacturing, AM），可指任何列印三維物體的過程（Excell, Jon, 2013/10/30）。3D列印主要是一個不斷添加的過程，在電腦控制下層疊原材料（Create It Real., 2012/01/31）。3D列印的內容可以來源於三維模型或其他電子資料，其列印出的三維物體可以擁有任何形狀和幾何特徵。3D列印機屬於工業機器人的一種。技術標準一般使用「增量製造」這個術語來表達這個廣泛涵義。

(二) 3D列印之用途

3D列印之用途如**表6-5**所示。

表6-5　3D列印之用途

用途	內容
工業用途	從2011年5月起，Ultimaker公司開始出售價格從1,300美元到2,750美元不等的增量生產系統。這些生產線可以利用到多個領域：航空航太、建築、汽車、國防、牙科等等。通用電氣公司就採用了高端3D模型生產渦輪部件（Transcript. Council on Foreign Relations, 2013/10/30）。
消費用途	多家公司正在研發家用3D列印機。目標市場主要為DIY一族，3D列印愛好者，燈塔客戶以及學術研究和電腦領域（Kalish, Jon, 2012/01/31）。隨著其價格的降低，3D列印機越來越受到DIY客戶的歡迎（Wittbrodt et al., 2013）。另外，利用3D列印技術自製物品能降低物耗進而減少對環境和循環系統的影響（Kreiger, Pearce, 2013）。回收廢舊塑膠桶，回收的塑膠將被用於3D列印。有人設計了一些回收計畫，例如商業性的Filasturcer，用於將洗髮水瓶，牛奶盒等廢舊塑膠改造成可用於RepRap3D列印機的低成本原料（Christian Baechler, 2013）。有證據顯示，這種回收對有益於環境保護（Kreiger et al., 2013）。從RepRap基礎上發展而來的3D列印機不斷發展，可客製性越來越強，出現了專供小型企業和消費用途的3D列印機。

(三)生產應用

增量製造技術的應用始於20世紀80年代，涵蓋產品開發，資料視覺化，快速成型和特殊產品製造領域。在90年代增量製造技術在生產領域（分批生產、大量生產和分散式製造）的應用有了進一步發展。21世紀早期增量生產在工業生產的金屬加工領域（Zelinski, Peter, 2014/06/25）也第一次達到了前所未有的規模。21世紀初，增量製造相關器械銷量大幅增加，價格大幅下降（Sherman, Lilli Manolis, 2012/01/31）。諮詢公司Wohlers Associates稱，2012年3D列印機和3D列印服務在全球的價值為22億美元，比2011年增加29%（The Economist, 2013/09/07）。

增量製造技術同時也衍生出許多應用服務，涵蓋建築、工程建造（AEC）、工業設計、汽車、航空（Nick Quigley and James Evans Lyne, 2014）、

軍事、工程學、口腔和醫藥工業、生物科技（人體器官移植）、時尚、鞋類、珠寶、眼鏡、教務、地理資訊系統、飲食等領域。

增量技術最早應用於工具生產。其中最早的增量技術應用之一就是快速成型製模法，旨在減少製作新部件新裝置模型的時間與開銷，因為原先採用的減量製造法速度慢而且昂貴。隨著增量製造技術的日趨成熟，在商界的存在感日益增強，它常以新穎的甚至有時難以預料的方式滲入生產終端（Vincent & Earls, 2011）。

(四)影響

三維列印使得生產單個物品與批次生產幾乎一樣便宜，這就削弱了規模經濟。它對社會影響的深遠端度可能同1750年的蒸汽機，1450年的印刷機和1950年的電晶體一樣，沒人能輕易預料。它迅速發展著，對每個相關領域都產生著巨大的影響（《經濟學人》，2011/02/10）。增量製造現在還處於發展階段，如果相關公司想要保有自身的競爭力，就必須靈活發展思維，不斷增添融合新技術。增量製造的支持者稱3D列印技術的可能會阻礙全球化發展，因為3D列印的終端使用者很可能就這樣轉向自己列印所需要的物品，而不再購買他人生產的產品（Jane Bird, 2012/08/30）。然而，新興的增量製造技術如果想要真正融入商業化生產，或許更可能是對傳統減量生產的一種補充，而不是完全的取代（Albert, 2011）。

有鑒於3D列印技術未來的應用，以及「自造者運動」巨大的影響力，美國政府已經開始傾全力保衛和爭奪這場「第三次工業革命」。2012年初，歐巴馬政府就啟動一個專案，四年內將在全美1,000所學校導入3D印表機和雷射切割機等數位製造工具，並與工藝課程教學結合。國際性教育科技專家社群機構「新媒體聯盟」（New Media Consortium, NMC）也在2013年最新發表的「地平線報告──高等教育篇」（Horizon Report-Higher Education）中首度指出，未來四至五年之內，3D列印將會是高等教育體系採納的科技應用之一。

四、OLED（有機發光二極體）

(一)OLED簡介

　　OLED的發現是在1979年的一天晚上，由Kodak柯達公司Rochester實驗室的鄧青雲博士（Dr. Ching W. Tang），在回家的路上忽然想起有東西忘記在實驗室，回到實驗室後，他竟發現在黑暗中一塊做實驗用的有機蓄電池在閃閃發光，由此為OLED的誕生拉開序幕（陳俊宏，2004）。如果說液晶顯示器（Liquid Crystal Display, LCD）是20世紀平面顯示器的發展史中，一個令人驚喜的里程碑，那麼有機發光二極體（Organic Light-Emitting Diodes, OLED）則是人類在21世紀所夢想追求能超越LCD的平面顯示技術。為什麼這麼說呢？因為21世紀的時代是一個「3C」的時代，也就是通訊（Communication）、電腦（Computer）與消費性電子器材（Consumer Electronics）的時代，在這樣的生活當中，各種小型的電子用品將時時伴隨著我們，如上網購物、收發電子郵件、安排行程、打電話等，都可隨時隨地進行，人機之間的接觸越來越頻繁，人機之間也將以平面顯示器為主要的溝通介面，相對地，人們對顯示器的要求也會越來越高，例如輕薄短小、精緻靈敏、色彩鮮艷、省電等，而能將這些特性集於一身的，就是OLED。因此，在不久的將來，跟紙張一樣厚度的電視螢幕、捲軸式的電子書刊（e-paper）或捲軸式的行動電話、色彩亮麗的手機螢幕等產品將會出現在我們的生活中，無庸置疑的，這將會使我們未來的生活更加的亮麗鮮豔、多采多姿。

　　《日本經濟新聞》在2015年11月底的報導指出，iPhone螢幕供應商樂金和三星，正積極說服蘋果，在2018年款的iPhone改採軟性OLED螢幕。而且，樂金顯示最近宣布將在2018年前追加投資超過10兆韓元（約2,800億台幣）在OLED領域，其中1兆韓元用來擴建一個軟性OLED產線，預計2017年上半投產。這條產線，可能是用來供應蘋果。依照過去經驗，蘋果何時採用新技術，往往便是該技術邁向主流的轉折點。現在看來，這個轉折點已經不遠了（《天下雜誌》，第587期，2015/12/08）。

OLED的特性是自發光，不像薄膜電晶體液晶顯示器需要背光，因此可視度和亮度均高，且無視角問題，其次是驅動電壓低且省電效率高，加上反應快、重量輕、厚度薄，構造簡單，成本低等，被視為21世紀最具前途的產品之一。

(二)特色與關鍵技術

OLED的特色在於其核心可以做得很薄，厚度為目前液晶的1/3，加上有機發光半導體為全固態組件，抗震性好，能適應惡劣環境。有機發光半導體主要是自體發光的，讓其幾乎沒有視角問題；與LCD技術相比，即使在大的角度觀看，顯示畫面依然清晰可見。有機發光半導體的元件為自發光且是依靠電壓來調整，反應速度要比液晶元件來得快許多，比較適合當作高畫質電視使用。2007年底SONY推出的11吋有機發光半導體電視XEL-1，反應速度就比LCD快了1,000倍。有機發光半導體的另一項特性是對低溫的適應能力，舊有的液晶技術在零下75度時，即會破裂故障，有機發光半導體只要電路未受損仍能正常顯示。此外，有機發光半導體的效率高，耗能較液晶略低還可以在不同材質的基板上製造，甚至能製作成可彎曲的顯示器，應用範圍日漸增廣。有機發光半導體與LCD比較之下較占優勢，數年前OLED的使用壽命仍然難以達到消費性產品（如PDA、行動電話及數位相機等）應用的要求，但近年來已有大幅的突

破，許多行動電話的螢幕已採用OLED，然而在價格上仍然較LCD貴許多，這也是未來量產技術等待突破的。

(三)潛在應用

有機發光半導體技術的主要優點是主動發光。現在，發紅、綠、藍光的有機發光半導體都可以得到。在過去的幾年中，研究者們一直致力於開發有機發光半導體在從背光源、低容量顯示器到高容量顯示器領域的應用。以下將對OLED的潛在應用進行討論，並將其與其他顯示技術進行對比。有機發光半導體在1999年首度商業化，技術仍然非常新。現在用在一些黑白／簡單色彩的汽車收音機、行動電話、掌上型電動遊樂器等，都屬於高階機種（Baldo et al., 1999）。目前全世界約有一百多家廠商從事OLED的商業開發，有機發光半導體目前的技術發展方向分成兩大類：日、韓和台灣傾向柯達公司的低分子有機發光半導體技術，歐洲廠商則以PLED為主。兩大集團中除了柯達聯盟之外，另一個以高分子聚合物為主的飛利浦公司現在也聯合了EPSON、DuPont、東芝等公司全力開發自己的產品。2007年第二季全球有機發光半導體市場的產值已達到1億2,340萬美元（Kho et al., 2008）。

中國成為全球有機發光半導體應用最大的市場，中國的手機、移動顯示裝置及其他消費電子產品的產量都超過全球產量的一半。OLED面板的生產廠商主要集中於日本、韓國、中國、台灣這四個地區。2013年1月，LG電子在CES上全球首次發布LG曲面OLED電視，這表明全球進入了大尺寸OLED時代。9月13日，LG電子在北京召開電視新品發布會，推出中國第一款LG曲面OLED電視——LG55EA9800-CA，這標誌著中國的OLED電視時代正式來臨。

 ## 第四節　其他挑戰

基因工程，如基因改造食物（Genetically Modified Organisms, GMOs）。隨著國際行銷全球化的趨勢，全球的飲食文化漸漸趨於一致性，如麥當勞、可口可樂的，但基因改造食物也隨著生物科技的日新月異行銷全球。

一、基因改造食物

基因轉殖食品（Genetically modified food）就是利用現代分子生物技術，將某些生物的基因轉移到其他物種中去，改造生物的遺傳物質，使其在形狀、營養品質、消費品質等方面向人們所需要的目標轉變，從而形成的可以直接食用，或者作為加工原料生產的食品（劉旭霞、歐陽鄧亞，2009）。

二、現狀

2012年3月1日，國際農業生物技術應用服務組織（ISAAA）在北京發布年度報告指出，2012年全球基因轉殖作物種植面積達到約1.7億公頃，按照種植面積統計，全球約81%的大豆、35%的玉米、30%的油菜和81%的棉花是基因轉殖產品。報告顯示，基因轉殖作物種植面積排在前五位的國家是美國、巴西、阿根廷、加拿大和印度占全世界95%。中國種植面積約400萬公頃，居世界第六位，其中絕大部分是基因轉殖抗蟲棉。

2012年，有八個已開發國家和二十個發展中國家種植基因轉殖作物，比2011年減少一個。蘇丹和古巴新加入種植基因轉殖作物的國家行列，分別種植了基因轉殖棉花和玉米。三個國家退出，其中德國和瑞典相關企業因為市場因素不再種植基因轉殖馬鈴薯，波蘭因為相關法律和監管不符合歐盟要求，停止種植基因轉殖玉米。2014年5月5日，法國參議院上院通過法案，禁止在法國種植基因轉殖玉米。

三、基因轉殖食品分類（宋沁馨、周國華，2013）

(一)植物性基因轉殖食品

◆基因改造出來的金色米

　　基因轉殖食品生活中常見的有原料是使用來自進口的黃豆、玉米、油菜等的相關產品，多數都是經過高度加工的產物，而非直接以原植株狀態供食用。

◆抗蟲

　　生長容易受鱗翅目昆蟲威脅，為了抵禦病蟲害，科學家轉入一種來自於蘇雲金桿菌的基因，它僅能導致鱗翅目昆蟲死亡，因為只有鱗翅目昆蟲有這種基因編碼的蛋白質的特異受體，而人類及其他的動物、昆蟲均沒有這樣的受體，所以以此方式培育出的抗蟲作物對人無毒害作用，但能抗蟲。

(二)動物性基因轉殖食品

　　動物性基因轉殖食品還沒有商業化生產，大多數正處於研究狀態。例如在牛體內轉入某些具有特定功能的人的基因，就可以利用牛乳生產基因工程藥物，用於人類疾病的治療。

(三)基因轉殖微生物食品

　　微生物是基因轉殖最常用的轉化材料，故基因轉殖微生物比較容易培育，應用也最廣泛。例如，生產乳酪的凝乳酶，以往只能從殺死的小牛的胃中才能取出，現在利用基因轉殖微生物已能夠使凝乳酶在體外大量產生，避免了小牛的無辜死亡，也降低了生產成本。

(四)特殊用途的基因轉殖食品

　　基因轉殖食品能否提供人類特殊的營養或輔助治療人類的疾病是科學界關注的一個重要領域，許多科學家在開展這方面的研究。如科學家利用生物遺

傳工程,將普通的蔬菜、水果、糧食等農作物,變成能預防疾病的神奇的「疫苗食品」,使人們在品嘗鮮果美味的同時,達到防病的目的。科學家培育出了一種能預防霍亂的苜蓿植物。用這種苜蓿來餵小白鼠,能使小白鼠的抗病能力大大增強。而且這種霍亂抗原,能經受胃酸的腐蝕而不被破壞,並能激發人體對霍亂的免疫能力。這種食品還處於試驗階段。

四、基因轉殖食品爭議

基因轉殖食品爭議如**表6-6**所示。

表6-6 基因轉殖食品爭議

爭議	內容
歐洲環保主義者抗議基因轉殖大會在歐洲召開	反對者稱目前對基因轉殖食物進行的安全性研究都是短期的,無法有效評估人類幾十年進食基因轉殖食物的風險。另外的反對者則擔心基因轉殖生物不是自然界原有的品種,對於地球生態系統來說是外來生物。基因轉殖生物的種植會導致這種外來品種的基因傳播到傳統生物中,並導致傳統生物的基因汙染。許多環境保護組織,包括綠色和平、世界自然基金會和地球之友等國際機構都持有該種觀點(綠色和平,2010;United States Institute of Medicine and National Research Council, 2004)。在台灣,則有主婦聯盟環境保護基金會、主婦聯盟生活消費合作社、台大種子研究室及綠色陣線協會等組成之「台灣無基改推動聯盟」,監督政府制定政策及進行消費者教育等工作。
已被證實有誤的案件	有研究顯示由基因轉殖飼料餵養的豬的胃炎發病率遠高於傳統飼料餵養的豬。不過實驗太多缺陷,包括發表的期刊並沒有影響係數、實驗統計方法錯誤等(科技部,2010)。
超級雜草事件	由於基因流,在加拿大的油菜地裡發現了個別油菜植株可以抗一至四種除草劑,因而有人稱此為「超級雜草」。事實上,這種油菜在噴施另一種除草劑2,4-D後即被全部殺死。油菜是異花授粉作物,為蟲媒傳粉,花粉傳播距離比較遠,且在自然界中存在相關的物種和雜草,可以與它雜交,因此對其基因流的後果需要加強跟蹤研究(農業部農業基因轉殖生物安全管理辦公室,2010/07/17)。
美國基因轉殖玉米MON863事件	2005年5月22日,英國《獨立報》披露了基因轉殖研發巨頭孟山都公司的一份秘密報告。據報告顯示,吃了基因轉殖玉米的老鼠,血液和腎臟中會出現異常。完整的1,139頁的試驗報告公布後,歐盟對安全評價的材料及補充試驗報告進行分析,認為將「Mon863」投放市場不會對人和動物健康造成負面影響,於2005年8月8日決定授權進口

（續）表6-6　基因轉殖食品爭議

爭議	內容
	該玉米用於動物飼料，但不允許用於人類食用和田間種植。2009年10月歐洲食品安全局在總結報告中說，目前有關MON89034 x NK603玉米的資訊代表了各成員國對該品種玉米的科學觀點，在對人類和動物健康及環境的影響方面，這種玉米與其非基因轉殖親本一樣安全。因此，EFSA基因轉殖小組認為這種玉米品種不大可能在應用中對人類和動物健康或環境造成任何不良影響（農業部農業基因轉殖生物安全管理辦公室，2010/07/17）。
黃金大米人體試驗	2012年8月，《美國臨床營養學雜誌》發表黃金大米研究論文後，綠色和平組織與媒體對其中違規利用兒童實驗產生關注，從而發現了實驗中的違規行為。2013年9月，塔夫茨大學對此表示道歉（人民網，2013/09/20）。
支持者	基因改造食物的支持者宣稱基因改造食物是安全的，沒有任何報導證實基因轉殖食品對人類有不良影響。廣泛的科學共識是：對於食用者，市場上基因轉殖作物的食品沒有比常規食品會造成更大風險，並且具有傳統食物所不具備的特性，可以解決包括全球飢荒在內的多個問題。例如透過轉入抗蟲害基因，可以減少農藥的使用。透過轉入抗旱基因的玉米可以減少灌溉用水。而水稻基因改造可以增加水稻中缺乏的維他命A和元素鐵，從而提高其營養，這對以水稻為主食的人是很有好處的（American Medical Association, 2012; Key et al., June 2008; AAAS, Board of Directors, 2012; Ronald, Pamela, 2011; Bett et al., 2010）。

第五節　科技發明和技術創新在行銷的應用與影響

一、技術創新

技術創新是發明、栽培，以及將新產品導入市場的過程（Abernathy, Utterback, 1982），技術創新是一種組織運用其技能與資源，建立新技術或新產品的新製程或新方法，進而更能滿足顧客的需求（Charles-Hill, Jones, 1998）。

企業技術創新的分類可分為產品與製程的技術創新兩者（Baker, Green, Bean, 1986）：

1. 產品的技術創新：製造產品的整體製造技術已完全改變，且產品功能特性也全然改變或提升。
2. 製程的技術創新：改善製程技術的某一部分，使其產品品質達到顧客的要求。

科技發明和技術創新在行銷的應用與影響如下：

1. 全新產品和服務：如iPhone、iPad、iTV、iWatch等和無人商店、自助式check-in。
2. 加強客戶之服務：如網路ATM與7-11的i-cash和ibon購票等服務。
3. 改變整個供應鏈模式：如電子商務與網路行銷等。
4. 自政府的科技創新：如e-government電子化政府之便民服務。
5. 日常生活與用品：如美食網站、電腦試衣間、高科技住宅、悠遊卡等。

二、技術取得策略與運用

企業在決定技術取得策略之前，必須先瞭解有哪些技術來源，Granstrand、Bohlin、Oskarsson和Sjoberg（1992）指出，企業技術的來源共有五種，依其與組織的整合程度，由高而低排列分別為內部研發、購併創新公司、合資、購買技術、技術搜尋等五種。Ford（1988）認為技術取得方式有五種，分別為內部研發、合資開發、外部契約研發、技術授權與直接購買。Danila（1989）則提出內部研發、內部為主外部為輔、外部研究內部發展等三種內部自製技術方式，以及直接購買、與學術單位合作研發、接管小型科技公司等三種外部購買技術方式。張昭仁（1994）認為技術可從內部發展與外部取得，內部取得乃經由企業累積的科技能力由內部發展出所需的科技，外部取得則有購買套裝技術、購買技術授權、投資高科技公司、締結策略聯盟、購併科技公司、工作合作協定等六種方式。由此可知，若以企業為主體來區分，可大致分為內部來源與外部來源。外部取得包括取得技術授權與移轉的數量與金額；內部取得包括專利取得數量與品質、研發能量、科技獎勵措施內涵。技術利用包括技術儲存、平均教育水準與證照發放張數等。技術運用包括科技變化速度、資訊自動化、與生產力變化程度等。

三、當代企業科技環境的發展趨勢（MBA智庫百科）

當代企業的科技環境有以下發展趨勢：

1.科技工藝的發展速度愈來愈快。

2.創新機會廣泛。

3.研究預算增加。

4.集中在小的改革上。

5.關於科技工藝革新的法規增多。

6.工業4.0革命。

摩爾定律代表20世紀資訊科技的發展，係以「指數級數」的速度向前飛奔，過去三十五年來，摩爾定律屢試不爽。進入21世紀的後工業時代（postindustrial stage），消費者對產品的要求愈來愈高，廉價大量的商品逐漸乏人問津。創新、多樣、少量，以及客製化的需求，導致產品生命週期愈來愈短；因此，如何運用技術來加速產品設計開發的速度，對市場占有率以及企業競爭力也愈來愈重要。

全球觀點

物聯網將掀起工業4.0革命

物聯網（Internet of Things, IoT）一詞成為熱門名詞，成為眾人討論的新顯學。物聯網是一個由人、物件、動物、機器相連而構成的巨大網路，以供感測、控制、偵測、識別，並交換所有的資訊，進而提供更加值的應用服務。物聯網將會是一種新型態的網路革命，具跨產業融合概念，也代表一種趨勢、充滿想像與機會。隨著物聯網（IoT）時代來臨，工業應用領域也開始整合各種技術而掀起新一波工業革命，也就是進化到工業4.0或稱第四次工業革命。所謂工業4.0概念最早提出在2011年的漢諾威工業博覽會，也是德國政府提出的高科技策略計畫，目的是傳統製造業運用IT

技術提升能量，使其轉型成具有適應性、資源效率及人因工程學基因的全面自動化生產的智慧工廠，同時也從重構供應鏈、商業流程及服務流程之中，找到許多新客戶及商業夥伴。

從製造工業演進來看，工業1.0（1712～1912）是利用水力及蒸汽的力量作為動力來源，人類開始有所謂「製造工廠」的概念；工業2.0（1913～1968）則使用電力為大量生產提供動力，使得人類開始有「大量生產」概念；工業3.0（1969～2012）使用電子設備及資訊技術來增進工業製造的自動化，開始進入電腦數位化演進到網路時代，使得人類開始有「數位及網路」概念。所謂工業4.0（2013～）是虛實融合系統就是以網際網路（虛擬）為核心的應用於實體工廠（實際）的完美融合系統後，以數據分析為基礎概念的先進製造。專家們相信工業4.0或第四次工業革命會在今後的十年至二十年實現，甚至認為2020年會有規模性的實施。掀起工業4.0革命的原因，主要解決全球面臨四大難題：勞動力減少、物料成本上漲、產品與服務生命週期縮短、因應各種需求變化。工業4.0的實質是改變了生產的分工形式和產品的整合方式，一切以需求展開是對價值鏈和產業鏈的全方位整合。工業4.0特點：智能生產、

物聯網掀起工業4.0 (第4次工業革命)
50年難得順風車

專家們相信工業4.0會在今後的10至20年實現。

第一次工業革命	第二次工業革命	第三次工業革命	第四次工業革命
1712年	1913年	1969年	2013年
湯瑪斯.紐科門 (Thomas Newcomen) 發明起科門蒸氣引擎 利用水力及蒸氣的力量作為動力來源	亨利.福特 (Henry Ford) 使用裝配線大批量生產汽車	迪克.莫利 (Dick Morley) 世界上第一台PLC - Modicon084問世 數位化革命開啟了工業控制的PLC時代	德國機械及製造商協會 (VDMA) 提出高技術戰略2020 智能工廠和智能生產與信息物理系統網路

工廠概念

公司概念

數位化概念 → 網路 → 虛實融合

機械式蒸氣機提供電力	裝配線的電驅動產品量產	自動化.控制.量產	智能感測器專家
+無感測器	+無感測器	+感測器監控品質與安全	+自主行動智能感測與先決條件

Source：DFKI (2011)，科技政策研究與資訊中心 (2015.3)

所謂工業4.0是虛實融合系統就是以網際網路（虛擬）為核心的應用於實體工廠（實際）的完美融合系統後，以數據分析為基礎概念的先進製造。

個性訂製、批量生產。

◎工業4.0智慧工廠之新風貌

工業4.0將影響且改變工廠的未來樣貌，轉變成自動化智能工廠：

1. 工廠內所有設備、物料、半成品、成品都嵌入eTag或感測器，記載必要的資料，便於生產過程進行監控，藉以提升生產品質使消費者產生信賴感，餿水油事件就不可能會發生。

2. 生產線上大量使用智能機器人及自動搬運機，機器與機器之間可互相溝通，第一線黑手變成IT品質監控人員或軟體程式設計師。

3. 全面自動量測（AOI、ATE、機器手臂等）進行細微的效準調整，隨時因應訂單的改變。

4. shop floor現場監控系統可進行採集生產設備及產品的大量履歷資料，然後傳送到雲端伺服器，透過Big Data分析，產生確實情報便於做出決策。

5. 走向C2B商業模式以客戶需求參與（瞭解客戶習性、預測客戶需求）為起點的「多樣少量」客製化生產與銷售模式。

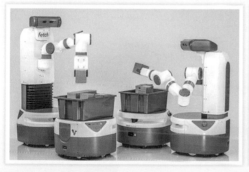

◎工業4.0將改變商業模式由B2C到C2B

未來，網路革命升級到物聯網IoT，使得工業4.0製造業將以大量客製化取代大量生產，將隨客戶需求而生產，所以商業模式勢必也將改變，由過去工業時代以廠商為中心的B2C或B2B模式，正在逐步由網路時代以消費者為中心的C2B（Consumerto-Business）模式所取代。C2B的2（to）代表參與之意涵，也就是客戶參與製造的需求提出者。所謂C2B商業模式是以客戶需求為起點的客製化生產與銷售模式，而B2C商業模式是標準性產品的大量生產與銷售模式。所以，網路技術的成熟，加上物聯網掀起電腦業、自動化及通訊業等三大產業融合，使相關技術貫穿到整個生產鏈與供應鏈，而自然走向彈性生產與無庫存生產的C2B模式。

　　C2B模式若要成功，充分利用生產流程而採集到的大數據進行分析，協助內部產品開發及行銷，同時，找到更多潛在客戶及新商業夥伴。最後，以開放式創新引入內外部專業人士共同進行產品製造。開放式創新不僅需要具備跨越產業、跨越組織、超越專業性、國際觀開放性高者等不同人才或資源。最佳例子就是亞馬遜，從網路書店跨越到零售業，為加快貨品遞送引入航空專家開發無人飛機打入物流業。

　　C2B時代即將到來，無法運用網路互聯網工具者，將難於物聯網時代獲利。當然，C2B商業模式也尚未被完整的思考與演練，在物聯網趨勢下的新商業模式，也正等待新的創業者開發與實現。

資料來源：本篇文章摘取自《經濟日報》，2015/02/22，A5版。

問題與討論

1.科技面因素包括？

2.何謂電子商務與行動商務？其差別為何？

3.電子商務的四流及特性為何？

4.行動商務之價值鏈之關鍵要素為何？

5.企業科技環境的組成要素為何？

6.3D列印的涵義及應用為何？OLED之涵義及應用為何？

7.基改食物之分類為何？

8.科技發明和技術創新在行銷的應用與影響為何？

9.當代企業科技環境的發展趨勢為何？

國際行銷研究與國際行銷資訊系統

- ◆ 國際行銷研究
- ◆ 國際行銷研究的步驟
- ◆ 市場調查
- ◆ 國際行銷資訊系統與其架構
- ◆ 行銷研究與國際行銷資訊系統之比較

　　無論是消費品或工業品，行銷人員要成功地行銷，就必須瞭解買方的喜好與想法。除了非正式地透過市場經驗來累積對買方的知識外，最重要的是學習行銷研究的觀念與方法，如此，有經驗的行銷研究人員才能更有效地進行市場預測，並提供公司新產品發展創新的來源。行銷研究本身「不是目的」，而是一種「管理工具」，其任務在提供有關的行銷資訊，協助企業高階主管制定合理的行銷管理決策。而國際行銷研究比國內行銷研究須多面對的問題：環境不同造成研究設計的困難、次級資料的欠缺與不正確、初級資料蒐集所花費的時間及成本、在不同國家之間同時從事研究時之協調與整合、多國研究間的相互比較難以建立。國際行銷研究範圍乃進入不同國家行銷，所需瞭解之行銷資料之層次。而當企業之高階決定行銷地區之後，行銷工作者尚需進行更細部之行銷研究。

　　行銷研究方法持續性的進步正使得行銷研究資訊更加值得信賴，這已激勵公司投入更多的金錢和信任到研究裡。

　　此外，基於全球行銷重要性的提升、購買者欲望特別受到重視，以及非價格競爭趨勢的來臨等三種環境發揮大眾趨勢，使國際行銷資訊的必要性要比過去任何時期都來得重要。為完成國際行銷之分析、規劃、執行與控制等行銷任務，國際行銷管理者需要一國際行銷資訊系統（MIS）。此系統的角色在於評估國際行銷管理者的資訊需要、發展所需要的資訊，並及時將這些資訊分送給適當的國際行銷管理者。

　　本章首先探討國際行銷研究範圍、國際行銷研究次級資料之主要來源、國際行銷研究蒐集初級資料之方法、調查法在國際行銷地區必須注意之問卷翻譯及發放問題與跨國行銷分析之方法；其次，分析國際行銷研究與國際行銷資訊系統的意義與範圍及兩者之間的比較；接著，介紹國際行銷研究進行的步驟，包括決定國際行銷的主題與目的、決定與設計行銷研究的具體事項、選擇資料蒐集的方法、設計抽樣程序、資料蒐集、資料分析與提出行銷研究的書面報告與口頭報告，再探討市場調查的種類、作用、限制，市場預測與指標市場規模估計、市場預測之主要方法；最後，分析國際行銷資訊系統與其架構。

news 行銷視野

EMP帶動全球行銷自動化

沒有自動化，就得靠人力！

　　資訊化是企業提高經營效益的重要策略之一，眾多企業引進資訊系統包括ERP、CRM、SCM、HRM、會計總帳、倉管系統等。然而攸關企業命脈的行銷及業務拓展，長久以來大多仰賴人力，鮮少自動化系統執行。究其原因，是早年沒有國際網路及大型網路媒體，導致專業資訊公司沒有前例，無法規劃、設計出一套有效的行銷工具。

　　近年來，隨著搜尋引擎及B2B貿易平台普及，網路應用也日趨成熟，使我們得以規劃整合企業網站、行銷系統、媒體通路等多元化的行銷架構，而該架構結合享有盛名的Web Builder網站大師、DOs動態優化系統、Trade Asia亞洲貿易網等成熟網路系統，而開發出領先全球的自動化行銷系統（Enterprise Marketing Portal, EMP）。

　　這套系統整合了主動式行銷（push）及被動式行銷（pull）的概念，是由三個構面，組成一個自動化執行的資訊應用環境：

1. 企業資訊系統（企業網站）：企業資訊系統是行銷的核心。企業將公司資訊、產品資訊、重要推廣等做整理及撰寫，以便自動化發送全球。資訊的內涵決定了行銷的成敗。

2. 全球行銷系統：全球行銷系統是行銷的引擎。它藉由推與拉兩大子系統，將企業資訊送給潛在客戶，並相容於大型媒體通路，以達成大量擴散之目的。

3. 潛在客戶及媒體通路：(1)藉由推的力量，將企業資訊發送給潛在客戶或會員；(2)藉由拉的力量，將企業資訊展現在Top搜尋引擎及Top貿易平台，方便賣家查尋找到，以增加訪問機會。

資料來源：〈縱橫千里、贏銷全球──EMP帶動全球行銷自動化〉。AsianNet亞洲網路，2010/04/23，http://webbuilder.asiannet.com/news/bulletin_news_all.asp?newsID=109&textfield=

第一節　國際行銷研究

一、行銷研究意義

行銷決策須以市場為核心，隨時依據市場環境的變遷來調整，並依企業內部與外部的環境資訊來幫助管理者制定決策。行銷研究是幫助管理者獲取企業內部、外部環境資訊的一門技術。美國行銷協會（AMA, 1998）的界定：「行銷研究的作用是透過用以確認和界定行銷機會的資訊，來連結消費者、潛在顧客和社會大眾三者與行銷人員，用以孕育、改善及評估行銷活動，從而增進對行銷程序的瞭解。行銷研究對所提出的探討問題被要求指定資訊來詳加說明，其涵蓋設計蒐集資訊的方法，管理和進行資料蒐集的程序、分析結果和傳達研究發現及其蘊含的意義。」

Kotler（1996）對「行銷研究」的界定：「有系統的設計、蒐集、分析和報導企業所面對的某一特定行銷情勢相關的資料和發現。」Kinnear與Taylor（1989）對「行銷研究」的定義：「行銷研究是以有系統和客觀的方法去發展和提供行銷管理程序上所需要的資訊。」國內行銷學者黃俊英教授的定義：「運用科學的方法，有系統地去蒐集和分析有關企業問題的資訊，以解決某一行銷問題。」

行銷研究係針對特定的行銷問題，以科學方法有系統、客觀地對所需的資訊，加以規劃與蒐集，並對所蒐集的資料整理、分析及推斷研判，來產生適用的高品質資訊，以協助決策者解決該項行銷問題。運用「科學」的方法，有「系統」地蒐集分析有關行銷問題的資訊，以解決行銷管理決策問題。

1. 行銷研究重視的是應用科學的方法，進行應符合科學的精神和原則，有系統地蒐集和分析資訊。
2. 行銷研究本身「不是目的」，而是一種「管理工具」，其任務在提供有關的行銷資訊，協助企業高階主管制定合理的行銷管理決策。
3. 行銷研究運用範圍廣泛，包括應用各種研究技術以協助解決有關行銷規劃、執行與控制的問題。

二、行銷研究的類別與特性

(一)行銷研究的類別

◆依研究目的作分類

依研究目的任務的不同，行銷研究的類別可分成三類：

1. 探索性研究：在行銷研究進行的程序中，探索性研究常被用來確定研究的主題，而進行探索性研究時，用來蒐集資料的方式包括：(1)使用二手資料；(2)專家意見調查；(3)深度集體訪問；(4)相似案例研討。

2. 結論性研究：包含「描述性研究」與「因果性研究」。描述性研究係以受訪者的回應、二手資料與模擬的資料，來作為描述某一特定群體的特性或估計特定對象在研究母體中所占之比例。在描述性研究中對於所要衡量或描述的對象是以「縱剖面」或「橫切面」來作為探討的方向；因果性研究則是指將相關變數間的因果關係判別清楚，其應用方法為實驗法。

3. 績效追蹤研究：係指獲取市場狀況變數的資訊，以期明瞭有關行銷決策的執行績效，甚至判別行銷決策正確性的研究類型。通常可從：(1)企業內部與外部現有的資料（二手資料）；(2)消費者的回應；(3)親自觀察等三種管道獲取資訊，例如：市場占有率的變數、銷售收入或銷售量的變化、廣告收視率的高低變化等市場狀況的變動。

◆依研究活動作分類

依據研究活動的不同，行銷研究的類別可再分成下列五類：

1. 消費者研究：消費者購買行為分析、消費者對產品的態度分析、消費者購買場所分析、影響消費者忠於品牌的因素、條件及原因、消費者購買動機研究。

2. 產品研究：新產品發展之研究、現有產品改良之研究、舊產品發展新用處之研究、產品包裝之研究、公司產品競爭地位之分析、品牌之研究。

3.市場研究：消費市場分析、工業品市場分析、市場競爭情況分析、新市場潛力分析、潛在銷售量的估計、一般商情預測。

4.廣告研究：廣告策略的研究、廣告媒體選擇、廣告文案的測試、廣告活動認知度之測試、廣告對品牌轉換影響之研究。

5.其他重要行銷研究：銷售分析與預測、分配通路之選擇、配銷成本之分析。

(二)行銷研究的特性

行銷研究的特性可分為下列四項：

1.目標導向：針對特定行銷問題與資訊不足時才來從事。

2.預先規劃：事先做好妥善、嚴密的規劃。

3.客觀獲取資訊：不摻雜個人主觀意見、不因研究方法的歧異而有重大的差異。

4.制定決策：協助管理者制定卓越的決策為終極目的。

三、國際行銷之研究

(一)國際行銷研究範圍

進入不同國家行銷所需瞭解之行銷資料，一般可分為三個層次（**圖7-1**）：

1.國家地區資料：對國家地區進行宏觀環境的資料蒐集。

2.特定產業資料：對特定國家之產業市場進行分析，亦即產業市場潛能。

3.公司銷售預測：對企業可銷售數量與金額的預測，亦即公司銷售潛能。

(二)國際行銷決策所需之行銷研究

當企業之高階決定行銷地區之後，行銷工作者尚需進行更細部之行銷研究。例如：

1.產品研究：評估新產品構想、調查是否推出新產品與瞭解當地消費者的

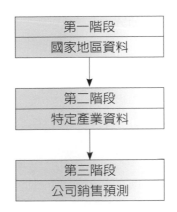

圖7-1　國際行銷研究順序

　需求與偏好、新產品概念測試與接受程度及進行試銷、產品利益及態度
之研究與產品特性測試。

2.價格研究：價格敏感度調查，瞭解當地市場對產品價格水準之接受度。

3.通路研究：研究當地購物型態與行為及能否接受新型態通路，如消費者
　對不同商店種類態度。

4.推廣研究：進行廣告前測（廣告預視），以瞭解企業廣告訴求、廣告文
　案與呈現方式，是否能被當地消費者瞭解與接受（廣告效果研究），另
　須調查當地消費者的媒體偏好。

　不同促銷方式效果之研究與不同推銷方式之測試，國際行銷決策所需之
行銷研究歸納如**表7-1**。

四、行銷研究量化研究設計

　量化研究採實證主義的觀點，以統計分析探究社會的現象，企圖建立放
諸四海皆準的原理原則，更進一步解釋、預測和控制社會的現象。量化的研究
者皆認為社會的現象可透過觀察而得，強調價值中立的態度以達成客觀化。一
般量化研究的問題可分為三類：

表7-1　國際行銷決策所需之行銷研究

行銷組合決策	行銷研究種類
產品	・焦點團體及定性研究以得到新產品構想 ・調查研究以評估新產品構想 ・觀念測試與試銷 ・產品利益及態度之研究 ・產品特性測試
定價	・價格敏感度研究
通路	・購物型態與行為之研究 ・消費者對不同商店種類態度之研究
廣告	・廣告預視 ・廣告效果研究 ・媒體偏好研究
銷售促進	・不同促銷方式效果之研究
銷售人員	・不同推銷方式之測試

資料來源：Jeannet, Jean-Pierrre Hennessey, H. D.（2005）. *Global Marketing Strategies*, 6th ed., p.194, Houghton Mifflin Company.

1.現況不明的問題稱為「描述性問題」。

2.關聯不清的問題稱為「關聯性問題」。

3.因果不解的問題稱為「因果性問題」。

以下以行銷資料蒐集和利用、問卷調查設計、網路調查與問卷設計、線上資料分析——資料採礦與跨國行銷分析方法來說明行銷研究量化研究設計。

(一)行銷資料蒐集和利用

行銷工作者，所蒐集和利用資料可分為兩種：

1.初級資料（primary data）：由行銷工作者依據特定的目的，自行調查蒐集。

2.次級資料（secondary data）：由特定組織、單位已蒐集完成資料，行銷工作者再行取得利用，換言之，在圖書館或網路看到之各種報紙、雜誌、期刊、資料庫上之企業案例、動態、統計資料，都是屬於次級資料。

◆初級資料蒐集方法

1.訪談法：可分爲人員與電話訪談。

2.觀察法：調查人員自行觀察受調查行爲與現象，調查品質最客觀也最能呈現眞實面。

3.調查法：問卷調查，可經由郵寄、電話、網路等方式傳送事先設計之問卷給答卷者（**圖7-2**）。

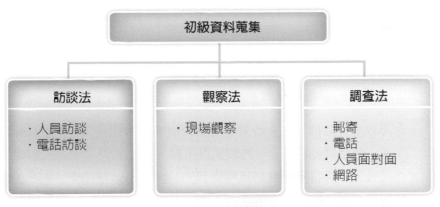

圖7-2　初級資料蒐集

資料來源：鄭紹成（2008）。

◆次級資料蒐集來源

主要可分爲四種：

1.政府機構：如人口變數、人口成長趨勢、國際貿易、金融、農業、製造業與服務業等資料與政府出版品、網站等（**表7-2**）。

2.國際性組織：聯合國統計年報、世界銀行GNP統計資料、WTO各國貿易金額、國際貨幣基金分析報告等。

3.服務性組織：全球銀行、DHL、航空公司等專業分析部門之各地政經局勢分析。

4.電子資訊服務：國際性媒體之網站與資料庫等，如CNN。另外，各大搜尋引擎之財經資料庫，如Google與Yahoo等。

表7-2　台灣政府機構商業資訊網站

機構名稱	網址
經濟部國貿局	http://www.trade.gov.tw/
經濟部中小企業處	http://www.moeasmea.gov.tw/
對外貿易發展協會	http://www.taitra.com.tw/
中小企業協會	http://www.nasme.org.tw/
全國工業總會	http://www.cnfi.org.tw/
中華民國全國商業總會	http://www.roccoc.org.tw/
中央銀行全球資訊網	http://www.cbc.gov.tw/mp1.html
行政院農業委員會	http://www.coa.gov.tw/show_index.php

◆使用初級資料行銷研究人員必須注意之問題

如研究設計的評鑑指標如下：

1.內部效度：指特定研究結果所得到的關係是否代表真正的關係。其提高之道：避免研究過程當中的瑕疵為重點。
2.外部效度：指特定研究結果所得到的結論是否可推論到一般化的結論。其提高之道：排除研究環境的干擾因素為重點。

另外，尚需注意行銷研究過程中的偏誤來源如下：

1.確立錯誤的研究主題。
2.研究設計所產生的偏差。
3.資料蒐集過程發生的偏誤。
4.統計分析的偏誤。
5.解釋分析結果的偏誤。

(二)問卷調查法

◆問卷的結構

1.說明詞（面函）或cover letter：介紹自己／研究單位、說明調查的內容及目的，懇請接受調查、強調填答資料會受到保密，並謝謝合作，如請

寄回，要解釋寄回方式、日期，如有贈品要說明。

2.問卷主體。

3.基本資料。

4.問卷編號及相關作業記錄：訪員姓名、訪問之時間、地點、電訪各次撥
　號時間及狀況、聯絡情形、約定再訪時間。

◆問卷調查法設計之注意事項

有減少填答時可能的錯誤、增進受訪者提供眞實答案之能力及意願、只
問需要的問題、便於做資料的整理及輸入與統計方法配合等。

問卷問題設計形式，可分爲三種：

1.封閉式：問卷題目皆爲固定答案。

2.開放式：問卷題目未設定任何制式答案。

3.半開放式：問卷題目列出選項後，加上其他（請說明）。

問句結構開放式之優點爲不會限制受訪者之回答，受訪者之回答較眞
實、深入、廣泛。缺點爲受訪者負擔較重，可能不願作答；不易掌握受訪者答
題的方向，資料整理、分析較困難；問句結構封閉式之優點爲受訪者作答較
便捷，可掌握受訪者答題的方向，資料整理、分析較容易。缺點爲受訪者之回
答受答案選項之限制，受訪者之回答可能較不眞實、較不深入、較狹隘（答項
不在裡面）；問句結構半開放式指列出選項後，加上其他（請說明），須注意
「其他」的比例不可以過高。經由問卷調查法，可得知四種訊息：(1)事實；(2)
知識；(3)意見或態度；(4)行爲。

問題設計原則、問題設計上常見的缺失、問題排列與回答方式的設計與
編碼如**表7-3**所示。

◆問卷翻譯之方式

從事國際行銷研究時，由於發放問卷之對象常會針對不同國籍的人，因
此需要翻譯成不同語言，當本國文字撰寫翻譯成當地文字時，可以下列兩種方
式進行：

表7-3　問題設計

項目	內容
問題設計原則	1.選受訪者能瞭解，字義明確的文句。 2.用簡短的文句。 3.避免用雙重否定。 4.情況要界定明確。 5.避免雙重問題。 6.降低社會規範的壓力。 7.顧慮受訪者的面子或隱私。 8.避免提到權威。 9.減少引導或自作假說。
問題設計上常見的缺失	1.問題具引導性。 2.問題內有情緒性用語。 3.問題有隱含性假設。 4.問題中要求受訪者估計。 5.問題中語意不明確。 6.問題中含多重目的。 7.假設性問題。 （問卷調查不是要正確的答案而是要真實的答案）
問題排列	1.問題分隔要清楚。 2.主題轉接要流暢。 3.由容易到困難。 4.範圍由一般到特殊。 5.隱私問題移後。
回答方式的設計與編碼	可分為自由開放回答方式、封閉式回答方式、單選方式：(1)一般單選方式；(2)評級方式；(3)兩兩比較；(4)評價尺度、複選方式、半封閉式回答、固定總分評點、設定比較基準評點。

1.還原翻譯法：由當地人員先將本國文字翻譯成當地文字的問卷，再由另一當地人員翻譯回母國文字以比較是否有差異。

2.平行翻譯法：由兩個以上之翻譯人員同時進行同一份問卷之翻譯再相互比較差異進行調整定案。發放問卷時可能遭遇問題如國外當地以郵寄或電話方式發放問卷時，尚有可能會遭遇的問題為：(1)聯絡名單；(2)識字率；(3)文化障礙。

(三)網路調查與問卷設計

透過網路快速、大量地交換、存取、蒐集資料的特性，使得在網路上利用

問卷調查來大量蒐集消費者行為資訊變得可能。網路調查的重要性逐日遞增，美國公共意見研究協會（AAPOR）之前曾針對網路投票抽樣樣本特徵有偏差以及無法限制重複投票大加批判。然而一方面隨著網路認證技術的成熟，限制重複投票的機制開始問世，再加上網路投票的樣本正好完全符合現有龐大電子商務以及科技產品意見領袖的目標客層，在短短的半年內，美國公共意見研究協會已經舉辦上百場的學術研討會，重新審視並且肯定這個原先被誤解的新工具。

◆網路調查

在電腦網路於九○年代興起之後，各種透過網路所進行的調查法逐成為一種跟隨時代腳步的新興調查法。所謂「網路調查法」（Web-based Survey）是指利用電腦製作問卷，同時間內把問卷經由網路，迅速地傳送至大量上網受訪者的個人電腦中，並對結果加以分析與推估的調查方式。網際網路的開展，不但節省了調查成本，且增進了調查效率。資料蒐集所使用的媒介為網路及電腦。網路世界與實體世界消費者（網友）的反應並不完全相同。

◆網路調查的特性

與傳統調查相較，網路調查具有九大特性，如**表7-4**所示。

表7-4　網路調查的特性

特性	內容
1.快速	透過網站與顧客直接互聯，雙方資訊可透過數位化，進行即時更新功能，具時效性。可快速獲得調查結果，依受訪者方便回答，有效問卷回收率較高。可透過電子郵件進行調查。根據日本網路市調公司研究結果統計指出，四十八小時內電子郵件問卷的回收率（response rate）可以高達84%；而一般的電子郵件問卷在品質良好的名單以及適當的問卷設計下，平均二天的回收率也有在45～20%之間。再加上電子郵件的成本低廉，因此在大量蒐集資料的能力上，網路調查遠勝於傳統的郵件及電話調查。美國Sprint電話公司在2000年2月份曾委託專業網路市調公司以網路的方式，在四星期內找到了八百多名曾經在國外以電話卡打國際電話回國的人，有效率地進行了一份使用者滿意度調查。由此可以看出，透過網路可以更快速的找尋特殊的樣本以進行調查。

（續）表7-4　網路調查的特性

特性	內容
2.研究設計彈性化	具互動性質，互動性高，調查方式可隨時調整。網路互動、快速的特性，使得許多傳統調查方法無法達成的調查，都能夠在網路的世界中實現。數博網就曾經利用網路滾雪球法，為某家電信業者在台灣找到了400名筆記型電腦使用者、200名PDA使用者以及200名smart phone使用者。而根據資料顯示，台灣地區PDA的使用比率低於1%，只有透過網路與高科技產品的相關性以及網路社群的力量，才能夠在有限的成本及實踐下，找到這群使用者。
3.不受調查時間限制	不受時間、地點的限制，傳統的電話調查由於必須配合一般調查人口在家中的作息時間，因此通常是集中在晚上六點到十點之間。也因此造成在這段時間不在家中的族群受訪的機會降低，而這一族群卻經常是年輕、活動力較高的族群。透過網路調查，無論何時，受訪者都能藉由電子郵件進行填答。
4.問卷設計更具彈性	使用軟體協助問卷設計，利用網路蒐集資料，討論群組觀察容易。網路問卷可以透過ASP、Java script等語法來進行跳題、鎖題、分支（branching）等作業，讓受訪者不會看到厚厚的一疊問卷而降低作答意願。此外還可以利用鎖題、跳題的方式來進行填答邏輯驗證，以提高效度。
5.視覺化	傳統調查在進行廣告效果測試時通常是採取焦點團體或者是電話調查的方式進行，前者能夠透過播放錄影帶的形式讓受訪者精確的回答，但是卻又常受到執行成本的影響而無法增加樣本數。而後者則是透過電訪員依照固定腳本來描述廣告內容，容易隨著受訪者的語調以及腳本撰寫方式，而造成調查的誤差。網路問卷透過plug in的影像播放程式，能夠在線上播放avi、mpeg、real player、quick time等格式影片檔，讓受訪者能夠毫無誤解的回答問題。
6.減少人工coding作業	降低資料輸入的誤差，在傳統調查作業中，最耗時間的其實就是手工coding的這一段，不但耗時、耗人力，同時還容易因為人為因素而造成錯誤鍵入。利用網路問卷調查，結果直接透過ASP寫入資料庫中，因此能夠省去人力，同時避免錯誤。
7.減少電訪員干擾	傳統電話調查透過電訪員來進行訪問，但是電訪員的語調、態度往往會影響到受訪者的回答意願以及作答結果。透過網路調查，所有受訪者得到的是單一格式的問卷，也就不會有電訪員良莠不齊的缺點。
8.能夠進行跨國調查	跨國經營已成為企業的潮流，然而在傳統的調查方法中，跨國調查往往要耗費大量的成本與時間，分析結果出來的同時卻早已喪失先機。以數博網2000年5月份所進行的「兩岸三地電子交易行為大調查」結果顯示，在短短一個星期的時間中，就能夠蒐集到台灣樣本5,032名、香港樣本3,171名以及中國地區樣本1,836名，只有利用網路無國界的性質，才能夠到這樣的效果。
9.便利與低成本	網路問卷調查可使研究者得到更大的便利，量化研究與質性研究都適合運用。成本低、降低市場調查的進入門檻。訪談可透過線上作答，降低人工成本。

◆網路調查的進行程序

網路調查所進行的各階段工作如下：

1.研究目的之設定。
2.問卷建構：網路調查法需運用電子問卷，而電子問卷的設計有Text及 HTML格式等方法，與其利用的問卷傳輸方法之不同也有關聯。
3.決定問卷傳輸的形式：目前至少可用四種方式：(1)電子郵件 （E-mail）；(2)全球資訊網（world wide web, WWW）；(3)網路論壇 （news group）；(4)電子布告欄（Bulletin Board System, BBS）。
4.問卷前測：可利用網路族群進行如同傳統調查法中的小樣本前測，以決定研究工具的正確性。
5.資料蒐集：雖然網路調查法的問卷回收快速，但仍必須注意資料的品管，舉凡回傳的空白問卷，同一人重複填寫，無法辨讀的字（如網路傳輸線路問題所造成，或不同字體編碼等）。
6.資料分析：若經過適當的電腦程式設計，可以使用Excel、Lotus、 SPSS、SAS、STATA等統計工具直接進行分析，省卻資料編碼及輸入等工作。

◆網路調查問卷設計

調查工具在調查的過程中是很重要的，因為其可能影響了受訪者的回答是否有偏見？有些研究顯示，在傳統的問卷調查中，不同的版面編排設計會影響受訪者的回答。在網路調查中，問卷的設計因許多不同元件的輔助而更形生動。比傳統問卷的設計加上聲音或影像的利用，可使網路上的問卷設計更富彈性。此外，網路問卷問題內容需注意問卷標題應出現問卷第一頁上方，以粗體字體表示、面函說明千萬不可省略、問卷須有篩選功能、問卷內問題可能回答要設計周全、問卷題目內容要詳細審視，避免產生重大缺失，例如，避免網路族朋友一見到網路問卷調查紛紛走避、問卷中的題項要分段落，每填充一段落就可以選擇「傳送」或「消除重來」，並加上鼓勵性話語，鼓勵網友繼續作答、避免使用開放式問題回答、在面函之前設立計數器記錄上網人數，可與實收資料人次作比較、要技巧性設計「條件式」問項，篩選合乎條件的網友資料再加以分析其所填答資料，但也要避免類似「投票部隊」的情況發生（呂長

民，2009）。

　　研究對象要慎選，否則因受訪者的誤選使研究結果失當。無法與受訪者面對面接觸，恐會衍生問題，例如，呼朋引伴串聯作答。取樣方式乃網友自願主動參加。可能產生的問題為無法以機率理論來計算抽樣誤差。網友的特質（男性、年輕的、高教育程度）可能會對調查結果的正確有大的偏誤。填答者可能非研究所設定的樣本對象。

　　網路調查通常使用電子郵件作為傳播工具。最常見的方式是發送電子郵件給受訪者，邀請受訪者到網站上填寫問卷；或是透過電子郵件主動寄發電子問卷方式。許多調查也指出，收發電子郵件是上網人口中最常利用的網路應用。因此電子郵件在網路調查中的應用，是相當方便的工具。透過e-mail拜託朋友們以滾雪球通知，轉寄（猶如病毒式行銷模式）各自符合母體條件適合的友好，以超連結網址連上my3Q、HiNet網路e點靈、優仕網、104市調中心等調查網站，請其填答。透過社群（如部落格、BBS、網路同學會等）號召條件適合的網友，仿上述做法進行傳播號召，請其填答。

(四)線上資料分析——資料採礦

　　佳特納集團（Gartner Group）定義資料採礦就是藉由統計學及數學技術針對大量的資料進行模式比對，以發現新而有意義的關係、模式和潮流的過程。Michael J. A. Berry與Gordon S. Linoff則認為資料採礦是經由自動或半自動的方法探勘及分析大量資料，以建立有效的模型與規則。

(五)跨國行銷分析方法

　　跨國行銷分析方法可分為需求分析、類比預測、推論分析三種（圖7-3）：

1.需求分析：(1)潛在需求；(2)感受需求；(3)有效需求；(4)銷售潛能。
2.類比預測（forecasting by analogy）：係以本國產品銷售情形，假設另一國家銷售亦可能呈現相同銷售趨勢，據以推估市場規模。類比預測之推算公式如下：

$$S_b(2012)＝[S_a(2008) ／ GNP_a(2008)]×GNP_b(2012)$$

S_a和S_b分別代表a國和b兩國之產品銷售額；GNP_a和GNP_b代表兩國之國民生產毛額，括弧中為年份。因此，a國在2008年之GNP水準下所銷售產品數，若在2012年預銷往b國，則可以此種簡單公式估算出。

3. 推論分析（analysis by inference）：由於某些產品或服務為過往未見，因而推估時係以相關產品進行替代性估算。互補性產品，如電腦主機和螢幕，亦可由一產品之數據，推估出另一產品可能產量數據。全新產品如iPad之市場推估，可以過往每個地區之小筆電銷售數據，等比估算。

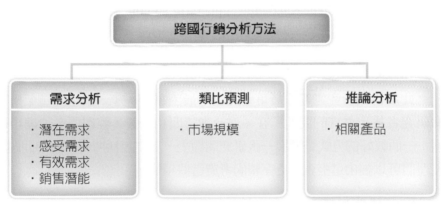

圖7-3　跨國行銷分析方法

 第二節　國際行銷研究的步驟

行銷研究是指有系統地設計、蒐集、分析與報告公司所面臨各項特定行銷情勢的相關資料與發現。其行銷研究過程如**圖7-4**。

| 1.確認研究問題 |
| 2.決定資料蒐集方法 |
| 3.執行資料蒐集 |
| 4.分析資料及撰寫報告 |

圖7-4　國際行銷研究過程

一、行銷研究應用科學方法的五步驟

（http://cmp.nkhc.edu.tw/travel/plan/p1c-a5.htm）

(一)界定問題與研究目標（找出問題）

此為行銷研究過程中最重要的也是最困難的一步。策略計畫架構可以幫助研究者找出真實的問題所在。為節省時間和金錢，經理們必須縮小研究範圍。一個較好的方式是發展一張研究問題表，其中包括所有可能的問題，然後經理們可以經由這張表而更完整的考慮這些項目。

(二)擬定研究計畫（情境分析）

情境分析是一個資訊性的研究在問題範圍中哪些資訊是可用的，它能幫助釐清問題而且將一些所需的附加資訊獨立出來。情境分析通常會牽涉到與擁有資訊的人們所做的一些交談。

情境分析應該尋找一些次級資料，也就是一些已被蒐集或出版的資訊，以瞭解現在的問題。

(三)蒐集資訊（取得有關問題的資料）

開始計畫正式的研究專案來蒐集初級資料，其中研究者試著去瞭解顧客對於某個主題的看法。問卷和觀察是兩種基本獲得顧客的資訊的方式，問卷的範圍可以從質到量研究，也有許多種可行的觀測方法。行銷經理可憑實驗的方

式來取得用問卷或觀測得來不同種類的資訊。

(四)分析資訊（解釋資料）

　　資料蒐集完成後，必須經過分析而決定其所代表的意思。統計性的套裝軟體可簡易分析資料與簡易化此步驟。有些公司提供給經理們決策支援系統以便他們可以使用統計性的套裝軟體自行解釋資料，這個步驟更常牽涉一些專門的技術人員，一般行銷經理不會蒐集母體中每個樣本的資訊。行銷研究者通常是只研究一代表性樣本，也就是這個母體的一部分，此樣本如果不夠代表性則也許無法反映眞實現象。

(五)陳述研究發現（解決問題）

　　行銷經理運用研究的結果來做行銷決策。如果研究結果不具行動的意義，它就沒有什麼價值，且會顯示出研究者和經理們的不善規劃。當研究結束，行銷經理應該要能將所發現的事情應用在行銷策略規劃中，也就是選擇目標市場或4P行銷組合。假如研究沒有提供協助指引決策的資訊，公司就白白浪費了研究的時間和金錢。這個步驟是全部研究計畫的起因及邏輯的結論。

　　研究發現撰寫應注意：(1)完整性：要表達出可能閱讀者所需的各種資訊；(2)精確性：資料蒐集、處理與引用正確性並適切地加以表達；(3)清楚：應讓閱讀者清楚明瞭所寫的內容；(4)簡潔平易：文字的應用扼要易懂；(5)可讀性：流暢的詞藻應用，合乎邏輯的段落安排。

二、國際行銷研究七步驟

　　根據上述行銷研究步驟，國際行銷研究的步驟可再擴展爲七步驟，如**圖7-5**所示。

(一)決定國際行銷的主題與目的

　　明確地界定研究的主題與目的。

決定國際行銷的主題與目的

決定與設計行銷研究的具體事項

選擇資料蒐集的方法

設計抽樣程序（決定與設計行銷研究的具體事項）

資料蒐集

資料分析

提出國際行銷研究的書面報告與口頭報告

圖7-5　國際行銷研究步驟

(二)決定與設計行銷研究的具體事項

　　根據研究目的決定研究設計的類型，研究設計是執行行銷研究專案的詳細說明書，也是專案的整體架構，行銷研究的事項包括：

　　1.決定蒐集資料的來源。

　　2.如需實地調查，應先選定調查的對象樣本爲何。

　　3.設計調查問卷，並做預測及根據預測結果修正問卷。

　　4.決定整理、分析與解釋行銷研究的結果之方法。

　　5.決定所需人力與經費。

(三)選擇資料蒐集的方法

　　重要的蒐集方法有：

1. 訪問法：包括人員訪問、人員的街頭或賣場訪問、電話訪問、郵寄問卷調查、深度訪問、焦點團體法、網際網路問卷調查。
2. 觀察法：藉著對人事物或是其他現象進行觀測，可利用人或機器進行。
3. 實驗法：指在控制的情況下操弄一個或一個以上的變數，以清楚地測定這些變數的效果的研究方法。

(四)設計抽樣程序（決定與設計行銷研究的具體事項）

依據研究目的來確定研究所需母體，並明確訂立抽樣架構，再決定：

1. 樣本的多少。決定樣本的大小應考慮：
   (1) 可以接受的經費多寡。
   (2) 能被接受或允許的統計誤差範圍。
   (3) 決策者願意冒多大的決策錯誤風險。
   (4) 行銷研究問題的欺瞞性質。
2. 樣本的性質。
3. 抽樣方法：機率抽樣、非機率抽樣。

(五)資料蒐集

實際蒐集資料時，對於訪問員、觀察員或是實驗員的選擇、訓練與監督應特別重視，如果這些人未按研究計畫蒐集資料，可能使整個計畫失去價值。

(六)資料分析

包括檢查初級資料和次級資料，去除不合理、有疑慮及不正確部分，再進行編碼與編表，最後利用統計方法分析統計資料，並解釋統計結果。

(七)提出國際行銷研究的書面報告與口頭報告

行銷研究報告是整個行銷研究的最後一個步驟，提出有關解決行銷問題的建議或結論。書面報告是針對「閱讀者」的需要與便利。行銷研究報告可以分為兩種：

1. 技術性報告：向研究部門說明報告之用，內容較豐富，著重於使用研究

方法與基本假定，仔細的陳述研究發現。

2.管理性報告：向高階主管報告，力求簡單明瞭，減少技術細節部分，以
　生動的方式說明研究的重點與結論。

 第三節　市場調查

一、市場調查的種類

　　市場調查的種類可分為：

　　1.市場研究。
　　2.產品研究。
　　3.銷售研究。
　　4.購買行為研究。
　　5.廣告及促銷研究。
　　6.行銷環境研究。
　　7.銷售預測。

二、市場調查的作用

　　1.提供市場行銷訊息，避免企業在擬訂行銷策略上的錯誤，而造成巨大財
　　　務損失。
　　2.提供市場行銷訊息，為企業對現況行銷策略及行銷活動的得失做出適當
　　　的建議。
　　3.提供正確市場訊息，瞭解市場可能趨勢及消費者潛在購買動機需求，提
　　　供企業發展新契機。

三、市場調查的限制

1. 正確市場調查過程，方能產生正確有效調查結論及行銷建議。
2. 市調報告僅代表調查結果，並不能替代決策，最後決策仍操於決策者手中。
3. 市場調查仍為估算值，僅只代表市場狀況可能情況，且由於市場調查方法不同，而會有不同的結論。

一般成功的市場調查，應該遵循以下原則：(1)真實性和準確性原則；(2)全面性和系統性原則；(3)經濟性原則；(4)時效性原則。

四、市場預測的種類與因素

(一)市場預測的種類

1. 產品銷售趨勢長期預測。
2. 產品銷售趨勢短期預測。
3. 單品種專題預測。

(二)市場預測的因素

1. 市場環境因素：人口、經濟、技術、政治、法律、社會文化和自然等因素。
2. 行銷因素：產品設計、服務水準、定價、銷售通路和銷售策略。

五、市場規模估計

市場規模估計分為市場潛在規模、市場規模與企業銷售規模預估三種（**圖7-6**）：

(一)市場潛在規模預估

1. 人口數及成長率。
2. 人口的年齡結構。
3. 平均每人所得。
4. 所得及其分配情況。
5. 都市化程度。
6. 物質生活水準。

(二)市場規模預估

1. 在既定的行銷環境下，考慮產業全體行銷投入，所進行的產業銷售量或銷售額預估。
2. 市場預估為面對目前行銷環境，產業行銷投入達到極大化時，整體銷售量的最高額度。

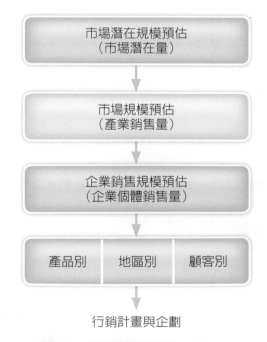

圖7-6　市場規模估計與行銷計畫

(三)企業銷售規模預估

在擬定的行銷計畫與假設的行銷環境下,企業對於目標市場所期望的銷售量或銷售額。

六、市場預測主要方法

市場預測有六種主要方法:

1.購買者意願調查法。
2.銷售人員意見綜合法。
3.專家意見法。
4.市場測試法。
5.時間序列法。
6.需求統計分析。

 # 第四節　國際行銷資訊系統與其架構

在全球性行銷發展下,隨著市場涵蓋範圍日益擴大,產品品牌的增加、產品力求差異化與廣告行銷等方法的利用,使得管理人員對於市場資料需求日益殷切,必須運用行銷研究工具,將市場資料轉換為有效的行銷資訊或市場情報,才足以掌握市場先機。過去企業對於管理工作大都較重視金錢、物料、機器設備及人力等方面的管理,然而對於「資訊」此項重要資源卻很少加以重視,結果常造成公司人員對於行銷資訊經理抱怨不需要的資料過多,而需要的資料總是過少或值得商榷等等。故一個致力於追求營業成長與重視顧客服務的企業,對於行銷資訊的掌握,建立一套有效的行銷資訊系統,當是不容忽視的重要課題。

以下乃針對行銷資訊系統之定義、觀念性架構,行銷資訊系統架構之演進,如何有效建立行銷資訊系統,以及如何運用資訊科技促進行銷資訊系統之效益,藉此提高公司的競爭優勢做分析探討,期以有效助於企業之業績騰達。

一、國際行銷資訊系統

　　行銷資訊系統（Marketing Information System, MkIS）首見於六〇年代，源起於Cox與Good正式的描繪出其相關的概念及議題，認為MkIS被視為在做行銷決策的一組規劃分析、資訊呈現的一套程序和方法。但一直到資訊科技於八〇年代盛行之後，定義完整的MkIS才確立其提升策略競爭優勢的地位。雖然MkIS曾被指成不同的資訊系統內涵，它大概可說是「一個設計完整、具彈性、正式且持續的系統以提供組織流程的相關資訊引導行銷決策的訂定」。

　　在面對今日快速變遷的環境下，企業必須要有最新的市場情報資訊和快速正確的決策行動，才足以因應外部的急劇變化，而「行銷資訊系統」便是其中的執行利器！行銷資訊系統是一個系統性、全面性、未來性和決策性的情報體系，W. Stanton認為：「行銷資訊系統是一個互動、連續、未來導向的結構體，其中包含有人員設備和資訊系統。」在各種環境中蒐集資訊後，經整理分析作成決策，以協助主管部門的經營規劃和活動執行。

　　Kotler指出MkIS是行銷神經中樞，也是行銷資訊與分析的中心。Brien與Stafford則認為MkIS是一互動且結構化的綜合體，可至公司內、外部蒐集資訊，產生資訊流，作為行銷決策的基礎。Berenson認為MkIS是介於使用者設備、方法和控制程序之間的一種交互作用結構，這種結構被設計在行銷管理決策時，能提供一些建立在可接受基礎上的資訊。Kotler指出MkIS係由人員、設備及程序所構成的持續且相互作用的結構，其目的在於蒐集、整理、分析、評估與分配適切的、及時的且準確的資訊，以供行銷決策者使用。Churchill認為行銷資訊系統應為經常、有計畫的蒐集、分析和提供資訊，以提供行銷決策制定的一組程序和方法。Marshall則認為MkIS是一套完整、富彈性且在運行中的正式且永續發展的系統，用以提供適切資訊來指引或協助行銷決策的制定。

　　MkIS是一包含正式及非正式系統的系統，它是設計來提供適切的資訊給所有與行銷工作相關之組織內外人員，包括內部行銷相關之各層級工作人員及企業外部的客戶、供應商、政府部門等，而其最終的目的是在達成企業整體經營的目標。國際行銷資訊系統（International Marketing Information System）是一套持續性而有計畫的程序與方法，用來蒐集、分析並且提供行銷決策上

所需要的國際行銷資訊。國際行銷資訊的種類分為：(1)有關「銷售」的資訊；
(2)有關「顧客反應」的資訊；(3)有關「競爭情勢」的資訊；(4)有關「外部環
境」的資訊。

　　外部環境的資訊可分為：(1)個體環境資訊：瞭解外國市場之個體環境；
例如該國產業總銷售額、競爭廠商家數、市場占有率變化等；(2)總體環境資
訊：瞭解外國市場之總體環境；例如外國的人口、面積、政治情況、國民生產
毛額、經濟成長、幣制匯率等。

二、行銷資訊系統的基本元件

　　行銷資訊系統的基本元件包括軟體、硬體、人員、操作程序、使用者介
面、資料及資料庫，如圖7-7所示。

(一)軟體

　　指儲存在硬體設備的記憶體中，用來從事邏輯和數學運算的各種程式，
一般概分為應用軟體和系統軟體兩大類。系統軟體主要控制電腦的基本運作，
包括作業系統、硬體通訊用的驅動程式、影像處理資料格式轉換、病毒防護及

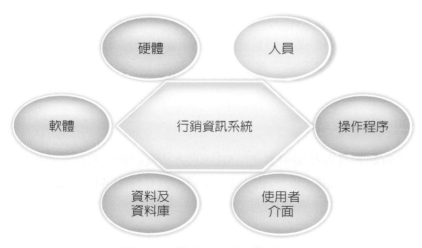

圖7-7　行銷資訊系統的基本元件

資料來源：林國平、洪育忠、蕭志同（2008）。

資料備份等的公用程式。應用軟體則是指那些供使用者用來從事公司業務的程式。

(二)硬體

係指行銷資訊系統所使用的電腦、印表機掃描器、網路設備等。行銷資訊系統的基本功能有資料檢索與儲存，監督績效，檢視銷售量、市場占有率，並檢討與預定目標間之落差，分析並檢視競爭者的各種動向。MkIS的其他功能有幫助管理者迅速瞭解影響銷售及利潤的原因、對策略及戰術規劃提供文書化的決策支援、可使企業減少行銷支出，做更嚴密的成本控制、提供有關市場區隔的資訊，並預估其潛在利潤、增加對預測、預算、生產及存貨規劃及採購的正確性、改善行銷績效的衡量及診斷、策略規劃資料庫可對策略做更正確、更快的評估。

(三)人員

資訊系統所需的人員分為三大類，第一類為使用者（users），第二類為發展者（developers），第三類為系統管理者（system administrators）。

(四)操作程序

程序（process / procedure）描述了使用者、經理人以及資訊人員所執行的各項工作的內容。一般某一特殊企業模式所需的程序均是以書面的方式記錄在相關文件或手冊，甚至線上參考資料中。例如，一般進銷存資訊系統的操作手冊。

(五)使用者介面

行銷資訊系統各種使用者使用MkIS的方法及設備，包括：使用者將會使用的電腦類型、資訊顯示的方法、使用系統所需具備的各種知識、產生決策分析文件報告所需之印表機或其他形態的科技。

(六)資料及資料庫

內部資料為公司內部經常性商業往來及日常活動資訊的蒐集，包含部門

間內部資源的運作以及與外部環境的交易，例如銷售報告和存貨資訊。外部資料是指那些公司以外的資料來源，例如由專門觀察市場傾向和銷售的公司所提供的資料、由商業夥伴公司所提供的資料、由政府機關所提供的資料。內外部的資訊需求如**表7-5**。

三、行銷資訊系統之觀念性架構

行銷資訊系統的內容架構應該包含哪些功能？大致上，行銷資訊系統包括了四個子系統：內部記錄子系統、行銷情報子系統、行銷研究子系統及行銷分析子系統，每個子系統均有其特定的功能，且彼此必須互相配合，才可以發揮系統的整體功能。

表7-5　內外部的資訊需求

典型的外部環境資訊需求	相關的行銷組合要素與策略	典型的內部環境資訊需求
競爭者的市場占有率、產品、成本結構、工業結構。	目標市場的區隔、大小、特性。	內部運籌的供應商資料、內部價格、儲藏成本與產品、生產、通訊、資訊系統相關的技術產品設計、配送系統的銷售人力、賣場型態、物流運籌、倉儲生產作業的製造成本、存貨成本、成品、彈性、重工成本。
顧客的購買型態、人口統計、心理學、產品需求、滿意度。	促銷計畫的廣告媒介、廣告內容、促銷、公共關係。	外部運籌的運送成本、儲藏成本。
經濟的就業趨勢、經濟預測、可支配所得、利率趨勢、匯率。	價格計畫的價格、資金週轉、通路邊際效應。	銷售的產品銷售、業務員佣金、地理位置、批發商、零售商、佣金。
政治的法規、條文、選舉、法令機關、司法條例。	顧客服務的訓練、退貨政策、售後保證顧客服務的成本、需求、抱怨。	社會文化的角色／價值、宗教／信念系統。

行銷透視

行銷新利器迎接新未來——新光人壽「商機追蹤系統」

新光人壽透過商機追蹤系統，使管理作業更為方便。

◎活動力提升，業績Up Up Up

新光人壽為協助業務同仁落實活動管理，特別委由叡揚資訊協助將原本以紙本方式進行記錄，難以留存、查閱或統計分析的「行動標竿」、「天天養樂多」管理作業，更換為方便、簡單的行銷新利器Heart-SFA「商機追蹤管理系統」。

藉由系統建置提供e化活動管理，整合公司各項即時資訊，協助業務同仁有效率提供多管道目標客戶名單，幫助拜訪記憶，建立完整客戶服務紀錄，輕鬆做好客戶分級管理，規劃有效的銷售策略。以不同行程規劃及事件提醒的方式，提升活動力，落實優質客戶關係服務，做好領先指標業績的預測，讓業務同仁們有源源不絕的客源，掌握新契約業務拓展，提升成交機會。

◎多管道目標客戶，提高成交機會

您常在煩惱找不到客戶在哪裡嗎？「商機追蹤系統」（**表7-6**）可以有效率提供

您更多管道的客戶名單,並協助您輕鬆做客戶分級及管理,和每日的行程安排,以利事前規劃有效的銷售策略。系統定期會提供目標客戶名單,例如:滿期金/年金回流、VIP客戶、14歲客戶、產險、收費件、其他專案行銷客戶,藉由不同的行銷事件,提供新的準保戶名單,進而增加與客戶的拜訪與接觸,以期提高成交機會,達到事半功倍的效果。

表7-6 商機追蹤系統

功能		類別
客戶管理	客戶資料管理	提供客戶資料之維護,其資料主要來源有三: 1.公司客戶件:如收費件、自招件、產險件、壽險華陀等。 2.事件行銷件:如滿期金/年金/VIP客戶等。 3.自建客戶:由業務同仁自行建立。
客戶管理	目標客戶挑選	依上述客戶資料,挑選出目標客戶,再進行目標客戶分級,並可瀏覽每位客戶的歷史拜訪紀錄和曾購買產品的相關資料,最後就可以排定目標客戶的行事曆。
活動管理	排定行事曆	針對目標客戶進行活動行程安排,且可列印行程表。
	填報工作日誌	記錄每天活動拜訪結果,內容包括:拜訪時段、客戶姓名、拜訪次數、工作內容、區主任陪同與否、客戶推薦名單等。
	管理報表	提供百點統計表、拜訪階段天數分析表、拜訪紀錄回報統計表、陪同統計表、再購統計表等。
績效分析管理	績效報表	提供業績核對表、整合業績明細表、業績明細表等。

◎行銷新利器,開創新價值

綜合上述,「商機追蹤系統」可以e化活動管理,整合公司各項即時資訊,進而提升活動力;透過多管道的目標客戶提供,讓同仁們有源源不絕的客源,增加新契約拓展的機會。

資料來源:鍾謹憶(2009)。〈行銷新利器,迎接新未來〉。《新光通訊》,第299期。

　　整體行銷資訊系統的建立應該包含這四個子系統的功能，根據內部會計資料與行銷情報而建構完整的行銷資料庫，再透過行銷研究與分析模式的探討，才可以將資料庫中的資料轉換為有價值的資訊。而有關行銷資料庫的建立常是企業最感到困擾的課題；目前資訊科技的發達，硬體的採用應該不是最重要的問題，而如何有效地建立資料蒐集管道及資訊管理模式，才是企業應該加以重視的課題。

　　在行銷資訊系統外部的是行銷環境與行銷主管，行銷環境包括：總體環境、產業環境和企業環境，它們將各類的行銷情報提供給資訊系統。將整理後的資訊提供給行銷主管，再經過分析和評估後即可針對所處的環境作出決策和行動計畫，行銷資訊系統的架構如圖**7-8**所示。

(一)行銷情報系統

　　行銷情報系統（marketing intelligence system）的主要目的是在蒐集行銷環境中的各項情報資料，以確保提供給公司的情報是最新且正確者。企業可視本身的經營狀況決定資訊是由自己蒐集或是由外部取得，若是自行蒐集則須有充分的人力在市場尋找情報；若是藉由外部取得則可以自各調查機構或財團法人處購買，例如台灣經濟研究院、財團法人資訊策進會等。

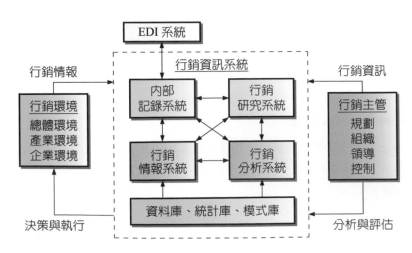

圖7-8　行銷資訊系統架構圖

資料來源：閻瑞彥（2008）。

在取得情報後，必須做以下的處理：

1.評估：評估此情報的價值與正確可信程度。
2.簡化：將大量的情報予以篩檢，淘汰不適用者以便後續管理。
3.資料庫儲存：進行資料的歸檔和儲存，並建立一套健全完整的資料庫來作儲存。
4.檢索系統：有了資料庫之後，必須有完善的檢索系統，以便爾後在需要時，能夠迅速的取得資訊。

(二)行銷分析系統

協助管理人員解釋相關的資料與資訊，並使其成為行銷活動的基礎與依據。乃是結合資料庫及統計決策模式，使用描述性或決策支援模式加上文字、圖形來有效表達行銷資訊。又稱為行銷決策支援系統（marketing decision support system）。

有關資料庫、統計庫和模式庫的內容大致如下：

1.資料庫：凡是取自公司內部和外部的重要資訊，皆儲存於資料庫中，以備爾後的檢索、查閱和運算之用，而資料庫也是上述四個次系統中，唯一每個系統皆必須具備者。
2.統計庫：可提供各種敘述統計和推論統計的統計方法，如迴歸分析（regression analysis）、相關分析（correlation）、變異數分析（ANOVA）、鑑別分析（discriminant analysis）等。
3.模式庫：模式庫較前兩者皆複雜些，行銷的模式有許多，例如定價模式、消費者行為模式、產品擴散模式、投資報酬模擬、新產品開發模式等，這也是運用「行銷決策支援系統」最適當的情境。

(三)行銷研究系統

行銷研究系統（marketing research system）是以科學的方法針對行銷上的各種問題謀求解決之道，由於行銷研究所耗費的時間與金錢均甚大，事實上也不是每一個問題皆須作研究，故何時才需要作行銷研究呢？首先針對所研究的問題是否重要作判斷，若是重要才繼續分析，所蒐集的資料是否有效、公司

是否有此分析能力、時間是否足夠、成本利益分析後是否值得來進行,若皆符合上述條件時即可進行行銷研究,否則亦可停止,以免造成人力、金錢上的浪費。

(四)內部記錄系統

行銷人員使用最多者即爲內部記錄系統(internal record system),其內容包括客戶的訂單、銷售數量、存貨水準、應收帳款與應付帳款等資料;公司管理人員可藉此來掌握客戶資訊及其與公司的往來狀況。爲完成企業之間記錄的交換和轉變,電子資料交換系統(Electronic Data Interchange, EDI),在今日占了極爲重要的地位。

學者Lambert與Stock(1993)指出EDI係將企業與企業之間商業往來文件,以標準化的格式不用人爲、紙張的介入傳送,而直接採用電子型態透過電腦通訊網路傳輸,如此可減少資料重複鍵入的次數,降低人爲錯誤,提高文件處理效率,而使企業掌握致勝先機。

四、行銷資訊系統架構之演進

行銷資訊系統架構的演進分成:(1)渾沌期;(2)播種期;(3)萌芽期;(4)發展期;(5)整合蛻變期。

(一)渾沌期

在電腦誕生之前,人們雖然隱隱約約有行銷資訊系統的雛型概念,但卻又不見得能說得清楚,這可稱爲是行銷資訊系統架構的渾沌期。

(二)播種期

在1960～1970年,資訊科技主要發展重點是行政支援,因此是交易處理系統最發達的時代。在這個年代的末期,包含Kotler、Cox與Good、Lee Adler、Brien與Stafford等皆提出有關行銷資訊系統的概念及架構,但對行銷與資訊系統的整合並不完整,實際運行之效果也很少有資料提及,一切都還只是觀念散播,因此這段期間就稱爲行銷資訊系統架構的播種期。

1966年Kotler創造了行銷神經中樞（marketing nerve center）這個詞，並提出行銷資訊與分析中心（marketing information and analysis center）的架構圖，藉此來說明企業如何利用各種電腦資源來支援行銷活動。行銷主管常常為資訊品質欠佳所苦惱，經Kotler研究發現，造成資訊品質欠佳的三個主要的原因是：(1)資訊的遺失；(2)資訊的延遲；(3)資訊的扭曲。為了釐清問題的本質，Kotler將公司的行銷資訊分為三類：(1)行銷情報資訊流；(2)內部行銷資訊系統；(3)行銷傳播流。

Cox與Good最早提出使用行銷資訊系統一詞，認為行銷資訊系統是由支援系統和操作系統組成。「支援系統」包含資料產生與處理，負責蒐集並處理資料的所有活動，經過處理的資料，再經由行銷研究加以過濾與分析；「操作系統」則是利用這些資料來協助行銷活動的規劃與控制，包含控制系統、規劃系統和基本研究系統。其典型的運用分為：(1)控制系統：行銷成本的控制、銷售績效不佳時，用以診斷原因、流行產品的管理、彈性促銷策略；(2)規劃系統：預測、促銷計畫與公司長期規劃、信用管理、採購；(3)基本研究系統：廣告策略、定價策略、廣告支出的評估、連續性的變數。

Lee Adler則利用系統觀念來說明行銷活動。其行銷資訊系統的架構包含了產品和服務應用子系統、新產品開發應用子系統、市場情報應用子系統、配銷子系統等四個子系統。

Brien與Stafford（1968）以行銷組合（marketing mix）為基本結構，建立行銷資訊系統模式。他們認為行銷資訊系統的準則應該以行銷4P所提供的資訊作為基礎來設定行銷目標和研擬行銷計畫，如產品規劃與發展、定價策略、通路與配銷策略、促銷策略。行銷資訊系統再以顧客回饋行為與市場環境反應的資訊作為評估行銷計畫執行成果的基礎，然後再以此作為重新規劃的依據。

(三)萌芽期

1970～1980年代的發展則以管理資訊系統（Management Information System, MIS）為主，其發展重心逐漸擴散到一般例行的管理工作。在這個年代中，Montegomery與Urban所提出之行銷資訊系統的概念及架構中，出現了統計庫、模式庫與資料庫等單元，對於行銷資訊系統的發展有重大的突破。

不過如同資訊系統發展的情況一樣，此架構的主要幫助仍侷限於一般例行的管理架構為主，對於行銷本身反而不是那麼的明顯幫助。因此，Montegomery與Urban（1970）行銷資訊系統是由四個內部元素提出：(1)資料庫（data bank）；(2)統計庫（statistical bank）；(3)模式庫（model bank）；(4)輸出／輸入單元（I／O unit）。再加上兩個外部元素：(1)管理者；(2)環境所組成。這段期間稱為行銷資訊系統架構的萌芽期。

(四)發展期

1980～2000年即進入策略性資訊系統（Strategic Information Systems, SIS）的年代，資訊科技更深入企業的策略規劃，而成為提升總體競爭力的策略性資源。電子商務將更深入企業決策階層且更廣泛地與企業內外所有的相關個體相連結。在這個年代當中所提出之行銷資訊系統架構當中，很明顯的已經將行銷與資訊系統的功能相結合。根據Kolter的定義，行銷資訊系統是由人員、設備及程序所構成，其主要目的在於蒐集、整理、分析、評估與分配適切的、及時的和準確的資訊，以提供行銷決策者使用。行銷決策者為了分析、規劃、執行及控制行銷決策，必須蒐集行銷環境資訊，以即時提供給行銷經理做決策參考，而決策與溝通結果得以正確地回饋及反應至市場中，為公司做最明智的決擇判斷。

◆Li等行銷資訊系統

Li、McLeod與Rogers（1993）認為MkIS就像是一個決策支援系統，包含下列子系統（**圖7-9**）：

1. 輸入子系統：至少包含內部會計帳務（internal accounting）子系統、行銷研究（marketing research）子系統、行銷情報（marketing intelligence）子系統。
2. 處理子系統：至少包含資料庫管理系統、模式庫管理系統、使用者與系統互動的介面。
3. 輸出子系統：至少包含公司的行銷管理活動、行銷管理活動的層級劃分、行銷活動中影響成敗的變數。

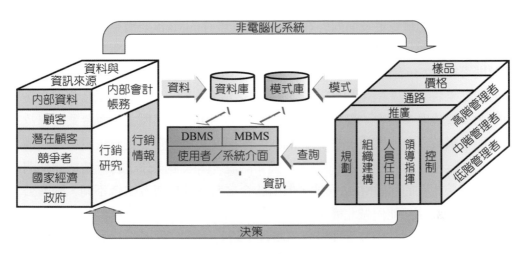

圖7-9　Li等行銷資訊系統

資料來源：Li, McLeod & Rogers (1993).

這段期間稱為行銷資訊系統架構的發展期。

◆修正的MkIS架構

行銷資訊系統（MkIS）因不同的目的或內涵而有不同的架構被提出，陶幼慧（1999）針對下列三點提出一個修正的MkIS架構：

1. 包含完整資訊系統應有的組成分子——資訊、科技、參與者及企業程序。
2. 整合融入全面品質管理的精神。
3. 提供行銷與資訊部門間的溝通工具。

這個新的MkIS架構以三層式的動態及靜態兩模式來呈現理想中的行銷資訊系統。以靜態的模式主要是以資訊系統的資訊、科技來描述，而動態模式則主要是以參與者與企業流程來描述MkIS；三層式的表達則是以漸進的方式由高層的概念到低層次的實際具體例子，以助行銷與資訊功能部門彼此的溝通。

修改現有MkIS架構：第一個議題是在許多新的管理方法，如全面品質管理及企業流程再造等，以及新的資訊科技，如資料倉儲、資料探勘及網路技術等，都影響九〇年代公司各個層面的組織運作，例如，例行工作的執行、決策

訂定、思考組織變更及面對外在的競爭等。現存的MkIS架構是有效的，但卻未充分地調整以面對九〇年代管理方法及資訊科技所帶來的衝擊。第二個議題則可從**圖7-10**的資訊系統工作導向分析（Work-Centered Analysis, WCA）架構觀點來看：一個資訊系統的組成分子包括常見的資訊與科技，以及常被忽略的企業流程及參與者。資訊與科技構成了MkIS中的靜態模式，而企業流程及參與者構成了動態模式，缺少了MkIS的動態模式，靜態模式無法成功地建構MkIS來支援行銷功能部門的需求。換句話說，兩家不同公司的行銷功能部門可以模仿相同的靜態MkIS模式，但由於企業流程及參與者組合不同，兩家公司的MkIS結果可能南轅北轍。

最後的議題是科技管理是資訊時代中新的注目焦點。一個MkIS架構除了可提供行銷功能部門瞭解MkIS的支援功能外，亦可提供一個行銷與資訊部門溝通的工具。而溝通長久以來是需求端的行銷功能部門與支援服務端的資訊部門間的重要問題之一。綜合上述三個議題，一個MkIS架構應該整合新的管理方法及資訊科技、強化包含企業流程及參與者的動態模式描述及提供行銷與資訊功能部門間的一個溝通工具。以下針對這些議題提出一個符合時代需求的MkIS架構。

圖7-10　WCA架構

資料來源：陶幼慧（1999）。

①MkIS

　　李智婷就行銷資訊系統現有架構做如**表7-7**分析。**表7-7**的MkIS架構的主要作業及支援對象雖各有其指，卻沒有接近支援行銷與資訊人員溝通，或注重參與者與企業流程的現代化管理運作環境。

②管理方法

　　九〇年代以後各種新的管理概念及方法深深地影響企業的運作，比較有名的如全面品質管理、企業程序再造、時間壓縮及顧客服務等。這些管理方法雖有重疊的部分但都具特殊的使命，企業亦可同時推動執行多個管理方法或概念。例如一家企業可同時推動持續改善公司文化的全面品質管理及對部分流程採澈底革新的企業程序再造。

③資訊科技

　　資訊科技的應用儘管快速多變，但具永續發展價值的資訊科技如傳統的TPS及MkIS資訊系統仍將留存貢獻，而新的資訊科技如智慧型技術及EIS則需要特別的注意其對企業流程的新的影響及應用，才能開發出其實質貢獻。

　　最新的資訊科技已有許多應用到企業各層面的運作，這些新的資訊科技中兼具永續發展潛能的將是新的MkIS所需整合進來的。例如，Kendall歸納有助於管理效益的七類明日科技之星：動畫、超文字、主從式系統、通訊媒介、

表7-7　行銷資訊系統現有架構分析

架構提出人（年代）	主要作業	支援對象
Brien & Stafford（1968）	行銷組合、制訂行銷計畫	行銷決策者
Montegomery & Urban（1970）	內外部元素之資料流、決策支援	管理者
McLeod, Jr. & Rogers（1982）	資料蒐集與處理、資料庫、行銷計畫	管理者、顧客
Kotler（1988）	決策支援	行銷管理者
Shaw & Stone（1988）	銀行、行銷活動、資料庫	顧客
Proctor（1991）	內外部環境、行銷組合、行銷計畫、資料庫	競爭者、顧客、管理者
Sisodia（1992）	決策支援、資料庫	管理者
Li, McLeod, Jr, & Rogers（1993）	輸出入面、資料庫	行銷管理者

資料來源：陶幼慧、李智婷（1999）。

群組技術、主管資訊系統及網路視訊會議都是可能的候選人。運用商業智慧提升銷售和營利：Dan Pratte與TechRepublic（2001）指出，當企業有能力從日常運作的資料當中取出關鍵性的資訊，並能快速加以利用時，一般而言，其銷售效率將獲得改善，而利潤也會跟著提升。目前絕大多數的公司都已經在使用所謂的商業智慧（Business Intelligence, BI）工具來進行和支援這一類的資料分析。BI工具使決策者能夠方便地獲取有關銷售紀錄的詳細資訊。對以往銷售資訊簡便而快捷的存取能使預測更準確更出色，同時也加快了採購和庫存的決策過程。

④行銷與資訊部門溝通

　　研究調查指出，行銷經理對MkIS的支援滿意程度偏低，而進一步調查不滿的原因主要是需求使用端的行銷功能部門與資訊服務端的資訊部門間的認知誤差。根據另一份調查，資訊部門經理瞭解全面品質管理提供的好處包括改善客戶滿意度、強化提供給客戶產品或服務的品質及提升迎合顧客需求的彈性。所以在資訊部門逐漸瞭解全面品質管理的優點後，適當的溝通工具將有助於改善兩者間對資訊議題的認知差異。

(五)整合蛻變期

　　進入2000年之後，網際網路的興起使得電子商務受到大家的矚目，知識管理的概念也普遍受到重視，因此，行銷資訊系統之架構未來也勢必引入網際網路及知識管理的概念，促使企業能有效提升競爭力。林國平、洪育忠（2007）認為傳統MkIS的缺點，例如Li等人（1993）所提出的行銷資訊系統架構已經不能完全滿足現在企業的資訊需求，其架構有下列三項缺點：(1)缺乏知識管理的概念；(2)缺乏網路之概念；(3)資料及資訊來源之不足。因此，他們提出E世代行銷資訊系統（**圖7-11**）。

　　E世代行銷資訊系統進一步整合蛻變為加入知識管理之概念，建立企業入口網站，並加入網路之概念，最適化原則，加入電子化客戶關係管理的概念，將Porter的五力分析概念加入，將行銷組合中4P加入包裝（package）擴展為5P，全球策略與國際行銷，如**圖7-12**。

　　綜合陶幼慧（1999）提出之WCA架構到林國平、洪育忠等人（2007）提出之E世代行銷資訊系統與其之整合蛻變系統，這段期間稱為行銷資訊系統架構的整合蛻變期。

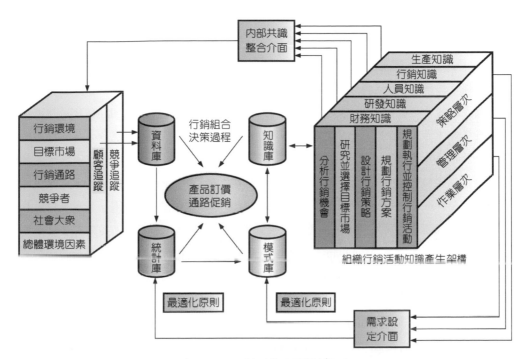

圖7-11　E世代行銷資訊系統

資料來源：林國平、洪育忠（2007）。

行銷透視

「遠傳音樂台」的推出，創造行動行銷新趨勢

　　行動影音多媒體服務推出後廣受年輕族群的喜愛，喜好蒐集最In、最Hot的音樂與偶像相關內容的消費者，在行動網不同的分類中東抓西找，總是蒐集不完整。遠傳電信2003年12月20日宣布「遠傳音樂台」正式上線開台，推出業界首創偶像流行音樂專屬手機頻道，讓流行音樂明星或最具潛力新人擁有全方位展現個人才藝的舞台，提供追星一族one stop service一次擁有完全影音娛樂行動多媒體服務。

　　華納國際音樂公司陳澤杉表示：「遠傳音樂台的開台，顛覆了台灣流行音樂產業的傳統行銷宣傳模式。過去二十年，台灣媒體環境經歷數次變革，所以歌手宣傳的重

地從早期全省電台走透透、三家無線電視台的綜藝節目打歌，乃至有線電視開放後，以MTV形式在各台密集強打；然而，當網際網路與行動通訊普及後，歌星與歌友的互動變得即時而頻繁。而遠傳音樂台的誕生，對流行音樂界而言，它不僅提供了一個偶像與音樂表演的新舞台，同時，也是行銷宣傳的新利器。例如，遠傳900 Call Me Ring服務，孫燕姿的「遇見」在短短一個半月即創下600萬人次的驚人收聽率。現今台灣的行動通訊普及率已超過百分之百，藉著行動通訊無遠弗屆的特性，歌迷可以透過手機欣賞最新流行音樂MV，與歌手進行線上互動。遠傳邀請陳嘉唯（Renée）擔任遠傳音樂台的開台藝人，讓歌迷可以隨時隨地下載關於Renée的各種多媒體影音服務，除了提供唱片業一個行銷宣傳的新利器外，也提供音樂偶像另一個表演的新舞台。奧美廣告董事總經理梅可漢（Stephen Mangham）接著表示：「遠傳於2001年，領先同業率先推出劃時代的行動行銷媒體，幫助廣告主更精確地掌握廣告目標對象，以最有效的行動溝通模式與客戶接觸，達成最大化的廣告傳播效益，充分發揮每一分廣告預算的最大效益」；透過電信系統業者的服務，客戶可以藉由手機建立社群、享受互動式的行銷活動，同時，行動電話也成為個人獲取廣告資訊的隨身媒體。

「遠傳音樂台」的推出，創造行動行銷新趨勢，提供廣告主一次購足（one-stop shopping）解決方案的專業服務，並且持續將傳統行銷的客戶關係管理、研究調查、

遠傳音樂台推出許多多媒體服務，其中一項為「遠傳900來電答鈴」
資料來源：遠傳電信。

直效行銷、資料探勘、資料庫行銷、一對一行銷等方式推向更具即時性、關聯性、互動性、隨時隨地、精確性、創新性的雙贏境界。

　　遠傳以豐富多媒體影音娛樂新享受，打造「遠傳音樂台」成為偶像流行音樂專屬頻道。遠傳音樂台全力打造影音多媒體服務：「偶像星樂園」、「流行音樂原音館」、「Warner Music」、「900 Call Me Ring」、「行動卡拉OK」、「偶像圖鈴下載」、「MMS影音酷卡」、「5662歡樂音樂點播」。此外，遠傳音樂台更加入了許多滿足瘋狂Fans的偶像專屬新服務：「動畫工廠」之「偶像動感變裝秀」、「EZ魔法影音秀」、「偶像追星最愛秀」、「Renée玩遊戲」、「530哈拉名人聊天室」。

資料來源：全球華文行銷知識庫，1758網誌。檢索自http://blog.yam.com/lownt00/article/22430502

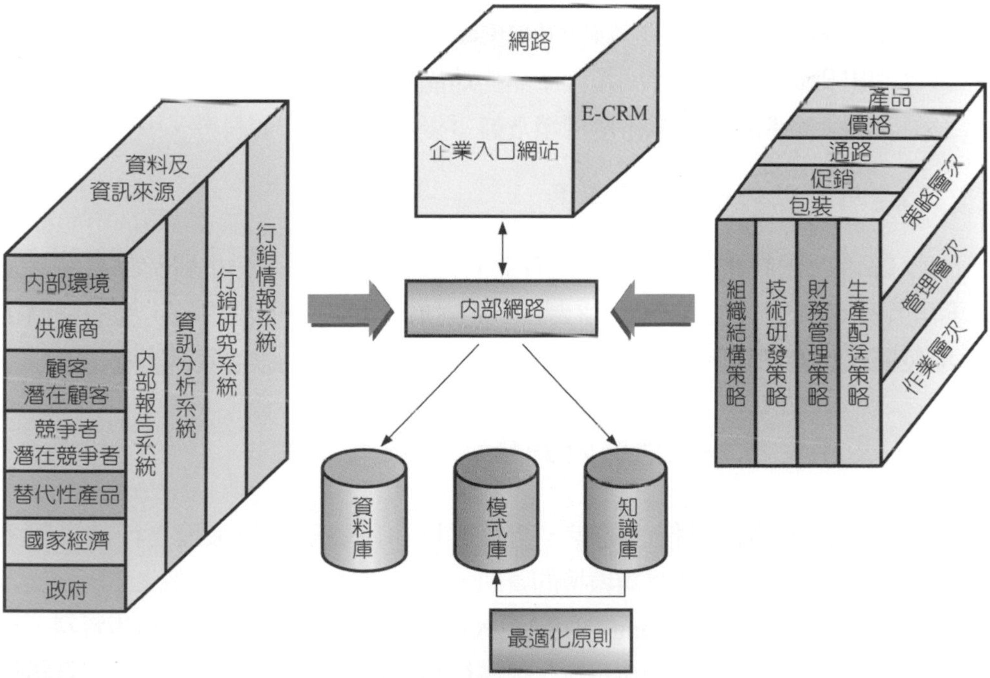

圖7-12　E世代行銷資訊系統之整合蛻變

資料來源：林國平、洪育忠（2007）。

五、如何有效建立行銷資訊系統

儘管瞭解行銷資訊系統對於企業永續經營的重要性，但許多企業仍未設置相關的行銷研究部門，使得公司各部門均擁有個別的行銷資料或顧客檔案；有些公司雖有設置小型的行銷研究部門，但其工作大都侷限於例行性的報表資料或偶爾做市調工作而已，對於整體行銷資訊依然未能做好通盤規劃與有效利用。如何有效地建立行銷資訊系統，必須注意下列事項：

(一)設置專責單位與專職人員管理

首先必須整合公司內部的行銷資料，建立一個行銷資料處理中心或以資訊中心為代表，且選用專人負責資訊系統的操作與維護。

(二)整合各部門之營運資料

要求各部門提供適切及時的銷售或顧客服務資料，例如，生產部門提供確實的出貨資料、研發部門提供產品的功能的規格、銷售部門提供銷售與顧客意見資料、企劃部門對於市場環境及競爭優劣勢的分析資料等。

(三)運用有效的行銷研究工具

綜合公司整體的資料，透過有效的行銷研究工具，分析與彙總適當且及時的資訊給行銷決策者或行銷人員，而對於本身產品的銷售優劣勢與整體市場發展狀況有更深入的瞭解，正如所謂知己知彼，才足以百戰百勝。

六、運用資訊科技促進行銷資訊系統之效益

目前由於資訊科技的進步，企業可以利用資訊科技來建立行銷資訊系統，以蒐集及運用相關行銷環境的資訊，且可透過資料庫及網路之資訊技術，將銷售時點情報系統（Point Of Sale, POS）所蒐集的顧客購買與銷售資料，利用各種分析模式或行銷分析系統，提供行銷經理決策之重要參考。目前資訊技術在行銷資訊系統的應用，大都是以資料庫與網路技術來傳輸或處理為主，而許多行銷資訊必須轉換為數字型態，因而造成資料的遺漏或處理的盲點；此

外，網路技術的應用亦較著重於單向傳輸大量的POS銷售資料，而忽略了與顧客的互動交流應用。

為了要擴大資訊科技在行銷資訊系統的應用，利用多媒體技術來表達資料訊息將是未來重要的發展趨勢。利用多媒體技術將電腦結合文字、數字、圖形、影像、語音及動畫等不同的資料顯示型態，可有效地描述或表達有關的行銷資訊。此外，為了進一步促進與顧客建立互動關係，透過雙向有線電視系統所提供的功能，以使顧客選擇產品或表達意見；或利用資訊網路等技術，透過電子郵件（e-mail）功能，與顧客建立雙向溝通的管道，以立即蒐集最新的市場消費情報。

全球資訊網（WWW）在全球普及的應用，不僅學術團體或學生群組廣泛使用，更進一步帶動商業蓬勃使用，亦即目前企業界所極力倡導的「電子商務」（Electric Commerce, EC）。產品的行銷工作不再侷限於實體簡介與面對面推廣，而是可以利用電腦網路上產品型錄的介紹與包裝，消費者可以依據需求透過電腦做產品的蒐集與篩選，直接在電腦上執行下訂單與簽帳服務，在在地影響了整體的行銷業務體系。所以，隨著資訊科技的發展，對於行銷資訊的取得來源將更為多元化，企業界必須隨著資訊科技發展的脈動不斷地調整，如此才可以確實掌握市場的變動以創造商機。

有效的國際行銷資訊系統可為公司帶來以下效益：

1. 提供行銷經理較多的資訊，可提高國際行銷績效。
2. 提供行銷經理更精簡、更有選擇性的資訊。
3. 分權化的大公司可蒐集世界各地的資訊，整合後再分送也需要的各單位。
4. 公司可更有效地利用平常營業時所蒐集的資訊，來分析銷售資料。
5. 主管可更快地瞭解重要環境發展趨勢。
6. 主管可收到並注意到早期的警告訊息，能有效地修正與控制行銷計畫。

行銷資訊系統的建立對於公司永續經營的影響甚巨，而建立專責的資訊管理中心是行銷資訊系統實施成功之重要關鍵因素之一，藉由資料管理中心將公司整體資料的蒐集彙總與研究分析，可有效地提供忙碌的主管更深入且高水準的分析報告，才足以應付內外在環境變遷的重要決策參考。利用資訊科技

將消費者與相關功能組織相結合，便可將資訊科技在行銷資訊系統中所扮演的角色加以延伸擴展，使得行銷資訊系統不僅侷限於資訊的分析處理而已，更將行銷資訊系統增加了資訊服務與資訊消費的角色，提升了行銷資訊系統的內涵與附加價值。

 ## 第五節　行銷研究與國際行銷資訊系統之比較

國際企業可以利用國際行銷研究來制定策略性決策及戰略性決策，前者包括目標市場之選擇、進入市場之方法（出口、授權或合資）及生產地點區位之選擇；後者則是針對目標市場所採用之行銷組合（產品、價格、通路與促銷）。

國際行銷研究有助於企業確認跨國間的相似處與差異處，進而制定較佳之決策，以提高獲得當地子公司認同與支持的可能。文化與環境之差異使國際行銷研究者必須面臨下列挑戰，即國際行銷研究比國內行銷研究須多面對的問題：(1)環境差異造成研究設計之困難；(2)次級資料之欠缺與不正確；(3)初級資料蒐集所花費之時間與成本；(4)在數個國家同時從事研究時之協調與整合；(5)多國研究間之相互比較性較難建立。

國際行銷資訊系統是一套持續性而有計畫的程序與方法，用來蒐集、分析並且提供行銷決策上所需要的國際行銷資訊。行銷研究與行銷資訊系統的差異比較，如**表7-8**。

表7-8　行銷研究與行銷資訊系統的差異比較

比較事項	行銷研究	行銷資訊系統
基本目的	針對特定事項提供資訊，關心問題的解決。	持續性地提供各相關資訊，關心問題的預防和解決。
資訊範圍	以特定事項相關資訊為限，是片斷、間歇性的作業，是以過去的資訊為基準，包含於行銷資訊系統。	全面性，沒有明確範圍，是連續、完整性的作業，是以未來的導向為基準，包含行銷研究系統。
資訊處理	由行銷／企劃部門主導，注重於企業外部的資訊，不是以電腦為基礎。	相關部門與人員主動配合，注重企業內部、外部資訊，是以電腦為基礎。
資訊產出	針對特定事項的研究報告。	數量大，範圍廣泛。
決策攸關性	通常會產生特定的行動。	未必會立刻有所決策或行動。

由表中陳述可知行銷研究乃是以過去企業外部環境的資料為基礎，針對管理上的問題再予以深入的研討，並以科學的研究方法為其程序，行銷研究是包含於行銷資訊系統中的一個重要子系統。

全球觀點

寶雅國際建立最新的商業智慧決策系統

從台南發跡，以「高品質、低價位」策略成功地切入連鎖通路市場，於2002年9月6日正式在證券市場掛牌的「寶雅國際」，僅以1.6億的資本額，在國內經濟持續不景氣的情況下，2001年創造了19.9億的營收，更創下了該公司成立以來最佳的稅後盈餘，新台幣6,700萬元。相較於前一年逆勢成長了113%，更較五年前增加了六十倍，一舉擠進《天下雜誌》評選國內百貨零售業者的前四十名。

在飛雅高科技運用Microsoft SQL Server 2000與ProClarity所建置的商業決策支援系統協助下，寶雅能夠更進一步瞭解每家分店，每項單品的銷售貢獻度，讓一些滯銷商品進行流通，降低庫存的風險；同時也能瞭解整個商圈的消費模式，對於新品的採購有了精準的計算。未來，寶雅將進一步規劃把他們引以為傲的會員客戶資料庫全面導入資料探勘（data mining），把每個客戶的購買特性分析跟採用ProClarity所做出行銷決策系統結合，準確地運用DM、電話行銷的模式刺激每個客戶的採購欲望，開創更高的銷售成績。此外，隨著展店步伐越來越快，過去使用分散式的資料庫模式，不但通訊成本相當高，也讓資訊決策上顯得緩慢。因此寶雅正計畫將舊有資料庫轉為Internet／Intranet整合的集中式資料庫架構，讓未來上游供應商的供應鏈管理系統得以串聯，增加寶雅的核心競爭力。

寶雅國際公司的寶雅生活館號稱全國最大美妝生活館

　　寶雅國際總經理室經理陳啟仁表示：「在 Microsoft SQL Server 2000與ProClarity 兩項資訊工具完整的結合下，過去需要半天到一天才能取得的決策分析資料，現在只要重新定義幾個參數，在幾秒鐘之內就可以呈現在我們的面前。」寶雅國際導入最新的商業智慧決策系統，大幅降低因蒐集決策資訊所需耗費的時間，進而將決策由被動化為主動，決策者不需再花半天到一天時間等待資訊人員修改程式，只要數秒間即可隨時透過瀏覽器獲取所需的決策相關資訊，成功提升寶雅國際的競爭力。隨時掌握消費者的消費型態與動脈，是零售買賣、流通業者注重與關心的主題，若能隨時掌握決策相關資訊，必定能為企業帶來更強大的商機與競爭力。企業採用 Microsoft SQL Server 2000與ProClarity將可享有低成本、高效能與簡易操作等優點，建立屬於自己的商業智慧決策方案。

資料來源：Microsoft Press媒體新聞室，2013/01/14，http://www.microsoft.com/taiwan/press/2003/0114.htm

問題與討論

1. 國際行銷研究與國際行銷資訊系統的意義與範圍為何？
2. 國際行銷研究與國際行銷資訊系統兩者之間的比較為何？
3. 國際行銷研究進行的步驟為何？
4. 國際行銷資訊系統之定義與其架構為何？請說明行銷資訊系統架構之演進與如何有效建立行銷資訊系統，運用資訊科技促進行銷資訊系統之效益。

全球市場區隔與定位

- ◆ 全球市場區隔
- ◆ 目標市場與選擇策略
- ◆ 國際產品定位策略

國際市場廣大，國際行銷經理通常難以提供滿足所有市場中的所有顧客需求的商品，需先對全球市場進行區隔，再選定目標市場，並以顧客需求為出發，在顧客心中建立有別於其他競爭者的定位。

　　本章的目的首先是針對如何進行市場區隔、全球市場區隔的方式與種類進行介紹，探討全球市場區隔變數，並討論有效區隔的原則。國際市場區隔的特色，市場區隔的理由，分析影響市場區隔策略選擇的因素，之後再介紹如何制定出有效的市場區隔？包括：(1)確認目標客層；(2)採用評分模式；(3)雙目標區隔法；(4)女性行銷：全球最大的市場區隔；(5)新生活型態市場區隔：混種消費。其次分析目標市場與目標市場選擇策略，接著，選擇目標市場後由於競爭者眾多，因此要如何針對自身企業進行定位策略做一概略性的描述，包括定位理論、定位的前提、消費者的五大思考模式、定位的方法、國際產品定位、高技術與高感性產品定位策略、產品定位的方法與實例。最後，探討品牌定位、廣告與產品定位、網路行銷、社群行銷與產品定位。

低價區隔市場

低價迷你筆電，台灣全球市占率99%

　　隨著超低價電腦（Ultra Low-Cost PC）上市，台灣市場已經成為全世界筆記型電腦銷售的領先實驗中心，從初期吸引了許多追捧新產品的消費者，到逐漸增加的外出攜帶族群，已經看出超低價電腦的確有效地吸引特定族群的消費者。隨著世界大廠也逐漸進入超低價電腦的領域，如惠普（HP）以及宏碁（Acer）等，預期消費者將會有更多選擇。但廠商也會面臨到市場侵蝕、產品生命週期縮短，以及通路利潤重整等議題，如何順利轉型並吸引到主流消費族群，將是超低價電腦未來成長動能的觀察點[1]。

　　金融風暴席捲全球，不過2008年我國多項資訊產品的全球市場占有率仍然屹立不搖，根據資策會統計，2008年台灣十二項ICT產品，包括主機板（motherboard）、

筆記型電腦（notebook PC）、液晶顯示器（LCD monitor）、彩色顯示器（CDT monitor）等十二項產品的市場占有率，仍然維持全球第一。其中低價迷你筆電表現最亮眼，在全球市場占有率高達99%。不斷創新的精神，是台灣產業向前邁進的原動力！回歸使用者對電腦的基本需求，以低價做出市場區隔，台灣廠商領先全球推出的低價迷你筆電，締造新台灣奇蹟，根據資策會統計，2008年台灣低價迷你筆電的全球市占率高達99%，這也是台灣廠商首度在國際筆記型電腦市場上大放光芒[2]。

台灣的筆記型電腦產業全球市占率高達九成，卻同時有廣達、仁寶、緯創、英業達、和碩等台灣廠商從事生產，具美商高盛證券統計，台灣的前五大NB代工廠2009年出貨量高達一億三千多萬台，2010年更將逼近一億七千萬台。最近連EMS大廠鴻海也加入戰局，導致各家的利潤嚴重壓縮，有時為了填補產能，還會不惜賠本搶單。政府應鼓勵代工廠商合併以減少台灣廠商的惡性競爭與促進產業長期的健康發展[3]。

---

[1]張祐莒（2008）。CTIMES楊純盈報導。〈IDC：台灣PC市場2008年第一季需求小幅衰退〉，2008/06/17，http://www.hope.com.tw/News/ShowNews.asp?O=200806171652064707

[2]陳奕華報導（2008）。〈低價迷你筆電台灣全球市佔率99%〉，中廣新聞網，2008/11/14。

[3]中國評論新聞網，〈台灣產業創新之路，呼喚轉型〉，http://www.chinareviewnews.com/crn-webapp/search/allDetail.jsp?id=101304244&sw=%E5%8F%B0%E5%8C%97

第一節　全球市場區隔

一、市場區隔

市場區隔（market segmentation）的概念，係由Wendell R. Smith於1956年首先提出，其定義為將市場上某方面需求相似的顧客或群體歸類在一起，建立

許多小市場，使這些小市場之間存在某些顯著不同的傾向，以便使行銷人員能更有效地滿足不同市場顧客不同的欲望或需要，因而強化行銷組合的市場適應力。

中國大陸擁有13億以上的人口，內銷市場可說十分廣大，但由於幅員廣闊，貧富差距及消費能力差距大。這看似唾手可得的市場大餅，還是存在許多危險變數，所以，想要成功獲利，就必須清楚劃分市場，找出主要的行銷目標，如能將產品明確的定位，便能準確打入消費者心裡。一般來說，常用的市場區隔變數包括地理變數、人口統計變數、心理變數、行為變數四種，分析其中影響較大的變數如下：

1.地理變數：如氣候、人口密度、城市大小、區域。
2.人口統計變數：如年齡、性別、所得、職業。
3.心理變數：如人格、動機、生活型態。
4.行為變數：如利益、時機、使用率、忠誠度。

二、全球市場區隔

全球市場區隔是指將一個全球大市場上某方面需求相似的顧客或群體歸類在一起，建立許多不同的小市場，使這些小市場之間存在某些顯著不同的傾向，以便使國際行銷人員能更有效地滿足不同市場顧客不同的欲望或需要，因而強化國際行銷組合的市場適應力。

全球市場區隔（global market segmentation）可分為：

1.總體市場區隔：依據全球各國經濟及其他不同型態，將全球所有國家分隔成數個明顯的集群。
2.個體市場區隔：選擇少數或多個不同國家之後，針對這些國家選擇相似的目標區隔。

全球市場區隔是在潛在的消費者中確認特定目標市場的過程（不論這個目標市場是國家群或個別的消費群），所形成的市場區隔會具有同質的屬性，並展現出類似的消費行為。國際行銷者可採用社會經濟變數、人口統計變數、

心理統計變數、行為特徵變數、地理性市場變數等來區隔全球的市場。

區隔變數選取原則可分為：(1)可接近性；(2)可衡量性；(3)可實行性；(4)足量性。

三、國際市場區隔的特色

由於世界各國文化、政治、經濟、科技等環境的差異，使得消費者的需求及偏好具差異性，因此國際市場的區隔，將比國內市場之區隔更具複雜性及差異性。除非產品具有同質性，且各國消費者的偏好一致，否則該產品在國際市場的區隔和國內市場的區隔就可能有所差異。

四、市場區隔的理由

企業之所以要從事市場區隔，主要基於下列兩個理由：

(一)全球消費者偏好不同

由於全球市場中之消費者偏好不同，因此沒有一種產品可以符合所有消費者之需要，所以必須從事市場區隔，並針對不同的市場區隔提供不同類型的行銷組合。其可分為同質偏好、分散型偏好、集群式偏好（**圖8-1**）。

1. 同質偏好（homogeneous preferences）：即全球市場之全體消費者偏好大致相同，沒有顯著差異。
2. 分散型偏好（diffused preferences）：即全球市場之全體消費者，每一個人的偏好完全不同，成分散狀態。

同質偏好 　　　分散型偏好 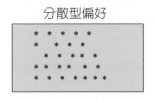　　　集群式偏好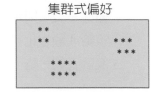

圖8-1　不同類型的偏好

3. 集群式偏好（clustered preferences）：即全球市場之全體消費者中，有些消費者之偏好大致相同，形成不同的偏好群。

針對同質偏好的消費者，行銷人員只需推出一種行銷組合即可；對於分散型偏好的消費者，行銷人員則必須採用客製化的行銷組合；而對於集群式偏好之消費者，行銷人員可進行市場區隔，針對不同的區隔推出不同的行銷組合。

(二)企業資源有限

因為資源有限，為了集中資源，企業可以針對一個或少數幾個區隔市場，提供適當的行銷組合。根據80／20法則，企業80％之利潤，可能是來自於20％之顧客，因此企業應集中火力，針對主要的利基市場（niche market）。

五、影響市場區隔策略選擇的因素

下列因素會影響市場區隔策略之選擇：

1. 公司資源的多寡：公司資源的多寡，會影響企業市場區隔策略之選擇。若公司資源多，則可選擇無差異策略或差異策略；若公司資源少，則可選擇集中策略或顧客化行銷。
2. 產品的類型：產品類型的差異，會影響企業市場區隔策略之選擇。若產品為標準化產品，則可選擇無差異策略；反之，若產品為差異化產品，則可選擇差異策略、集中策略或顧客化行銷。
3. 產品生命週期：產品處在不同的產品生命週期階段，會影響企業市場區隔策略之選擇。
4. 消費者的偏好：消費者的偏好差異，會影響企業市場區隔策略之選擇。偏好一致，則可選擇無差異策略；偏好不一致，可選擇差異策略、集中策略或顧客化行銷。
5. 競爭者的策略：競爭者採用的策略會影響企業市場區隔策略之選擇。

六、市場區隔策略

市場區隔策略的類型可分為下列四種：

1. 無差異策略（undifferentiated strategy）：指企業將整個市場視為是一個同質市場，只採用一種行銷組合，以大量生產產品、大量推銷及大量配銷的方式，吸引所有可能的顧客，又稱為大眾行銷（mass marketing）。
2. 差異策略（differentiated strategy）：指企業將整個市場，區隔成兩個或兩個以上之區隔市場，並視每一個區隔市場是異質的市場，並且為每一個具差異性的區隔市場，推出不同的行銷組合，以吸引不同的顧客。
3. 集中策略（concentrated strategy）：指企業將整個市場，區隔成兩個或兩個以上之區隔市場後，只選擇一個或少數幾個特定區隔市場，推出一種行銷組合，吸引該特定區隔市場的顧客。
4. 顧客化行銷（customized marketing）：指企業只滿足某一些特定顧客之需求，為其提供量身訂做之行銷組合。

七、如何制定出有效的市場區隔

不同顧客的態度、需要及偏好，彼此之間可能有很大的差異，若仍以過去標準來區隔顧客，顯然已無多大意義。當顧客有了新選擇後，該運用何種產品或服務來留住顧客的心。面對這個嚴肅課題，很多企業常以所得、年齡等人口統計因素，或以顧客重視的價值或需要，把屬性近似的顧客及潛在顧客，區分為若干區隔。不幸的是，行銷人員可以很容易在顧客中找出明顯差異的案例並不多，也就是說，所謂「可行的市場區隔」事實上是很少見的。在市場區隔的基本架構下，行銷人員以人們重視的價值、需要或態度，發展出所謂的價格取向區隔、服務取向區隔或品質取向區隔等，將所有顧客均涵蓋在內，在實務上，卻很難找出究竟是哪些顧客被他們劃分在特定區隔內。

以顧客重視的價值為基礎進行市場區隔，與人口統計結構很難契合，是這個模式最根本的問題，於是許多公司開始轉而採用更簡單的人口統計結構方法，或根據不同公司的不同屬性，來確認出不同的客層。以消費性市場為例，

業者通常以嬰兒潮人口、X世代、Y世代等來區分客層；至於針對企業客戶的產品，業者則習慣用規模、營業額或所處產業的屬性作為區隔。但是並非所有的嬰兒潮人口都有一樣的偏好及購買行為，也並非所有規模類似、營業額差不多且同屬某個產業的公司，均重視相同價值，且擁有相同需要。

(一)確認目標客層

一般來說，選擇目標客層是制定任何市場區隔策略的首要任務。即研究如何確認及接觸個別顧客。行銷就是要以目標客層的需求為出發點。透過市場調查，瞭解目標客層的偏好，瞭解顧客所認定的產品屬性與特色，進一步做市場區隔與定位規劃。

為了搞清楚自己到底想要進攻哪個區隔，與其由公司挑選目標客層，還不如由公司提供多種選擇，讓消費者自行挑選。讓消費者自行選擇的最常見做法，是由業者提供「多樣化商品包裝」（multiplying SKUs），例如，消費者到超級市場，可自行從貨架選擇適合自己的包裝量。

業者可以透過各種機制，如最流行的折價券、根據尖離峰時段訂定不同售價（如電信業者或航空公司的做法），以及推出不同版本的產品等方式，促使消費者自行選擇產品。特別是當顧客市場規模太大，且個別消費額太少，用其他區隔方法或大量訂做不符成本效益原則時，運用上述手段讓消費者自行選擇更為適合。

(二)採用評分模式

為實行真正的市場區隔，設計出一種記分模式。根據此一「辨別功能分析」（discriminant function analysis）的統計工具，行銷人員即可依受訪者對少數關鍵問題的回答，將屬性相類似的人分配到同一個區隔。信用卡發卡業者也運用評分法，將顧客區分為高風險顧客與低風險顧客。

在評分模式的幫助下，美國一家製造辦公設備的公司成功地打入日本市場。該公司於是建立了兩組評分模式：第一組用來確認出那些最重視競爭者產品的顧客；第二組評分模式則用於其餘較重視方便性或價格因素的顧客。這兩組評分模式均應用任何人都可取得的公開資料，及業務代表和潛在顧客進行面對面訪問前，對方透過電話答覆業務代表所問的幾個關鍵問題的答案。經過

這樣的分配過程，業務代表即知道哪些顧客偏好競爭者的產品，哪些人偏好方便性或價格，而實際去拜訪他們時，就會帶著適合目標顧客的產品，如全功能型產品，或較陽春的產品。如此一來，在未擴編銷售人員規模的狀況下，該公司的營業額足足增加了四成。

(三)雙目標區隔法

最近有一種較新進的研究與計量化模式，能將原先無法處理的區隔，轉變為可採取適當行動的區隔。儘管犧牲了一點點的精確性，此一新發明的雙目標區隔模式（Dual-Objective Segmentation, DOS），卻能根據價值與人口統計結構這兩種因子的權重，將顧客歸屬到適合的區隔。當業者使用企業統計結構模式，卻無法預測消費行為時，雙目標區隔模式即能發揮最大的作用。追求科學的精確性只是市場區隔策略的一部分。許多經理人忽略部屬提供的市場區隔結果，不僅是因為他們未參與其過程，更是因為他們不瞭解部屬為何要那樣做。準此，將決策者納入市場區隔程序，讓他們充分瞭解細部過程及理念，是很重要的一件事。

基於任何區隔策略都有先天缺陷，因此最好做一次地區性的實驗，再大舉實行。這種漸進式的方法，有助於降低可能的風險。行銷人員應常練習跳脫出現有的區隔框框之外。多做不同區隔模式的練習，有助於行銷人員發現服務顧客的新途徑，如新的銷售通路、做生意的新方法，或訓練或支援銷售人員的新模式等。

(四)女性行銷：全球最大的市場區隔

楊幼蘭（2004）指出，85%的消費購買決定取決於女性，企業採購人員中有51%是女性，在新興企業中，女性企業家占了70%。女性市場是能使盈餘產生天壤之別的重大關鍵。女性是全球尚未開發的最大市場，她們是世界上最有力量的消費者，無論是家庭或是企業採購，她們都是重要的決策者。長期而言，女性比男性更有利可圖，女性消費者的加乘效應：忠誠度與口耳推薦，可為你帶來更多生意。

男性行銷法在女性身上行不通。女性有一套迥異於男性的購買決定過程，她們有自己獨特的優先考慮順序、偏好與態度。因此，只要你懂得巧妙運

用性別行銷上的差異，將可以創造更大的市場優勢。

(五)新生活型態市場區隔：混種消費

《遠見》雜誌指出消費者的面貌，隨著M化社會、多元價值觀和生活型態而發生重大改變，正進行一場全面性的混種運動。「混種消費」成為行銷研究的新趨勢，混種消費者的消費行為愈來愈矛盾，產生「不該擁有卻想要擁有」的消費情結，他們不斷地打破年齡、打破舊有價值觀，甚至同一個消費者，卻出現多種生活型態。在高通膨時代，掌握混種消費者，才能行銷制勝，成為市場上的真正贏家。

在過去，只要看一個人的性別、年齡、職業和收入，就可以清楚瞭解他的消費模式。但是今天，所有的社會經濟環境都已大不同，消費者已經大大改變了，甚至還出現許多前所未見的新興族群。過去仰賴的人口統計資料真的還能正確辨識消費者嗎？舉例來說，最近兩年紅遍全球的樂活族，調查發現原來樂活族分布在不同年齡層。只是老年人擁有較高的健康意識，中年人較關心社會和環境問題，而年輕樂活族則有強烈的資訊需求。也就是說，樂活族根本不分年齡、性別或所得，而是意識型態相同的一群人。再以收入為例，有錢人不見得會購買奢侈品，他們追求的是經驗，反而是沒有錢的人，追求高物質享受，因為他們要認同自己。

如同《全球企業，混音中》一書所指出，傳統消費者區隔方式已經過了有效期限，請向生活方式族群招手。區隔消費者的方式已經大大改變。消費者調查研究第一把交椅的尼爾森，開始進行消費者生活型態調查。這幾年發展下來，不僅要用生活型態來區分消費者，更困難的是，生活型態演變太快，而且多種型態並存於同一個消費者身上，又產生多種變數，導致企業對消費者的掌握焦慮，更甚於以往。首先，許多以趣味性命名的新興族群名詞不斷地增加，而且出現速度愈來愈快，反映出消費者真的愈來愈複雜。以往像繭居族大可流行好幾年，現在幾乎每個星期，網路或媒體就會迸出一個沒聽過的新名詞。光是熟女，就可以分成敗犬（適婚年齡而未婚女性）、勝犬（在適婚年齡中結婚的女性），也能夠生出輕熟女（指25歲至35歲擁有獨立經濟能力的都會女性）、干物女（放棄戀愛，凡事都以不麻煩為原則的女子）。而且，這些生活型態還會同時並存在一位消費者身上，她可能是樂活族、熟女，又是御宅族。

消費者變、變、變。過去消費者所有的例外，現在也常變成常態。消費者不只年齡混淆，而且也開始「性別錯亂」。例如，原本針對女性消費者拍攝的卡尼爾保養品廣告，卻經常有男大學生看了之後，跑去開架商店購買。這種種現象，都讓人不禁想問，消費者究竟怎麼了？為什麼這麼矛盾、多變而且分歧？又是什麼原因，形成這麼多生活型態族群呢？消費者有時想要當別人，變成不是他自己，產生了許多「不該擁有卻想要擁有」的狀況。另一方面，隨著個人意識抬頭，很多時候消費者又堅決想做自己，不想從眾，多方因素刺激下，才開始進行「混種運動」（Mixing）。混種Mixing的結果，就是讓同一個消費者充滿矛盾組合。窮人有消費奢侈品的欲望，老人有變年輕的能力，男人想要扮演女人的角色，單身的人也可組成家庭，家庭正在解構，虛擬和實體的世界愈來愈接近。這個混種運動下產生的消費者，已經不再是原本的「CONSUMER」（消費者），而是「CONSUMIX」，也就是混種消費者。

不同消費族群間的態度與價值觀的差異，已超越以往以人口為主的分類區隔方式。依據價值觀傾向，將消費者歸類為六種混種消費族群，發現不同年紀、性別、收入的消費者，應該差異很大的，卻其實愈來愈像，原先認為存於某個特定年齡的價值觀，卻平均分布在不同的年齡層。許多人好奇，消費者為什麼有這樣的轉變？除了整個社會的價值多元、兩性平等、家庭結構外，創新科技、網路環境與技術成熟，以及消費者自我意識的覺醒，都是關鍵因素。網

2011年國際美容化妝品展，現場出現不少男性，仔細選購適合自己的化妝品及保養品

路的普及就加速了消費者的混種。網路是一種媒介，讓消費者有機會快速接觸到不屬於自己這個族群的訊息。網路也是一種擴大器，讓接受到這些原本不屬於自己訊息的消費者被影響、被改變，甚至進一步去影響別人。科技普及到各個年齡層，也讓各個年齡層的消費行為愈來愈接近，例如，手機幾乎是全民擁有。

消費者自我意識的覺醒更是關鍵。過去的消費者受到社會或家庭很多壓抑，就像隱形框架，告訴消費者什麼年紀該做什麼事。以前的人也很多元，只是不敢吭氣，壓抑久就忘了，現在的人比較自由，愛怎樣就怎樣，再透過新科技和網路推波助瀾，幫助消費者不但做自己，還廣泛分享。根據全球知名的英國市場研究機構Datamonitor所做「消費者購買行為的十大趨勢」調查顯示，未來十年內，消費者將普遍在年齡、性別、科技、收入和生活型態上產生新的變化，出現許多無法解釋的矛盾行為，亦即各種「情節」（complex）。這些情節，就像是「不該擁有卻想要擁有」的新消費心理。

如果用各種情結來分析消費族群，那麼喜歡待在家裡上網或看電視的阿宅們，性別有男有女，收入也有高有低，所以宅男女本身就是年齡、性別和收入的混種；月光族則是收入、年齡、性別和生活型態的混種；至於熟女，則是收入和生活型態的混種，樂活族是年齡和性別的混種。當消費者出現各種混種情節後，展現出來的消費行為當然就跟以往認知大大不同。例如，老人可能受到孫子的影響，變成御宅族；媽媽也可能受到女兒影響，變成輕熟女。去年英國研究機構提出了「MABY」（輕熟女Middle Aged but Youthful）族群，指的就是35歲以上的媽媽，雖然生過小孩，但仍做一些年輕女孩會做的事，比如彩繪指甲、穿少女服飾品牌等。

當消費者變成了混種消費者，最大的挑戰就是，各個族群彼此之間，都流著一些對方的血液、DNA，也會做出不屬於他這個族群的行為。不管企業、廣告或調查公司，都很難確實掌握消費者將以何種方式混種，也無法預知混種的結果會是如何。可以預見的是，未來將會有更多經過混種過的新型態消費者出現。所有行銷人員必須更積極面對，消費者愈來愈複雜的事實和趨勢。

行銷透視

星巴克市場區隔

◎市場區隔

以價格、餐點、咖啡、訴求來看星巴克與其他競爭者之市場區隔如下：

1. 星巴克：高價、西式點心、美式、第三空間、經驗。
2. 西雅圖：高價、西式點心、美、義式新鮮咖啡豆。
3. 客喜康：高價、簡餐、日式、日式。
4. 伊是：高價、簡餐、義式、義大利式的風格。
5. 85度C：平價、西式點心、美式、外帶。
6. 壹咖啡：平價、西式點心、義式、平價。
7. 丹堤：平價、簡餐、義式、簡便。
8. 羅多倫：平價、簡餐、日式、悠閒、有風格。

星巴克之第三個去處，經驗是指民眾除了家庭和辦公室之外，可以經常出入的「第三個去處」，想賣的不只是一杯0.5美元的「咖啡」，而是賣一個價值3美元的「經驗」。

◎市場目標

星巴克當初設定顧客群為中上階級的群眾，主要顧客為注重生活型態的族群，所以其定價也相對的提高，並利用高品質的產品及優良服務來抓住顧客。但是在營運後卻發現，其顧客的範圍明顯地比原先設定的顧客群來得大，不過其目標顧客群來星巴克所追求的效用都趨於一致：放鬆、心靈上的享受。

◎市場定位

星巴克的市場定位是將其店面定位成一種生活中的第三個去處，也就是定位介於顧客的家和工作場所的地方，他們希望將每一家星巴克布置的簡單舒適。每一家星巴克除了木製的硬椅，也有靠牆的軟沙發。有些星巴克店面會提供插頭讓使用筆記型電腦或是隨身聽的顧客充電。星巴克的店面大多可以無線上網，不過要另外

付錢。台灣星巴克的定位是「能夠打造具有在地特色的人文咖啡館」，將咖啡文化和台灣的本土氣息合而為一。同時也秉持著「提供好的空間歡迎藝文界的朋友使用」的精神，服務著群眾。所以在有別於一般無主題的咖啡館的情況下，許多人就較偏向前往星巴克品嚐咖啡。其商品組合是由咖啡、獨特的門市裝潢、特具意義的品牌、熱情的員工、和

星巴克將店內環境布置得簡單舒適，成為生活中的第三個去處

悅的音樂聲、各地的文化特質所構成。另外因為顧客的要求，再加上咖啡具有與書籍和音樂做結合的特性，星巴克也開始販賣書籍與CD，以滿足不同目標市場顧客群的要求。

 ## 第二節　目標市場與選擇策略

　　一旦將市場做一區隔之後，接下來所要面對的問題，便是要挑選最有吸引力的市場區隔。挑選市場區隔就像挑選市場一樣，有著相同的難度。但只要經過詳細的分析，便可以發現特定的市場區隔是否符合企業所需要的目標條件。把市場分成幾個區隔，在依據企業所需要的區隔條件，找出最佳的目標市場，然後再依據不同的市場區隔購買標準符合組織的行銷組合。

一、目標市場選擇標準

　　不同的企業在挑選市場區隔時，會有不同的標準，通常企業都會以區隔大小、獲利度、成長性、競爭局勢和所需資源，作為挑選區隔的標準，如**表8-1**。

表8-1　目標市場選擇標準

區隔的標準	內容
1.大小	這是市場區隔的一大問題，相當的難以處理。因為市場區隔的大小是否足夠讓企業回收所付出的一切；區隔的大小是否會吸引過多的競爭對手進入；此塊市場區隔是否只是全球市場區隔中的一小部分等，都是在做市場區隔時所需要考慮的人小問題。
2.獲利度	當企業在給此塊市場區隔提供服務或產品時，是否能在可接受成本範圍內回收獲利及回報；若此塊市場區隔的獲利度極佳的話，是否會吸引過多的競爭對手也想要加入此塊區域呢？這也是企業在考慮獲利度時，所需要謹慎思考的地方。
3.成長性	在選擇市場區隔時，要考慮到此塊市場區隔正處於衰退期還是成長期，因為這將影響到企業的業績成長問題，所以要謹慎的考慮。
4.競爭態勢	不管是現在或未來，競爭態勢是屬於直接或間接，當地競爭或全球競爭的態勢，都將會有所不同。所以企業本身要評估自身的能力，是否足夠與競爭對手競爭，要量力而為，避免多餘的浪費。
5.所需資源	企業是否可以創造、傳遞出特定型態的產品或服務，並以特定的價格銷售到特定的市場區隔中，這也是企業在競爭的市場中，所需要考量的。因為唯有維持獨特且持續的競爭力，才能夠和競爭對手相抗衡。

　　將整個大市場區隔為數個區隔市場之後，接下來就是要選擇一個或多個目標市場進入，根據公司財力可以提供不同的行銷組合（4P）來滿足不同區隔市場中買者不同的需求，或只選擇一個行銷組合來滿足單一區隔市場買者的需求。已區隔好的族群再加以評估與比較，從中選擇最大的潛在購買族群。選擇的基本依據是建立於：瞭解市場區隔的目前大小及預期的成長潛力；瞭解潛在的競爭者；符合公司的整體目標以及具備成功接觸目標市場的可行性。

二、目標市場選擇策略

　　在行銷的歷史演進過程中，行銷哲學可區分為三個階段：(1)大量行銷：係指銷售者大量生產、大量配銷及大量促銷單一產品，以期吸引所有消費者；(2)產品多樣化行銷：係指銷售者生產及銷售兩種以上具不同特色、樣式、品質及尺寸的產品；(3)目標行銷：係指銷售者將整個市場區分為許多不同部分後，選擇一個或數個區隔市場，並針對此一目標市場之需求擬定產品及行銷策略。

　　由於顧客需求可能並不相同，而他們的需求與偏好亦時時在變動，大部分的公司會認定其中一群顧客為目標市場，分析其特性與需求，並將公司資源集中在這個他們最能有效經營且有足夠獲利潛力的目標市場。對於全球行銷的企業而言，其所面對的全球顧客差異更大，因此，如何分析全球顧客需求的異同，找出有潛力的顧客群，常常影響了全球化策略的成敗。

　　例如，香菸是行銷全球的消費性產品，然而，受到日漸升高的反菸運動及健康理由影響，很多已開發國家的吸菸人口正在下降，使得菸草公司將開發中國家設定為目標，如中國大陸、南韓、泰國、俄國等，這些國家具有相對較高的經濟成長率、人民具有對於抽菸的流行性、追求西方品牌等特質。同時，由於這些國家的女性將吸菸視為改進地位的象徵，因此，菸草公司正逐漸將婦女定位為目標市場。

　　另外，從星巴克這一品牌名稱上，就可以清晰地明確其目標市場的定位：不是普通的大眾，而是一群注重享受、休閒、崇尚知識尊重人本位的富有小資情調的城市白領。「星巴克」的名字還傳達著品牌對環保的重視和對自然的尊重。星巴克將自己定位為獨立於家庭、工作室以外的「第三空間」。

　　由於擴張過速導致星巴克在不景氣期間被迫大舉關店裁員，近年來星巴克相當積極調整經營策略。2010年6月起星巴克在美推出「Natural Fusions」品牌咖啡，分為香草、焦糖與肉桂風味等三種不同風味，首度跨足每年市值達2.65億美元的加味咖啡（flavored coffee）市場，並與美國咖啡市場兩大品牌，麥斯威爾（Maxwell）以及佛吉斯（Folgers），正面對壘。這一系列加味咖啡，是星巴克進軍包裝食品市場的最新策略。星巴克首先是在2010年推出即溶咖啡Via系列，成功使財報轉虧為盈、同店銷售業績出現成長，接著又在美強力廣告促銷副牌「西雅圖貝斯特」（Seattle's Best）的1.5美元低價咖啡，搶攻大眾市場。而根據統計顯示，現在美國人每喝四杯咖啡，就有三杯是在家中自製。星巴克內部研究也發現，其罐裝咖啡的顧客中有六成的人同時會購買其他品牌加味咖啡，這無異於是其目標市場的基本盤（林佳誼，2010）。

　　相對於星巴克雖瞄準「氣氛體驗」市場中的高消費能力群眾，同樣在咖啡零售市場的85度C卻將消費目標對準更貼近大眾生活的平價市場，而不選擇直接與星巴克硬碰硬競爭。85度C是唯一在台灣打敗星巴克的連鎖咖啡店，開店數與營業額都遠勝星巴克，所憑藉的就是平易近人的低價策略與門市地點

選擇。平價策略讓85度C的消費族群得以向下延伸，服務的對象不再限於大學生或都會白領，計程車司機、高中生、甚至國中學生都有足夠的經濟能力到85度C消費。

面對有著13億人口的廣大市場，仍有著數不盡的商機吸引更多的投資者與創業家前仆後繼地投入，星巴克與85度C更是首當其衝，看來激烈的戰

85度C以低價策略成功打進平價市場

況還會延續好一陣子，而連鎖咖啡店的三國時代也已來臨。

就在星巴克遭遇全球經濟寒冬與市場激烈競爭的同時，中國的咖啡市場上卻硝煙彌漫，上島、兩岸、真鍋等品牌，以中低價位市場為目標，對星巴克形成包圍之勢。

歸納上述，目標市場選定的準則可分為：(1)現有區隔市場規模與預期成長潛力；(2)競爭者；(3)相容性和可行性。

目標市場選擇策略可依差異化策略分為下列三種：

1. 標準化行銷策略：在市場上僅推出單一產品及使用大量配銷與大量廣告促銷方式，吸引所有的購買者。主要的特點為生產、存貨與運輸、廣告行銷成本均較經濟，例如，白蘭氏雞精。

2. 差異化行銷策略：同時選擇數個區隔市場經營，並為每一區隔市場設計發展不同的產品。主要特點為深入區隔市場、增加銷售額。例如，玫瑰四物飲、青木瓜四物飲。

3. 集中化行銷策略：有目標市場選擇策略依市場集中與多角化程度，可分為有限集中（narrow focus）、國家集中（country focus）、國家多角化（country diversification）及全球多角化（global diversification）等策略（**圖8-2**）。

市場

	集中	多角化
集中	有限集中策略	國家集中策略
多角化	國家多角化策略	全球多角化策略

國家

圖8-2 目標市場選擇策略

(1)有限集中策略（市場集中策略）：即選擇集中在一個或少數的國家與少數的市場中，只服務某一群的消費者，集中全力經營，該行銷策略通常公司資源有限時使用。主要特點為集中行銷所產生的風險較高。即集中在少數的國家與市場，是典型的利基策略（niche strategy），只選擇某一小塊市場。例如，喬山健康科技一開始跨入國際市場時，就只先選擇美國市場，並切入「高級」家用市場，購併Trek Fitness，創立自有品牌「VISION」。

(2)國家集中策略：即選擇集中在少數的國家，但進入多個不同的市場。例如，喬山健康科技一開始跨入國際市場時，就先選擇美國市場，在切入「高級」家用市場之後，再跨入「一般型」家用市場及「商用市場」。

(3)國家多角化策略：即同時進入多個不同國家，但只集中在少數的市場。例如，BENZ、BMW等高級房車就同時進入多個不同國家，但集中在少數的高所得消費群。又例如，如果喬山同時進入多個不同國家，但只集中在「高級」家用市場，就是採用國家多角化策略。

(4)全球多角化策略：即同時進入多個不同的國家及多個不同市場，例如，如果喬山健康科技同時進入多個不同國家，又同時進入「高級」家用市場、「一般型」家用市場及「商用市場」，就是採用全球多角化策略。

第三節　國際產品定位策略

一、定位理論

定位（positioning），是由著名的美國行銷專家艾爾‧列斯（Al Ries）與傑克‧特勞特（Jack Trout）於七〇年代早期提出來的。當時，他們在美國《廣告時代》發表了名爲「定位時代」系列文章，以後，他們又把這些觀點和理論集中反映在他們的第一本著作《廣告攻心戰略》一書中，正如他們所言，這是一本關於傳播溝通的教科書。1996年，傑克‧特勞特整理了二十五年來的工作經驗，寫出了《新定位》一書。也許是更加符合了時代的要求，但其核心思想卻仍然源自於他們於1972年提出的定位論。按照艾爾‧列斯與傑克‧特勞特的觀點：定位，是從產品開始，可以是一件商品、一項服務、一家公司、一個機構，甚至是一個人，也可能是你自己。定位可以看成是對現有產品的一種創造性試驗。「改變的是名稱、價格及包裝，實際上對產品則完全沒有改變，所有的改變，基本上是在做修飾而已，其目的是在潛在顧客心中得到有利的地位」。

定位理論的產生，源於人類各種資訊傳播通路的擁擠和阻塞，可以歸結爲資訊爆炸時代對商業運作的影響結果。科技進步和經濟社會的發展，幾乎把消費者推到了無所適從的境地。首先是媒體的爆炸，其次是產品的爆炸，再就是廣告的爆炸。因此，定位就顯得非常必要。

「定位」是根據客戶對某種產品的重視程度，給自己的產品確定一個特定的市場定位，爲自己的產品創造一定的特色，樹立某種形象，贏得客戶的好感和偏好。所謂「市場定位」是指消費者比較所有競爭者品牌之後，對某一產品所產生的知覺，這是消費者對某一品牌或公司的一種心理印象。所謂定位，就是令你的企業和產品與眾不同，形成核心競爭力；對大眾而言，即鮮明地建立品牌。傑克‧特勞特指出，定位就是讓品牌在消費者的心智中占據最有利的位置，使品牌成爲某個類別或某種特性的代表品牌。這樣當消費者產生相關需求時，便會將定位品牌作爲首選，也就是說這個品牌占據了這個定位。定位並不

是要你對產品做什麼事情,定位是你對產品在未來的潛在顧客的腦海裡確定一個合理的位置,也就是把產品定位在你未來潛在顧客的心目中。

定位主要是說明該產品的主要賣點,要發展一個有效的定位,行銷人員必須瞭解目標市場的需求,競爭品牌定位與產品特性,市場競爭情形等。例如,台新銀行認為以「認真的女人最美麗」為產品定位,最能引起女性消費者的共鳴,尤其當時持卡的女性消費者大多是職業婦女,所以「認真的女性」這個名詞,可讓女性消費者感到台新銀行玫瑰卡對女性市場的用心。

(一)定位的前提

按照艾爾‧列斯與傑克‧特勞特的理論,我們目前已成為一個傳播過多的社會,而消費者只能接受有限的資訊,消費者抵禦這種「資訊爆炸」的最有力武器就是最小努力法則——痛恨複雜,喜歡簡單。現有產品在顧客心目中都有一定的位置,例如,人們認為可口可樂是世界上最大飲料生產商,北京同仁醫院是中國最著名的眼科醫院等,這些產品和服務的提供者在與消費者長期的交易中所擁有的地位,是其他人很難取代的。也就是說,消費者對品牌的印象不會輕易改變。定位的基本原則不是去創造某種新奇的或與眾不同的東西,而是去操縱人們心中原本的想法,去打開聯想之結,目的是要在顧客心目中,占據有利的地位。唯其如此,方能在市場上贏得有利的競爭地位。

一般說來,企業在行銷中的失策表現為兩大類:一是在市場逐漸成熟後,如果企業不能及時構思新的定位,從而使其陷入困境;二是隨著企業不斷地擴張和進行多元化角逐,而使消費者對產品的印象愈來愈模糊。這兩者也正是「定位」理論的用武之地。

定位的真諦就是「攻心為上」,消費者的心靈才是行銷的終級極戰場。從廣告傳播的角度來看定位,它不是要琢磨產品,因為產品已是生出來的孩子,已經定型,不大容易改變,而容易改變的是消費者的「心」。要抓住消費者的心,必須瞭解他們的思考模式,這是進行定位的前提。

(二)消費者的五大思考模式

《新定位》一書列出了消費者的五大思考模式,掌握這些模式之特點有利於幫助企業占領消費者心目中的位置。

1. 消費者只能接收有限的資訊：在超載的資訊中，消費者會按照個人的經驗、喜好、興趣甚至情緒，選擇接受哪些資訊，記憶哪些資訊。因此，較能引起興趣的產品種類和品牌，就擁有打入消費者記憶的先天優勢。

2. 消費者喜歡簡單，討厭複雜：在各種媒體廣告的狂轟濫炸下，消費者最需要簡單明瞭的資訊。廣告傳播資訊簡化的訣竅，就是不要長篇大論，而是集中力量將一個重點清楚地打入消費者心中，突破人們痛恨複雜的心理屏障。

3. 消費者缺乏安全感：由於缺乏安全感，消費者會買跟別人一樣的東西，免除花冤枉錢或被朋友批評的危險。所以，人們在購買商品前（尤其是耐用消費品），都要經過縝密的商品調查。而廣告定位傳達給消費者簡單又易引進興趣的資訊，正好使自己的品牌易於在消費者中傳播。

4. 消費者對品牌的印象不會輕易改變：雖然一般認為新品牌有新鮮感，較能引人注目，但是消費者真能記到腦子裡的資訊，還是耳熟能詳的東西。例如，在一般消費者心目中，可口可樂是一個著名飲料品牌，且是一種好喝的、深色的、加了碳酸氣的飲料。

5. 消費者的想法容易失去焦點：雖然盛行一時的多元化、擴張生產線增加了品牌多元性，但是卻使消費者模糊了原有的品牌印象。例如，舒潔原本是以生產舒潔衛生紙起家的，後來，它把自己的品牌拓展到舒潔紙面巾、舒潔紙餐巾以及其他紙產品，以至於在數十億美元的市場中，擁有了最大的市場占有率。然而，正是這些盲目延伸的品牌，使消費者失去了對其注意的焦點，最終讓寶潔公司乘虛而入。

所以，企業在定位中一定要掌握好這些原則：消費者接受資訊的容量是有限的，廣告宣傳「簡單」就是美，一旦形成的定位很難在短時間內消除，盲目的品牌延伸會摧毀自己在消費者心目中的既有定位。所以，無論是產品定位還是廣告定位一定要慎之又慎。

二、定位的方法

在廣告泛濫、資訊爆炸的現代，消費者必然要用盡心力篩選掉大部分垃

垃。例如，儘管市場上飲料眾多，人們只知道有可口可樂、百事可樂、Cott等幾種品牌，並且這些品牌在他們心目中還是有一定順序的，不用說，可口可樂一定是第一，至於第二、第三就要看廠家的定位策略了。所以，在具體操作中行銷人員要善於找出自己品牌所擁有的令人信服的某種重要屬性或利益。透過一定的策略和方法，讓自己的品牌給人們留下深刻的印象，**表8-2**介紹這些定位的方法。

表8-2　定位的方法

定位的方法	內容
1.強化自己已有的定位	既然現有的產品和服務在消費者心目中都有一定的位置，如果這種定位對企業有利的話，就要反覆向人們宣傳這種定位，強化本企業的產品在消費者心目中的形象，也就是自己的特色，而這種強化必須是實事求是的。
2.比附定位	使定位對象與競爭對象（已占有牢固位置）發生關聯，並確立與競爭對象的定位相反的或反比的定位概念。如美國一家處於第二位的出租汽車公司，在廣告中反覆宣傳：我們是第二，所以我們更加努力啊！這樣，既強化了自己與第一的關係，又表明了自己處於弱者的位置，更易引起人們「同情弱者」的共鳴。
3.單一位置策略	處於領導地位者，要以另外的新品牌來壓制競爭者。因為每一個品牌都在其潛在顧客心目中安置了獨自所占據的一個特定處所。這是作為市場領導者所要採取的策略。既然自己是老大，「臥榻之側，豈容他人酣睡」，因此，在各種場合宣傳自己第一的形象自然就在情理之中。
4.尋找空隙策略	尋求消費者心目中的空隙，然後加以填補。其中有價格（高低）、性別、年齡、一天中的時段、分銷通路、大量使用者的位置等各種空隙。例如萬寶路在美國是著名的香菸品牌，而一個叫窈窕牌的香菸品牌，就是以女性抽菸者為突破口挑戰萬寶路而大獲成功。
5.類別品牌定位	當一個強大的品牌名稱成了產品類別名稱的代表或代替物時，必須給公司一個真正成功的新產品以一個新的名稱，而不能採用「搭便車」的做法，沿襲公司原有產品的名稱。這像「蹺蹺板」原理，當一種上來時，另一種就下去。因為一個名稱不能代表兩個迥然不同的產品。寶潔公司的多品牌策略就大有可取之處。
6.再定位	也就是重新定位，意即打破事物（例如產品）在消費者心目中所保持的原有位置與結構，使事物按照新的觀念在消費者心目中重新排位，調理關係，以創造一個有利於自己的新的秩序。這意味著必須先把舊的觀念或產品搬出消費者的記憶，才能把另一個新的定位裝進去。

由於艾爾‧列斯與傑克‧特勞特都是廣告人出身，他們的定位理論往往局限於一種廣告傳播策略，強調讓產品占領消費者心目中的空隙。目前，定位理論對行銷的影響遠遠超過了原先把它作為一種傳播技巧的範疇，而演變為行銷策略的一個基本步驟。這反映在行銷大師科特勒對定位下的定義中。他認為，定位是對公司的提供物（原文是offer）和形象的策劃行為，目的是使它在目標消費者的心目中占據一個獨特的有價值的位置。因此，「行銷人員必須從零開始，使產品特色確實符合所選擇的目標市場」。科特勒把艾爾‧列斯與傑克‧特勞特的定位理論歸結為「對產品的心理定位和再定位」。顯然，除此之外，還有對潛在產品的定位，這就給定位理論留下了更為廣闊的發展空間。

三、國際產品定位

所謂國際產品定位，是指某一品牌產品與國際競爭者品牌產品相互比較後，消費者心中對該品牌產品的心理認知，換言之，就是某一品牌產品，相對於競爭者品牌產品在消費者心目中的地位。

(一)國際產品基本定位

國際行銷人員可以使用不同的基礎來從事產品定位，基本定位可分為產品屬性、利益、使用者、品牌個性及競爭者等。

1. 產品屬性定位：產品屬性是指購買者在購買產品時，會影響購買的一些相關產品的特性與功能，例如價格、品質、豪華、新潮及功能等。
2. 利益定位：產品利益是指購買者在購買產品後，會帶來什麼利益。國際行銷人員可以使用產品利益為基礎，來從事產品定位，強調消費者購買此一產品能為消費者解決什麼問題。
3. 使用者定位：國際行銷人員可以使用者為基礎來從事產品定位，強調哪些人適合及應該使用此一產品。
4. 品牌個性定位：每個人都有不同個性，品牌也有獨特的個性，國際行銷人員可以使用品牌個性為基礎，來從事產品定位。
5. 競爭者定位：國際行銷人員可以使用緊咬競爭者的方式來從事產品定

位，強調競爭者的產品不夠分量，自行抬高自己的身價。

產品必須具有差異性及獨特性，才會具有競爭力，因此企業要能知道自己產品之差異性及獨特性，提供消費者獨特利益，才能吸引消費者。

強調品牌可使消費者重複再購，並區別出與競爭者之差異，因此企業應致力於提高品牌權益。跨國企業隨著競爭環境的變遷及產品本身定位的不適當，有時必須重定位（repositioning），才能提高市場吸引力及競爭力。例如，Sony為了對抗韓國三星，個人數位商品的品牌定位轉向「年輕化」。2003年9月，麥當勞在世界各地營運成績欠佳之後，決定重定位，首度推出全球性的品牌活動「I'm lovin' it我就喜歡」，以取代「歡聚、歡笑、每一刻」的家庭溫馨訴求。

產品定位需要有系統的精心設計，才能讓消費者感受到公司所提供的產品及其價值遠勝過競爭者的產品。公司必須澈底瞭解市場競爭狀況，例如，品牌、競爭者、產品的屬性差異性。瞭解這些因素以進一步塑造差異化，讓消費者感受到公司產品和競爭者的差異，根據消費者的認知找出最具有吸引力的市場、採用最足以反應市場需求的產品命名，進而為產品塑造最佳定位。

(二)國際行銷之消費者文化定位

國際行銷之消費者文化定位有以下三種（**圖8-3**）：

1. 全球消費者文化定位，係將公司產品定位為全球消費者都能接受的特殊全球文化或區隔，針對全球各地皆有年輕人、都市上班族、社會菁英等，進行此種產品地位。

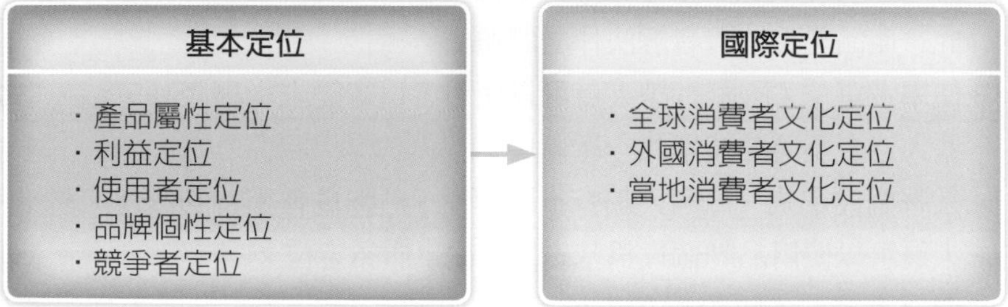

基本定位	國際定位
·產品屬性定位 ·利益定位 ·使用者定位 ·品牌個性定位 ·競爭者定位	·全球消費者文化定位 ·外國消費者文化定位 ·當地消費者文化定位

圖8-3　產品國際市場定位的特色

2.外國消費者文化定位，係指以國際市場之品牌使用者、使用場合與消費者文化做結合之定位。

3.當地消費者文化定位，係指以迎合國際市場之文化，將品牌與之結合，進行產品定位。

(三)產品的國際市場定位

廠商在從事國際市場定位時，首先要先瞭解產品市場的範圍，也就是在不同的國家中，有哪些產品可以滿足消費者不同的功能，哪些產品被視為是適當可使用的產品。

產品的市場定位可分為：

1.功能定位（functional positioning）：功能定位也稱為利益定位，是指根據品牌向消費者提供的服務功能，而這一利益點是其他品牌無法提供或者沒有訴求過的，因此是獨一無二的。運用利益定位，在同類產品品牌眾多、競爭激烈的情形下，可以突出品牌的特點和優勢，讓消費者按自身偏好和對某一品牌利益的重視程度，更迅捷地選擇商品。

2.USP定位（unique selling proposition）：即獨特的銷售主張，找出產品獨具的特點，然後以足夠強大的聲音說出來，而且要不斷地強調。基本要點：向消費者或客戶表達一個主張，必須讓其明白，購買自己的產品可以獲得什麼具體的利益；所強調的主張必須是競爭對手做不到的或無法提供的，必須說出其獨特之處，強調人無我有的唯一性；且必須是強有力的，必須集中在某一個點上，以達到打動、吸引別人購買產品的目的。

3.檔次定位：將某一產品定位為其相類似的另一種類型產品的檔次，以便使兩者產生對比。

4.文化定位：企業文化定位是指企業在一定的社會經濟文化背景下，根據企業的發展歷程、發展戰略、人員構成、目前管理方面需要解決的突出問題等現狀進行調查研究，對企業文化中的某些要素進行重點培植和設計，使之在公眾或競爭者心中留有深刻印象，從而樹立起具有自身獨特個性、有別於其他企業的獨特形象和位置的企業戰略活動，是塑造企業

國際行銷學——全球觀點實務導向

文化的首要一環。

5.市場空白點定位：在資訊流通傳播過程中，有什麼東西或特質在讀者需求與實際供給之間出現一種短缺性矛盾和現象，則這種短缺的東西或特質就會成為人們追逐和渴望的對象。這個「空白點」，也就是市場機遇。

6.消費群定位：你打算把你的產品賣給誰？這些人群一般會聚集在什麼地方？他們有什麼愛好？如何投其所好？

四、高技術與高感性產品定位策略

產品定位（product positioning），即制定產品在各目標區隔的競爭性地位與詳細的行銷組合。企業藉著決定產品的最佳定位在他們所選擇的目標市場中與競爭者進行差異化。行銷人員利用高技術（high-tech）與高感性（high-touch）兩種產品定位策略，能使全球化產品運作得更好。

1.高技術定位：此類產品的具體特色是消費者購買此產品的主要考量並非產品的形象而是產品功能。其產品可分為兩大類：(1)科技產品；(2)特殊偏好的產品。

2.高感性地位：高感性產品的行銷訴求較不強調產品的專業資訊而較強調產品的形象。購買高感性產品的消費者與購買高技術產品的消費者一樣，對產品的涉入性高。其產品可分為三大類：(1)解決共同問題的產品；(2)地球村的產品；(3)具有全球性主題的產品。

市場上充斥著各式各樣的產品，以致消費者享有非常大的選擇空間，因此公司所提供的產品或服務，在消費者心目中留下一個令人印象深刻又獨特的形象，在行銷策略中扮演重要角色。例如，HTC致勝關鍵便在於HTC有別於其他品牌，在產品的設計及定位中，更清楚地劃分出消費族群的差異性，從年齡、性別、功能及外型等不同族群的需求，推出為其量身訂做之行動電話及配件。同時，在整體行銷策略與通路經營的配合上，更強調因產品屬性之不同，加強與消費者及通訊零售點之溝通，提供所需之產品功能示範及教育訓練。HTC清楚的定位消費族群及訴求，針對不同的消費階層量身設計，創造了全新

328

的消費需求,更是銷售報捷的重要關鍵,顯示HTC手機市場的定位策略相當成功。HTC希望藉由不同定位的HTC產品,讓消費者使用HTC手機時,除了手機本身的便利功能外,能有更貼近生活的感受,並突顯使用者的形象及自信。

市場環境瞬息萬變,競爭手法推陳出新,公司的資源卻十分有限,行銷經理要在錯綜複雜的環境下競爭,必須勤做功課。選擇正確的變數,審慎做好市場區隔,根據公司的能耐與優勢,選定及瞄準適合進入的目標市場及分配資源,據以擬定量身訂做行銷策略,才有希望成為贏家。

五、產品定位的方法與實例

有許多方法可實施產品定位,例如,消費者的生活形態或自我觀(如iPhone手機與iPad平板電腦)、產品屬性(如海尼根啤酒之贈品與嘗試新產品屬性)、產品利益(如PChome網路購物:全台24小時到貨,遲到給100元)、競爭狀況(如三洋變頻冰箱強調最便宜最省電)、倍數(如奇異果的維他命C是柳橙的1.7倍)等,都是產品定位的方法與實例。

六、品牌定位

市場上任何一個知名品牌都有自身的清晰定位,一個全新的品牌(產品)更需要有一個清晰的市場定位。產品上市前的第一個工作就是首先進行品牌定位,只有把這個工作做好,其他的工作才能在這個基礎上進行延伸。經常運用到的品牌(產品)定位方法有鎖定產品目的消費群體——年齡、職業、收入、生活形態等;產品能滿足消費者的哪些需求,不同於其他產品的地方;賦予產品利於消費者接受的產品名稱(或賦予的暱稱);賦予產品利於消費者接受的產品外觀設計、包裝設計等;產品結構梳理;產品上市組合策略;重點推廣的產品。

品牌定位(brand positioning)是指企業在市場定位和產品定位的基礎上,對特定的品牌在文化取向及個性差異上的商業性決策,它是建立一個與目標市場有關的品牌形象的過程和結果。換言之,即指為某個特定品牌確定一個適當的市場位置,使商品在消費者的心中占領一個特殊的位置,當某種需要突然產

生時，隨即想到的品牌，比如在炎熱的夏天突然口渴時，人們會立刻想到「可口可樂」紅白相間的清涼爽口。品牌定位是品牌經營的首要任務，是品牌建設的基礎，是品牌經營成功的前提。品牌定位在品牌經營和市場營銷中有著不可估量的作用。品牌定位是品牌與這一品牌所對應的目標消費者群建立了一種內在的聯繫。品牌定位是市場定位的核心和集中表現。企業一旦選定了目標市場，就要設計並塑造自己相應的產品、品牌及企業形象，以爭取目標消費者的認同。由於市場定位的最終目標是為了實現產品銷售，而品牌是企業傳播產品相關資訊的基礎，品牌還是消費者選購產品的主要依據，因而品牌成為產品與消費者連接的橋樑，品牌定位也就成為市場定位的核心和集中表現。

七、廣告與產品定位

公司如何將本身產品的定位告知消費者，並且也讓消費者感同身受，廣告的內容及風格實為關鍵。因此，廣告在產品定位必定扮演相當重要的角色，例如，可口可樂公司所生產的Qoo果汁，其區隔變數有年齡，再針對年齡這一變數選定年紀較輕的小朋友當作其目標市場，最後以可愛的定位留給小朋友一個很直接的印象。Qoo果汁針對小朋友市場，定位為可愛之形象，因此創造了酷兒這個卡通角色，並且廣告中皆以卡通的方式呈現，在配合好記且有趣的歌曲，讓小朋友印象深刻。又如「三菱汽車Savrin信任篇」這個廣告，Savrin不同以往汽車皆以高性能的定位方式，改以「幸福」作為其定位的方針，在廣告內容方面，以Through the Arbor鋼琴演奏當作背景配樂，溫馨幽雅的音樂聲處處散發了家庭幸福的味道，當然夫妻之間的的對談也顯示了妻子對於丈夫的信任及甜蜜之情，充分表現了幸福之感，最後再以「唯一將幸福列為標準配備的車」作為結尾，讓在電視機前的觀眾心有戚戚焉或為之嚮往，也留下深刻印象！最後，像是海尼根啤酒的定位為歡樂，因此其廣告都以很歡樂的氣氛作為其內容，讓消費者認知在歡樂的氣氛中喝海尼根再好不過了。

總之，廣告在於市場定位階段扮演了公司與消費者之間最重要的橋樑，利用何種廣告內容才能與消費者清楚溝通產品之定位，是公司必須審慎思考的議題，畢竟唯有充分的溝通，此廣告才有意義。廣告定位（advertising positioning），是指企業從消費者需求出發，把整個市場，按照不同的標準分

為不同的部分或購買群，並選擇其中一個或幾個市場部分進行廣告調查、確立廣告主題、選擇廣告媒體、編寫廣告文案、實施廣告行為的系統廣告行銷策略。

(一)廣告定位的作用

廣告定位的作用如下：

1.正確的廣告定位是廣告宣傳的基準。

2.正確的廣告定位有利於進一步鞏固產品和企業形象定位。

3.準確的廣告定位是說服消費者的關鍵。

4.準確的廣告定位有利於商品識別。

5.準確的廣告定位是廣告表現和廣告評價的基礎。

6.準確地進行廣告定位有助於企業經營管理科學化。

(二)廣告定位的類別

廣告定位主要有兩大類：實體定位和觀念定位。

◆實體定位

所謂實體定位就是在廣告宣傳中突出產品的新價值，強調本品牌與同類產品的不同之處以及能夠給消費者帶來的更大利益。實體定位又可以區分為市場定位、品名定位、品質定位、價格定位和功效定位，如**表8-3**。

◆觀念定位

觀念定位是在廣告中突出宣傳品牌產品新的意義和新的價值取向，誘導消費者的心理定勢，重塑消費者的習慣心理，樹立新的價值觀念，引導市場消費的變化或發展趨向。觀念定位在具體應用上分為逆向定位和是非定位兩種，如**表8-4**。

(三)企業形象廣告定位

企業形象是組織的識別系統在社會公眾心目中留下的印象，是企業目的要素和觀念的要素在社會上的整體反應。現代企業形象的理論是以CIS理論，

表8-3　實體定位

定位	內容
1.市場定位	市場定位就是指把市場細分的策略運用於廣告活動，確定廣告宣傳的目標。廣告在進行定位時，要根據市場細分的結果，進行廣告產品市場定位，而且不斷地調整自己的定位對象區域。只有向市場細分後的產品所針對的特定目標對象進行廣告宣傳，才可能取得良好的廣告效果。
2.品名定位	任何產品都有一個名稱，但並不是隨機地選定一個名稱都可以的。在許多地區，人們在選定產品名稱時很講究一種吉祥和順達。而在現代社會中，企業開發和生產的產品，不僅僅是產品本身，而且在創造一種文化現象，這必然要求產品的名稱與文化環境相適應。日本在開發美國市場之前，曾派調查人員赴美國實地調查發現，美國人所使用的單詞中，最普通的第一個字母是：S、C、P、A及T。許多企業在隨後的產品名稱定位時，大都採用了在美國人那裡比較熟悉和經常採用的字母，日本企業的產品比較迅速地占領美國市場，與此不無關係。
3.品質定位	在現實生活中，廣大消費者非常注重產品的內在品質，而產品品質是否卓越決定產品能否擁有一個穩定的消費群體。很多廣告把其產品定位在品質上，取得了良好的廣告效果。
4.價格定位	把自己的產品價格定位於一個適當的範圍或位置上，以使該品牌產品的價格與同類產品價格相比較而更具有競爭實力，從而在市場上占領更多的市場份額。
5.功效定位	這是指在廣告中突出廣告產品的特異功效，使該品牌產品與同類產品有明顯的區別，以增強競爭力。廣告功效定位是以同類產品的定位為基準，選擇有別於同類產品的優異性能為宣傳重點。美國七喜汽水的廣告宣傳，就以不含咖啡因為定位基點，以顯示與可口可樂等眾多飲料的不同。

資料來源：MBA智庫百科（2010）。

表8-4　觀念定位

定位	內容
1.逆向定位	這種定位是用於有較高知名度的競爭對手和聲譽來引起消費者對自己的關注、同情和支持，以達到在市場競爭中占有一席之地的廣告定位效果。當大多數企業廣告的定位都是以突出產品的優異之處的正向定位，採取逆向定位反其道而行之，利用社會上人們普遍存在的同情弱者和信任誠實的人的心理，反而能夠使廣告獲得意外的收穫。
2.是非定位	是非定位就是打破既定思維模式下的觀念體系，創立一種超乎傳統上理解的、新觀念。在前面已經介紹過的美國七喜汽水廣告定位，就是屬於典型的是非定位，由於其典型性在很多地方又把是非定位稱為「非可樂定位」。

資料來源：MBA智庫百科（2010）。

即理念識別（Mind Identity, MI）、行為識別（Behavior Identity, BI）和外在表徵識別（Visual Identity, VI）所構成的企業識別系統（Corporate Identity System, CIS）為基本理論框架，企業形象廣告定位應該圍繞理念識別、行為識別和外在表徵識別所展開。

◆**理念識別（MI）的定位**

理念識別是企業的核心和統帥。一般來說，不同的企業，經營理念與理念識別的定位是不一樣的。不同的理念識別不僅決定著企業的個性特徵，而且決定著企業形象層次高低與優劣，如**表8-5**。

◆**行為識別（BI）的定位**

企業行為識別定位具體表現為：實力定位、產品形象定位、經營風格定位、企業經營行為定位和文化定位，如**表8-6**。

表8-5　理念識別（MI）的定位

定位	內容
1.經營宗旨的定位	經營宗旨是企業的經營哲學，它主要包括經濟觀、社會觀、文化觀。經營宗旨的定位事實上是企業自我社會定位，其類型大體可分為三類： 1.經濟性，它突出的是企業經濟效益。 2.經濟社會型，它講求經濟效益和社會效益並重，或者把重心偏重社會效益。 3.經濟、社會、文化並重型，它既講求經濟效益，也要求社會效益，亦十分注重對人類社會的文化貢獻。
2.經營方針的定位	經營方針是企業運行的基本準則。從社會性的角度來看，不同的行業，在經營方針的選擇和確定上具有一定的傾向性，而這種傾向性往往是由企業生存發展環境所決定的。在為企業經營方針定位時，既要注意行業自身的特點又要注重經營方針的指導性。
3.經營價值觀的定位	企業的經營價值觀是企業文明程度的標誌，反映出企業的文化建設水準。正確的企業價值觀，對內能夠產生巨大的凝聚力，對外可以激發出強有力的感召力。經營價值觀的定位，一旦經廣告傳播，會使企業的形象連同它的口號，深入到公眾心目中。

資料來源：MBA智庫百科（2010）。

表8-6 行為識別（BI）的定位

定位	內容
1.實力定位	這種定位是指在廣告中突出企業的實力，其中主要是展示企業生產技術、人才、行銷和資金，企業歷史現在和未來等方面的實力。
2.產品形象定位	這種定位是以突出企業的主要產品或名牌產品在同類產品中，具有的優勢和特質，而這種優勢和特質與企業整體形象的優勢與特質具有某些方面的融合性，即具有企業整體形象的鮮明代表性。如「麥當勞從不賣出爐後超過十分鐘的漢堡包和停放七分鐘以後的油炸薯條」，充分體現初期嚴格的食品生產、銷售的操作規範。其經營活動從一定程度上反映出麥當勞的經營風格。
3.經營風格定位	銷售人員乃至全體員工的管理水平、經營特點和風格，其目的是使企業從眾多經營同類產品的企業中脫穎而出。經營風格定位即在廣告中突出高層決策者、經營管理者、技術人員，如美國麥當勞廣告：「Q、S、C+V」（即品質、服務、清潔和附加價值），就把麥當勞的經營風格體現出來了。
4.企業經營行為定位	這是指透過把企業經營管理活動在廣告中進行定位宣傳，把企業經營行為、企業社會責任感傳遞到社會公眾，以達到贏得支持和讚譽的效果。
5.文化定位	文化定位就是在廣告中突出、渲染出一種具有個性的、獨特的文化氣氛，其目的是使公眾自然而然地為其所吸引，從而樹立起企業在公眾中的形象。文化定位是使廣告的內容不僅顯示商品本身的特點，更重要更關鍵的是展示一種文化，標示一種期盼，表徵一種精神，奉送一片溫馨，提供一種滿足。日本企業在中國銷售中，更加刻意追求中華民族文化的認同感，如豐田汽車公司的廣告語：「車到山前必有路，有路必有豐田車」。汽車廠商巧妙地引用了中國人非常熟悉的話，增強了廣告的感染力和滲透力。

資料來源：MBA智庫百科（2010）。

(四)廣告定位的考慮因素

廣告定位的考慮因素如下：

1.產品的創新，如果能被用來作產品的定位和差異化，那麼，這種創新的市場價值就特別大，它不僅為消費者提供了新的利益，同時它還是一件克敵制勝的行銷武器。例如：3M的便利貼與無痕掛鉤，3M便利貼是利用黏性較弱的膠附著於紙張背面部分區域，讓紙張可以黏貼於部分材質的平面上，所以膠會因為沾染到灰塵或雜質而減低其黏性。3M無痕掛

鉤／膠條系列拔下不傷牆面不留殘膠，天衣無縫的完美搭配組合，包含了許多3M對廣大消費者的貼心與巧思！雙面無痕膠條只要輕輕一拉即可將膠條取下，特殊黏料設計，不怕傷害到牆面／壁面，更不會留下殘膠讓你在那邊又刮又清的還是清不掉。

2. 商品到處充滿著同質化，當顯而易見的、重要的差異點都被說完時，那些次要的特點如果運用好了，也同樣能為行銷出力。

3. 廣告定位必須要與產品定位相一致，才能收到良好的效果。要做好廣告，必須針對目標顧客的心理需求「看客出招」。寶潔公司深諳此道，他們為不同的產品做了不同的電視廣告。這些「土洋結合」的廣告經久耐看，收效甚佳。

(五)廣告定位的策略

成功的廣告定位策略能幫助企業在激烈的競爭中處於不敗之地，能夠賦予競爭者所不具備的優勢，贏得特定而且穩定的消費者，樹立產品在消費者心目中與眾不同的位置。因此，在廣告策劃中，應準確把握廣告定位。廣告定位的策略可分為五種，如**表8-7**所示。

八、網路行銷、社群行銷與產品定位

行銷定義其中最顯而易見也就是最簡單的定義是：如何在一個實體傳統媒介或是現今虛擬網路的環境中，加速交換行為的活動，都可以稱為行銷活動。網路行銷最重要的一環是給企業或是產品一個定位。行銷或是網路行銷不只應用在可以量化的交易行為和產品的買賣行為，也可應用到政治活動和宗教傳播等。產品和品牌定位，主要包括產品屬性、利益、競爭者、使用者、品牌個性定位等。其中，最常見的是產品屬性定位，「屬性」是做行銷和品牌的基礎，也是消費者購買產品的主要考量因素，如買手機會考量產品的功能、大小、外觀和品牌等。若是在各個現今所能得知的通路中就屬網路行銷最容易能給出一個企業或是產品定位，其中以部落格行銷（如痞客邦PIXNET）、網路社群行銷（如Facebook、Twitter、微博與噗浪）與SEO關鍵字廣告策略等最為顯著。

表8-7　廣告定位策略

定位	內容
1.市場定位策略	即把產品宣傳的對象定在最有利的目標市場上。透過整合市場，尋找到市場的空隙，找出符合產品特性的基本顧客類型，確定目標受眾。可根據消費者的地域特點、文化背景、經濟狀況、心理特點等不同特點，進行市場的細緻劃分。策劃和創作相應的廣告，才能有效地影響目標公眾。例如，寶潔號稱「沒有打不響的品牌」，這源自於寶潔成功的市場細分理念。以洗髮精為例，寶鹼有飛柔、潘婷、海倫仙度絲三大品牌，每種品牌各具特色，占領各自的市場。這種細分，避開了自己同類商品的競爭，強有力地占領了市場。可見，廣告定位的正確與否直接影響到產品的市場效應和未來發展。
2.產品定位策略	即最大限度地挖掘產品自身特點，把最能代表該產品的特性、性格、品質、內涵等個性作為宣傳的形象定位。可以從以下方面入手，如產品的特色定位、文化定位、質量定位、價格定位、服務定位等方面。透過突出自身優勢，樹立品牌獨特鮮明的形象，來贏得市場和企業發展。
3.觀念定位策略	指在廣告策劃過程中，透過分析公眾的心理，賦予產品一種全新的觀念。這種觀念既要符合產品特性，同時又迎合消費者的心理，這樣才能突出自身優勢，從一種更高層次上打敗對手。這裡融入更多的是一種思想、道德、情感和觀念等。
4.企業形象定位策略	把定位的重點放在如何突顯企業的形象和樹立一個什麼樣的企業形象上。透過注入某種文化、某種感情、某種內涵於企業形象之中，形成獨特的品牌差異。真正成功的企業形象，是恰到好處地把握住時代脈搏，擊中人類共同的感動與追求。定位可以從企業文化的角度、企業情感的角度、企業信譽的角度、企業特色的角度來樹立企業的形象。「孔府家酒」一句「孔府家酒叫人想家」，注入了濃濃的思鄉情感；號稱中國第一酒的「茅台酒」，融入的是企業的信譽和品質。這些都成功地樹立了企業獨特鮮明的形象。
5.品牌定位策略	即把定位的著眼點落在擴大和宣傳品牌上。目前的市場競爭已進入了同質化時代，很多同類商品使消費者無法從簡單的識別中辨別出優劣。正如人們很難說出可口可樂和百事可樂哪個更好喝些。企業之間的競爭就在於品牌的競爭。誰搶先樹立了自己的品牌，就搶先贏得了商機。消費者有時購買商品就是選擇自己所喜愛的品牌。我們可以透過求先定位、求新定位、空隙定位、競爭定位等手段來在第一時間樹立起自己的品牌，建立起自己的消費群。

資料來源：MBA智庫百科（2010）。

　　在網路還不發達的年代，廣告主想要刊登廣告，主要是挑選一些傳統媒體，如雜誌、報紙、廣播、電視，購買其時間或版面，將廣告訊息刊登於其上，是先選擇媒體，再挑選頻道，以使廣告訊息傳達到訴求對象，這種方法稱為Media Buy（選擇媒體刊登廣告）。在網路時代開始盛行以來，上網成為全民運動，甚至有龐大的宅男宅女。Google提供許多免費的網路雲端服務，卻因此獲得極大的利潤，主要是靠賣網路廣告獲利，而因為其網路技術相當先進，已推動網路廣告進入Audience Buy時代。

　　近年來，Facebook從一家新興科技公司快速成長，搖身一變成為全球最大社群網站，不斷地推出新穎的技術與服務，在全球擁10億會員數的Facebook就是要運用其受歡迎的程度，在網路廣告市場上拓展更多商機；它這次增加了服務特色和廣告選擇，要在2015年前為其廣告營收量每年增加41億美元。在增加廣告行銷的產品種類上，Facebook可說是個中好手，然而，2010年8月18日，位於加州帕洛阿爾托（Palo Alto）的總公司舉行記者會公布一項新技術──網路定位服務「Places」（直譯為「位置」），被視為助其網路事業開拓版圖的一項新服務，將會助其更上一層樓（*Journal of Life*, 2010）。它可以供用戶與好友在網路上分享其現實生活中的所在位置；Facebook也藉此將觸角由虛擬世界延伸到現實世界，為未來的廣告商機鋪路。Facebook用戶利用手機定位功能登錄（check in）地址或公司名稱後，便可立即以地圖形式在Facebook網站上和好友分享自己所在之處。商家也可藉此服務寄發折價券或廣告到登錄用戶的手機裡。此外，若有其他人登錄其位置，用戶也可用「目前在這裡的人」（People Here Now）功能，察看周遭是否有其他Facebook用戶（即使他不是你的朋友），也可選擇隱藏自己的位置。Facebook執行長佐柏克說：「Places服務將幫助人們無論身在何處都可和朋友相連，而非僅待在電腦前時才能和朋友分享。」雖然Facebook並未說明要如何利用這項服務賺錢，但一般預料該公司此舉是要進軍快速成長的資訊供應和行動廣告市場。

　　分析師指出，Places服務將為Facebook帶來龐大商機，如地點定位廣告，且該公司也可和各地業者達成贊助或合作協議。廣告主早晚會把地點定位廣告納入行銷策略。Facebook終將和Google短兵相接。Google已建立地圖、資訊供應及廣告業務，更希望利用其龐大的資料庫，成為使用者手機登錄位置的主要平台，進而稱霸行動廣告市場。

　　Facebook的定位服務有何特點呢？身為網路社群老大、擁有全球最多會員數的Facebook即將提出的「定位服務」主打資訊分享服務，以及即時廣告定位。資訊分享服務主要提供用戶及時更新定位動態、告知移動方向，並且找到鄰近自己的朋友群；即時廣告定位則是資訊分享服務的延伸，廣告商或鄰近的百貨業者可以運用社群間彼此分享的定位和移動方向，更輕易地找到目標客群，甚至當客群接近商家時，廣告商能即時提供商品選單、廣告促銷等，讓消費者不用走進商店就能收到購買選單，進而採取購買決定。

　　為何定位服務逐漸興起？Facebook有超過四分之一的用戶使用手機上網功能，這些用戶也可以轉變成網路定位服務的潛在客戶；只要用戶接近賣場或加油站，商家可以即時傳送折價券或特價優惠等訊息，提供用戶們參考購買。就連在網路定位市場一路領先的Foursquare公司，也推動讓用戶參加地理定位的活動：用戶透過向網友說出自己目前位置，並完成定點拜訪則可獲得回饋獎；種種方式都有利於開拓定位市場。然而，技術上一路領先的Foursquare，其社群會員數上與Facebook相比卻是相形見絀；這也是Facebook急於運用廣大會員量推動網路定位的目標。

　　「數大就是美」這句話恰好能點出Facebook的市場優勢。過去，即時廣告定位的服務並無數量可觀的社群平台支持，所以看不到廣告行銷的優勢機會，但Facebook全球有超過1億的手機用戶，點燃了即時廣告的發展機會。

　　網路定位服務就像「潘朵拉的盒子」——科技推陳出新，欲望卻也層出不窮。現在，網友們將要開始適應這項新概念——時時刻刻分享他們的去處，也收到朋友們身處何方的訊息（簡國帆，2010）。

全球觀點

宏達電（HTC）智慧型手機之市場區隔策略

◎產品種類更多元，智慧型手機市場朝區隔化發展[1]

　　2009年是智慧型手機大放異彩的一年，相較之下，2010年是智慧型手機大躍進的一年。在這一年，智慧型手機將會出現明顯的市場區隔。例如，宏達電（HTC）的進化機（Evo）與詠嘆機（Incredible）以及蘋果（Apple）的iPhone 4，都是屬於暢銷的指標性高階智慧型手機。預付卡搭配智慧型手機也將形成風潮，例如，中興通訊（ZTE）日前宣布將在英國推出低於一百英鎊且不需綁約的Android手機「Racer」便是最佳範例。消費者對於智慧型手機的需求也帶動了行動網路市場的成功。更廣的3G網路涵蓋範圍、配備GHz級處理器的手機、最先進的作業系統與使用者介面以及多元化的手機應用與服務，共同構成行動網路市場空前成長的推動力。這些基本因素正形成一個風暴，進一步推動智慧型手機在2010年的成長。

　　近年來，宏達電由於受到新興廠商崛起的壓力，而創立了HTC打破了傳統的智慧型手機，利用智慧型手機的優勢，以進軍UMPC市場（伍忠賢，2007）。於1997年5月15日成立的宏達國際電子股份有限公司HTC Corporation，總部地點設置在桃園龜山。公司的年營業額超過1,526億元，而員工數達9,589人（引自鄭羽蓉等，2010）。

2011年6月HTC Sensation在台上市

◎爭勝負關鍵：應用手機市場[2]

　　HTC子公司多普達國際與宏達電、微軟（Microsoft）在全球市場的長期合作關係，已形成競爭實力，這股力量已不輸摩托羅拉或諾基亞這些國際一線品牌。能否將PC應用模式帶進手機市場，將成為下一階段競爭的致勝關鍵。以一款818智慧型手機（PDA Phone或Smart Phone）

一炮而紅的多普達（Dopod），在亞洲品牌市場，已取得舉足輕重的地位。只是，最近面對摩托羅拉（Motorola）、諾基亞（Nokia）等國際品牌即將大舉進軍智慧型手機市場。再加上母公司宏達電在歐洲市場開始推展自有品牌，並以3G智慧型手機CHT9000作為重要試金石；未來，是否與母子公司在市場上形成敏感的競爭關係，也成為多普達另一項挑戰。

◎中國市場兵家必爭之地

多普達的品牌事業為什麼會選擇從中國大陸市場開始？何以不是考慮從台灣市場起步？中國市場是一塊新市場，同時已是兵家必爭之地；所以，智慧型手機品牌在當地的「卡位」動作很重要。而且，讓消費者接受一個品牌是需要時間的，不管是品牌形象操作或市場機制建立，都非一蹴可幾。如果，等到中國市場已經起飛才準備切入，那就太晚了。至於台灣市場，不管是使用者對產品的認知，或是通路結構，都已經相當成熟，卡位的意義不大，反而需要一個好的產品來帶動品牌經營。

中國大陸市場的品牌經營策略與亞洲其他市場是否有所不同？差異何在？中國電信業者如中國移動等，對高階用戶的影響相當大。所以在大陸會採取「雙品牌」或「品牌合作」的策略。

◎多普達與宏達電做好市場區隔

多普達跟宏達電是策略夥伴，未來，會思考出一套整合策略，以創造雙贏的局面。最重要需思考的是：對消費者最好的做法是什麼？以便在通路及客戶服務方面進行資源整合，以滿足不同客戶的需求；在市場上，兩個品牌將進行區隔，以避免衝突，形成資源浪費。如何做到策略的一致性，以期在市場上創造綜效，比方說，發展一個應用軟體，以前都是各個國家自己做；未來，就是必須進行整體思考，不管是在產品、應用或服務，都要更早規劃，建立更完整的區域性思考。所以，多普達已經成立了一個團隊，就是推動整合性的產品開發策略，目的就是希望能做到「do once, use many」，創造資源共享的效益。

以往，多普達就是強調如何快速切入市場，所以，Time to Market是最高指導原則。現在，必須致力企業的核心競爭優勢。

未來，產品差異性的關鍵，在於內容取得的方便性、合法性、取得成本及使用介面。Windows Mobile平台還是很有優勢，它的優勢在於Windows相關族群龐大，包括周邊設備及軟體開發業者等，這一股勢力已經形成一個PC生態系統（PC Eco

System），而且，是一個全球供應生態鏈。

◎HTC之市場區隔

宏達電不斷地透過產品的創新，為消費者提供全新的使用樂趣。近兩年來，手機並沒有創新的功能加入，語音仍是主體，產品外觀就成為各家廠商市場區隔定位的最重要工具，顯然產業界並未及時提供消費者新的附加價值，無法刺激消費者新的需求（手機王，2002）。

將市場上的某方面行為或是需求上有所不同的顧客區分開來，組成不同的小區域，根據消費者需要及愛好來配合供給，發展出不同的產品線。而市場區隔的方法可以依地理因素、人口統計因素、行為因素、心理因素來區隔。在區隔的必備條件中，區隔市場必須是可以衡量的統計資料且能找出可以進入的市場，針對某一族群少數人的必需品去開發這個市場；再者，要有足夠的規模型態，即指購買的人群是否廣大；最後，區隔市場之間應有明顯的市場差異性，如銀髮族及年輕人的產品有差異性。HTC之市場區隔，依地理因素來看，在國家面，先往歐洲發展，之後再往亞洲，最後是北美，這是宏達電的市場策略，因為手機的規格和市場都屬於高階的商務人士，而且高階通訊規格在歐洲的使用度上，遠遠大於北美。而宏達電的先往歐洲最後北美的策略，也顯示宏達電是以市場的特性作為這個手機銷售方向。在人口統計因素上，職業層級多於老闆、高階主管、業務員之類的。因為要隨時聯絡客戶，故大多為高階的主管使用。在行為因素上，購買心態都因為這個品牌是由PDA手機推出的功能較為多款及PDA的價格較為高價，所以比較多為高階的商業人士來使用。至於心理因素的購買行為，現在許多人都有在投資股票市場，而一台HTC Touch就能讓商務人士可以隨時掌握股市的漲跌。

資料來源：1.EET電子工程專輯，〈產品種類更多元，智慧型手機市場朝區隔化發展〉，2010/10/15，http://www.eettaiwan.com/ART_8800623140_876045_NT_ea06411e.HTM

2.楊適仁（2007）。〈多普達國際總裁董俊良：爭勝負關鍵應用手機市場〉。《理財周刊》，第335期，2007/01/31。

問題與討論

1.如何進行全球市場區隔的方式與種類？

2.全球市場區隔變數為何？

3.有效區隔的原則為何？

4.何謂目標市場？目標市場選擇策略包括哪些？

5.何謂國際產品定位／國際市場定位？

6.高技術（high-tech）與高感性（high-touch）產品定位策略為何？

7.品牌定位包括哪些步驟？

8.廣告與產品定位包括哪些步驟？

9.網路行銷與產品定位包括哪些步驟？

Chapter

9

國際市場進入與擴展策略

- ◆ 國際市場之進入策略與進入模式
- ◆ 國際市場進入選擇程序與動機
- ◆ 國際市場進入決策考量與決定因素
- ◆ 國際化策略型態與差異
- ◆ 國際市場擴展策略

　　當一個公司決定從事國際行銷活動，並選定某些目標市場區隔後，即須思考如何進入該海外市場，並在當地執行行銷活動以達成所訂之目標。此時一個重要的決策即為國際市場進入策略（entry strategy）之選擇。不同進入策略對於企業之長、短期競爭優勢之建立、學習經驗、涉及風險、控制力及彈性皆有不同之影響。

　　國際市場進入策略反映出一個公司對海外市場之涉入程度，並影響爾後公司在海外市場之行銷方案以及營運目標之實現。因此，必須考量各種進入策略的成本及控制力之間的消長，亦受制於地主國法令的因素；一旦進入市場，若運作不如預期，其更新成本可能相當可觀。

　　本章首先討論企業之國際市場進入決策考量與決定因素（進入國際市場前的環境分析）、國際市場進入選擇程序與動機，其次為國際市場之進入策略與進入模式加以描述、分析並分別介紹各種海外市場進入策略的做法與優缺點，由於各企業在公司目標、資源能力、產品特性及成本結構均不盡相同，因此可選擇適合之進入策略亦不同。接著說明國際化策略型態與差異，最後討論多國企業可能採取之四種國際市場擴展策略，各種策略有其適用之公司類型。

 行銷視野

宏達電用HTC品牌經營模式進軍中國智慧型手機市場

　　根據中國本土市調機構易觀國際調查的資料顯示，今年第一季多普達在中國智慧型手機市場的市占率僅為1.6%，排名第8，而去年底才切入中國市場的Apple，市占率就已經高達5.4%排名第6；目前位居首位的是Nokia，市占率為29.3%。若從區域來看，北美市場占宏達電整體營收的五成，歐洲則是三成，亞洲則有兩成，但中國市場只有占宏達電營收的個位數百分比，因此，宏達電決定用HTC品牌來統一在中國市場的經營模式。宏達電於2010年7月27日在北京釣魚台正式宣布智慧型手機進入中國市場，並同時推出四款新產品。這是宏達電第一次以HTC品牌打入中國智慧型手機市場。

　　宏達電不僅是品牌手機廠商，也是Windows Mobile智慧手機的代工大廠，更是

宏達電與中國移動於2009年8月24日簽訂合作備忘錄

Android手機陣營的大咖。這次向中國市場所推出的這四款智慧型手機，就分別採用Windows Mobile 6.5作業系統和Android作業框架。這四款智慧型手機主要是和中國移動合作，不過宏達電也已經和中國電信與中國聯通進一步擴大合作關係。這三大關係的維護，以往主要是透過多普達的通路來進行，但現在則由宏達電這個品牌來主導。亦即，以後在中國市場，宏達電會採取HTC品牌統一的經營模式，來銷售智慧型手機產品。

宏達電用HTC品牌主攻中國智慧型手機市場，代表宏達電積極想藉由已在歐美建立起來的品牌優勢，回過頭來提升在中國手機市場的競爭力。品牌優勢的力量，也讓宏達電得以與中國移動、中國電信和中國聯通三大電信營運巨頭，維持並行的合作關係，順利打通中國的智慧型手機銷售通路。加上宏達電先前「小蝦米對抗大鯨魚」，在專利訴訟之戰直接對嗆Apple，讓宏達電在中國的知名度大大提升，水貨市場的銷售熱度更是水漲船高，對Apple的訴訟大戰自助打造出宏達電品牌在中國智慧型手機市場的有利條件。宏達電在中國智慧型手機市場的策略，便是零售通路和電信營運商通路並重。宏達電當然更不會對Apple積極搶攻中國市場的行動袖手旁觀。蘋果正在大幅擴展在中國直營商店的布局，在上海的旗艦店，蘋果已經打響第一炮。這對於宏達電來說，自然不會感到舒服。這次宏達電與中國移動合作推出四款智慧型手機，可說是狠狠地扳回一城。

資料來源：鍾榮峰（2010）。〈HTC出頭天，宏達電品牌手機攻入中國市場〉。CTIMES，2010/07/27。

第一節　國際市場之進入策略與進入模式

　　從事國際行銷時，必須要知道市場進入策略的重要性，因爲進入策略對企業的其他行銷決策有著很大的影響。如台灣的天仁集團轉戰大陸市場時，便以天福茗茶之名重新出發，透過加盟方式，成功地開啓了在大陸市場的知名度，更因此轉而進入海外多國市場，成功地成爲一個全球化的國際企業。

一、國際市場進入策略

　　Anderson與Gatignon（1986）認爲國際市場進入策略爲一企業尋求將其企業營運或功能擴充到國外市場之最佳方式；Root（1987）認爲國際市場進入策略乃是企業爲了將其產品、技術、人力資源、管理能力以及其資源移轉投入到國外時所採行之「機構性安排」（institutional arrangement）。Deresky（1994）認爲國際市場進入策略係企業爲因應國際競爭、國際市場飽和擴充意圖、新市場開拓和多角化時，所逐漸採行的一種過程，在其初期則以出口或授權、特許取得之方式加以進行；爾後逐漸地以合資、建立海外服務、生產、裝配工廠來因應國際上的競爭或是擴充其市場。

　　企業進入市場的方式，由於受到廠商彼此間複雜的競爭及合作關係之影響，種類變化繁多。進入策略乃是影響企業營運目標的重要變數，對國際企業而言，進入方式的選擇對其未來的經營績效產生重大的影響。

　　依在地主國市場之資源投入、風險大小及控制程度將國際市場進入策略分爲兩大類：

1.低涉入進入策略：如出口、契約生產（contract manufacturing）、技術授權等。當國外市場較小、風險較大時，可投入較小量的資源，降低風險，以進入目標地主國市場。

2.高涉入進入策略：如合資經營及獨資經營。此兩種策略須於地主國市場投入大量資源，其控制程度較高，但承受之風險也大。

二、國際市場進入模式

在進入國際市場時，首先當然是以能否獲利為首要考量，獲利來源一是增加營收，另一是降低成本。所以，進入他國市場，首先期望的是能夠因此創造新的市場與新的顧客，增加更多的銷售來提高營業額。可是，進入他國市場也會有許多運輸或是相關的成本增加，營業額增加可以因為規模經濟使平均成本降低，所以要在得失之間做出取捨的決定。

另外一個考慮因素是進入市場的風險，也就是不確定性的高低，當一個企業的能力與資金尚不足以掌握這些伴隨而來的不確定風險時，其計畫與執行就應該更加慎重。除了考慮商品或是服務之外，企業還要考慮資金的運用方式，甚至礙於法規與風土人情，還要考慮是否要透過合資或結盟。

不同之進入策略對於公司資源產生不同的承諾（commitment），其承諾水準由小至大排列如下：(1)出口（export）；(2)授權（licensing）；(3)建立當地倉儲設施，並設立直接銷售人員；(4)當地裝配、包裝作業；(5)全部當地製造及行銷。在這五種類型國際市場進入策略間還有許多其他選擇，如直接出口再由當地公司銷售、在當地設立區域代銷分公司，或經由海外獨立之授權或加盟系統建立不同之供應來源。在這些策略中，資源承諾水準最小者為在國外建立採購中心；承諾水準最強的是直接投資以建立完整之海外生產系統、儲運系統等。

依承諾水準的大小，國際市場進入方式分為：(1)出口；(2)契約生產；(3)技術授權；(4)管理契約；(5)轉匙營運；(6)合資經營；(7)三來一補；(8)特許授權；(9)策略聯盟；(10)購併；(11)獨資經營。

(一)出口

指企業在自己的母國生產，再將產品賣到其他國家的做法。多數的製造業在進行國際化的過程中，出口經常是最早採用的途徑。出口方式包括：

1.間接出口：運用貿易公司或其他外銷公司之協助完成出口業務。
2.直接出口：自行處理出口事務，包括市場調查、海外配銷商之選擇與海

外買主之聯繫、出口文件處理、訂單、信貸等。

3.背負出口：是一種合作行銷，亦即本國公司（稱為搭乘者）將其產品透過另一家公司（稱為背負者）的海外行銷網路銷售。

不論直接出口或間接出口，對於國外市場之生產或行銷活動皆不涉入，僅在本國從事生產。而由於廠商本身委託出口代理商來執行出口作業，此種進入策略可先瞭解地主國商情，作為未來進入當地市場之踏腳石。進入新的國際市場常用的方法，可以省下在地主國設立營運機構的成本，高運輸成本，地主國可能課徵關稅，出口廠商無法控制自己的產品在地主國的行銷與配銷，產品很難符合每個國際市場不同的需求。

(二)契約生產

即所謂代工生產（Original Equipment Manufacturing, OEM）方式，可再區分為三種層次，有低層次、中層次及高層次代工生產。代工生產方式可以不必考慮複雜之國外行銷環境。由於獲取外國廠商之訂單而進入海外市場，並可學習某種層次之新技術，若能大量生產則可降低單位成本，擴大市場占有率。但其被動性高，難以進一步成長及掌握市場，且本國廠商僅能賺取微薄之製造利潤，銷售利潤盡歸國外廠商所有。

(三)技術授權（technology licensing）

授權生產係授權者在海外市場尋找另一家公司（被授權者），雙方訂定契約，由授權者提供某些資產給被授權者，以收取權利金。授權者與被授權者藉由支付特定費用，即權利金（royalty），交換專利、商標、處方或任何有價值之資產。授權者對被授權者之策略及經營決策，僅有少量且間接之控制，亦不參與授權技術運用之利潤分配。以此方式進入外國市場，不須有任何資金投入，且可迅速進入國外市場，但授權者可能為自己創造出未來之競爭對手。

(四)管理契約（management contract）

提供專業管理知識（know-how）及專門技術給提供資本之地主國公司，可對當地商情進行瞭解及蒐集，為日後在地主國之商業活動進行鋪路。

管理契約的優、缺點如下：

1. 對買方而言：優點是風險小、維持產品品質穩定、可降低生產成本、增加產品供產彈性；缺點是培養新競爭者。
2. 對賣方而言：優點是自由經營，經營控制權自主。買方提供各種技術協助與支援，只負責生產與交貨，不須煩惱市場行銷等事務；缺點是缺乏行銷經驗傳承。

(五)轉匙營運

即整廠輸出，指賣方提供整套的工廠設備給買方，自廠房設計、規劃、建築、設備安排、測試、試車、員工訓練，乃至日後維修與售後服務等，均由賣方負責。轉匙營運的優、缺點如下：

1. 對供應商而言：優點是報酬高，無須負責建廠後的經營管理，不須受地主國直接投資或進出口法規限制；缺點是無法在地主國永續經營，技術流失致培養潛在競爭對手。
2. 對買方而言：優點是得到全盤的設廠服務；缺點是費用太高。
3. 管理問題與風險：較高的績效與報酬創新。

(六)合資經營

可分為均等股權合資（equal-equity joint venture）、握有50%以上股權之多數股權合資（majority-equity joint venture）以及握有50%以下股權之少數股權合資（minority joint venture）。合資經營具有較高之策略彈性，也可與合資夥伴分擔風險，共同分享生產、行銷、R&D、財務等資源，以增加競爭優勢（Porter, 1980）。合資經營已成為一種多角化、引介新產品、取得技術、進入新市場、擴張或收縮生產能量及垂直整合的新途徑。合資企業比獨資經營更能因應科技之快速變遷及日益激烈之產業競爭。但合資經營在利益分配、經營決策及人事布局等方面較易產生衝突。

跨國合資企業成功可歸納幾個重要因素：

1. 慎選合作夥伴：合資企業最好專精於不同技術或擁有互補性資源，以達

成綜效。此外,根據研究結果顯示,合作夥伴間擁有相似的規模,容易建立成功的合作關係。

2. 在合資關係開始前即建立明確的目標:雙方應充分溝通彼此對此合資關係的期望,並瞭解自己的權利與義務。

3. 溝通文化差異:在合資企業中應有精通各夥伴公司母國文化者,以扮演溝通橋樑。

4. 高階主管的承諾與尊重:母公司對於合資案應有高度承諾,以投入管理智慧與資源;而合資企業亦應建構一機制,接受母公司的資源。

5. 使用漸進的方法:合作關係可以由小規模開始,雙方建立瞭解與信任之後,再逐漸擴展合資的範疇。

(七)三來一補

是一種由外商提供技術、設備、管理經營、資金融通和國際市場行銷,而地主國提供土地、廠房、勞力以供運用,以外銷產品的合作方式。「三來」指的是來料加工、來樣生產、來件裝配。一補即「補償貿易」,指外資所提供的技術、設備等不以外匯計價,而是以投產之後所生產的產品抵付。

(八)特許授權

係指在約定的期間內,准許外國公司於國外市場上使用其資產、技術與設計等。企業買下在地主國製造與銷售企業產品的權利,授權企業依產品生產與銷售數量,向被授權企業收取忠誠金。由被授權企業承擔製造、行銷與配銷的風險,進軍國際市場風險最小的方式,企業無法控制自己的產品在其他國家的製造與行銷狀況,獲得的報酬少。經由授權,外國企業可能學得專利技術,在合約終止後,可能會有能力生產與銷售類似的產品。特許或稱連鎖加盟,由連鎖盟主提供加盟者一個特許權來運用所授予之商業資產。連鎖加盟可分為產品及商業模式加盟連鎖兩大類型。

(九)策略聯盟（strategic alliance）

專案式和契約式策略聯盟與合資經營的主要區別僅是在形式上,而非實質上。聯盟通常以訂定書面契約成立,有特定的存續時間,且不包含另一新企

業個體的創立。聯盟的目的常常只涵蓋某些特定的交換交易，如產品代銷、合作研發、共同採購、技術相互授權。策略聯盟使企業有盟友一起分攤風險與成本、企業可經由盟友瞭解各國的競爭狀態、法律、社會規範與文化特徵，結盟的雙方都可分享或獲得對方的知識與資源。

(十)購併

使企業可以快速進入新市場，跨國購併成本很高，談判也很複雜，必須面對不同的公司文化、社會文化與風俗民情。

(十一)獨資經營（wholly owned subsidiary）

成立全資子公司或設立新廠是較複雜與高成本的做法，但卻是獲得最大的控制權。若成功，可得到較多的報酬，保有技術、行銷與配銷產品等的控制權，也是高科技產業較常用的做法。握有100%海外公司股權，故可以完全控制經營管理，獨享營運利潤，並避免利益衝突及溝通之潛在問題。由於決策權統一，利於母公司之全球化策略（移轉價格、人事、技術等）之執行；但此策略為最昂貴之進入方式，且易招致地主國收歸國有及敵對心理，故風險最大。有些國家對外國投資之獨資企業之法律及租稅限制較為不利。若為爭取時效，全數併購外國公司（或其分支機構）之股權亦為一主要方式。

◆優點
獨資設立子公司之優點為：

1.國際企業更接近市場，並可獲更多國際行銷經驗。
2.基於企業本身全球經營之策略，可避免在合資企業所產生的目標衝突。
3.利潤皆屬於該企業，不必與合資者分享。

◆缺點
國外獨資子公司之缺點為：

1.需大量資源，包括資金及管理人才之投入。
2.由於獨資企業獨享經營權及利潤，可能造成當地國家主義高漲，視為對本土文化的威脅。

3.失去了合資經營之合夥人所帶來之好處。

Hill（1990）提出特許經營（licensing or franchising）、合夥（joint venture）及獨資（wholly owned subsidary）三種不同進入模式特質，顯現著不同程度的控制、資源投入及資源承諾程度，如**表9-1**所示。

表9-1　不同進入模式特質

進入模式	控制	資源投入	資源承諾程度
特許經營	低	低	高
合夥	中	中	中
獨資	高	高	低

資料來源：Hill, et al. (1990).

 # 第二節　國際市場進入選擇程序與動機

以下將分別介紹國際市場進入選擇程序及國際市場進入策略動機。

一、國際市場進入選擇程序

國際市場進入選擇程序，如**圖9-1**所示，說明如下：

1.總體環境評估：考慮進入國家的經濟發展、關稅、投資環境、政治穩定度、文化與語言差異、貨幣與外匯等等相關因素。亦即所謂的PEST（P-politics，政治；E-economics，經濟；S-society，社會；T-technology，科技）。

2.市場評估：包括市場規模、市場資料取得性、文化接受度、類似產品成長體力。

3.競爭評估：包括獲利預估、進入成本、銷售預測、進入難易度、現在和潛在競爭。

4.公司評估：本身資源能力評估。

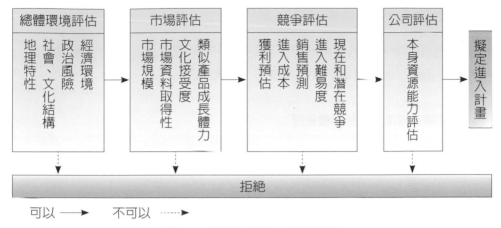

圖9-1　國際市場進入選擇程序

5.擬定進入計畫。

二、國際市場進入策略動機

Eiteman與Stonehill（1979）認為一般企業在進行海外投資活動時，其主要乃是由於一連串策略性（strategic）、行為性（behavior）與經濟性（economic）動機所促成。Daniel與Radebangh（1989）則認為企業進入國際市場，主要乃是為了拓展銷售（sales expansion）、獲取資源（resources acquisition）以及進行多角化（diversification）。

Czinkota、Rivoil與Ronkainen（1992）特別將國際市場進入策略動機歸納為積極的動機，包括：追求利潤利益、獨特的產品、技術優勢、獨有的資訊、管理契約、稅賦利益以及規模經濟；另一則為消極動機，包括：競爭壓力、產能過剩、國內銷售量遞減、國內市場飽和、生產過剩、接近顧客或市場等因素。

各種進入策略的動機可歸納為下列四類：

1.利潤導向：投資報酬率、現金流量、降低成本。

2.市場導向：市場滲透、市場穩定、市場榨取。

3.競爭導向：追隨競爭者、阻滯競爭者、創造競爭局勢、追隨客戶。

4.策略導向：技術轉移、控制、產品多元化、地區多元化。

彙總有關學者之研究將國際市場進入策略動機彙總歸納爲：環境導致、生產效率追求、市場追求三大動機類型，如**表9-2**所示。

表9-2　國際市場進入策略動機彙總

動機	進入國際市場之動機
環境導致	・國內市場難以立足 ・國內市場飽和 ・國內市場競爭激烈 ・國內銷售量遞減 ・政府獎勵措施 ・勞力成本問題 ・高關稅阻礙問題 ・外銷配額問題
生產效率追求	・剩餘產能、老舊設備再利用 ・爲取得較低廉或較稀少之原物料 ・降低成本 ・取得特殊技術或知識 ・技術的服務 ・爲充分發揮公司所擁有的工業產權（專利權、商標、品牌、製造程序）的價值 ・達成規模經濟之利益 ・學習歷程
市場追求	・國內市場競爭激烈 ・國外市場具有獨特吸引力 ・分散風險、實行產品多樣化和地理分散化 ・蒐集當地資料 ・擴大當地市場 ・確保當地市場 ・爲保衛本身原有的貿易地位、市場地位 ・協助當地已有之本國企業配額、當地的紅利分配 ・爲配合大買家的需要 ・促進對其他國家輸出 ・銷售通路的需要

資料來源：劉紀平（1997）。

第三節　國際市場進入決策考量與決定因素

　　國際市場進入策略已成為國際企業研究的主要潮流之一，許多跨國家之活動也已成為國際企業學術研究關注的焦點。因此，許多實務界人士也意識到國際市場進入策略的重要性，成功的國際市場進入策略可增加組織在全球市場的競爭優勢。以下介紹國際市場進入決策考量因素與決定因素。

一、國際市場進入決策考量因素

(一)政治風險等六因素

　　國際市場進入決策考量因素：(1)政治風險；(2)市場可接近性；(3)要素成本及狀況；(4)運輸考慮；(5)國家公共建設；(6)外匯交易。

◆政治風險

　　來自於地主國未來政治變化的不確定性，和地主國政府對外國企業未來利益損害的不確定性。一般包括四類：

1. 總體政局風險：產生於企業對地主國政治制度前景認識的不確定性。總體政局不穩定不一定會迫使企業放棄投資項目，但肯定會干擾企業經營決策和獲利水平。
2. 所有權／控制風險：產生於企業對地主國政府註銷或限制外商企業行為認識的不確定性，包括政府的沒收和國有化行為。
3. 經營風險：產生於企業對地主國政府控制性懲罰認識的不確定性，主要表現在對生產、銷售、財務等經營職能方面的限制。
4. 轉移風險：主要產生於對地主國政府限制經營所得和資本的匯出認識的不確定性，也包括貨幣貶值的風險。

◆市場可接近性

　　能否透過媒體、地點或管道，接觸消費者，以便和其溝通，促使交易發

生。市場難以接近的原因：

1.潛在購買者過於分散或遙遠。
2.潛在購買者刻意隱藏身分或拒絕回應。
3.法令或社會規範的阻撓。

◆要素成本及狀況

Dunning（1993）認為對外投資的函數包括：

1.企業能力要素：指廠商所擁有的特殊生產資源。
2.內部化激勵要素：指廠商一旦擁有特殊優勢，將會考慮往國外生產以充
　分發揮其利益。
3.當地要素：進入國際市場必須面臨新的策略嘗試，同時必須支付甚高的
　策略性資訊成本。

◆運輸考慮

進入國際市場須審慎選擇優越投資位置，設立外國及工廠，應考慮運輸
成本，例如，鄰近世界重要消費市場：中國大陸、印度、印尼，對台灣來說，
相對運輸成本較低。

◆國家公共建設

指一國之交通運輸、電信、網路等基礎建設。

◆外匯交易

外匯交易包括貿易與投資、投機與投資、避險三項。

1.貿易與投資：進、出口廠商實質外匯需求，企業進行海外投資。
2.投機與投資：外匯市場之經濟交易活動涉及匯率波動劇烈之高度風險
　性及投機性，投資人若純粹以市場心理因素而作操作估計，即屬投機活
　動。但是，若依基本經濟遠景而作適當的調整估計則屬投資活動。
3.避險：當兩地貨幣的匯率發生變化時，進口和出口的商品、國外資產的
　價值也隨著變動，使該企業暴露在匯率的風險之中；為抵銷匯率變動造
　成的匯兌損失，藉由反向操作來採取避險措施。

(二)國家因素等三因素

國際市場進入決策考量因素還可依國家因素、產業因素與企業特性區分如下：

◆國家因素

①政治法令

因各國制定的配套政策法規有所不同，各國的行政訴訟和法系不同，也會出現執行的差別；各國政體的差別和執行協議方面調查的困難，仍然存在著產生於綜合文化、政治法律方面的阻礙。

②文化差異

當國家文化之差異愈大，則國家間一般組織和管理的實務之差異就愈明顯，而造成管理成本之大增，因此文化因素是導致不同國家間，存有不同之認知，或實際成本以及不確定情況，並導致不同之進入模式。

換言之，此時表示地主國因素影響進入市場之策略選擇。消除文化差異因素對貿易不利影響的最有效辦法是推動世界文化的融合，形成一種協調配合、相互尊重的多元文化綜合體，使文化差異對貿易的不利影響消失，並推動貿易自由化的發展。

1. 面對文化差異對貿易的影響，為進一步推進世界貿易的自由發展，必須採取有效措施，扶持發展中國家特別是最貧窮國家的經濟發展；促使貿易環境法制化、規範化；建立國際性文化交流組織與文化交流中心，進行多層次、多形式的文化展示與交流；在國際貿易策略的制定上注意與當地文化的融合；進行多種方式的文化融合與培訓，培養推進文化融合的跨文化管理人才。

2. 加強國際性的文化交流，以消除觀念、習慣、語言和藝術鑑賞等方面的貿易阻礙。

3. 企業應注意與當地文化的融合，創造當地人接受又有吸引力的情境，然後是在整個經營設計過程中注意配合文化環境要求進行創新，既要創造出適合銷售國文化的產品，又要使定價的方式和程度為之接受，還要找

到適合當地習慣的通路，採取購買對象樂意接受的宣傳方式。

4.培養推進文化融合的跨文化管理人才。透過文化融合促進國際貿易的自由化發展，關鍵是具有文化融合意識和知識的管理人才的培養，主要進行文化理解的培訓、文化應用的培訓、實地文化考察的培訓、相互交流的培訓等。

③生產要素及基礎建設

資本、勞工、當地自然資源和基礎建設等生產要素，會影響企業的競爭力，一國儘管有豐富的生產要素，但是政府的制度，不能完全保證各國的貿易商品在國際間都具有優勢。因為各國對於商品間的需要型態不同，全球化的新趨勢，任何依各國家可以在全世界作有效生產要素以及資源配置，不一定需要仰賴國內的生產要素。

④地理距離

距離因素主要影響貿易的運輸成本，這個運輸成本很大地影響了各國的貿易對象，比如德國的貿易對象，主要是歐洲國家。由美國的貿易對象，可以感受距離對國際貿易的影響。美國第一大貿易國是加拿大，主要原因是兩國邊界緊密相連，且是自由貿易區。國家之間貿易的規模與國家之間距離大小成反向關係，與國家GDP大小成正關係，與海運的便捷程度成正向關係。中國大陸的貿易對象，主要是日本、美國、韓國、台灣、香港。

⑤風險

進入國際市場牽涉到不同買方地區的貿易及關稅條例、貨物品質檢定或貨運安排，而且存在著政治、經濟不穩定，匯率波動等因素；再加上商業信用已成為國際市場的習慣，出口商必須跳出習慣性思維，認識各種付款方式帶來的利弊得失，增強防範信用風險的意識，加深對市場上各種風險管理工具的瞭解，並建立信用風險管理機制。

◆產業因素

包括：

1.市場需求概況。

2.市場競爭狀況。

3.合作風險。

4.網路動機。

5.全球產業集中程度。

6.相對競爭力。

7.當地進入障礙,如當地公司擁有政府特許力量或壟斷通路、原料來源、市場風險、產業的成長性、技術性的密集度、廣告的密度。

◆企業特性

包括企業掌握產業核心技術時,偏好直接投資而非授權;小型公司因缺乏管理知識及財務資源從事直接投資,則傾向於授權。但若企業有高度研發投資或行銷的優越條件,則傾向於直接投資而非授權。全球化需求愈強愈需要對全球據點控制及協調,因此宜採用海外直接投資。

①內部資源與能力

企業的內部資源條件決定了其能否和如何有效利用外部環境提供的機會並消除可能的威脅,從而獲取持久的競爭優勢。在戰略分析中,企業應當全面分析和評估內部資源的構成、數量和特點,識別企業在資源稟賦方面的優勢和劣勢。資源包括資本、管理資源、開發中國家運作經驗。廠商資源條件包括規模大小、跨國營運的經驗、廠商獨有技術、管理知識或行銷技巧。

②進入時機

第一,先進入者可能會有的競爭優勢:先占優勢。

1.率先建立消費者認同與忠誠度,在消費者心中建立起第一品牌印象。
2.率先與供應商、通路商或當地利益關係者建立關係,可藉此掌握供應鏈及消費者行為變化,並建立周全的銷售網路。

第二,先進入者可能會有的競爭優勢:有較下滑的學習曲線。

1.先進入者對當地市場有較高熟悉度,可及早累積營運經驗與市場知識,學習成本較低。
2.先進入的成本優勢可反映在價格上,左右市場機制,讓後進入者沒有生存利基。

第三，後進入者可能會有的優勢：避免過高的不確定性。

1. 由於對地主國市場的不熟悉，企業經營失敗的風險與成本較高。
2. 降低教育成本，當地主國消費者對於企業銷售的商品不瞭解時，企業需要負擔教育消費者接受與使用的成本。
3. 學習與修正前人的錯誤，後進入者可記取先進入企業失敗的教訓，加以修正。

第四，影響進入時機的因素：地主國相關上、下游產業的完整性。

1. 上游供應商與下游通路體系完備時，會吸引企業提早進入投資卡位。
2. 跟隨上游供應商或下游顧客的腳步國際化，當客戶到海外設廠，爲了繼續維持供應關係，企業會跟著到海外投資。
3. 面對競爭者國際化布局的壓力，競爭者若開始拓展海外市場，企業也會考量跟進，以維持競爭力。

③產品生命週期（Product Life Cycle, PLC）

是產品的市場壽命，即一種新產品從開始進入市場到被市場淘汰的整個過程，也就是要經歷一個開發、引進、成長、成熟、衰退的階段。而這個週期在不同的技術水平的國家裡，發生的時間和過程是不一樣的，期間存在一個較大的差距和時差，正是這一時差，表現爲不同國家在技術上的差距，它反映了同一產品在不同國家市場上的競爭地位的差異，從而決定了國際貿易和國際投資的變化。

④彈性

市場擴展策略之考量有四個向度：第一種策略爲「窄而集中」的策略：集中在少數國家之少數市場區隔營運，此爲多數資源及經驗不豐富的企業最先採取之策略。第二種策略爲「國家集中而市場多元化策略」：其策略集中在少數國家內的多種市場區隔，此一策略爲許多州多國企業所採用，其偏好營運於州地區並尋求擴展到新市場區隔。第三種策略爲「國家多元化而市場區隔集中化策略」。第四種策略爲「多國家多區隔策略」，適用於多角化的大企業集團。

二、國際市場進入方式的決定因素

選擇國際市場進入方式的決定因素可分為內部及外部兩個重要影響因素：

(一)內部因素

包括公司本身的經驗、技術及產品的特色、整個公司有多少的能力可用、生產單位的最低經濟規模、資金及管理資源的有無及多寡、對外經驗多是否愈易失去控制、公司承擔風險的意願以及公司長期目標等。在很多情形下，只有一個或少數變數支配了進入決策，同時選擇必牽涉到無法兼顧各項目標的權衡局面。公司管理當局可以影響的因素，包括：

1. 公司產品因素：如公司產品差異程度、技術密集度等因素。
2. 公司資源 / 承諾因素：若公司在管理、資金、技術創新和生產技術等方面資源豐富，其所採取的國際市場進入策略會比資源較缺乏的公司所採取的進入策略有所不同，而除了資源因素之外，公司進入國際市場承諾程度亦會有影響。

(二)外部因素

包括地主國的政策及管制（恐懼減弱競爭或外資支配）、市場大小及吸引力高低、國外市場的競爭情況、政治風險的大小以及當地供應來源的有無及多寡等；公司外部因素是指公司管理階層決策所無法影響之因素，如市場、國內外環境等因素。包括：

1. 地主國市場因素：如當地市場大小、市場潛力、競爭結構和通路結構等。
2. 地主國環境因素：如當地的政治、經濟和社會狀況，其中政府的政策和法令規定影響甚大，其他如關稅、配額、地理距離、經濟型態、文化差異度等因素。
3. 地主國生產因素：如當地的人力、能源、自然資源的成本、數量和品

質，以及公共設施的完善程度等。

4.母國市場因素：包括本國市場、資源和環境狀況與政府對企業進入國際市場的態度等因素。

　　地主國特性，包括：當地市場潛力、投資風險及該國對外投資的法令。若地主國的投資環境有高稅率、法令限制或高政治風險時，企業則傾向於授權方式而非直接投資，反之亦然。若地主國之技術能力較強時，則傾向於授權；再者若當地市場規模擴大時，則偏好當地投資，因為市場規模大，企業可分散其投資海外的高固定成本。

三、Dunning（1988）的折衷典範理論——OLI優勢

　　Dunning（1988）針對各類理論加以調和，提出折衷典範理論（eclectic paradigm）——OLI優勢（ownership，所有權；location，地點；internalisation，內部化）如下：

(一)所有權優勢（O要素）

可分為：

1.企業擁有財產權或無形財產，如產品創新、生產管理、組織及行銷系統、未明文化的知識、人力資源庫等。

2.經由營運管理取得的優勢，如多國籍企業海外分公司相較於當地公司的優勢，包括獨占力量、較易取得資源（如較易自母公司取得較低成本的各種協助等），由國際化取得的優勢，對國際市場有充分的知識，藉國際化降低風險。

(二)地點優勢（L要素）

考慮國外直接投資地點選擇：

1.資源及市場上空間的分散程度。

2.要素投入之價格、品質、生產力。

3.國際運輸、通訊費用。

4.投資有利或不利誘因。

5.對產品貿易之人爲障礙。

6.基本建設的提供。

7.文化、心理上的距離。

8.產品開發、生產、行銷中央集權的經濟性。

9.政府政治、經濟體系之差異。

(三)內部化優勢（I要素）

指廠商一旦擁有特殊優勢時，將會考慮到國外生產，以充分發揮其利益：

1.降低尋找及談判成本。

2.降低特殊的財產取得成本。

3.降低買方不確定性。

4.實施市場差別取價。

5.確保中間財及最終財之品質。

6.獲得經濟上交互依賴利益。

7.避免政府干預。

8.控制產品供應及銷售條件。

9.控制市場出貨狀況。

10.交互補貼或制定國際行銷戰略。

　　企業對國際市場進入模式的選擇乃是基於不同國家營運所面臨的策略性關係而定，故選擇某種特定的進入模式時，需考慮其環境變數、策略變數和交易變數所共同決定的企業整體策略性地位。而不同的國際市場進入模式選擇實隱含著不同程度的控制、資源承諾及技術擴散風險。其中，策略變數將決定對不同程度控制的需求，包括國家差異程度、規模經濟範圍、全球集中化之考慮等；環境變數則影響對國際營運之資源承諾程度，包括國家風險、地區熟悉度、需求狀況、競爭狀況等考量；交易變數則反應向國外擴張所須承擔的風險，包括企業know-how之價值及know-how的沉沒成本。

　　歸納上述，企業可以六個指標作爲進行國際市場進入策略的決策依據：

(1)環境之機會與風險；(2)競爭之風險；(3)企業強度；(4)產品通路直接性；(5)比較成本；(6)公司政策及認知。從交易成本的觀點出發，國際市場進入模式的選擇，可視為在具有相當程度的風險與不確定性情況之下對控制與資源承諾成本的一種抵換（trade-off）結果。至於選擇某種進入模式的效率則取決於下列四項決定最適控制程度的因素：(1)交易資產的專屬性；(2)外部不確定性；(3)內部不確定性；(4)搭便車的可能性。亦即此四項因素將決定企業對其營運活動控制程度的需求，而其進入模式的選擇則依不同控制程度需求來決定。當交易資產的專屬性高，外部不確定性高、內部不確定性高及搭便車之可能性高時，皆適合採取控制程度高的進入模式。

影響台灣企業國際市場進入策略選擇的因素為：(1)產品內部化需求；(2)能力、政策與市場機會的配合程度；(3)外資比例；(4)面對國際經營風險的積極程度。其中，當產品的內部化需求高或企業本身能力、政府政策與市場機會的配合程度佳，或企業愈積極面對國際經營風險時，將導致其選擇涉入程度較深的進入策略。產品特質、交易成本額度、海外市場環境、國際策略與動機、組織因素等皆對國際市場策略模式的選擇有顯著性的影響，策略模式之決策活動，為成本與收益分析之決策行為。企業在考慮地主國之經濟機會及政治風險高低之後，決定採取何種進入策略。若經濟機會低、政治風險高之國際市場，則企業較傾向於在當地的資源涉入最低，此時可能採用出口或授權方式進入當地市場；若經濟機會高，政治風險低之國際市場，則企業可投入較高的資源於當地市場以獲取高的利益。

第四節　國際化策略型態與差異

一、國際化策略的型態

國際化策略乃確認國際化的機會、探查資源與能力、利用核心能力、策略性競爭力。其結果，擴大市場規模、投資報酬率、規模經濟與學習、地點優勢。公司因改變其營運以適應特定國家需要的程度，以及總公司控制國外營運單位或讓其自治的程度，而發展出不同的國際企業經營模式。

　　Doz與Prahalad（1991）針對國際策略研究的探討，以兩個構面進行分析，所謂全球整合係指國際企業必須能對其擁有的資源進行整合，以達成經濟規模，致力全球性產品的生產，以滿足全球性顧客的需求；地區回應則是國際企業必須滿足對地區回應的需求，例如通路與市場結構的差異、地區習慣與消費者口味與東道國的壓力。亦即國際企業必須同時思考企業是否具備「全球整合壓力」與「當地化回應壓力」的能力。全球整合壓力、當地化回應壓力其主要原因有三：消費者品味和偏好差異、基礎建設、當地政府要求。Doz與Prahalad（1991）依「全球整合壓力」和「當地化回應壓力」兩構面進一步提出一個IR Grid認為企業在面對全球整合壓力高、當地化回應壓力低的競爭環境應採全球策略；在面對全球整合壓力及當地化回應壓力皆高的競爭環境，應採所謂多元集中策略；在面對全球整合壓力低而當地化回應壓力高的環境宜採地區回應策略。Hill（2005）依多國籍企業在全球市場競爭必須面對的成本壓力（cost pressure）和當地化回應壓力（pressure for local responsiveness）的高低程度，將國際企業策略分成四個狀況進行分析，建構出企業進入國外市場及競爭於國際環境的四種國際化策略型態，包含國際策略、多國策略、全球策略與跨國策略，如圖9-2所示。

(一)國際策略（international strategy）

　　藉由移轉有價值的技術與產品到國外市場，以創造價值適用於具有獨特

圖9-2　國際化策略型態

競爭優勢的企業,當企業處於低度當地化回應壓力與低度成本降低壓力,企業面對的是相對較低的當地化回應壓力和成本遞減壓力,因此國際企業通常藉由轉移由母國所發展出的差異化產品到新的海外市場以創造價值;而產品創新功能則集中於母國。國際策略的企業乃是將母公司的知識和能力移轉至海外市場,Venon(1966)提出的國際產品循環理論,即描述這種企業國際化動機與知識轉移與利用的情況:企業將他們藉由母國發展出來先進的產品、製程或策略由母國轉移到較不發達的海外市場。典型的美國公司如奇異、寶鹼等在海外設立公司時,其組織及營運方式往往直接應用母公司發展出來的方式,而其技術也往往採直接移轉略加修改。

(二)多國策略(multinational strategy)

多國策略是將策略性與作業性的決策授權給每個國家的事業單位,公司傾向於達到地區回應之最大化,當企業處於高度當地化回應壓力與低度成本降低壓力時多國策略才顯得有意義。此經營模式秉持最佳資源分配與責任授權原則,讓海外據點自行針對市場差異加以回應;即總公司視海外據點為一串獨立的事業群,讓他們能依當地環境不同做立即的處理。財務控管由根據地的中央總部集中,生產、銷售與行銷、服務等營運分權於其他國家。如果當地回應的壓力高而成本遞減壓力低應採用多國策略,因其可快速回應每一國家不同顧客需求,同時將母國發生的技能和產品轉移到國外市場,並傾向於建立整套價值創造活動,採行多國策略的企業在國際化時,傾向於將各國子公司視為獨立的事業體。其目的是企業希望能滿足各國間的差異化需求,包括客戶愛好、行業特色、政府管制的國家差異做出反應。多國企業的組織採取分權的方式將資源分配給各個子公司,子公司察覺當地需求,並倚賴當地擁有資源做出反應。多國企業對地區的需求差異較為敏銳,能夠適時根據地區性需求彈性進行產品生產;缺點是由於各國分公司不能適當利用其他國家分公司的知識與能力,容易產生重複投資的現象或是「不是本地生產」的副作用,效率不足而不能形成規模經濟。

(三)全球策略(global strategy)

公司著重於藉由經驗曲線效果與區域經濟來達到降低成本以增加獲利

率，當企業處於低度當地化回應壓力，與高度成本降低壓力時比較傾向採取跨國策略。全球策略的經營模式是將整個地球視為一個單位市場，總公司有極大的控制權，海外營運據點只是被動地根據總公司的指令扮演生產、銷售與行銷、服務的角色，資源或知識幾乎完全依賴母公司。主要是追求低成本策略，採用全球化策略之企業，由某些具有低成本優勢的地方生產標準化產品，然後供應全球市場。且僅以有限的修改以適應不同的需求狀況。標準化產品使得企業能夠達到全球性的規模經濟要求，進而降低成本、降低售價。全球績效可能藉由國際轉移資源來拓展區位經濟，以及由標準化產品與做法拓展經驗曲線效果，取得規模經濟。管理大師Levitt指出，全世界的需要與欲望無可避免地趨於一致化，科技社會與經濟的發展將創造出單一的世界市場，企業必須以全球產量的規模經濟才能保持競爭力。採取全球策略的公司假設全球市場的需求相同，強調單一產品全球效率。在組織的運作上將海外據點視為產品的輸送帶，強調中央集權，這種做法反應在其產品的設計和製造策略，而其資源和資產是由母公司完全掌控。

(四)跨國策略（transnational strategy）

企業並非單純將母國技術與產品移轉至海外市場，當企業處於高度當地化回應壓力與高度成本降低壓力時比較傾向採取跨國策略。相對於多國策略的分權式營運及全球策略的集權式控管，跨國策略的經營模式一方面允許各地分公司有其自主權，但由於不同地區之間發展程度不一，彼此有許多資訊互通，總公司則站在協調的立場，使地區之間能夠彼此相互觀摩學習。幾乎所有價值附加活動以全球觀點管理，而非參照國家界限，達到資源之供應、需求及當地競爭優勢最佳化，試圖同時達成低成本和差異化優勢，企業必須利用以經驗為基礎的成本效益和位置經濟，轉移企業內的特異能力，並同時注意當地回應的壓力。跨國企業一方面強調全球整合的效率，一方面適當的進行地區差異化，以保持公司對各地市場的反應彈性，一方面維持全球學習與開發創新的知識能力。資源並不過度集中於母公司，而是依據各地情況彈性配置資源，例如，勞動密集型零件集中於低工資國家生產，R&D則依據市場反應與特定科技的先進程度配置資源，以達成全球開發創新的能力。跨國企業強調資源配置採取整合的網路架構，資源一部分留在母國，一部分外部集中於各國以強調效

率，而各子公司間建立相互依存關係以協調分散各地的資源運作。產品的設計採取模組化架構，產品的模組細部設計與造型可以依據市場需求差異化，但基本零件與設計則強調標準化以達成規模經濟。

二、國際化策略的差異

國際企業經營國際化策略的差異，反映各產業競爭重點的不同，例如：家電業的競爭重點在於整體供應鏈運作效率，故多採全球策略模式。日用品業由於各地市場差異極大，若採多國策略模式，客製化產品或依照當地回應行銷，營運成效較佳。而通訊業由於各地發展條件不一致，故以跨國策略為宜。企業選擇國際企業經營策略，需先認清公司在產業中競爭的重點所在，實際從產業發展態勢與企業本身能力來衡量，以決定採取何者為最具競爭力優勢的策略。必要時可考慮採取策略組合方式使績效最大化，因時因地制宜，而不拘泥於特定之國際企業經營模式。

根據Hill所提出的國際企業之四種策略型式，加以彙整並且與組織結構和控制之關係，分別探討四種策略如何影響其組織結構與控制系統，如**表9-3**所示。

(一)多國企業（MNC）

企業追求多國策略時，其重點在於本土回應，並採行全球性區域組織結構（worldwide area structure），決策分散，海外子公司各自獨立自主。單位間

表9-3　策略、結構和控制關係彙總表

	多國策略	國際策略	全球策略	跨國策略
垂直差異化（職權集中程度）	授權	核心能力集中其餘授權	某些集中	集中與授權並行
水平差異化	全球性區域結構	全球性產品部門	全球性產品部門	非正式矩陣
協調的需要	低	適中	高	非常高
整合機制	沒有	少許	多	非常高
績效模糊性	低	適中	高	非常高
文化控制需要	低	適中	高	非常高

的協調低，總部對海外營運的管理係依賴產出和官僚控制與例外管理政策，文化控制的需求低，企業透過對各國差異性的敏銳度和回應能力，建立起強健的當地企業形象，也就是企業在經營分散各國的一連串分公司。

(二)國際企業（IB）

企業追求國際策略時，企圖藉由母公司移轉核心能力至海外子單位以創造價值，並採行全球性產品部門結構（worldwide product division structure）。總部集中控制核心能力的來源，如R&D和行銷功能協調需要適中，在控制上仍透過產出和官僚控制，藉由企業對世界性的推廣和調適，利用母公司的知識和能力綜合各國的差異化，整合全球的運作，共同開發及分享母公司的知識和能力，使分散的資產和資源相依存。

(三)全球企業

企業追求全球策略時，其重點在於位置和經驗曲線的實現，亦採行全球性產品部門結構，總部負責協調全球分散網路的價值創造活動，故決策更為集中。在控制上除了產出與官僚控制外，仍然強調文化控制，將世界市場視為一個整體，藉由企業集權式的全球規模生產據點，獲得低成本的全球優勢。

(四)跨國企業

企業追求跨國策略，其重點在於同時達成位置和經驗曲線經濟，本土回應和全球學習，採行產品與區域的矩陣結構（matrix-type structure），需要協調全球分散的價值鏈，同時需要回應本土的壓力，因此需廣泛地利用正式和非正式整合機制，包含正式的矩陣結構和非正式的管理網路。為降低控制成本，除了運用官僚與產出控制外，跨國公司需要文化控制，以整合網路為架構，調整各地組織的角色與責任，建立跨國創新程序。

而Hill（2005）同樣採用Bartlett與Ghoshal（1989）的觀點，將國際策略、全球策略、多國策略與跨國策略等四種國際化策略之優缺點比較如**表9-4**所示。

表9-4　國際化策略比較

策略型態	優點	缺點
國際策略	・轉移核心能力至海外市場	・缺乏當地化反應，較難兼顧不同市場需要 ・無法獲得經驗曲線效果
多國策略	・客製化產品銷售 ・充分回應當地需求	・無法獲得經驗曲線效果 ・無法獲得核心能力至海外市場
全球策略	・獲得經驗曲線效果	・缺乏當地化反應
跨國策略	・獲得經驗曲線效果 ・客製化產品銷售 ・由全球學習獲得利潤	・由於組織本身能力，有時極難成功執行

資料來源：C. W. C. Hill (2005). *International Business: Competing in the Global Marktplace*, p. 433, New York: McGraw-Hill Irwin.

第五節　國際市場擴展策略

國際市場擴展策略之考量，可以國家與市場區隔多寡之兩個向度分為下列四種。

一、窄而集中策略

集中在少數國家之少數市場區隔營運，此為多數資源及經驗不豐富的企業最先採取之策略。例如保時捷及法拉利等高級房車就同時進入少數國家且集中在少數的高所得消費群之市場區隔營運。最近新聞報導杜拜警局之警車採用各種超跑，造成民眾搶拍，還有人自動要求警方逮捕他，只為了能坐一下超跑，這也間接為超跑業者做免費宣傳。證明窄而集中策略的確有效。

二、國家集中而市場多元化策略

其策略集中在少數國家內的多種市場區隔，此一策略為許多州多國企業所採用，其偏好營運於州地區並尋求擴展到新市場區隔。例如，新興國家聚焦式投資策略，顛覆傳統的新興市場投資。過去，新興市場與已開發市場之間最

重要的區別在於，天然資源豐富、勞動與消費人口龐大、貿易順差及低財政赤字等，由於投資價值尚未完全反應，始終吸引投資人目光。

　　從金融海嘯發展的歷程上看來，近來新興市場基本面優於已開發國家，而新興市場不同國家之間的差異，也導致投資吸引力截然不同。有效集中投資在經篩選後的少數新興國家，有機會追求超越一般新興市場股票投資的超額利潤。投資於新興市場相較於已開發市場，更適合採行由上而下，由國家基本面向下分析的投資策略，同時藉由集中投資於少數新興市場國家，追求超越一般新興市場投資的超額報酬（新光投信，2009）。

三、國家多元化而市場區隔集中化策略（國家多角化策略）

　　其策略集中在多數國家內的少數市場區隔，此為典型的全球化策略，即發展一種世界級的產品，服務全球各國對此產品有需求的顧客，可獲得最大之規模經濟，因而較其他競爭者更具優勢。例如，南韓出口市場在全球金融風暴危機中表現尚稱耀眼的原因在於分散市場，為求今後出口的穩定成長，將繼續堅持此一策略。南韓分散市場的策略，雖然對美國依賴降低，然而主要因為轉而依賴中國大陸市場所致。

四、多國家多區隔策略（多國複合集團）

　　適用於多角化的大企業集團，此類公司營運許多國家，且擁有許多不同的事業單位，故涵蓋許多市場區隔。例如，新加坡屬出口導向型經濟，貿易依存度高達361.7%，因此全球經濟對新加坡經濟興衰影響很大。1997年發生亞洲金融風暴之後，新加坡便意識到必須使產業多元化，此次全球金融風暴又發現出口結構必須調整，若出口過於集中於中國大陸，雖然受惠於中國大陸崛起而使出口擴張，但是與中國大陸大多數仍屬於產業分工，出口原物料至中國大陸加工後，最終產品仍然銷往歐盟市場，因此出口市場仍然過於集中。

　　因此，新加坡在全球金融風暴之後，開始重視亞洲市場，希望更瞭解亞洲新市場的需求，從原本將自己定位為跨國公司的亞太總部，進一步打造新加坡成為溝通東西的橋樑，使新加坡成為「全球企業的家園」。以中國大陸市

場為例，中國大陸企業近年來逐漸崛起並走向國際化，因此新加坡希望自己不但是東南亞中心，也是中東或北亞的中心。除了對中國大陸進行各項計畫之外，新加坡最近也針對俄羅斯開始步入國際化而積極表示願意協助俄羅斯發掘亞洲商機，並在其中扮演跳板的角色。俄羅斯的優勢在於創新和科技，新加坡則是在亞洲擁有豐富的網絡和經驗，俄羅斯科技業可與新加坡業者合作進軍東南亞和中、印市場，在國際市場中共同控制商業風險（林祖嘉、譚瑾瑜，2009）。

 全球觀點

「一帶一路」和「亞投行」

◎一帶一路讓中國從中國視野轉變為全球視野，將眼光從13億人市場轉向70億人市場[1]

　　中國社科院世界經濟研究所國際戰略室主任薛力說，一帶一路是中國過去五千年治理天下觀念改變的分水嶺：過去都是「修文德以來天下」，外邦來不來，中國不care，現在是主動走出去，並且影響別人。習近平改變了中國的自我定位，將中國從東亞國家，變成亞歐東邊大國、亞洲中心國家。日本對亞洲的重要性、影響力將會下降，未來，亞洲的五大國，將是中、日、印尼、印度、哈薩克。

◎「一帶一路」和「亞投行」[2]

　　去年11月，北京迎來APEC會議，會議中中國主席習近平在演說中，九次提到亞洲，並且將以「一帶一路」作為中國崛起進而「亞洲崛起」的戰略目標。今次習近平主席在博鰲論壇發表主旨演講時再度強調「一帶一路」建設是秉持共商、共建、共享原則，不是封閉的。而是開放包容的；不是中國一家的獨奏，而是沿線國家的合唱。經過一年的履行，中國去年在APEC倡議的「一帶一路」的構想這次在博鰲論壇得到了落實，尤其集資1,000億美元的「亞投行」得到亞洲各國和全世界已開發國家的認同，這個作為「一帶一路」基礎建設基金一旦籌集運作，由中國帶動亞洲的崛起將在不久的將來實現。

◎一帶一路

「一帶」指的是絲綢之路經濟帶；「一路」則是21世紀的海上絲綢之路。而「亞投行」就是由各國出資支持「一帶一路」建設的銀行。目前已經有四十多個沿線國家和國際組織對參與「一帶一路」建設。「一帶一路」建設的願景與行動文件已經制定，中國國家發展改革委、外交部、商務部今天聯合發布了《推動共建絲綢之路經濟帶和21世紀海上絲綢之路的願景與行動》。該「願景與行動」確定了共建原則、框架思路、合作重點、合作機制以及中國各地方開放態勢，並明確了上海和上海自貿區的地位，「利用長三角、珠三角、海峽西岸、環渤海等經濟區開放程度高、經濟實力強、輻射帶動作用大的優勢，加快推進中國（上海）自由貿易試驗區建設，支持福建建設21世紀海上絲綢之路核心區。充分發揮深圳前海、廣州南沙、珠海橫琴、福建平潭等開放合作區作用，深化與港澳台合作，打造粵港澳大灣區」。總而言之，中國政府已經大刀闊斧地開始「一帶一路」的戰略執行。

◎亞投行

全稱是「亞洲基礎設施投資銀行」，這是一個由中國政府發起的亞洲區域多邊開發機構；簡單說，這是一個各個國家一起湊錢，湊好一大筆錢之後，向亞洲各個國家提供貸款，幫助他們建橋修路，進行基礎設施建設的銀行。一開始中國政府說要湊500億美元，後來因為參與國家踴躍，數額翻了一倍，達到了1,000億美元。這意味著「亞投行」的註冊資本將達到現有亞洲開發銀行（亞行）的六成，定位與亞行類似（亞行設立於1966年，由日本主導，行長一職長期由日本人出任，註冊資本為1,650億美元；中國在亞行的份額只有5.5%，位列第三，排在日本和美國之後）。

目前全球經濟治理體系，主要是二戰後建立的，有如下的特點：美國是超級大國，是主導國。美國、英國、法國、德國、日本、義大利和加拿大，就是我們常說的「七國集團（G7）」，是協調平台，後來俄羅斯加入，成為了八國集團（G8）。國際貨幣基金組織（IMF）、世界銀行和世界貿易組織（WTO），這三大支柱。這種治理結構從二戰之後基本沒有變過。2008年以後，由於受全球金融危機的影響，以G7/G8為代表的「富國俱樂部」發現光靠自己的力量還不夠，應該拉上中國等新興經濟體國家來共同為全球危機買單，因此號召召開二十國集團（G20）會議，一起出錢出

力。但實際上，國際經濟治理體系並沒有發生根本變化，還是美國説了算。

　　但中國在新創立的「亞投行」，雖然出資500億美元是發起國，也是第一大股東，但中國卻願意放棄主導國權力，這個放棄決策則引來美國盟國的紛紛倒戈加入。本來這個組織誰加入都不稀奇，但關鍵是，美國此前明確向盟友們表示，不希望他們加入亞投行，很明顯地，英、法、德、義等歐洲盟友沒有聽美國的話。歐洲盟友的「背叛」讓長期以來力阻盟友加入的美國無比惱火，但這已是不可退卻的事實。按「亞投行」規定，在3月31日止宣布加入亞投行的國家將成為創會國，目前韓國和澳大利亞都已宣布參加，會員國總數已來到四十多個。當然，被視為美國在亞洲的戰略同盟國日本，還是跟隨美國腳步沒有加入。

　　從「一帶一路」到「亞投行」，可以看出中國開始借助自己所善長的經濟力，以共商、共建、共享為原則，逐步打造自己在亞洲區域經濟的影響力，進而以亞洲的霸主之姿來牽動國際社會。當然，隨著「一帶一路」戰略執行的深化，和「亞投行」高達1,000億美元投入亞洲各國基礎建設帶動下，亞洲的繁榮發展將是可以預期的，所謂「盛世興收藏」的熱潮也必然持續。甚至，過去中國歷代王朝「一帶一路」的古文物也將在中國政府作為和時代所驅之下成為追逐的焦點，這點可以從紐約蘇富比拍賣估價只有10萬美元的明永樂年一部手寫佛經，因經書款識寫有「大明國太監鄭和，法名福吉祥，發心書寫金字」字樣，最後以1,402.6萬美元成交。可以看出「一帶一路」政策確實已影響到藝術品市場的走向。

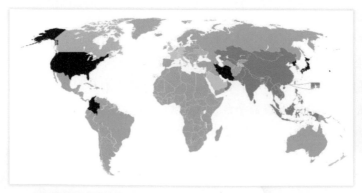

亞投行創始意向成員以及其他擬加入國家分布情況[3]

一帶一路亞投行創始意向成員

一帶一路	亞投行初始意向會員國（包含表達意願者）
在亞投行中有：荷蘭、德國、義大利、俄羅斯、土耳其、塔吉克、烏茲別克、吉爾吉斯、哈薩克、希臘、埃及、斯里蘭卡、印度、馬來西亞、印尼、越南、中國	在「一帶一路」中：荷蘭、德國、義大利、俄羅斯、土耳其、塔吉克、烏茲別克、吉爾吉斯、哈薩克、希臘、埃及、斯里蘭卡、印度、馬來西亞、印尼、越南、中國
不在亞投行中：伊朗、肯亞	不在「一帶一路」中：英、法、瑞士、波蘭、盧森堡、奧地利、匈牙利、西班牙、葡萄牙、馬爾地夫、丹麥、芬蘭、瑞典、冰島、挪威、喬治亞、亞塞拜然、沙烏地阿拉伯、約旦、以色列、巴林、阿曼、卡達、尼泊爾、巴基斯坦、孟加拉、蒙古、緬甸、泰國、寮國、柬埔寨、汶萊、菲律賓、新加坡、韓國、澳洲、紐西蘭、巴西

中國對於「一帶一路」相關國家所承諾的基礎建設之金融工具[4]

銀行或基金	資本額
亞洲基礎建設投資銀行（亞投行2015）	1,000億（中國最多出資500億）
金磚五國新開發銀行（2014）	1,000億（中國最多出資410億）
絲路基金（2014）	400億
中國——中亞基建貸款（2012年）	100億
中國——東盟投資合作基金（2010年）	100億（美金計價，目前募集到10億）

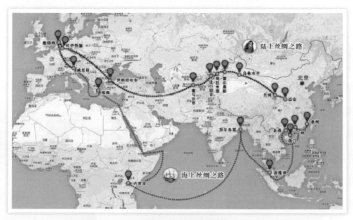

一帶一路示意圖[5]

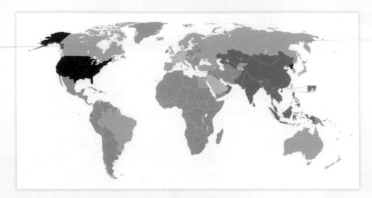

亞投行國家地圖一覽[6]

註：1.www.cw.com.tw/article/article.action?id=5066924#sthash.PUQUIPQM.pdf

2.劉太乃（2015/04/17）。「一帶一路」和「亞投行」，http://udn.com/news/story/77038/843485/

3.維基百科。

4.賴怡忠（2015/04/06）。一帶一路、亞投行，以及台灣的機會與挑戰（上），http://www.thinkingtaiwan.com/content/3911

5.賴怡忠（2015/04/07）。一帶一路、亞投行、以及台灣的機會與挑戰（下），http://www.thinkingtaiwan.com/content/3915

6.賴怡忠（2015/04/07）。一帶一路、亞投行、以及台灣的機會與挑戰（下），http://www.thinkingtaiwan.com/content/3915

問題與討論

1. 國際市場進入決策考量因素（進入國際市場前的環境分析）、動機與目的為何？

2. 國際市場進入策略之類型為何？

3. 各種海外市場進入策略的做法與優缺點為何？

4. 國際市場進入選擇程序為何？

5. 國際市場進入模式為何？

6. 多國企業可能採取之四種國際市場擴展策略為何？各種策略有其適用之公司類型為何？

- ◆ 產品定義與概念
- ◆ 國際行銷產品之發展
- ◆ 來源國效應
- ◆ 產品全球標準化與回應當地市場修正
- ◆ 品牌策略
- ◆ 國際品牌價值
- ◆ 國際品牌行銷決策

　　產品決策是行銷管理中最為複雜與困難之處，它影響其他行銷組合的決策，因此，它是行銷組合策略的基礎，沒有成功的產品策略也就沒有必要去談論價格策略、通路策略和推廣策略。在國際行銷中的產品策略和一般產品策略最大的差別在於如何將本國產品變成國際產品，以及如何在國際市場執行其產品策略。一項新產品設計與開發過程中，須先經由市場調查瞭解新市場機會及對外來產品的接受度？產品概念需不需要修正？試探市場消費者和競爭者對於此新產品和其行銷策略的實際反應，以便作為修正的參考。當公司面對全球市場的挑戰時，產品發展的策略必須符合全球市場的需求、競爭和資源等前提。但是由於各地理區環境存在差異性，同一種策略很難涵蓋所有的市場需求，因此在某些情況下，產品就需要修正，以回應當地的需求。

　　此外，品牌之下的產品與服務，具有哪些明確、客觀、可被測量的指標？行銷最重要的是獲取消費者的終生價值，而品牌是維護終生價值的工具。有鑑於企業全球化的趨勢，國際知名品牌常採用品牌授權方式跨入國際市場公司成長策略之一，即是利用原品牌優勢，透過品牌延伸至新產品範圍，或將品牌授權給其他製造商使用，以滲透至新市場。國際品牌行銷策略包括：是否自創國際品牌、是否使用製造商的品牌、品牌命名、品牌定位、品牌成長策略、品牌重新定位。

　　歸納上述，本章首先介紹產品概念，探討國際行銷產品之發展（國際行銷之產品與溝通策略搭配、國際新產品開發及國際新產品開發步驟），其次分析來源國效應、產品全球標準化與回應當地市場修正，接著探討品牌策略（品牌權益、授權與延伸）、國際品牌價值，最後探討國際品牌行銷決策。

以明基經驗看品牌台灣

在IT產業中，不只OEM面臨成本上的窘境，連品牌廠商也面臨微利的衝擊，品牌的意義到底在哪裡？在明基宣布認賠退出西門子後，台灣需要從OEM／ODM轉向OBM嗎？台灣要如何在技術世代交替與品牌代工模式中，透過研發來加值呢？明基宣布併購西門子時，有人認為對明基而言是很划算的交易，因為明基若要發展到像西門子手機事業部這些成就，擁有這麼多人才與專利，至少需要七至八年。但明基宣布失利後，有些認為是明基不自量力，小蝦米想吃大鯨魚。施振榮分析明基購併失利的三項原因：(1)購併前沒思考到跨國購併的文化差異過大；(2)一般的購併都是以大吃小，但明基的手機部門明顯比西門子手機事業部小很多；(3)明基對西門子虧損狀況及競爭力加速降低在事前沒有掌握足夠的訊息，造成產品開發上的延遲，而一再延誤商機。

如何以明基購併西門子事件為鑑，提升台灣在國際的競爭力呢？中央大學產經所所長王弓指出，台灣是工作時間十分長的國家，但是台灣企業的利潤持續在降低，微利化跟所得停滯不前。《藍海策略》這本書全世界其他國家賣了二十四萬本，但光台灣就賣了二十四萬本，這代表台灣人病急亂投醫的想法，若是我們維持過去的做法，應該不會成功，所以必須選擇改變，若是策略方向錯誤，到頭必定會是一場空。此外，台灣飛利浦文教基金會董事長許祿寶也表示，台灣應該要改變寧為雞首不為牛後的價值觀，應該要做根本性的改革，讓價值再提升。提升價值的方法如下：

王弓觀點：若是要進一步提高價值創造或是國民所得，就要從Nokia在客戶關係維持等方面的策略得到啟發。在政府推動品牌台灣的同時，我們可以想想英特爾早期跟台灣現在擁有的價值很像，但當時誰又能想到英特爾現在能夠駕馭通路商呢？其於行銷上的主張「Intel Inside」是撐起英特爾稱霸一方的主因之一，國內業者必須要做轉變，在施振榮提的微笑曲線中，不只是兩端，還要做整合。

明基董事長李焜耀表示,做品牌雖然辛苦,
但卻是一趟快樂的旅程

　　陳信宏觀點:做品牌跟OEM不同,做品牌是從端對端的整合到做人與社會的脈動,但做OEM只是做物與物之間的互動,品牌不是只在現有物品上貼標籤做行銷,其背後還需要許多價值鏈上的整合能力。過去看品牌都是從個別廠商來看,但從PC面來看則是價值鏈上的對決,做一個品牌業者要提供價值的承諾,透過產品的差異化,獲得經濟上的差異,品牌是供應鏈的對決,要在整個價值鏈中,從以產品為中心轉向以承諾為中心,在以技術為中心轉向以客戶為主軸。

　　在全球競爭帶來的結構化衝擊下,資金的流動引發全球工作機會的流動,台灣應該要思考是否會被邊緣化,不只是做品牌,而是要在競爭市場中占有一席之地。

資料來源:倪慈緯(2007)。〈以明基經驗看品牌台灣〉。《RUN!PC月刊》。

第一節　產品定義與概念

　　產品定義是指確定產品需要做哪些事情。通常採用產品需求文件（Product Requirement Document, PRD）來進行描述，PRD可能包含如下訊息：(1)產品的願景；(2)目標市場；(3)競爭分析；(4)產品功能的詳細描述；(5)產品功能的優先順序；(6)產品用例（use case）；(7)系統需求；(8)性能需求；(9)銷售及支持需求等。

　　產品概念的產生源自於企業內部的創意以及顧客需求，然後再綜合所有企業關係人的利益與需求而形成；產品概念的目的是讓產品產生差異性，使產品和其他產品區別開來，消費者更容易接受。如果產品概念過於複雜，消費者就很難理解，因此，也就不容易接受。所以，產品概念一定要簡潔、明瞭，符合消費者的生活常識，在這基礎之上，再去追求變化，才能挖掘出好的產品概念，否則就是華而不實，推廣起來就會很累！

　　產品與服務是企業國際化的核心，其中包含有形與無形產品，如**圖10-1**所示。企業國際行銷成敗關鍵在於如何有效定位公司的產品與服務，製造出國外當地競爭者差異化的價值，為當地消費者所接受。

　　產品係由五個層次所組成，以下依**圖10-1**，說明這四個層次的概念：

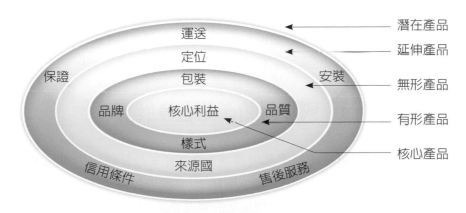

圖10-1　產品概念

資料來源：Kotler (2003).

1. 核心產品（core products）：消費者使用產品或服務後所得到的主要利益，例如，帶來娛樂。

2. 有形產品（tangible products）（基本產品）：消費者能觸摸到或感受到的產品有形部分，如產品的包裝、品質、品牌、樣式等。例如，Wii主機跟手把或遊戲片。

3. 無形產品（intangible products）（期望產品）：消費者無法觸摸到或感受到的產品無形部分，如定位、來源國等。定位指消費者感受到之企業產品認知地位，例如，Wii是全球最受喜愛的遊戲機之一，深受消費者的認同。又如，下一代Wii附加DND或觸摸功能，探索需求的目的是試圖找出人們對待開發的期望產品。而來源國是指產品製造地，消費者對其品牌、功能與品質等認知。

4. 延伸產品（augmented products）：指企業額外提供的產品，一般以無形的服務居多，例如，免費安裝、檢修服務等，除了主產品外的各項措施與服務都行！這項觀念使企業行銷人員必須考慮消費者的整體消費系統（consumption system），提供超乎消費者預期的服務，給予完整的滿足感，藉以提高消費者的滿意度及再購率。

5. 潛在產品（potential products）：指現有產品包括所有附加產品在內的，可能發展成為未來最新產品的潛在狀態的產品。這是最難的，企業若能增加產品的易用性，這樣用戶也許會再次購買同樣的產品。例如，推出新顏色版本的Wii、增加內置閃存大小、加入Wii Remote可充電電池以及色差線等。潛在產品也預示著該產品最終可能的所有增加和改變，是企業努力尋求的滿足顧客並使自己與其他競爭者區別用來的新方法。

 第二節　國際行銷產品之發展

本節將介紹國際行銷產品與溝通策略搭配，以及國際化時的國際新產品開發方式與國際新產品開發步驟（圖10-2）。國際行銷除了產品優越之外，良好的溝通也是國際行銷產品發展成功的關鍵要素，例如，廣告與促銷活動等。

圖10-2　國際行銷產品之發展關聯

一、國際行銷產品與溝通策略搭配

國際行銷產品與溝通策略搭配，有下列四種策略（**圖10-3**）：

1. 雙向延伸（dual extension）：產品與溝通都不變下，追求國外另一新市場的開拓。適合全球標準化程度高，與國外各地消費者無顯著差異需求時最適用，例如，可口可樂。

2. 產品延伸／溝通調整（product extension/communication adaptation）：主要特色在於產品策略維持不變，但在溝通策略上做了一些因地制宜的調整，以因應不同市場的溝通狀況。為適應不同市場特性、塑造新的定位有助產品銷售、在溝通方面進行調整。

3. 產品調整／溝通延伸（product adaptation/communication extension）：企業調整自己的產品，以適應當地市場的需求，但以標準化的溝通策略來行銷產品。

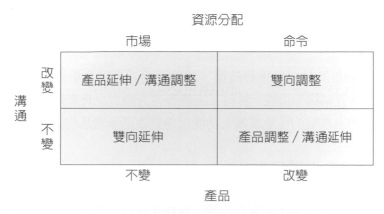

圖10-3　國際行銷產品與溝通策略搭配

4.雙向調整（dual adaptation）：又稱為產品－溝通調適策略（雙重調適策略），當海外市場的文化與實體環境（如消費模式與偏好）都不相同時，國際企業可能就要考慮此策略。

二、產品創新

針對國際市場設計全新產品。產品創新（product innovations）方式，依其創新程度可分為三種方式（Robertson, 1967）（**圖10-4**）：

圖10-4　產品創新程度

1.連續創新（continuous innovations）：將產品服務或製程作為小改善的創新。對突破性創新與系統性創新進行不斷地技術改良與應用擴充，使現有產品有進一步改善，更方便或更便宜。
2.激烈連續創新（dynamically continuous innovations）：隨著發現新科學現象而產生，其影響可改變或創造整個產業，帶動產業整體創新，但很少發生。
3非連續創新（discontinuous innovations）：以新的方法將許多組件組合在一起而產生新的功能，需要多年的時間與較昂貴的代價才能完成，如通訊網路。

產品創新設計是指採用新技術、新設計而開發出全新產品，或應用新技術、新設計，在結構、功能、材料、工藝等各方面對原有產品進行重大改造，並顯著提高原有產品的性能或擴大功能而得到改造新產品的過程。

三、國際新產品開發方式

新產品之開發方式，主要有六種（**表10-1**）：(1)總公司研發；(2)國際領先

表10-1　新產品開發方式

開發方式	採行條件或利益
1.總公司	維持控管、與其他部門溝通較易、經濟效率考量。
2.國際領先市場	避免爾後修正支出、接觸最新潮流、招納技術優越人才。
3.海外子公司	因應當地化修正、製造與設計研發合一在當地成為一體。
4.國外購買	彌補本身研發能力欠缺、快速取得研發成果、較自行開發成本低。
5.收購	彌補本身研發能力欠缺、獲得具優勢產品、獲得品牌或通路等其他利益、進入國際市場。
6.策略聯盟	分擔研發成本與風險、加快新產品上市時程、取得本身不具研發能力的產品。

市場研發；(3)海外子公司研發；(4)國外購買研發；(5)收購；(6)策略聯盟研發。

四、國際新產品開發步驟

中華民國管理科學學會1988年出版的《行銷管理辭典》中說明「新產品」的定義為：所有「對公司是新的產品」，包括前所未有的產品、品質與包裝修訂上，模仿競爭者的既有產品，外國產品的首次引入，以及所有能在產品組合中加入新氣息的產品，只要在某一市場上被大多數的顧客認為是新的產品，即可稱之為新產品。一般新產品的開發步驟可分為下列六個，如圖10-5所示。

(一)創意產生（產品構想）

即以有系統的方法蒐集和激發大量的新產品創意，進而從中發掘值得進一步發展的創意。經由市場研究分析，調查市場需求，進而提出新產品的構想概念，再經由審查會議審核，通過則執行專案，不通過則尋求下一個新產品專案。

圖10-5　新產品開發步驟

(二)初步篩選

創意篩選較常使用的方法包括查核表、評估法、委員會等，但不論企業採取哪一種篩選方法，在篩選創意時，通常都會考慮潛在市場的大小、競爭環境、技術和生產面的要求、財務面的影響、法律面的相關問題，以及與企業現有產銷作業的相容程度等因素。針對構想階段提出的新產品構想，進行市場相關產品資訊的蒐集，並對需求市場進行評估是否有獲利空間，對於公司內部也必須評估技術之可行性。

(三)商業分析

此階段需考慮產品的特色、開發成本、國外市場的接受度及市場需求與銷售利潤等數量化的標準。商業分析是一種可行性分析，企業分別從內部指標與市場指標等面向，仔細衡量此一產品觀念是否確實可行。許多國際行銷針對新產品進行新市場的開拓，因此對於市場需求的調查是非常重要的，消費者的使用行為情報是很重要的蒐集重點。想分析是否還有機會進入該市場，重點是競爭者，因為消費者的需求已經是確定的，只是要尋找是否還有機會進入、市場夠不夠大等。

(四)產品發展與測試

將經過篩選後的產品創意進一步發展不同的產品觀念（product concept），將新產品創意做具體詳盡的文字描述，以吸引目標顧客前來進行產品觀念測試（concept testing），從中篩選出最合適的產品觀念。

根據概念設計階段初步建立的產品特性、規格及功能來設計產品雛型，同時進行市場規劃，最後將產品雛型評估報告及市場整體規劃結果進行發展評估，以決定是否持續進行專案。研發部門或工程部門根據行銷人員所訂定的產品規格發展出一種或多種的產品原型（prototype），並確保每種產品原型都具備了目標顧客群體所想要的主要屬性。產品原型一發展完成，接著就要進行相關的產品測試，以確認產品原型是否符合原先的規劃，主要包括功能性測試、顧客測試或消費者測試。在新產品開發階段仍是要進行產品概念的測試，才能確認是否能使用和本國相同的產品概念，主要的重點：(1)在國外市場的

消費者是否能接受母國的產品概念？(2)消費行為有沒有文化上的差異？(3)若是已經有競爭對手使用相同的產品概念，則必須測試新的產品概念。

(五)試產／試銷

針對之前產品雛型所產生的製造流程、設計、品質問題及顧客使用的回饋建議，進行產品設計的調整與修改，並對產品的市場占有率作最後評估，並以此進行商品化前的分析評估。試銷可以讓行銷人員在全面上市之前，擁有行銷該新產品的實戰經驗，並可讓企業提前測試產品與整套行銷方案，還可以讓行銷者瞭解消費者與通路對新產品的反應，並據以估計市場潛量的大小及可能的獲利數字（**圖10-6**）。目的是要試探市場消費者和競爭者對於此新產品和其行銷策略的實際反應，以便作為修正的參考，在國際市場通常會選擇一個國家或地區作為試銷的市場，然後修正後再拓展到其他國際市場。

(六)正式量產上市

進行產品的全面性量產，並對產品上市後進行占有率、銷售量、生產成本的研究分析，以評估此專案的成敗。新產品在國際市場上市的重要決策包括：全面同步上市呢？還是排順序呢？若是按順序，那如何選擇順序？這是競爭策略與風險的思考。若是同步上市，其整體的影響效果當然是較大，而且讓競爭者沒有時間做準備回應，但是風險較大，萬一有不周全的行銷策略，其修正的成本甚高，甚至讓新產品上市不成功；但若非同步上市，則讓競爭者有機會觀察先上市國家的情形，而在其他國家做好準備抵抗。

圖10-6　試銷可能情形

第三節　來源國效應

來源國效應（country-of-origin effect）係指在國際行銷時，當地消費者對於某一國家之認知或態度，會轉移或延伸到對於來自該國產品或品牌之判斷（Keegan & Green, 2005）。在汽車、電子產品、時尚精品、音樂光碟等產品尤其顯著。例如，德國的工業技術精湛，產品優良，品質可靠；法國的時裝、香水世界一流；日本的電子科技產品，創新、新穎，不輸歐美。當消費者有此國家認知後，對於與該國相關之產品，如有香水品牌標示來自法國，消費者即會以對法國之印象，認知此產品應該也可購買（因為法國的香水一向有名）。

此項觀念首先由Schooler（1965）所提出，其說明當產品的各項功能、性質的相同之情形下，消費者對於來自不同國家之產品，會有不同之衡量評價。自此之後，學者即投入此方面之鑽研，多數研究一致認為消費者對於不同國家，確實有不同的認知與態度，因而，對於來自不同國家之產品會有不同評價，例如，在開發中國家人民，普通認為先進國家產品優於本國產品（Billkey & Nes, 1982）。

但各國會生產不同的產品，故來源國效應有時不能一概而論，有時影響更直接的不在於「國家」，更在於產品類別。例如，俄羅斯的汽車，普遍被認為容易故障、外型老舊，但是，俄羅斯的伏特加酒，則是懂得品酒的消費者都會舉起大拇指頻頻稱讚的美酒（Eugene & Nebenzahl, 2001）。

又例如，NIKE品牌是來自美國，但可能是在台灣製造或印尼製造，它對消費者的影響效果是不同的，因為國家形象將附加於品牌之上，而不同國家有不同的形象，即使是相同的品牌，由不同國家所製造，對消費者的感受亦有所不同。來源國、品牌、生產地等因素會影響消費者對產品的評估。當消費者的產品知識程度低時，來源國形象對購買前的期望有顯著的影響，而且來源國形象會顯著影響顧客滿意度。

一、產品來源依據國家別之分類

產品來源依據國家別可分為三種：

1. 來源國（country-of-origin）：即是生產產品原先來自之國家。例如，飛利浦來自荷蘭、Microsoft和IBM來自美國、SONY和Panasonic來自日本、三星和LG來自韓國、ACER、BenQ則是來自台灣。

2. 設計國（country-of-design）：係指產品由何國執行和完成設計。例如，服飾的設計，掛名義大利，將來消費者購買信心大增；美國科技產品的研發，集中在美國西部加州的矽谷。

3. 製造國（country-of-manufacture）：係指產品實際生產國家。例如，大陸生產（Made in China）產品因勞力低廉，很多全球知名品牌的產品其實際生產國家大都來自中國大陸。

二、產品來源國對於消費者之影響

產品來源國對於消費者之影響，可分為暈輪效果與總和構念兩種，說明如下：

1. 暈輪效果（halo effect）：係指消費者對於某個國家之刻板印象（stereotype），亦即如「美國產品好」、「東南亞產品品質差」，而對於某國所有產品亦推論為相同水準之印象，如美國的電腦科技產品領先，消費者進而認為美國製造的汽車、巧克力、服飾等產品也都很好，就是一種暈輪效果（**圖10-7**）。而國家形象（country image）係該國之代表性產品、政治、經濟和歷史等因素所造成，而形成消費者對該國之認知（Nagashima, 1979）

2. 總和構念（summary construct）：係認為消費者品牌態度之形成是針對該國之若干項產品印象與認知，形成對該國之國家形象，進而有一品牌

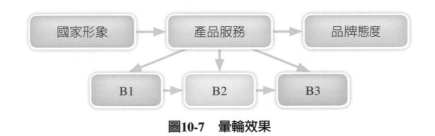

圖10-7　暈輪效果

圖10-8　總和構念

態度。因此，前述之暈輪效果是由一產品之態度，推及至該國之另一產品；但總和構念是綜合若干項產品形象，再進而影響另一產品（**圖10-8**）。假設台灣地區之消費者，對於德國（BMW）、福斯（VW）、賓士（Benz）皆有不錯的品牌印象，因而對德國之「國家形象」即趨於正面態度。因此，若德國新品牌汽車進入台灣，消費者即會以此正面形象來推斷。

三、克服來源國形象差之做法

如果來源國形象為正面時（如美、日、德、法），企業在進行國際行銷會獲得不少助益；但是，若國家形象被認為品質較差時，企業可能採取下列三種克服來源國形象差之做法：

1. 掩飾產品來源國：Keegan與Green（2005）建議當被視為品質較差之來源國，可在包裝、標幟、產品設計上之來源國訊息，儘量縮小，隱藏其來源國訊息。不過，此種方法在先進國家，一般都有字體大小之標示規定，消費者仔細查看，仍會知曉產品之來源國。
2. 長期努力改變：企業正面積極態度，仍是要繼續其來源國之訊息，並進行必要行銷和教育消費者活動，當消費者在使用後，瞭解此產品雖然來自認為技術、品質差之國家，但實際使用感受認為並沒有想像中差時，仍會改變和調查其先前認知。

3.改變製造國：當來源國形象被認為品質差，但企業本身品質並非此種水準時，另外一種做法即是改變製造國。例如，大陸之家電產品，改至日本生產。雖然，所掛品牌仍為大陸，但因為製造地區之不同，消費者會改變對此產品之認知，由製造國的差異來提升品質形象。此即現在許多企業因為國際生產策略之運作，日本家電同樣品牌產地，可能有日本製、印尼製、中國製等不同產地，消費者挑選時，除了「來源國」之外，亦會以「製造國」為購買決策考量。

星巴克咖啡來源國為美國的西雅圖市，由於未開發或開發中國家，通常均有崇尚已開發國家之心理，將產生類似之崇洋心態，因而可能對星巴克帶來正面之來源國形象，再加上星巴克咖啡向來致力於店面裝潢、家具擺設，加上對開店地點的講究，使得星巴克流行感十足。而此點也正好滿足了大陸地區，新興雅痞一族的品味與氣氛展現，只要流行感對、氣氛佳，他們下次就會上門，因而星巴克進入大陸市場，應可帶動大陸民眾品嚐咖啡之風潮。由於標準化之做法可降低原物料購進成本、創造規模經濟、加速市場進入、迎合顧客在世界方便購買，讓大陸民眾認知到在大陸也可以喝到和美國西雅圖一樣的星巴克咖啡，並且可因此塑造全球品牌形象，帶給企業諸多之效益。

 第四節　產品全球標準化與回應當地市場修正

當公司面對全球市場的挑戰時，產品發展的策略必須符合全球市場的需求、競爭和資源等前提。全球產品的好處可以藉由將核心產品或其主要部分加以標準化，而其他部分則可因應當地市場的特殊需求加以調整。以下將說明全球標準化、產品修正、產品全球標準化與調整決策之利益分析、產品調整決策及影響產品調整之因素。

一、全球標準化

全球產品的標準化策略是指企業向全世界不同國家或地區的所有市場都提供相同的產品。而實施產品標準化策略的前提是市場全球化。產品標準化乃

因顧客需求具有同質性、全球化之顧客、規模經濟之壓力。例如，Intel所出產的CPU即為一例，全球所賣的產品皆為統一規格，不會因為地方需求造成產品修改，達到降低成本的目的，並盡可能標準化產品行銷。

全球標準化的理由：

1.規模經濟：降低生產、行銷與研發成本，利潤最大化。
2.顧客全球化：包裝、品質和功能上力求一致。
3.消費者偏好一致：資訊發達、流行資訊同步。

二、產品修正

產品適應當地需求特性、當地法規之差異、產品相關規格、標準之差異等。產品回應當地市場修正的理由：

1.符合各地消費者的需求，產品必須回應當地市場。
2.符合各地度量衡標準規定。
3.符合各地氣候環境之差異。
4.各國政府管制之差異。

三、產品全球標準化與調整決策之利益分析

產品全球標準化有五點利益，而產品調整決策有四點利益，如**表10-2**所示。

表10-2　產品標準化與調整決策利益分析

標準化決策	調整決策
1.降低原物料購進成本 2.規模經濟 3.加速市場進入 4.迎合顧客在世界方便購買 5.塑造全球品牌形象	1.順應不同地區特性 2.調整後表現與滿意度增加 3.增加當地競爭力 4.促進產品銷售

四、產品調整決策

產品調整決策可分爲下列兩種：

1. 任意調整：企業可依據其策略或喜好，進行自由調整。
2. 強制調整：企業一定要進行之產品調整。如電子用品爲因應不同國家之電力伏特和插座形狀，而必須強制改變，方能符合當地條件。

五、影響產品調整之因素

影響產品調整的因素可分爲市場層面、產品特性與企業層面，如**表10-3**所示。

表10-3　影響產品調整之因素

市場層面	產品特性	企業層面
1.文化因素 2.使用者習慣 3.政府規定 4.非關稅障礙 5.競爭發展程度 6.氣候和地理條件	1.品牌 2.包裝 3.外觀 4.品質	1.獲利能力 2.市場機會 3.調整成本 4.組織資源

全球標準化產品與服務所能帶來的利益不只是成本的節省，它也能增加顧客的偏好與提升產品的品質。最好的全球產品通常是一開始就以全球爲觀點的產品，而非後來由本國產品進行修改的產品。全球產品與服務的設計者應盡可能地嘗試將全球共同的部分考慮於其中，但在同時亦要能提供可依據當地市場需要加以修改的能力。在對全球市場需求進行調查時，經理人應同時找出其相同與相異之處。

第五節　品牌策略

一、品牌定義

美國行銷學會（AMA）對品牌的定義如下：「品牌是一個名稱、符號、標記、設計，或是它們的聯合使用，用來確認一個銷售者或一群銷售者的產品或服務，以與競爭者的產品或服務有所區別。」其實品牌是銷售者提供給消費者一組具一致性及特定產品特性、利益、服務的承諾。

二、品牌權益

Aaker（1991）認為品牌權益是與品牌、品名、符號相連結的一套資產與負債的集合，可能會增加或減少公司提供給消費者之產品或服務的價值。當品牌的名稱或符號改變，與之相連結的資產與負債亦會隨之改變或消失。因此，「品牌權益」是品牌認知、品牌忠誠度、品牌品質觀感與品牌聯想的總和。

(一)品牌權益的來源

品牌權益的來源為：(1)品牌聯想：聯想的內容若能令人喜歡、具獨特性，則其品牌權益愈高；(2)品牌知名度：提到這個品牌時，消費者能想到什麼？創造高的品牌權益，一定要有很高的品牌知名度，但很高知名度的品牌卻不一定有很高的品牌權益。

◆品牌聯想

1.產品聯想：
　(1)功能屬性聯想：產品的品質、功能、屬性、利益等。
　(2)非功能屬性聯想：浪漫、溫馨、流行等。
2.組織聯想：
　(1)公司能力聯想：創新、製造技術。

(2)社會責任聯想：重視環保、注重公益活動。

◆品牌知名度

國際行銷者的行銷策略乃在創造此品牌知名度與品牌聯想，進而產生消費者的品牌忠誠度，使得消費者願意付出更高的價錢來購買，因而擁有較高的市場占有率。

(二)獲得品牌權益的方式

以下有三種可獲得品牌權益的方式：

◆建立品牌權益

可經由下列方式獲得：提高產品品質，建立消費者對品牌的正面評價；強化消費者對品牌屬性的聯想，進而影響其購買行為；發展一致的品牌形象，使消費者與品牌形象有正向連結。

◆借用品牌權益

即利用品牌延伸（brand extension）的方式，將知名品牌運用在相同或不同的產品類別上。為避免品牌延伸的失敗，甚至稀釋原品牌的權益，在進行品牌延伸時，必須滿足下列條件：消費者知覺到延伸產品與原品牌具一致性、延伸產品相對於同產品類別的其他產品在市場上具有競爭優勢、消費者感受的原品牌利益可移轉至延伸產品。

◆購買品牌權益

除了購併其他公司外，最常見的方式是利用品牌授權的方式。對品牌授權者而言，利用授權的方式，可快速進入其他市場、開拓新通路，並強化原品牌知名度。

三、國際品牌授權

有鑑於企業全球化的趨勢，國際知名品牌常採用品牌授權（brand licensing）方式跨入國際市場，以下將介紹品牌授權之基本概念，以及品牌授權之市場與問題。

(一)品牌授權之基本概念

授權人允許被授權人使用其所擁有的品名、商標或產品特徵，並可能將其品牌或商標銷售給多家國內或國外產品製造商使用。藉由授權品牌降低消費者對新產品的陌生與排斥，並在相同產品類別中脫穎而出，以拓展產品的銷售量。

品牌授權增加的原因包括：

1.建立新品牌花費在媒體及廣告成本很高。
2.產品生命週期縮短，增加行銷投資的風險。
3.消費者以品牌作為購買決策的依據；好的品牌名稱多已被公司註冊。

而品牌擁有者願意將品牌授權給被授權人的理由為：

1.授權者有機會發展成為全國性品牌。
2.快速滲透新市場。
3.分擔投資風險。
4.增加品牌知名度。
5.極大化現有產品線的獲利力。
6.重振成熟的品牌。

(二)品牌授權之市場與問題

由於國際市場競爭激烈，擁有國際知名品牌的企業為了快速滲透市場、降低行銷費用，並獲得通路上的談判力，往往利用品牌授權的方式，將知名品牌授權給他國製造商。對消費者而言，面對各種授權的商品，其消費行為可能並不相同。有些消費者視品牌為購買決策的主要參考依據，亦即不論是否為授權商品，只要是名牌即可；某些消費者則認為名牌並非是購買決策的唯一考量，產品製造廠商亦為重要因素，此時授權所帶來的效果可能因而降低。

品牌授權可能會強化原品牌權益，但也可能稀釋原品牌權益，最著名的例子為法國名牌皮爾卡登（Pierre Cardin）。皮爾卡登在全球共有四百多項品牌授權的產品，並有八百多個不同的授權廠商，由於皮爾卡登授權的系列商品

很多，消費者在市面上經常可看見掛有皮爾卡登品牌的商品，逐漸導致消費者不再認為皮爾卡登是極具價值的品牌，因而影響授權之效益。

四、品牌延伸

強勢品牌是公司最具市場價值的資產，公司成長策略之一即是利用原品牌優勢，透過品牌延伸至新產品範圍，以滲透至新市場。品牌延伸策略與品牌授權策略皆是廠商獲得品牌權益的方式之一，其目的皆是希望利用知名品牌將新產品成功地推展至市場上。

(一)品牌延伸的基本概念

「品牌延伸」是運用一已成功的品牌名稱，以推出新產品、改良新產品或產品線（Kolter, 1994; Gamble, 1967）。品牌延伸策略乃是公司採用已上市的品牌名稱，運用於不同的產品類別。品牌延伸的策略大致上可分為兩種：

1.多品牌策略：在相同產品類別下，採用不同的品牌名稱。
2.產品線延伸：在相同產品類別中，使用相同品牌名稱推出新產品。

當原品牌與延伸產品的品牌概念一致時，會強化消費者對品牌延伸之評估；當延伸產品與原品牌同時具有高度的產品特徵相似性與品牌概念一致性時，消費者對品牌延伸的評價更高；當延伸產品與原品牌具有高度的品牌概念一致性時，象徵性品牌相較於功能性品牌，有較大的產品延伸力，能夠延伸至產品特徵相似性較低的產品類別。

(二)品牌延伸評估模式

Hartman等人（1990）提出品牌延伸評估模式，其評估過程如下：當消費者注意到品牌延伸後，會依賴儲存於長期記憶中的資訊來評估，這些資訊乃是以種類或範疇（categories）的形式存在長期記憶中，透過對原品牌知識與品牌延伸產品間的比較，消費者知覺到原品牌產品與延伸產品間的相似或契合程度，進而影響其評估品牌延伸的動機，導致不同的延伸評估結果。在評估過程中牽涉到的知識有兩類，即原品牌知識、延伸產品類別之產品知識。過去許

多研究已經證明品牌延伸評估過程中，原品牌知識之重要性（Aaker & Keller, 1987; Duncan & Nelson, 1986），而消費者所擁有之延伸產品的產品知識會影響品牌延伸之評估和結果（Alba & Hutchinson, 1987; Sujan, 1985）。

此外，Hartman等人（1990）亦提出品牌延伸影響原品牌評價的概念，他們認為延伸產品的契合度不同，將會影響消費者的處理動機，並修正消費者的原品牌知識，進而改變其對原品牌的態度。當延伸產品的新訊息與原產品適度契合時，此時會提高消費者對原品牌的注意，並強化對原品牌的信念；當延伸產品的訊息無法與原產品相契合時，可能會損害原品牌的形象。

五、品牌授權與品牌延伸之比較

品牌延伸策略乃是借用品牌權益，亦即將知名品牌運用在相同或不同的產品類別上；品牌授權策略則是購買品牌權益，亦即在自己的產品上使用他人知名的品牌。採用授權或延伸策略將使新產品能快速進入新市場、開拓新通路，甚至強化原品牌形象，不過一旦授權或延伸失敗，將會稀釋原品牌權益，影響原產品的品牌形象。

經由上述，可以發現品牌授權與品牌延伸具有許多相似的概念（Aaker, 1990; Farquhar, 1990），而二者最大的差別是：(1)從製造商的角度而言，品牌延伸為自用品牌，品牌授權則為外賣品牌（吳思華，1998）；(2)從消費者的角度而言，品牌授權和延伸的差異，在於製造商的技術能力，亦即原品牌廠商之製造和技術移轉能力，以及被授權廠商之產銷能力。

第六節　國際品牌價值

一、2015全球最有價值百大品牌（魯皓平，2015/10/15）

品牌，是一個公司與企業的象徵，不同的品牌忠誠度，多少也象徵著品牌成功與否，以及在全球上的歷史定位。市場顧問公司Interbrand每年都會調

查全球最有價值的百大品牌，2015年百大品牌也在日前出爐。這些品牌範圍橫跨科技、餐飲、汽車、時尚、社群等領域，某些品牌已屹立百年，有些則是近十年的新興品牌，但都是對社會有舉足輕重影響力。Interbrand係依據「品牌的財務表現」、「對消費者的影響力」以及「對社會的貢獻」等指標評價。雖然品牌價值評估難免參雜主觀印象，但這標準已被國際標準化組織（ISO）認可。

第一名堪稱眾望所歸，毫無疑問的是由蘋果（Apple）奪下，靠著iPhone手機風靡全球，蘋果的地位至今無人能敵，品牌價值竟高達1,700億美金的天價數字，比去年的1,200億還提升了500億。第二名品牌同樣是谷歌（Google），市值高達1,200億美金，身為全球最大搜尋引擎的Google，是網際網路領域最經典的品牌，其野心龐大，資源橫跨地圖、機器人、穿戴裝置、影音媒體等領域，不少人都是透過Google來開啟每一天的生活。第三至五名分別是食品公司可口可樂（Coca-Cola）、研發作業系統的微軟公司（Microsoft）以及電腦公司IBM，在全球的桌上型電腦市場上，幾乎都是IBM電腦搭配Windows系統，在人們生活中扮演很重要的角色。值得注意的是，在2012年以前，可口可樂蟬聯多年冠軍，不過至今早已被新興的蘋果與Google超越。第六至十名分別是TOYOTA汽車、三星（Samsung）、通用電器（GE）、麥當勞（McDonald's）與亞馬遜（Amazon）。在前十名當中，與科技相關之產業就占了六名，在科技掛帥的這個年代，未來將會是科技公司主宰榜單。

二、蘋果穩居冠軍、Facebook強勢增長、PayPal首度進榜！解讀2015全球百大品牌（李育璇，2015/10/11）

今年Interbrand 2015全球百大品牌（Best Global Brand），展現了「the speed of life」的趨向，不論新進的或是排名領先的品牌，不僅採用創新的技術，同時也全面擁抱變化才能變得更強，更快，更敏捷。今年百大品牌蘋果仍穩居第一名寶座，總值達1,703億美元，較前一年成長了43%，而排名第二十三的Facebook，品牌價值成長了54%，達220億美元，為今年成長最多的品牌。樂高（No.82）、PayPal（No.97）、汽車Mini（No.98）以及法國酩悅香檳（No.99），還有中國的聯想（No.100），為今年新進榜的品牌，聯想品牌價值

為41.14億美元，為僅次華為（No.88）的第二大中國品牌。就類別來看，科技產業仍居強勢地位，入榜家數超過三分之一（**圖10-9**）。

在一個以個人為中心的品牌年代，就今年的榜單，再度展現了一個品牌行銷的古老的真理：人都希望在他們的生活，具體的控制，親自設計自己想要過的生活。而人們用品牌來做到這一點，因為品牌是讓這些事情發生的重要動力。隨著人們想要塑造自己，加上消費者可以從比以前更多管道接觸到品牌時，全球品牌面臨接觸媒介空前碎片化的局面，所以現在的行銷人員必須定義品牌的mecosystems：透過數字數據，精煉的分析，多平台的互動，幫助品牌找到人們想要什麼，並快速地滿足他們的需求，甚至幫助人們重新自己編輯對事務的見解。

(一)品牌任務：碎片時代保持一致性

因此現代品牌維持其一致性與連貫性相當重要。一致性是基於一個核心精神和共享策略：它允許品牌與消費者互動時，可以忠於一組核心策略原則，

01 Apple	02 Google	03 Coca-Cola	04 Microsoft	05 IBM	06 TOYOTA	07 SAMSUNG	08 GE
+43% 170,276 \$m	+12% 120,314 \$m	-4% 78,423 \$m	+11% 67,670 \$m	-10% 65,095 \$m	+16% 49,048 \$m	0% 45,297 \$m	-7% 42,267 \$m
09 McDonald's	10 amazon	11 BMW	12 Mercedes-Benz	13 Disney	14 intel	15 CISCO	16 ORACLE
-6% 39,809 \$m	+29% 37,948 \$m	+9% 37,212 \$m	+7% 36,711 \$m	+13% 36,514 \$m	+4% 35,415 \$m	-3% 29,854 \$m	+5% 27,283 \$m
17 Nike	18 hp	19 HONDA	20 LOUIS VUITTON	21 H&M	22 Gillette	23 facebook	24 Jeep
+16% 23,070 \$m	-3% 23,056 \$m	+6% 22,975 \$m	-1% 22,250 \$m	+5% 22,222 \$m	-3% 22,218 \$m	+54% 22,029 \$m	+3% 19,622 \$m
25	26 SAP	27 IKEA	28 Pampers	29 ups	30 ZARA	31 Budweiser	32 ebay
-3% 18,922 \$m	+8% 18,768 \$m	+4% 16,541 \$m	+8% 15,267 \$m	+2% 14,723 \$m	+16% 14,031 \$m	+7% 13,943 \$m	-3% 13,940 \$m
33 J.P.Morgan	34 Kellogg's	35 VW	36 NESCAFÉ	37 HSBC	38 Ford	39 HYUNDAI	40 Canon
+10% 13,749 \$m	-6% 12,637 \$m	-9% 12,545 \$m	+7% 12,257 \$m	-11% 11,656 \$m	+6% 11,578 \$m	+8% 11,293 \$m	-4% 11,278 \$m

圖10-9　Interbrand 2015全球百大品牌（2015全球百大品牌部分名單，科技公司仍占多數）

發展相關的活動，但在此同時，今天的品牌需要能適應日漸增加的媒介管道。比如品牌在Twitter或微信這類媒介上的表現，它在美國與在非洲國家的呈現方式或內容可能不同，但仍然需要展現一種共同的本質。品牌對企業的重要性，不是新的消息，但全球品牌都面臨一個共同的問題：品牌領導者，往往沒有完整地掌握客戶體驗。因此，內部的行銷人員必須像膠水一樣，成為連接各個消費者的接觸點，以及包括銷售、客戶服務、產品開發等內部單位的黏著劑。而在科技進步的今天，行銷人員應該善用內容管理系統、社交媒體管理工具、電子郵件行銷軟體，客戶關係管理等工具，充分利用這些技術，並提供可在新工具告知全公司的戰略和證明投資回報率的數據，確保對客戶體驗產生影響的組織中的每個環節，都能有著一致性。

　　今年名次上升最多的日產汽車（Nissan, No.49）就已著手對正在進行的一體化努力，該公司已聯合其部門和機構的合作夥伴，以實現其產品的承諾，重新設計業務戰略。首度進榜的樂高，以開放式創新的理念，邀請愛好者創建、記錄和分享自己的創作，也讓他們看到自己作品在貨架上的機會，讓企業可以貼近客戶收集有價值的見解。Adobe已經透過開發授權品牌打造適合自己的客戶體驗尖端的工具，成為合作夥伴的個性化。另一家排名上升品牌3M（N0.59），要求其員工，以及一萬五千家客戶，在十五個國家，針對35歲以下的族群，透過「3M科學」為核心，強調從應用到生活發展戰略，不但藉此檢討內部不適宜的業務，提高研發比例，同時也發展具有故事性的相關內容。

　　進入前十大品牌的常勝軍，如蘋果、Google和亞馬遜，以客戶為中心是他們的DNA，繼續透過開發設計為主導的戰略。而今年首度進入百大品牌的PayPal，也是在此方面取得佳績。在「強化人們經濟」（powering the people economy）的訴求上，透過簡單、安全性和易用性的用戶體驗，它不僅僅是滿足消費者的需求，也需求成為企業成長的動力。

(二)未來趨勢：跨界合作找創新

　　科技也證明了跨行業協作的力量。在今年名次上升的品牌中，就可以看見其他產業與科技業者的合作。汽車品牌豐田（TOYOTA）利用Google強大的API，掌握用戶地理位置進而發送相關的訊息廣告。豐田不僅在產品面延伸，他們也加入松下開發的雲端智慧中心，協助駕駛人進行更多移動管理。面對

一個如此動態且快速變化的世界，人們習於以自己為中心（The Age of You）去做許多回應，品牌沒有太多時間去進行複雜且程序長的決策，這也就意味著，品牌要澈底反思企業內部面對變化的速度。這不是單一部門的前進，而是整體的進化，數據不只是資訊，而是一個可推動市場化的商品，而這也將改變交易的定義。能夠掌握這樣速度的品牌，就能實現無縫跨越現有的和新興平台，進而發現和吸引意想不到的合作夥伴關係（資料編譯來源：Interband報告——Hallmarks of the 2015 Best Global Brands/Activation: Structuring brands for the speed of life, Daniel Binns and Stephan Gans）。

三、2015全球最值錢十大品牌全部來自美國（大紀元，2015）

「2015全球最具價值品牌」排名出爐，今年度排名中，入圍的前十大品牌清一色都是美國企業；排名前四名被科技巨擘囊括。BrandZ的排名是由全球廣告巨頭WPP下的市場研究機構「華通明略」（Millward Brown）所執行，它是依據品牌潛在客戶和現有買家的觀點，同時結合深度的財務數據來計算品牌價值的排行，調查對象為全世界超過300萬家上市公司。據BrandZ「2015最具價值全球品牌前100強」的排名結果，入圍2015年的前100強企業，品牌總價值比2014年上升了14%、達到3.3兆美元。若與十年前（2006年，也就是該年報開始的第一年）相比，品牌總價值則攀揚了126%。

科技與民生品零售業是2015年表現最佳的兩個產業，品牌價值平均增幅為24%。此外，保險和電信業的表現也不差，平均增幅分別是21%和17%。但是，全球銀行以及奢侈品產業則呈下滑現象。該報告還列出2015年全球成長最快速的企業，前三名分別為臉書（Facebook）、蘋果以及英特爾（Intel），它們的年增長率為99%、67%和58%。而在過去十年間，全球成長最快速的企業，前三名分別為蘋果（1,446%）、AT&T（1,240%）和亞馬遜（Amazon，941%）。

以下就是2015年全球最有價值的前十大品牌排行：

(一)蘋果（Apple）

2015年品牌價值：2,470億美元
2014年品牌價值：1,478億美元
2014年排名：2

　　蘋果今年超過2014年的冠軍Google，成為全球最具價值的品牌。2014年第四季，拜iPhone 6與iPhone 6 Plus在全球大賣，一季之內就讓蘋果淨賺180億美元，創下歷史紀錄，這讓蘋果的品牌價值增加了67%，尤其是搶下了三星的高階手機市場。此外，蘋果首款專為穿戴設計的裝置——Apple Watch，也為公司賺進了一桶銀子。

(二)谷歌（Google）

2015年品牌價值：1,740億美元
2014年品牌價值：1,588億美元
2014年排名：1

　　相較於去年，Google的品牌價值仍上漲了9%。該報告表示，Google一直都表現得很好，只是去年蘋果做得太好。在西方社會，Google仍是線上搜尋引擎的龍頭，不論是全球最受歡迎企業或是最理想企業，Google總是榜上有名。

(三)微軟（Microsoft）

2015年品牌價值：1,160億美元
2014年品牌價值：901億美元
2014年排名：4

　　微軟的軟體一直是公司的金雞母，但自新任執行長納德拉（Satya Nadella）上台後，致力於IT創新與轉型。目前微軟的核心使命就是以Windows 10、Office 365、Azure以及其他雲端技術為基礎。該報告稱，這些舉動對微軟而言是個轉捩點，讓其產品更容易被使用。2014年微軟排名第四名，今年上升一名成為全球最具價值品牌第三名。

(四) IBM

2015年品牌價值：940億美元
2014年品牌價值：1,075億美元
2014年排名：3

　　去年，IBM的品牌價值下滑了13%，同時排名也下跌了一名。科技老廠IBM試圖在雲端電腦和亞馬遜和微軟一較高下，最近投資數十億美元在雲端運算、行動服務和網絡安全，都顯示IBM自硬體轉型的決心。但不可否認的是，IBM一直以來在硬體的薄利，致使它的整體品牌價值萎縮。IBM在最近的表現也不如華爾街的期望，執行長羅密提（Ginni Rometty）說：「我們對自己的表現失望。」

(五) Visa

2015年品牌價值：920億美元
2014年品牌價值：791億美元
2014年排名：7

　　相較於2014年的排名，Visa躍升了兩名，來到第五名。主因是全世界的信用卡業務表現亮麗，儘管如此，信用卡市場也面臨強勁的競爭，尤其是來自全球最大支付公司——PayPal的鯨吞蠶食，因為它在最近幾年的成長相當快速。

(六) AT&T

2015年品牌價值：890億美元
2014年品牌價值：778億美元
2014年排名：8

　　今年美國前兩大電信巨頭AT&T和Verizon都是全球最有價值的十個品牌。2014前AT&T排名第七，品牌價值較前一年增長15%。老牌AT&T正努力打造新形象，除了傳統的電信服務之外，也提供滿足消費者生活方式的娛樂服務。但是，在過去的十二個月裡，AT&T的市場占有率下滑2%，今年也被踢出道瓊工

業平均指數的名單。

(七) Verizon

```
2015年品牌價值：860億美元
2014年品牌價值：634億美元
2014年排名：11
```

　　Verizon正野心勃勃地進軍網絡串流市場，從電視頻道到節目發行。它從2014年的第十一名晉升到今年的第七名。Verizon在5月12日才宣布以44億美元買下美國線上（AOL），企圖成為數位媒體領域的主角。相較於2014年，Verizon品牌價值攀升了36%。

(八)可口可樂（Coca-Cola）

```
2015年品牌價值：840億美元
2014年品牌價值：806億美元
2014年排名：6
```

　　可口可樂的品牌價值比前一年下跌兩名，可它仍是最強勁的品牌之一。自BrandZ開始做「全球最有價值的品牌」排名時，可口可樂就一直進入前十強榜上的名單。去年，它的品牌價值僅增加4%。報告指出，可口可樂今年在已開發國家和新興市場不會有太大的成長，這也是其品牌價值排名滑落的原因。

(九)麥當勞（McDonald's）

```
2015年品牌價值：810億美元
2014年品牌價值：857億美元
2014年排名：5
```

　　麥當勞從2014年的第五名慘跌到第九名，品牌價值下滑了5%。這家速食連鎖餐廳的利潤與營業額不斷地萎縮，在美國，有越來越多的消費者選擇較健康的速食連鎖餐廳，像是墨西哥料理Chipotle（為最具價值全球品牌前100強中，成長最快速的企業第四名）。但是麥當勞還是努力在菜單和品牌形象上改

進，譬如將傳統的紅黃色調改爲綠色。

(十)萬寶路（Marlboro）

> 2015年品牌價值：800億美元
> 2014年品牌價值：673億美元
> 2014年排名：9

　　萬寶路也是從去年的第九名掉到今年的第十名，它也是BrandZ自排名以來始終在榜上的企業。實際上，萬寶路在2014年品牌價值增加了19%，報告指出，最主要是來自全球各國對菸品廣告的限制，儘管如此，它還是全球最大的菸草公司。

四、BrandZ全球百大最有價值品牌出爐！Apple居冠、TOYOTA汽車類第一（AUTONET, 2015）

　　今年邁向第十年的BrandZ全球百大最有價值品牌評鑑（BrandZ Top 100 Most Valuable Global Brands）在近日出爐，隨著全球百大品牌不斷拓占世界版圖，據統計從2006年至2015年，進榜的品牌價值增加了126%之多，光就2015年就有著平均14%的成長，而今年汽車品牌上榜數依舊爲六家。在BrandZ全球百大最有價值品牌的報告中，前幾名幾乎都由科技業包辦，美國Apple以67%的品牌價值提升比例、246,992百萬美元的品牌價值拿下最有價值品牌第一位，反超今年只能屈居第二的Google（173,652百萬美元，+6%），而第三名的微軟則同樣靠著115,500百萬美元、28%的品牌價值成長，與IBM（93,987百萬美元，-13%）互換名次。

　　至於大家所關心的汽車品牌部分，今年依舊只有六家品牌上榜，最高位的爲TOYOTA的三十名，但對比去年已經下滑四個名次，28,913百萬美元的品牌價值也下滑了2%；而BMW雖然26,349百萬美元的品牌價值小幅成長2%，但卻也掉了兩個名次；第四十三名的M-BENZ（21,786百萬美元，+1%）也下滑了一個名次。而去年評比爲第七十名的HONDA，今年13,332百萬美元的品牌價值衰退了5%之多，排名也下滑至第七十八名；而從第八十四名上升至八十名的

FORD（13,106百萬美元，+11%）可說是汽車產業上升最多的品牌；排名在第九十三名的NISSAN（11,411百萬美元，-3%）則下滑了三個名次（**圖10-10**）。

	Brand	Category	Brand Value 2015 $M	Brand Contribution	Brand Value % change 2015 vs 2014	Rank change
1	Apple	Technology	246,992	4	67%	1
2	Google	Technology	173,652	4	9%	-1
3	Microsoft	Technology	115,500	4	28%	1
4	IBM	Technology	93,987	4	-13%	-1
5	VISA	Payments	91,962	4	16%	2
6	at&t	Telecom Providers	89,492	3	15%	2
7	verizon	Telecom Providers	86,009	3	36%	4
8	Coca-Cola	Soft Drinks	83,841	5	4%	-2
9	McDonald's	Fast Food	81,162	4	-5%	-4
10	Marlboro	Tobacco	80,352	3	19%	-1
11	Tencent 騰訊	Technology	76,572	5	43%	3
12	facebook	Technology	71,121	4	99%	9
13	Alibaba Group 阿里巴巴集团	Retail	66,375	2	NEW ENTRY	
14	amazon.com	Retail	62,292	4	-3%	-4
15	中国移动 China Mobile	Telecom Providers	59,895	4	20%	0
16	Wells Fargo	Regional Banks	59,310	3	9%	-3
17	GE	Conglomerate	59,272	2	5%	-5
18	UPS	Logistics	51,798	5	9%	-2
19	Disney	Entertainment	42,962	5	24%	4
20	MasterCard	Payments	40,188	4	2%	-2
21	Bai 百度	Technology	40,041	5	35%	4
22	ICBC 中国工商银行	Regional Banks	38,808	2	-8%	-5
23	vodafone	Telecom Providers	38,461	3	6%	-3
24	SAP	Technology	38,225	3	5%	-5
25		Payments	38,093	4	11%	-1

WWW.AUTONET.COM.TW

圖10-10　BrandZ全球百大最有價值品牌

	Brand	Category	Brand Value 2015 $M	Brand Contribution	Brand Value % change 2015 vs 2014	Rank change
26	Walmart	Retail	35,245	2	0%	-4
27	T · ·	Telecom Providers	33,834	3	18%	0
28	Nike	Apparel	29,717	4	21%	6
29	Starbucks	Fast Food	29,313	4	14%	2
30	TOYOTA	Cars	28,913	4	-2%	-4
31		Retail	27,705	2	25%	9
32	LV	Luxury	27,445	5	6%	-2
33	Budweiser	Beer	26,657	4	9%	2
34	BMW	Cars	26,349	4	2%	-2
35	HSBC	Global Banks	24,029	3	-11%	-7
36		Regional Banks	23,989	4	6%	2
37	Pampers	Baby Care	23,757	5	5%	2
38	L'ORÉAL PARIS	Personal Care	23,376	4	0%	-2
39	hp	Technology	23,039	3	18%	10
40	SUBWAY	Fast Food	22,561	4	7%	3
41	China Construction Bank	Regional Banks	22,065	2	-12%	-8
42	ZARA	Apparel	22,036	3	-5%	-5
43	Mercedes-Benz	Cars	21,786	4	1%	-1
44	ORACLE	Technology	21,680	2	4%	1
45	SAMSUNG	Technology	21,602	4	-17%	-16
46	movistar	Telecom Providers	21,215	3	2%	0
47	TD	Regional Banks	20,638	4	3%	0
48	CommonwealthBank	Regional Banks	20,599	3	-2%	-4
49	ExxonMobil	Oil & Gas	20,412	1	3%	-1
50	中国农业银行 AGRICULTURAL BANK OF CHINA	Regional Banks	20,189	1	11%	4

WWW.AUTONET.COM.TW

（續）圖10-10　BrandZ全球百大最有價值品牌

	Brand	Category	Brand Value 2015 $M	Brand Contribution	Brand Value % change 2015 vs 2014	Rank change
51	accenture	Technology	20,183	3	11%	4
52	Gillette	Personal Care	19,737	5	4%	0
53	FedEx.	Logistics	19,566	5	15%	5
54	Shell	Oil & Gas	18,943	1	0%	-1
55	HERMES PARIS	Luxury	18,938	5	-13%	-14
56	Intel	Technology	18,385	2	58%	30
57	Colgate	Personal Care	17,977	4	2%	-1
58	BT	Telecom Providers	17,953	3	17%	6
59	ANZ	Regional Banks	17,702	4	-7%	-8
60	citi	Global Banks	17,486	2	1%	-3
61	orange	Telecom Providers	17,384	3	12%	1
62	中国人寿 China Life	Insurance	17,365	3	44%	19
63	Sinopec	Oil & Gas	17,267	1	21%	4
64	IKEA	Retail	17,025	3	-12%	-14
65	中国银行 BANK OF CHINA	Regional Banks	16,458	2	16%	3
66	DHL	Logistics	16,301	4	19%	7
67	cisco	Technology	16,060	2	17%	5
68	中国平安 PING AN	Insurance	15,959	3	29%	9
69	SIEMENS	Technology	15,496	3	-8%	-10
70	HUAWEI	Technology	15,335	3	NEW ENTRY	
71	Petrochina	Oil & Gas	15,022	1	21%	5
72	US bank	Regional Banks	14,786	3	-1%	-7
73	ebay	Retail	14,171	3	-9%	-12
74	HDFC BANK	Regional Banks	14,027	4	NEW ENTRY	
75	H&M	Apparel	13,827	2	-11%	-12

WWW.AUTONET.COM.TW

（續）圖10-10　BrandZ全球百大最有價值品牌

	Brand	Category	Brand Value 2015 $M	Brand Contribution	Brand Value % change 2015 vs 2014	Rank change
76	GUCCI	Luxury	13,800	5	-14%	-16
77	J.P.Morgan	Global Banks	13,522	3	9%	2
78	HONDA The Power of Dreams	Cars	13,332	4	-5%	-8
79	pepsi	Soft Drinks	13,134	4	14%	9
80	Ford	Cars	13,106	3	11%	4
81	bp	Oil & Gas	12,938	1	1%	-7
82	Telstra	Telecom Providers	12,701	4	NEW ENTRY	
83		Fast Food	12,649	4	6%	0
84	Westpac	Regional Banks	12,420	4	6%	1
85	Linkedin	Technology	12,200	5	-2%	-7
86	Santander	Global Banks	12,181	3	10%	5
87	Woolworths	Retail	11,818	4	-1%	-5
88	PayPal	Payments	11,806	4	20%	9
89	CHASE	Regional Banks	11,661	3	0%	-2
90		Retail	11,660	2	22%	10
91	ING	Global Banks	11,560	3	18%	7
92		Technology	11,447	4	-17%	-21
93		Cars	11,411	3	3%	-3
94	Red Bull	Soft Drinks	11,375	4	5%	-2
95	Bank of America	Regional Banks	11,335	2	12%	-1
96	docomo	Telecom Providers	11,223	3	12%	-1
97	COSTCO WHOLESALE	Retail	11,214	2	NEW ENTRY	
98	SoftBank	Telecom Providers	11,131	2	NEW ENTRY	
99	中國電信 CHINA TELECOM	Telecom Providers	11,075	4	NEW ENTRY	
100	Scotiabank	Regional Banks	11,044	2	-3%	-11

WWW.AUTONET.COM.TW

（續）圖10-10　BrandZ全球百大最有價值品牌

行銷透視

亞洲精品名牌即將趁勢而起

　　奢華名牌在全球的產值已高達800億元，其中有一半以上營業額來自亞洲。到2010年，亞洲出現5,000萬個奢華名牌的消費者。東方有沒有機會產生一個橫掃全球也風靡西方社會的奢華品牌呢？從亞洲的奢華爆炸現象，亞洲的企業又能學到哪些打造名牌的經驗呢？亞洲奢華名牌稱霸全球的時機將很快發生，或許十年、十五年後！但現在我們已經可以看到，向來由歐美車廠稱霸的全球車市，已經被日本豐田汽車（TOYOTA）超越，尤其頂級的凌志（LEXUS）也相當成功，韓國汽車業也在迎頭趕上。亞洲的奢華品牌趁勢而起，能見度在某些領域已經愈來愈高，相信在不久的將來，亞洲崛起的精品名牌將擄獲全世界消費者的心！切哈策略顧問公司總裁羅哈・切哈（Radha Chadha）解析了這些奢華名牌宛如聖教，令亞洲的富人拜倒、中產階級埋單，連窮人都渴望擁有的消費心理動機；以及奢華名牌席捲亞洲，並進逼中國與印度新興國家的行銷手法如下：

◎老東方新行銷名牌競相演繹

　　亞洲有一些國際級的奢華名牌正在崛起，例如香港的上海灘，台灣的夏姿服飾，香港還有譚燕玉（Vivienne Tam），雖然她的品牌是從美國市場起步的，但這些都是重新詮釋、演繹現代中國風味、元素的品牌。另外在香港、大陸擁有許多營業據點的香港寶姿（PORTS）服飾，也可算是亞洲知名品牌。日本，則是許多東方時尚品牌的發源地，像三宅一生、御本木珍珠（MIKIMOTO）、KENZO等，都不是很東方味，而是走現代摩登都會路線的亞洲品牌。融合東方設計元素，結合西方

譚燕玉2011春裝秀，「絲綢之路」展現橫跨中東的遊牧情懷

的行銷思維，利用文化差異是亞洲品牌在國際成功的要素，但是必須用非常現代、國際化的詮釋方式來傳達品牌的概念才行。如果亞洲品牌要進軍如美國市場這麼大的國家，應該要瞭解它們的消費者，找出適合自己品牌的行銷方法；未必要像國際知名奢侈品牌主題一樣，在產品上「Go Logo」，也就是在產品直接大秀Logo做識別。Logo必須要有所意義，引人渴望，才能有利於強化行銷，不是隨便設計個Logo印在產品上，就能成為名牌的。例如在香港的文華東方酒店，有一家素負盛名的Vong法國餐廳，就是融合東西方文化，把亞洲香料入法國菜中，為法國料理帶入東方色彩而聞名。現在正是亞洲奢華名牌崛起的好時機，現在藉著全球化的浪潮，亞洲人更有機會抓住國際的市場與口味。

◎東西交錯之美，世人皆傾倒

亞洲品牌要變成人人嚮往的名牌聖教其產品必須相當與眾不同，創造出相當高的識別度，再來，店面也要打造出相當獨特的消費體驗。最重要的是，這些品牌都深諳如何行銷自己，才能讓產品高價定位，卻依然讓消費者趨之若鶩。另外，像瑜伽與中國、東南亞的家具設計元素，亞洲的按摩，女性的SPA產業等亞洲深刻的生活方式與文化中萃取出的美好元素，都已令西方社會著迷不已。只是亞洲的品牌要風靡全球，成為品牌聖教，還需要一段時間，也需要做許多的行銷。畢竟要打造品牌，關乎建立完美形象，這得靠行銷策略才行。歐美名牌最值得學習的成功經驗可以從國際合作開始。村上隆幫LV設計櫻花包一炮而紅。2000年春夏，他的招牌圖案「眼睛」出現在三宅一生的男裝上，都掀起國際搶購熱潮，這又是一個成功將東方設計元素，帶進國際知名品牌的例子。iPod幾乎都由台灣廠商代工，在大陸生產，這就是一個亞洲精品名牌可以談合作的好機會。在手機產業，如三星（SAMSUNG）和PRADA合作推出時尚款的手機等，這些合作都是雙贏互惠的。

◎內需已成熟，亞洲稱霸有望

在亞洲新興國家，有一群新富階級快速且大量地崛起，這個階級的遽增，伴隨而來的就是奢侈品牌的消費，這對奢華市場都是好事。在亞洲，LV等全球奢華名牌的銷售永遠都會向上成長、成長、再成長，至少未來很長的一段時間依然是如此。因為目前亞洲主要的奢華名牌消費國如日本、香港和台灣，總人口都不算太多，在日本

也步入穩定的高原期；可是印度和中國的奢華名牌消費人口將相當可觀，中國市場就約有十個日本市場那麼大！未來，印度和中國將會是推升奢華名牌一路向上的主要動力。

資料來源：林孟儀（2008）。〈亞洲精品名牌即將趁勢而起〉。《遠見雜誌》，2008年1月號。

第七節　國際品牌行銷決策

一、國際品牌決策

　　企業進行品牌決策，基本上有四個層次性問題需要分別考量，如**圖10-11**所示，並說明如下：

　　1.首先思考「有」、「無」品牌之取捨？即是否自創國際品牌。
　　2.其次，思考係「私有品牌」或「製造商品牌」？
　　　(1)私有品牌之好處：增加營收與利潤、增加議價力量、進軍國際市場。

圖10-11　國際品牌決策

(2)採取製造商品牌之好處：建立穩固市場地位、增加市場競爭力、品牌延伸。

3.採取「單一品牌」或「多品牌」？

(1)單一品牌優點：集中企業資源、建立獨特定位、有助品牌延伸。

(2)多品牌優點：跨足不同產品領域：以寶鹼（P&G）為例，幫寶適為其嬰兒尿布成功品牌，可是若是用在食品或清潔用品方面，恐怕就不太適合。

(3)切入不同市場區隔：相同的產品，為了不同收入、職業、年齡的目標市場，可採取多品牌策略，方不致混淆顧客對原有品質之認知。手機市場邁入區隔化時代，區隔品牌、區隔用戶、區隔價位，也區隔功能。智慧型手機將會出現明顯的市場區隔。例如，宏達電的M1及蝴蝶機以及蘋果的iPhone 6s，都是屬於暢銷的指標性高階智慧型手機。HTC和Apple也分別另外推出低階手機。

4.在國際化時，係要採取「全球品牌」或「當地品牌」？

(1)全球品牌：單一品牌策略若擴及至全球，即為全球品牌策略，而可達到之利益有三：需求溢出、方便全球顧客、規模經濟。

(2)當地品牌：採取當地品牌會增加行銷和管理成本，但可產生下列作用：因應開發中國家民情、品質確保問題、解決品牌難以發音問題。

國際品牌行銷策略包括：從OEM、ODM到OBM；製造商品牌或零售商品牌；品牌命名策略、原則、做法和趨勢；品牌定位（**表10-5**）與重定位；國際品牌的成長策略。

表10-5　全球品牌與其定位

品牌名稱	定位
雀巢	Makes the very best
BMW	The ultimate driving machines
GE	Imagination at work
Gillette	The best a man can get

二、從OEM、ODM到OBM

若用考試「分數」來說明OEM與自有品牌OBM的差別，OEM是做「剛好」60分的生意，因為品牌客戶開出規格數量後，拚命壓低購買價格。OEM廠商在同行的競爭壓力下，只能靠大量生產及優越的生產執行力勉強達成品牌客戶期望，當廠商稍微將產品品質做好一點，雖然分數可達61分，但成本卻敵不過做到60分的廠商；若OEM廠商將產品做到59分也不行，因產品品質變差，會遭到客戶抱怨，拒收或退貨。但品牌可做到80、90分以上，多出來的部分即為品牌所創造出來的價值，此時跟生產成本則無太大關聯。簡言之，在價格策略上，OEM賣的是價格，OBM賣的是價值。

雖然品牌行銷的利潤較具吸引力，但相對的，其風險和困難度也增加，尤其是國際品牌行銷人才的欠缺。台灣的企業若是以OEM起家者，不妨採用OEM與OBM並行的雙軌制。

1. 優點：利用OEM（代工）方式獲取國際大廠的產品發展資訊和提升自己的製造技術和能力，同時也可獲得較穩定的銷售業績，因為OEM較無庫存壓力，風險較低。利用OEM賺得的資金來自創品牌，培養國際品牌行銷的實力，否則若是全部都是自創品牌，對台灣的中小企業來說，其風險是相當高的。

2. 風險：以OEM起家的廠商，自創品牌後，會引發原先OEM客戶的反彈，甚至取消OEM訂單的風險。因此，許多公司會考慮被斷奶的風險而遲遲不敢自創品牌。

3. 解決之道：自創品牌的產品與OEM客戶的產品最好能有所區隔，或者要在不同的通路銷售，或者要到OEM客戶沒有銷售的國家市場去銷售。

4. 從OEM、ODM到OBM：台灣廠商早期在國際分工的角色多是以OEM（簡稱委託代工，Original Equipment Manufacturing）為主要的業務型態，運用充裕的勞動力提供國際市場上所需的產品製造、組裝之委託代工服務。惟OEM生產的最大缺點在於訂單來源不穩定，產品行銷、設計階段的利潤無法掌握，因此某些OEM廠商隨著產品生產經驗的累積及新產品開發活動的投資，逐漸由OEM轉型為ODM（簡稱設計加工，

Own Designing Manufacturing）業務型態，部分廠商更嘗試建立自有品牌（Own Branding Manufacturing, OBM）直接經營市場。

台灣企業在OEM階段技術相當成熟，現在大多數處於ODM階段，部分技術純熟的企業，多年來已不斷地投入人力與經費在研發上，並逐漸開花結果，發展出自有品牌，並且將品牌行銷到全世界，比較知名的企業品牌包括：宏碁的Acer、明基的BenQ等。此外，在面臨強大競爭壓力下，國營事業也積極加入轉型行列，擺脫傳統經營模式，創造自有品牌，如台鹽，在公司大力投入下，成功研發綠迷雅化妝品，銷售量相當傲人。台灣廠商較不習慣做品牌，也較少有做品牌實務經驗，然自有品牌廠商得到毛利可達到二位數，OEM廠商毛利卻僅有一位數。不可否認的是，做品牌尤其是全球性品牌仍有一段很長遠的路要走，因經營品牌有挑戰，如何長期維護此品牌？品牌如何有效被消費者接受？都讓台灣廠商猶疑是否跨入品牌領域。

三、製造商品牌或零售商品牌

(一)製造商品牌決策

該策略又稱生產者品牌、全國性品牌，大多數廠商都創立自己的品牌，並使用自己的品牌組織產品銷售。那些享有盛譽的製造商還可以將其著名品牌租借給別人使用，收取一定比例的特許使用費。

(二)零售商品牌決策

製造商將其產品大批量賣給零售商，零售商利用自己的品牌將產品轉賣出去，又稱私人品牌。零售商使用自己的品牌可以帶來以下利益：

1.可以更好的控制產品價格，乃至供應商。
2.可以降低進貨成本，殲敵價格，提高競爭力，提高利潤。

但使用私人品牌，零售商也必須付出代價：

1.花費更多的錢來做廣告，宣傳其品牌。

2.零售商必須大批量訂貨，因而必須大量資金占用在商品庫存上，承擔巨大的存活風險。

(三)混合決策

製造商也可以決定部分產品採用自己的品牌，有些產品採用零售商的品牌。在現代市場競爭日益激烈的情況下，製造商品牌與零售商品牌之間也會發生競爭，就是所謂的品牌戰。在這種對抗中，零售商擁有許多優勢：

1.零售業的營業面積有限，因此許多製造商特別是新製造商和小型製造商難以利用其品牌打入零售市場。
2.雖然消費者都清楚，私人品牌出售的商品通常都是大型製造商的產品，但是，由於零售商特別注意保持其私人品牌的質量，仍能贏得消費者的信賴。
3.零售商品牌的價格通常訂得比製造商品牌要低，因此能夠迎合許多計較價格高低的消費者，特別是在通貨膨脹時期。
4.大型零售商把自己的品牌陳列在商店醒目的地方，而且會妥善保管。

四、品牌命名策略、原則、做法和趨勢

(一)品牌命名策略

品牌的命名策略是指公司為新產品選擇特定名稱的策略。命名也是策略，好的命名，可立竿見影創造利潤，傳達出正面的企業形象。策略可分為：

1.公司品牌：公司所有的產品線都採用公司名稱當品牌，例如GIORDANO、班尼路、ESPRIT、BRAPPERS、BLUEWAY、CELINE、HERMES、嘉裕、USNS等。
2.個別品牌：針對不同的產品（有時相同產品亦是）皆採取不同的品牌。例如香水商可將香水加入一個普通瓶中，賦予某一品牌和形象，售價為100元；而同時用更華麗的瓶子裝同樣的香水，賦予不同的名稱、品牌和形象，定價為500元。

3.家族品牌：針對某一類產品皆採相同產品。例如Asus電腦、主機板、筆電、光碟機與手機等。

4.公司名稱附加個別名稱：在公司名稱之後附加一個品牌，其目的是想要藉由公司名稱的知名度快速進入市場，但又想有個別的特色，例如HTC系列的不同型號智慧型手機。

(二)品牌命名原則

品牌命名的原則必須考慮語言、文化與法令限制及與產品有關的因素等。品牌命名原則：

1.要易於發音、辨認和記憶。

2.必須能暗示產品的利益、品質。

3.必須具有獨特性。

4.避免不當的聯想或諧音，尤其在不同語言、文化之下。

5.要注意各國文化的禁忌。

6.注意各國商標法的規定，因為若已經被註冊，則不能再使用國際相同的品牌。

(三)品牌命名做法和趨勢

國際品牌命名的做法和趨勢：

1.英文品名加當地語言品名：取一個可以世界通用的品名，然在各個國家市場再另外取一個當地語言的品牌，當地語言的命名有些會採用直接音譯的方式。

2.只有英文品名：由於國際語言的普遍，許多國際品牌尤其是針對年輕或較高知識份子的品牌，已經漸漸不在當地國家另外取品牌名稱了。

3.創造新字：由於好用、可用的文字不是已經被使用就是註冊登記了，造成可用字越來越少，所以另一個趨勢是自己創造新字。

4.反其道而行：選擇一些既不好唸也不好記的名字，以引起顧客的好奇。

5.品牌名稱的測試：當選擇好一些品牌名稱方案後，通常會進行品名測試，其程序包括：聯想測試、學習試驗、試憶測試、偏好測試。測試是

一個理想的程序，不過，世界各國仍有一些較為不理性的方式，例如亞洲企業有的偏好參閱命名學。

五、品牌定位與重定位

在國際品牌行銷中每個品牌都必須選擇一個適當的市場區隔並且採用差異化加以定位，也就是要在市場中找到自己的利基。品牌定位是指企業在市場定位和產品定位的基礎上，對特定的品牌在文化取向及個性差異上的商業性決策，它是建立一個與目標市場有關的品牌形象的過程和結果。

在市場上隨著時間的經過，常常需要採取重定位策略，其原因包括：

1. 競爭因素：由於競爭者推出新產品或降價，使公司品牌的定位在市場上失去競爭優勢或者變得較為模糊，為了使品牌再生或成長，品牌重定位是很重要的。
2. 顧客行為的改變：使得原品牌的定位利基對顧客不再具吸引力，於是公司必須進行品牌重定位的策略思考。

六、國際品牌的成長策略

國際品牌成長策略可分為「產品種類的擴張」與「地理區域的擴張」等兩種，說明如下：

(一)產品種類的擴張

以下四種策略可擴張產品種類：

1. 產品線延伸策略：在相同產品類別中，使用相同品牌名稱推出新產品。
2. 品牌延伸策略：利用相同的品牌名稱延伸至不同產品類別。優點是藉由原先品牌的知名度，快速上市新產品，以減少廣告支出，甚至上市新產品對原來的產品亦有正面助益；缺點是若上市的新產品失敗，則很可能影響到原來產品的市場信譽。
3. 多品牌策略：在相同產品類別下，採用不同的品牌名稱。當行銷的目標市場不一樣或定位不同時，通常會採用多品牌策略。依不同的定位分為：

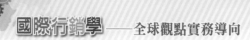

(1)向上延伸：推出價位比原來產品更高價的產品。

(2)向下延伸：由高價推出中價或較低價者。

4.新品牌策略：在不同產品類別中使用不同的品牌名稱推出新產品。

(二)地理區域的擴張

以下七種策略可作為產品的地理區域擴張：

1.單純以產品功能特性和品牌是標準化來看：產品標準化策略（雙向延伸）——品牌和產品功能都相同，對國際行銷來說，所收到的綜效最大。

(1)產品修正策略：品牌相同但產品功能不同，這種通常是為了各國市場特性需求而做調整。

(2)品牌修正策略：產品功能相同，但品牌名稱不同，會改品牌名稱有時候是不得已的，例如當地市場已經有其他廠商登記使用該品牌。

(3)新產品策略：利用不同品牌名稱去推出不同的產品類別，則是所謂的新產品策略。

2.以產品策略（包含品牌）與溝通（推廣）策略來看：

(1)標準化策略（雙向延伸）：產品和溝通策略完全從其他國家延伸過去，其基本假設是所有市場的情境都是相同的，這是創造國際知名品牌的最佳策略。

(2)產品延伸／溝通調整：指產品功能屬性、品牌名稱和包裝圖案都相同，但是採用修正的溝通策略，此情通常是消費者的需求相同，所以可以應用相同的產品功能屬性，但是可能因為文化或法令而無法採用相同的產品。

(3)產品調整／溝通延伸：指產品的功能屬性、品牌名稱和包裝圖案需要修改，但是溝通（推廣）策略則是採用相同的策略，這種策略常發生於食品類的產品有較多的現象。

(4)雙向調整：指產品和溝通策略全部進行調整，除了上述市場消費者的需求差異和文化、語言、法令的不同外，這種策略通常發生在分權式的國際企業中。

行銷透視

資產槓桿：解讀Intel的品牌戰略管理

英特爾，作為一家高技術公司，為什麼能夠長期占據原來由大眾消費品品牌所領有Interbrand TOP 100 BrandS前十位？英特爾舉世矚目的成功，很大程度要歸功於英特爾卓越的品牌戰略管理，這種有管理的品牌戰略持續提升了英特爾的品牌資產，而品牌資產的提升又推動了新的產品市場發展，最後這種發展又反過來進一步加強英特爾的品牌資產。下面是英特爾的品牌戰略管理框架：

◎創建強大的公司品牌──INTEL INSIDE PLAN

1991年英特爾開始啟動「Intel Inside」計畫以創建強大的公司品牌。該計畫目的有三：第一是把競爭對手的產品和自己的產品區分開來，以保護研發投資與知識產權；第二是在最終用戶當中建立強大的品牌形象；第三是限制計算機生產商在最終用戶中的影響，使消費者關注CPU品牌非整機品牌，最終強化計算機廠商對自己的依賴度。「Intel Inside」計畫有兩個主要的內容：第一是面向消費者的品牌建設，英特爾啟用了一個Intel Inside的品牌作為芯片市場的公司品牌，Intel Inside完美地抓住了最終用戶的需求，使顧客相信只要找到Intel Inside的商標，就找到了最先進最可靠的芯片技術。第二是面向計算機製造商的忠誠度計畫，英特爾提供了可觀的回報以激勵這些公司把英特爾的芯片用到自己的整機品牌中去。英特爾的每個合作夥伴都能享受6%的折扣，而這筆資金將會投入到市場上為製造商打廣告。「Intel Inside」計畫鑄就了接近400億美元的品牌價值，在Intel Inside這個強大的公司品牌羽翼下，陸續推出的Pentium、Celeron、Xeon等產品品牌都獲得了巨大的成功。

◎奔騰計畫創建第一個強大的產品品牌

英特爾1993年問世的586芯片重新命名為「奔騰」（Pentium），從而創建了英特爾的第一個產品品牌，使得爾後的英特爾在個人電腦市場上一路扶搖直上，最終奠定了芯片之王的霸主地位。創建新的產品品牌「Pentium」有三個好處：創建獨特鮮明的品牌識別、深化利用現有的品牌資產、匹配市場形勢與戰略。英特爾試圖把

Pentium打造成為廣域品牌平台，適合多元化產品市場的需求，為此英特爾發展出了一套複合的品牌關係組合。英特爾透過把Pentium作為單一主品牌（廣域品牌平台）運用於各個產品市場中，積累和加強了其品牌資產和品牌價值，直接推動了其業務戰略的成功；另外又分別採取「主品牌＋描述語」和「主品牌＋副品牌」的策略，響應不同產品市場的需求，既能各司其責又能協同作戰，這就是奔騰之道。

◎複合的品牌組合戰略

　　英特爾必須透過加強Intel Inside的背書作用以提高品牌組合的清晰度。Intel Inside的背書最初僅僅被停留在桌面系統上的Pentium，隨著英特爾的產品市場拓展，Intel Inside也跟隨產品線一起擴大了自己的作用範圍：Intel Inside延伸到低端的Celeron，到移動領域的Pentium Mobile，到高端服務器的Xeon，到64位的Itanium。可是，英特爾現在已不僅僅代表芯片了，英特爾多樣化的產品線已經達到13類69種產品。英特爾需要改變原來的背書政策，在多元化的過程中，英特爾採取三種策略來處理其極度膨脹的品牌組合：第一種是保留原有的品牌，獲得相應的品牌資產和客戶群；第二種是改變品牌角色，作為特定市場的副品牌或者經濟型品牌；第三種是放棄原來的品牌將其業務轉到英特爾家族的品牌中。

英特爾展示Centrino2筆記型電腦，以及內建IntelAtom處理器的隨身型易網機和移動聯網裝置

◎技術品牌──廣域品牌平台

　　英特爾決定改變戰略方向，從以產品為中心的模式轉向以應用為中心，將特定應用所需的所有模塊及其相關軟體和方案打包構成平台，這個平台就是技術品牌。

2003年在筆記型電腦採用的Centrino（迅馳）是英特爾第一個真正意義的技術品牌，Centrino體現了計算與通訊技術的結合，它包括了處理器、芯片組、無線芯片、軟體工具等多個要素，是由多個產品組合而成的平台技術。Centrino技術品牌迎合了市場對解決方案的需要，具有強烈的應用色彩，重新激活了Intel Inside，英特爾在品牌組合中引入技術品牌的行動相當成功，Centrino迅速成為筆記型電腦市場的絕對主流，同時也成為了「超長待機」和「無線上網」的代名詞，英特爾於是乘勝追擊，相繼推出第二代迅馳平台的Sonoma和第三代迅馳平台的Napa。Centrino的成功使得英特爾意識到技術品牌的戰略意義（技術品牌將逐漸凌駕於獨立的處理器品牌之上），2005年年初英特爾宣布將進行商業發展戰略的根本性轉型，專注於四個重要市場：行動、數位家庭、企業與醫療保健。2006年年初推出的Viiv（歡躍）就是新的技術品牌戰略的體現。技術品牌將貼近客戶應用而成為英特爾網路行銷傳播的主打重點，技術品牌能夠讓英特爾的產品品牌家族更加有活力，更重要的是在創新的基礎上延續了Intel Inside。

◎更新品牌戰略，現在進行式

　　英特爾一直在根據市場的發展和企業自身的發展，不斷地改變和修正品牌戰略：英特爾品牌戰略的與時俱進在今天依舊沒有停止。英特爾事實上存在兩個公司品牌，一個是Intel Inside主要用於芯片市場的背書品牌，另外一個就是INTEL，主要用於其他事業作為主品牌。由於存在跨越不同市場的整合需要，以及技術品牌使得Intel Inside內涵發生了明顯的變化，英特爾已經到考慮進行公司品牌合併的時刻了，改變顏色、規範字體和拿掉inside字樣就成為當然的選擇。2006年1月4日，英特爾正式開始啟用全新的品牌標識，同時登場的還有新的宣傳標語「Leap ahead」，新的標識突出了英特爾核心業務從PC向消費類產品轉移的戰略。由於公司品牌的背書關係，英特爾整體的品牌組合也會相應發生視覺的變化。塵埃業已落定：只有品牌戰略，才是真正戰略！

資料來源：〈資產槓桿：解讀Intel的品牌戰略管理〉，http://wenku.baidu.com/view/c7230743b307e87101f6960c.html

七、國際標準化行銷策略

國際標準化行銷策略的爭議有兩個盲點：(1)國際市場定義不清；(2)對於標準化國際行銷策略需要採取品牌重新定位策略，其情境有兩種：(1)競爭因素；(2)顧客行為的改變。

國際行銷標準化之爭議與解決之道：

(一)贊成者訴求

1. 外在環境的驅策力：因為隨著資訊、國際交通的發達，各國人民往來頻繁，彼此的距離縮短，使得全球化地球村時代已經來臨，此意味著國際行銷者可以採用標準化的國際行銷策略。
2. 廠商競爭策略的考量：標準化的行銷策略，尤其是標準化的產品，可以享受生產上的規模經濟，以較低的成本創造競爭優勢，而且標準化的行銷策略可以快速進入各個國際市場，擴張市場範圍，贊成者甚至提出許多標準化的國際品牌。

(二)反對者訴求

全球具有多種不同的文化，各有不同的消費，各國的法令也都不同，一套國際行銷策略怎麼可能行遍天下！

(三)解決之道

◆以市場區隔來定義國際市場，先區域標準化再全球標準化

所謂國際市場應該是一個區隔後的概念，而不是全世界的國家和所有的消費者。所以，若從全球「所有消費者」的觀點來看，標準化的產品和行銷策略當然是不可能，但若是區隔後的市場就應該有可能了。所以全球標準化也許是趨勢，但應該先有「區域標準化」，再談全球標準化。其理由有三：

1. 許多國際企業其海外事業部的組織在第一層大都採取區域性的組織，根據「組織結構追隨策略」的概念，若是多數企業都採用這種型態的組

織，顯然其策略也是以區域標準化的策略來運作，才能達到競爭的優勢和成本的規模經濟。

2.就文化而言，在各區域是較為相似的，加上經濟體的發展也都是以區域為主，如北美貿易組織、歐盟、亞太經濟合作組織，使得相同區域中受到相關法令的限制較少，推動區域標準化也較容易。

3.微軟的Windows軟體系列，在全球各地區都出版不同語言的版本，以滿足各地區使用者的需求，顯示區域標準化是有其必要的。

◆以策略性內涵的行銷策略為標準化的衡量關鍵

標準化行銷策略的內容該如何界定呢？基本上應該具有策略性內涵的行銷策略才是具有意義的，所謂「策略性行銷策略內涵」是指有助於創造全球一致性品牌形象的行銷策略，所以關鍵是討論這些內容是否能夠或需要標準化。

八、產品仿冒

產品仿冒（counterfeit）係假冒其他企業品牌或產品設計，誤導消費者進行購買，使其誤以為購買到眞品。根據經濟合作暨發展組織（OECD）最新公布的研究報告顯示，仿冒品的全球市場規模已經成長到4,610億美元。全球有超過六成的仿冒品來自中國大陸，遭仿冒最嚴重的品牌是美國運動鞋大廠NIKE（大紀元，2016/4/20），可見仿冒產業已經成為全球成長最快速產業。

紐約華埠堅尼路為全美最大仿冒品牌集散地，洛杉磯和德州休士頓，則是全美排名第二和第三的仿冒名牌集散地。仿冒精品主要來自中國大陸的廣東和浙江地區。大陸仿冒皮包業者，還依據仿造技術、材質、車工等，對仿冒品進行分級。A級為最粗糙，消費者容易辨識，價格也較低，通常只在大陸市場銷售；AA級為與眞品幾乎沒有差別，只銷往西方國家；最高級的3A級，則是與眞品維妙維肖，連原廠人員有時也難以分辨，價格也最高。大陸本地仿冒品最有名的銷售地，在北京以秀水街市場最為著名。此街共有三百多個攤位，成立於1980年代，每天營業額超過上百萬元人民幣，每年中國大陸從此處可徵收三百多萬人民幣的營業稅。2004年12月底，北京市政府正式下令拆除。而在市場東側，興建地上五層、地下三層的「新秀水大廈」，「改攤入廳」，以

一千五百個攤位位置來收納原先秀水街商家。

　　歐洲名牌服飾也發現當其名模展示下一季新裝後，立刻會在歐美大都市鬧區出現樣式差不多之服飾。如法國品牌Chloe洋裝售價948英鎊（約台幣57,000）的新款服飾，在英國Tesco的相似品，只要35英鎊（2,100元台幣），而另外一家Monsoon也發現被模仿情形，而控告Primark抄襲其設計。

　　被仿冒企業面對此種仿冒之風，可採行之因應做法，有以下五點：

1.告知消費者：使用仿冒品不只品質差、沒原廠保障，且一樣違法，須負法律責任。

2.採取法律行動：聯合同業對仿冒者採取高額罰款與連帶法律責任之控訴。

3.直接處理：直接採取行動打擊仿冒業者與進行各種必要的處理。

4.加註反仿冒標誌：設計Logo與反仿冒警語。

5.強化服務：加強對購買原廠真品的消費者之尊貴服務以與仿冒品做一區隔。

 全球觀點

單一品牌策略奏功——GIANT馳騁國際

　　巨大集團已經是一個跨國品牌公司，捷安特行銷部門旗下的公司，除了台灣總部以外，還有歐洲、美國、澳洲、日本、中國大陸和加拿大等分公司。

◎標榜分享騎車喜悅

　　捷安特創辦人劉金標常常被外國媒體問GIANT的由來，以及為什麼要取這樣一個品牌名字。面對這類的問題，劉金標總是說，他希望自己做的自行車能夠成為一個大家都知道的品牌，醒目的像是看到一個巨人一樣。劉金標的解說，對於擅長拿品牌做文章的外國代理商來說，這只是一個差強人意的故事，與品牌價值新台幣71億7,200萬元的身價來說太過平凡。其實，就黃菁嬋（巨大集團總經理羅祥安的特

別助理）的瞭解，捷安特的名字的確有一個典故，1981年，台灣的巨人少棒隊首次揚威國際，得到世界少棒的冠軍，讓興奮莫名的劉金標決定以巨人為名，自創品牌「GIANT捷安特」於是誕生。

捷安特提供完整的售後服務給消費者，讓消費者產生信賴和滿足

對於有相同生長經驗的台灣市場來說，巨大自行車名字的由來，能夠喚起消費者塵封心底的共同感情。但是今天捷安特已經是一個世界品牌，屬於全球自行車市場的消費者，因此在很多時候，一個來自區域經驗的核心認同，就必須被更人的感性訴求所取代，對於已然身處高處的國際品牌產品來說，這是件必要但是困難度高的任務。儘管知名品牌顧問公司INTERBRAND曾經表示，GIANT可能是台灣最具國際知名度的品牌，但是黃菁嬋說，捷安特的品牌是一個還有開拓空間的品牌，因為捷安特的品牌故事一直在動態的生長當中，幾年前捷安特還特別標榜自己是「專業的自行車」，今年捷安特所強調自己是「分享騎車喜樂」的品牌精神與內涵。

◎售後服務完整

捷安特創辦人劉金標曾經說過，「讓顧客感動」是捷安特的品牌信念。在做法上捷安特是以整套服務來面對消費者，從策略（strategy）、支援（support）、服務（service）三個S構面，來滿足消費者對產品品質保證的承諾需求。劉金標說，相同規格的產品，掛上捷安特品牌，可以在銷售市場中拉開20～25%的價差。劉金標認為消費者接受捷安特比同質其他產品貴的原因，在於捷安特品牌的背後，承諾了很多選項與服務，內容除了消費者對品牌的感受以外，還有售後服務、選車資訊與建議，還有品質保證等，這些都是捷安特品牌的附加價值。捷安特曾經對不同層級的客群做消費研究，發現很多捷安特的消費者之所以對這個品牌忠誠，在於量販通路無法

獲得完整的售後服務，捷安特所提供的Total Solutions能讓要求質感的自行車騎乘者產生信賴和滿足。

◎對品質與品味的堅持始終如一

從全球走一圈，捷安特在世界各地都有分銷公司，都有代理廠商，每年470萬輛的銷售成果，讓捷安特成為全球最大的自行車銷售品牌。捷安特大甲總公司，每年都推出超過五十種新款式的各型車種，各年齡層的消費者都是服務的對象，簡單的說，捷安特提供整個生命旅程（Life Path）的自行車產品，哪怕是幼兒使用的嬰兒推車、學步三輪車，到專業級的公路車、下坡賽車，或是動力助行車都一應俱全。黃菁婷說，捷安特所生產的產品種類繁多，使用的裝備、材料、設計、用途都有很大的差異，因此市場價格從60美元到1萬美元都有。不過不論是哪種產品，或是在哪個市場中銷售，捷安特都只採用一種品牌，而不用副品牌的策略做市場區隔化的布局。黃菁婷說，捷安特的這種品牌操作，可使得市場聚焦的效果明顯，加上過去對品質和品味的堅持，即使是60美元一台的自行車，也不會讓消費者感覺到那是一種廉價和粗製濫造的自行車。在大陸，捷安特最近和美國的可口可樂同時入選為「中國馳名商標」，成為大陸第一批獲頒馳名商標的外來品牌。黃菁婷說，捷安特在大陸的消費群鎖定金字塔的頂端，在大陸享有極高的知名度。

捷安特董事長劉金標與自家生產的建國百年紀念車合影

◎安全、趣味、挑戰消費者認同度高

在自行車風行的歐美市場，通常把這類產品界定為運動及休閒產品，而不是一般的交通工具。黃菁嬋說，為了迎合歐美市場的口味，捷安特大手筆投資運動行銷。2004年起，捷安特贊助德國一級車隊T-Mobile，媒體評估光是兩名德籍及一名澳籍職業車手的贊助費用，就高達新台幣1億元。對於T-Mobile車隊，捷安特寄予厚望，據說T-Mobile中的明星車手Ullrich，被視為最有機會阻擋美國郵政車手Armstrong在環法賽六連霸的選手，讓捷安特在今年的環法賽中大有可為。

資料來源：台灣經貿網，〈單一品牌策略奏功-GIANT馳騁國際〉，http://www.taiwantrade.com. tw/CH/query.do?Method=showPage&name=cetraNewsDetail&id=30127&table_class=I

問題與討論

1. 請說明產品之概念。
2. 國際行銷之產品與溝通策略搭配為何？
3. 國際新產品的設計與開發步驟為何？
4. 何謂來源國效應與暈輪效果？
5. 請比較產品全球標準化與回應當地市場修正。
6. 何謂品牌權益、授權與延伸？
7. 有哪些品牌是2015國際品牌價值排名前10名？
8. 國際品牌行銷決策包括哪些？

全球訂價決策

- ◆ 影響國際訂價的因素
- ◆ 全球價格差別化與一致化
- ◆ 國際訂價策略與全球策略性訂價
- ◆ 國際企業移轉價格
- ◆ 灰色市場（平行輸入）
- ◆ 國際訂價政策的相關議題

全球訂價是國際行銷者所面對最困難的決策之一,因為全球訂價所涉及之因素甚廣,例如,公司之因素(企業目標及成本因素)、市場特性(顧客知覺價值、產業之競爭強度、中間商)、環境因素(政府的管制與補貼、通貨膨脹、外匯匯率變動)等因素。使得全球訂價決策之困難度提高。

　　跨國公司應當制定全球訂價政策以指導各地區市場之訂價決策。此外,在全球市場競爭,亦可根據公司經營之目標,配合其產品之全球策略性定位,訂定策略性訂價策略。

　　由於各國市場中消費者的價格知覺與價格彈性並不相同,因此國際行銷者可能採行差別取價來賺取最大利潤,但也可能因而形成產品經由非授權通路銷售的灰色市場(平行輸入),造成市場價格之紊亂。此現象對於有心長期經營市場的品牌擁有者而言,將帶來負面之影響。此外,國際企業亦應瞭解各國有關反傾銷之法令、移轉計價之會計實務以及調查方式,不但影響公司總體利益之實現,亦影響各地區子公司之士氣與競爭優勢之建立。

　　本章首先探討影響國際訂價的因素、全球價格差別化與一致化、國際訂價應注意的層面、國際價格走廊與管理經濟風險的策略;其次分析國際訂價策略與全球策略性訂價、國際企業移轉價格,接著介紹灰色市場(平行輸入)、灰色市場之定義與類型、灰色市場之成因以及對於國際市場之影響與灰色市場的對策;最後分析反傾銷法令與國際行銷者之因應策略。

 行銷視野

微軟全球統一定價?泰國踢鐵板?

　　「微軟產品在全球統一價格……」,這是微軟面對全球國家此起彼落要求降價的抗議聲中,唯一而不可商量的答案。但這個令多數人咬牙切齒的「不二價」策略,在泰國踢到鐵板,讓微軟再也「硬不起來」。最近在網路上流傳一篇文章,引述關於微軟在泰國降價的報導。文中指微軟配合泰國政府的電腦推廣計畫,竟降價達85%以上。在泰國買一套微軟套裝軟體,只要1,490泰銖(折合新台幣約1,300元,比文中

的37美元更低），相較之下，台灣公平會對微軟「微降」的安撫，顯得沾沾自喜而可笑。這到底是不是事實呢？答案是肯定的。文中數據主要引述一篇刊載在linuxinsider網站上的英文報導（網址為http://www.linuxinsider.com/perl/story/32110.html），有意細究的網友可自行參閱。這是一項在泰國成功實施中的政策，名為ICT PC計畫，目的是讓廣大買不起電腦的中下階層人民，以便宜的價格購買電腦。這項計畫在去年5月份開始實施，目標是賣出100萬台ICT PC。微軟在政策實施一個月後加入該計畫，並隨後又加入泰國另一項低價軟體方案，並同意提出「適當的折扣」。微軟為何在泰國硬不起來？大刀一揮竟砍價85%，便宜到令其他國家眼紅的地步？主要是泰國政府敢「硬蹓硬」，以Linux制Windows，威脅澈底改變人民使用電腦習慣，讓微軟不得不低頭。另外一個主要原因，則是泰國盜版太猖獗。泰國盜版相當「出名」，據泰國電腦界人士表示，約一年前，泰國首都曼谷的百貨公司，全都明目張膽的販售盜版軟體，直到微軟祭出301條款和泰國政府談判後，盜版才稍微收斂，但在曼谷市郊盜版依然是市場「主流」。

　　另一篇英文報導引述微軟亞洲區高層主管的話說，微軟擔心那些購買裝有Linux的ICT PC的使用者，回家後還是會灌入盜版的微軟產品，不如放下姿態以挽回逐漸失去的市場版圖。

　　微軟可能在其他亞洲國家實施同樣的降價策略？答案是不太可能。不過分析家已預測，由於泰國經驗的成功，亞洲國家已意識到，如果微軟受到其他軟體商牽制，它還是願意降低價格，微軟可能很快會改變它全球統一價格的傳統。針對此一事件，台灣微軟則回應，微軟還是抱持著全球統一定價的原則，至於泰國的授權金較低一事，那是泰國政府為縮小數位落差所作的ICT專案。而台灣微軟在此方面也不遺餘力，不停地在各地捐贈軟體。以2002年為例，已針對非營利事業且政府立案的單位，捐出23,000套Office、Windows、Server等軟體。2003年更與台北市政府合作，針對低收入戶捐出300套軟體，年底又會與資策會合作，針對二手電腦再捐出千套軟體。

資料來源：貝月清、歐陽宜珊（2003）。〈微軟全球統一定價？泰國踢鐵板？〉，網路追追追，2003/12/02，http://www.pczone.com.tw/vbb3/thread/24/87850/

第一節　影響國際訂價的因素

影響國際訂價的因素相當複雜，主要包括公司之因素、市場特性與環境因素，如**表11-1**、**表11-2**與**表11-3**所示。

表11-1　影響國際訂價的公司因素

因素種類	內容
一、企業目標	1. 利潤極大化目標：公司欲在所能實現的供應量內創造最大利潤，在此訂價目標之導引下，產品之價格水準盡可能地高，此一目標的實現有賴於產品差異化及高級化形象之塑造，而高價格亦有助於高級產品形象之塑造。 2. 市場占有率極大化目標：廠商往往希望獲得規模經濟或和市場控制力。並假定市場是高價格彈性的，因而採取低價方式滲透市場，一旦獲得高市場占有率及經濟規模後，將能以低成本優勢在市場上競爭。 3. 市場占有率維持性目標：往往出現在寡占市場上。在單一國家市場中，如有一家廠商推出降價活動，其他廠商很快跟進。在國際行銷上，匯率的波動往往引發價格調整的需要，但追求維持市場占有率目標的廠商將盡可能不隨匯率變動調整價格。
二、成本	1. 在國際行銷中，產品的成本可分為固定成本及變動成本。成本結構中固定成本與變動成本的比例會影響到廠商以市場占有率之考量。如果固定成本占總成本之比例較高，市場占有率提高時，固定成本由較多的產品共同分攤，則能提升毛利及達成較高的競爭力；此外，規模經濟和經驗效果曲線之存在亦有同樣的作用，亦即廠商將尋求擴大生產以使成本調降，藉著成本之優勢使價格更具競爭力。 2. 成本的計算方式： (1) 總成本訂價：由國內、國外行銷之所有產品共同分攤成本，再加上行銷至特定國家的成本，作為訂價基礎。 (2) 邊際成本訂價：計算國外產品成本時，不計入固定發生的部分，因為這些成本即使在產品不銷至國外亦會發生，因此與國外訂價無關，故不計入。不同的計算基礎，將影響公司對利潤以及市場進入決策的判斷。

表11-2　影響國際訂價的市場特性因素

因素種類	內容
市場特性	1.顧客知覺價值：決定於購買力、需求程度、習慣，以及替代品的存在與否。 2.產業之競爭強度：Porter提出五力分析之架構，認為同業中垷有之廠商、上游供應商、下游顧客、潛在進入者及替代品這五種競爭力量決定了產業內之競爭激烈程度與獲利潛能，當市場之競爭激烈程度愈激烈，價格水準愈低。 3.中間商：可視為廠商之顧客，亦可視為合作夥伴，一同對下游顧客服務，甚至中間商亦可能扮演資源提供者的角色，提供技術及資金。(1)中間商為顧客時：兩者之間相對市場力的大小將決定廠商銷售給中間商的價格；(2)中間商為一同服務最終顧客之夥伴時：中間商之服務品質與成本將影響產品之最終價格；(3)中間商為資源之提供者時：如提供技術及資金，或穩定之需求量時，其售予中間商之價格能反映這些協助之價值。

表11-3　影響國際訂價的環境因素

因素種類	內容
一、政府的管制與補貼	政府透過幾種方式來影響廠商的訂價，而控制價格的目的通常為限制價格的上漲： 1.對某些產品或服務設定價格的上、下限：(1)設定價格卜限是為了保護本國企業免受國際競爭者的威脅，保障國內廠商的利潤；(2)設定價格上限，是為了使產品較具戰略性以及敏感性的，其價格亦受監督。 2.對國內企業進行補貼、低利貸款、稅捐減免等優惠措施：政府對某些產業，如農業之補貼，造成不公平之競爭行為。但在國際市場上，外銷產品如被查證係接受出口國之補貼，故能以低價銷售且使當地國企業受到損害，出口廠將被課平衡稅。 3.提高進口關稅，增加進口產品的成本。 4.政府實施進口配額制度：將直接影響市場供應量，亦造成價格上揚。
二、通貨膨脹	大多數國家的物價都有逐漸上升的現象，但有少數國家持續處於高通貨膨脹的狀態。在通貨膨脹率高的環境中，成本將逐漸上漲，而若授信給下游顧客，貨款回收時間的延遲也降低了貨幣實質購買力。因此，訂價策略必須是隨時間而調整，以維持企業經營之利潤率。以下是一些在通貨膨脹下，尤其是政府採取價格控制時，訂價的指標： 1.良好的會計制度十分重要，在通貨膨脹市場中，會計處理方式應妥善反應價值的動態變化。 2.嘗試自其他地區購買低成本之物料。 3.長期合約應載明累升或重新訂價之條款，意即事先約定價目表上之價格將隨未來之變動重新調整。 4.縮短對顧客的信用期間，但拉長自己付款給供應商的期限。

（續）表11-3　影響國際訂價的環境因素

因素種類	內容
二、通貨膨脹	5.將產品線或產品成分改為不受通貨膨脹或政府管制的項目。 6.採取延後報價，亦即公司在產品完工或出貨之後，才決定最後的價格。 7.以穩定的貨幣報價。 8.加速存貨週轉率。 9.移轉目標市場到幣值穩定的區域。
三、外匯匯率變動	1.匯率變動會影響（黃志典，2009）： 　(1)兩國商品的相對價格，進而影響企業在產品銷售上的競爭地位。 　(2)兩國生產要素的相對價格，進而影響企業在營運成本上的競爭地位。 　(3)金融市場的融資利率，進而影響折現率，使企業未來所有獲利的折現值發生改變。 2.匯率變動會產生之風險： 　(1)交易風險：由於匯率改變導致公司之財務績效之變動。如以外幣計算之收益，由於本國貨幣升值時，收益之本國價值亦隨之而低。 　(2)競爭風險：由於匯率變動導致競爭地位之改變。如同時在一海外市場競爭之各國產品，當其中一家企業之本國貨幣升值時，而使其須調漲價格，則在此市場上之競爭優勢將受影響。 　(3)市場組合風險：由於所選擇之外銷市場所發生之匯率變動不同，不同的國際企業所遭遇之匯率風險有別。如果選擇之市場是匯率變動方向較不利於自身的地區，則將位於此地區營運的競爭者更不利。因此市場分散應是降低市場組合風險之途徑。

 ## 第二節　全球價格差別化與一致化

一、全球價格差別化

　　跨國企業不應迫於全球化的勢力，被動地採取全球單一價格策略。由於各國市場的消費習性、競爭狀態以及分銷管道均不相同，正是業者採取差別定價、賺取潛在利潤的大好機會。國際訂價乃是差別定價的主要範疇之一。它反映出顧客的價格敏感度、企業以價格為競爭手段，以及經銷商角色等不同的情況。

二、全球價格一致化

全球價格一致化因素會持續占上風，其原因包括貿易障礙的消除、先進的資訊科技、運輸及套利成本的降低、全球原料採購等。因此，國際價格的協調是有必要性的。

跨國企業不要因國際價格一致性的壓力而採取單一價格，應儘量避免讓所有價格跌落至最低的共同水平。各別國家實施最適價格越來越不實際，會使得大幅價差，吸引真品平行輸入。

 行銷透視

撼動機場高價餐飲，麥當勞開國內首家機場餐廳

麥當勞在上海虹橋機場開出了全國首家機場餐廳，沿襲全球統一的定價規律，麥當勞機場餐廳舉出了單品最高不超過10元的餐飲標價牌。這對於一杯飲料、一碗餛飩皆以兩位數起價的機場餐飲來說，無疑是一個衝擊。

上海國際機場股份公司有關人士向《新聞晨報》透露，今後虹橋機場候機大樓外將會引進更多的競爭者。麥當勞的進入只是一個序幕，規劃中的餐飲一條街有望澈底打破現有的高價體系。虹橋機場候機樓餐飲公司總經理助理陳岑表示，大家都說機場餐飲處於一種壟斷狀態，這次麥當勞的進入就是打破壟斷最具有說服力的表現。儘管候機樓餐飲公司暫時不會在現有價格上作調整，但不排除短時期內有所動作的可能。「撼動機場餐飲的高價體系，無論麥當勞初衷如何，它都將成為先鋒」。專家分析認為，對於善於貨比三家的消費者來說，同樣容量的可樂，在品牌沒有可比性時，價格就成了決定因素。撼動機場餐飲的高價體系是肯定的，只是時間早晚而已。

資料來源：梁宏峰（2002）。〈麥當勞首次進駐國內機場 叫板機場高價餐飲〉。《新聞晨報》，2002/01/31，http://news.big5.enorth.com.cn/systm/2002/01/31/000258421.shtml

三、國際訂價應注意的層面

以下幾點為國際訂價應注意的層面：

1. 全球價格一致化的趨勢：全球價格一致化是大勢所趨，公司管理階層不得不重新考慮齊全。
2. 真品平行輸入的問題：真品平行輸入，不只牽涉國際貿易的問題，亦牽涉公平交易與不公平競爭等問題，其不僅有商標法、專利法、公平交易法之問題，也有著作權法的問題。但因各法律之目的及權利性質不盡相同，因此其間容許存在不同理論及解決方式。
3. 供應商也會受到影響：供應商也日益感受到採購原料的國際客戶之壓力，而採取中央協調的訂價方式。
4. 匯率波動：匯率也是國際訂價的重要議題，匯率的波動可以在一夕之間改變產品的價格競爭地位並且引起價格動亂，進而影響了市場占有率。
5. 其他：訂價策略必須因應國際舞台上種種重大的威脅，但是單憑價格策略是不夠的。除了調整價格外，企業還得將生產和原料採購予以分散至各地。
6. 服務業也不能輕忽：國際訂價對服務業也變得日益重要。對於跨國服務業，部分地區的服務業者已有出現價格一致性的趨勢。

四、國際價格走廊

以上現象肇因於同時存在卻又互相抵消的兩股力量——差別定價因素及價格一致化。由於顧客行為／偏好、競爭環境，以及企業營運成本之類的市場因素，因而塑造而出的地理地域差別，才使得差別定價有利可圖。差別化的力量更受到通貨膨脹、匯率和法規情勢等外在因素而增強。而價格一致化足以影響所有市場的環境性因素，這些環境性因素往往會因為企業日益追求全球性品牌的政策以及產品規格化而更加深化。差別定價因素受到過去的影響，而一致化因素多半與未來有關。所以，唯有掌握**圖11-1**中的各項因素，才能研判出正確的辯論。

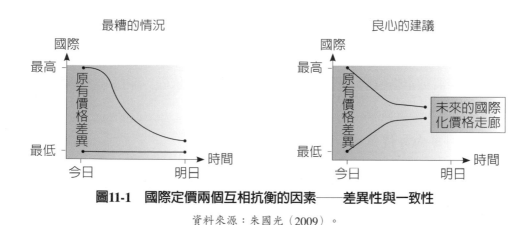

圖11-1　國際定價兩個互相抗衡的因素──差異性與一致性

資料來源：朱國光（2009）。

　　設立一道國際價格走廊，可進行某形式的差別定價及避免價差過大的危險。因此價格彈性、套利成本和真品平行輸入等是決定最適價格走廊的必要條件。

　　國際行銷者採用價格走廊概念，可以使獲利比採取單一定價時提升15～25%，而且可以大幅消除真品平行輸入現象，以便在差別化與一致化之間取得折衷。建立價格走廊的國際行銷者必須要充分瞭解各國價格之間的關聯性，最好是針對各國價格進行調查。採行價格走廊的優點：價格走廊運用系統化與量化方式，來「盡可能地差別定價，又盡可能地一致化」，所有市場皆採取單一價格，便不會出現真品平行輸入的情況。因此，施行價格走廊及廠商願容忍部分真品平行輸入，所獲得的利潤較高。

 ## 第三節　國際訂價策略與全球策略性訂價

　　國際訂價係指產品由國際市場訂價，且國內沒有特別比較優勢的行業，其產品價格由國際市場供需決定。而全球策略性訂價乃國際行銷者運用顧客導向的訂價策略以影響顧客的價值認知，並進而對公司的銷售與利潤有所貢獻。

一、國際訂價策略

國際訂價策略包括下列三種類型（余朝權、謝依靜、陳振燧、江啓先，2009）

(一)母國導向訂價策略

對同一產品，在全球採行一致性的價格，使得進口商必須吸收運費及進口關稅。

1. 優點：簡單易行。
2. 缺點：過於簡化、缺乏彈性，不能因應各國市場及競爭情況而調整。

(二)地主國導向訂價策略

允許各地子公司依各地區之需求及市場競爭狀況，制定符合當地環境的最適價格，母公司不設法控制或協調各國產品價格的一致性。

1. 優點：對當地情勢反應靈敏。
2. 缺點：
   (1) 各地價差引起產品套利，造成灰色市場的情形，因爲各地價差大於運輸成本與關稅，此時可利用此價格失衡的機會，在低價市場買下而在高價市場出售套利。
   (2) 公司內部關於訂價策略的知識與經驗，並無法移轉運用於每個當地市場的定價決策，造成當地經理人也無從參考。

(三)全球導向訂價策略

採行此方式的公司，不在全世界採行單一價格，也不放任子公司自行訂價，而是扮演中間者的角色。

1. 優點：此訂價方式認爲須考慮總公司之全球布局，並參考當地市場的特有狀況，然後再以當地成本加上投資報酬率及人事成本，以形成長期價格下限，並訂出各地區利潤之總和極大的價格。

2.缺點：就短期而言，公司可能追求滲透市場的目標，而訂出低於總成本定價下的價格。

二、全球策略性訂價

全球策略性訂價乃國際行銷者運用顧客導向的訂價策略，以影響顧客的價值認知，並進而對公司的銷售與利潤有所貢獻。全球行銷者應依據產品生命週期、國家競爭態勢以及跨國經營成本等因素，訂定使公司利潤極大的策略。

全球策略性訂價大致可分為市場吸脂訂價（market skimming pricing）、市場滲透訂價（market penetration pricing）、市場固守訂價三大類，全球行銷者應依據產品生命週期、國家競爭態勢以及跨國經營成本等因素，訂定使公司利潤極大的策略。其目的、方法與適用情況，說明如下：

(一)市場吸脂訂價

1.目的：將產品導入高價區隔市場，以使得利潤極大化。
2.方法：通常應用在產品生命週期位於導入期的市場，在此一階段中產品的產量與競爭程度均低，因此產品得以訂定高價；此外，其產品需求發生於創新採用週期中的創新者，這些顧客通常愛好新的產品及技術，因此願意付高價購買商品。因此，透過產品高價值的市場定位，以及產量的限制，使得公司利潤極大化的目標得以達成。
3.適用情況：高價的消費性電子產品，經常開發出更新功能的產品，也因此得以高價進入市場，在最短時間內賺取利潤。

(二)市場滲透訂價

1.目的：利用較低的售價，將產品市場擴大以建立市場地位。
2.方法：以低價為競爭工具的公司多半以低工資或低資源成本的地區為生產基地，並發揮大量生產的規模效率。
3.適用情況：對於國際行銷經驗較不足的公司而言，尚未能建立全球行銷系統，因此無法達到全球行銷的經濟規模，較不適宜採用滲透訂價策略。然而若產品與競爭者差異不大，亦無專利保護時，公司會傾向採用

滲透訂價法為競爭工具。

(三)市場固守訂價

1. 目的：維持某一市場內的市場占有率，因此通常涉及與競爭者之間價格調整的行為。
2. 方法：對於國際行銷者而言，匯率變動經常為促成價格變動的主要原因，當本國貨幣相對強勢時，若將貨幣升值轉嫁到市場價格上，將造成市場占有率下降。
3. 適用情況：當公司採取市場固守策略時，必須考量影響顧客購買意願的因素，有時必須犧牲利潤以適應競爭情勢，維持市場占有率。

行銷透視

微軟單獨對中國發動罕見降價[1]

微軟的中文正版操作系統正在經歷史上最大的價格波動，剛剛發布不過半年的Vista系統，在零售市場公布高達1,000元以上的降幅。它剛上市的時候價格高達2,000多元，但現在家庭普通版只需要499元，家庭高級版也從1,802元降到899元（**表11-4**）。微軟產品此前多採用全球統一定價的模式，幾乎從不針對某一市場打破其整體價格體系。微軟中國昨天解釋說，降價決定正是要強攻現有電腦用戶的心理價格底線，催促他們升級。

表11-4　微軟的中文正版操作系統價格調整

產品名稱	原價	調整後零售價
Windows Vista中文家庭普通版彩盒	1,499元	499元
Windows Vista中文家庭高級版彩盒	1,780元	899元
Windows Vista中文商用版彩盒	1,980元	1,880元
Windows Vista中文旗艦版彩盒	2,500元	2,460元

價格單位：人民幣。

◎微軟已向中國市場表示了誠意

和以往的訂價決策不太相同，微軟這次的調價單單針對中國市場，也就是說，中國用戶終於能享受到正版軟體難得一見的大幅降價。降價一方面是微軟需要打開新局面，另一方面則是中國用戶的回饋希望調價。事實上，根據微軟以前動輒上千甚至兩千多元的定價，很多用戶對於貨架上包裝精美的軟體望而卻步。微軟難得一見的降價，讓消費者意識到軟體巨頭也可以放低姿態。但根據網友們昨天在各大IT論壇上的留言，消費者仍然認為，近500元的價格還不足以讓大多數人掏腰包，甚至已經有人開始觀望等待降價。從理論上來講，降價永遠沒有底線，微軟已經向中國市場表示了誠意，希望更多的人用上正版軟體。但是微軟每年投入的研發經費高達70億元，所以不可能把價格降得過低。

◎電腦售價不會因微軟促銷下調

中國大陸最大的正版軟體賣場連邦已經行動起來。事實上，連邦軟體曾經多次調整Vista標價，Vista中文家庭普通版彩盒從剛上架時的2,060元降到1,160元，現在最終降為499元，家庭高級版也從1,802元降到899元；此外，中文商用版也由2,600元降為1,880元，旗艦版由3,600元降至2,460元。最高降幅達到50%。不過裝機客戶們還沒有任何動作，有些海龍、鼎好等賣場的客戶仍沒有得到降價消息，甚至還有人勸說來裝機的用戶使用便宜得多的盜版操作系統。目前，對微軟Vista銷售來說，最大的收入來源仍然是和PC廠商的合作。雖然Vista在零售市場大幅降價，但其價格還是比不上PC廠商拿到的優惠價，微軟仍然會保障電腦廠商們應得的利益。此外，由於調價並不影響和廠商們的合作價格，對電腦售價也不會有直接作用。包括方正、長城在內的電腦廠商都表示不會受到調價影響。

◎微軟是最大贏家[2]

遺憾地，公平會於今（27）日接受了台灣微軟公司所提的和解協議，針對此點，消基會除了抗議之外，亦深表遺憾！消基會指出：

1. 公平會並未澈底要求台灣微軟公司解決軟體搭售的違法行為，微軟在美國出售Office軟體均有單獨版本出售，公平會經過馬拉松式談判，結果竟然只有

WORD、EXCEL、POWERPOINT、OUTLOOK四種軟體分割銷售，其他如ACCESS、PUBLISHER軟體均未列入禁止搭售範圍，消基會質疑公平會對微軟搭售軟體之不法行為，達成違法的讓步。

2.公平會對於以前微軟不當訂價的受害消費者權益，並未做任何爭取；換言之，微軟以降價換取公平會不予追究其是否濫用市場地位的不當定位價格，微軟是最大贏家，消費者權益遭公平會犧牲了！

3.對於遭公平會犧牲之消費者權益部分，消基會擬以提出團體訴訟為消費者爭取該有的權益。

4.消基會在和解案中有兩大訴求：第一是微軟產品涉及搭售；第二是濫用市場優勢而不當訂價，此兩項訴求，公平會均未在和解案中積極作為，反而認同微軟的全球統一定價策略，在和解契約中並未有任何導正，從微軟再度於新聞稿中提及其仍遵行全球統一定價策略的宣示，消基會認為公平會就「全球統一定價」一事，與微軟訂定了一項五年期的不平等條約，此後微軟仍將不考慮匯率、稅率、通路效益等市場價格決定因素，而以其優勢地位主張全球統一定價。

5.為揭開公平會黑箱作業的真相，消基會要求公平會公開下列資訊：

(1)消費者暨消費者團體於和解案進行期間向公平會提出的所有建議、提議或相關證據。

(2)上述文件應上網公開，並敘明公平會對消費者暨消費者團體提出之上項提議是否列入談判條件。

(3)和解案既已定案，消基會要求談判過程應對社會公開。

註：1.張黎明（2007）。〈微軟單獨對中國發動罕見降價〉。《北京晨報》，2007/08/02，http://tech.sina.com.cn/it/2007-08-02/07151652040.shtml。

2.中華民國消費者文教基金會（2003）。〈微軟是最大贏家，消費者權益被公平會犧牲了！〉。2003/02/27，http://www.consumers.org.tw/unit412.aspx?id=159

第四節　國際企業移轉價格

　　移轉定價（transfer pricing），又名轉讓定價、移轉價格、轉移價格及國際轉撥計價等，是指利用關聯公司（related parties）進行，以減低稅金的商業行為，簡而言之是一種利用避稅港的主要方法。

　　為防財稅流失，不少國家及地方政府透過立法禁止或限制移轉定價的交易，將其列為逃稅行為。

一、移轉價格之訂定方式

　　移轉計價乃公司內各事業單位互相買賣產品與勞務之價格決策。換言之，是公司內交易的定價。

(一)成本基礎的移轉計價

◆直接成本移轉價格

　　看重海外市場之銷售對國內製造的規模經濟之貢獻，同時希望較低移轉價格會有較低的關稅，而使得海外小公司之利潤提高，則公司整體亦將獲益，但此種移轉價格較難滿足提供產品之子公司欲創造本身高利潤之需求。

◆成本加成法

　　利潤應該在企業之每一階段之運作彰顯出來，因而提供產品之子公司應該以其總成本加上某百分比的利潤為移轉價格。這兩種移轉價格之制定基本上都是成本導向的。

　　成本基礎的移轉計價，其最大問題包括：每家公司對「成本」的定義不同，可能使稅務機關質疑此種計價方式；亦須考量如何在各單位之間進行公平的利潤分配，若內部的產品或服務提供者無法獲得足夠利潤，將影響其士氣；但固定的利潤加成比率，卻又造成上游部門的利潤保障，無法激勵上游部門強化成本控制，將造成全公司利潤之不利影響。

(二)市場基礎的移轉計價

◆海外子公司所能自外界買的可能價格為移轉價格

　　為使海外子公司有較具競爭力之最終價格。然而這移轉價格可能低於供應子公司之生產成本，而使兩子公司間交易中斷，因而可能造成公司整體利潤之降低。

◆供應子公司以其向外界獨立客戶的報價為移轉價格

　　這種定價對供應子公司較為有利，因為其能賣得與一般客戶一樣好的價格，且能免去信用調查的必要。此種做法必要的考量：

1.只要銷售部門符合真實外部價格且想要出售給內部，則購買部門就必須向內部購買。
2.若銷售部門不能符合外部價格，則購買部門可自由地向外購買。
3.若銷售部門喜歡出售給外部顧客，則他有權拒絕內部生意。
4.必須設立一個公平的委員會以協調部門間的移轉價格。

　　然而此方法亦存有其潛在問題：(1)不一定皆有獨立客戶存在以協助設定移轉價格；(2)此方法未能考慮海外子公司帶來之貢獻；(3)可能使海外子公司之價格不具競爭性而公司整體利益受損。

(三)協議價格的移轉計價

　　由供需雙方子公司經磋商所訂定的移轉價格，移轉價格最好能兼顧成本與市場，盡可能使企業之整體目標實現，且避免任何一方之困難。其潛在問題為在協議過程中，難免出現各單位因本位主義，而無法以整體利益為目標；同時，協議之成本、時間冗長等問題，使得此法不適用於市價經常變動的情形。在下列情況下，協議價格是適當的：

1.銷售或管理費用等成本可因內部銷售而避免。
2.移轉的單位數大到足以認定數量折扣。
3.銷售部門有閒置產能。

4.購買部門需要的項目無法由外部購得，因此必須由內部其他部門製造。

二、移轉價格之考慮因素與可採用之方式

移轉價格之考慮因素可分為外部經濟因素（包括外匯管制政策、價格管制、進口限制、通貨膨脹等因素）與內部經濟因素（包括子公司的市場占有率、子公司的競爭地位、子公司的績效評估等）。

移轉計價之考慮因素與可採用之方式有很多種，說明如下：

(一)租稅制度

移轉計價法規之發展，係許多跨國公司為降低集團整體稅務負擔，透過各子公司或部門交易之安排，使低稅率地區之單位獲得高利潤，而使高稅率地區之單位獲得較低利潤，因而將利潤留在稅率較低的國家，造成高稅率的國家稅收嚴重短缺。近年來，「國際經濟合作暨發展組織」（OECD）擬定出一套移轉計價原則供各國參考，希望透過此指導原則能平衡各國移轉計算法規之發展，避免各國財政單位對稅收之競爭，而影響國際經濟發展。

(二)政府管制

在外匯管制地區，多國企業常不能自由地將利潤匯出該地區，如果該地區之通貨膨脹嚴重，則多國企業之利潤將消失無形。一個常見的解決途徑就是以較高的移轉價格自其他地區子公司購入機器設備、生產原料，把累積的盈餘轉為購買進口品之付款移轉出去。

(三)移轉價格對管理控制之影響

多國企業將各國子公司設唯一利潤中心，對子公司經理之考核往往根據該利潤中心之盈餘。但在低稅地區的經理之傑出表現可能是由於移轉價格操作所致；反之，某一利潤中心之盈餘過低亦可能有移轉價格之因素存在。故在管理控制之情報分析上宜加以釐清，以免造成部門之衝突，並影響士氣。

(四)進入模式與移轉價格

多國企業欲保留較多之利潤於本身。一般而言，多國企業對其合資子公司之移轉價格要高於獨資之子公司，合作關係之期間愈短暫，移轉價格愈高。移轉價格若不合理，則可能造成合資關係破裂。

(五)當地市場趨勢

市場相關因素包括市場占有率、成長率等，當進入一個目前市占率低，但有潛力的地區，該公司可能對他們提供低移轉計價的生產投入，並拓展市場占有率。

 ## 第五節　灰色市場（平行輸入）

灰色產品就是有品牌的真品，只不過其銷售的通路未經該商標擁有者之授權與同意，是一種「非正式」的通路。

當灰色產品的交易發生在各商品進口國之間，就形成國際灰色市場。國際型灰色市場交易的起始點發生於出口國被授權的通路商與進口國未被授權的通路商之間，常見的產品如汽車、藥品、精密電子產品、名牌化妝品等。

一、灰色市場之類型

灰色市場（gray market）可分為好幾種不同類型，說明如下：

1. 平行輸入：指商品原產地之市場價格遠低於商品進口國之市場價格，使得未經授權之貿易商從原產地取得產品，並銷售至該商品之進口國，與授權之行銷通路形成平行的競爭。
2. 再進口：原產地之市場價格明顯高於商口進口國之價格，造成未經授權之貿易商將產品再回銷至原產地。
3. 橫向進口：發生於兩個商品進口國之間，例如，美國製造的底片卻由台灣出口至德國等。

二、形成灰色市場之成因

不同市場間價格的落差所帶來的套利機會是形成灰色市場的主要原因，而價格的落差則源於對渠道商的不同授權條件、供貨商的歧視性價格策略、國際間匯率的波動、配銷商配銷成本的差異、相同產品在不同市場面臨不同的產品生命週期等。如KODAK在日本市場上的定價要高於亞洲其他地區的價格，所以投機廠商就會在南韓市場上以較低的價格購買KODAK膠卷，然後以低於授權的本土經營者25%的價格在日本市場上銷售。

市場空隙的存在是形成國際灰色市場的另一重要原因。品牌擁有者由於受資金規模的限制，或出於市場開發的謹慎性考慮，對存在需求的市場暫時沒有建立分銷通路。另外，品牌擁有者對市場的資訊擁有是有限的，這也會造成其對潛在的市場和顧客的忽視，而市場的套利投機者憑藉其敏銳的對潛在市場和利潤空間的洞察力發現這種套利機會，從而形成灰色市場。另外，低廉的轉移成本（即眞品進入灰色市場的進入成本）、法律規制的無力等都會導致灰色市場的形成。

(一)國際間價格差距

不同市場間價格的差距爲造成灰色市場之主因，由於國際間匯率的波動、供應商的差別定價、配銷商配銷成本的差異、關稅差異、運輸成本，相同產品在不同市場面臨不同的產品生命週期及不同的授權條件等，造成了市場訂定不同價格，因此有灰色市場的存在空間。

(二)通路管理政策

許多品牌擁有者爲了建立穩固的經銷通路並維持服務水準，在通路上採用獨家配銷的方式，在某特定的市場只授權一家配銷商經營該品牌或產品；如此一來，雖然比較容易與配銷商建立共存共榮的合作關係，但卻也容易產生供需的空檔，讓投機者有機可乘。而且，一旦該配銷商有違規行爲時，供應商會比較傾向容忍，而更加助長灰色市場的形成。

(三)消費者需求之差異性

不同市場內的消費群對於產品的需求以及價格敏感度有所不同,此一差異性促使品牌擁有者可以差別定價來追求最大利潤,造就了灰色市場發展的空間。

(四)產品特性

當產品愈易於儲存、使用的消費群愈廣、市場交易愈活絡,則灰色市場的生存空間愈大。故灰色市場大多發生於保存期間長、產品適用性廣、高單價且知名品牌之商品。

(五)授權契約／交易條件

不同的授權範圍與條件將造成配銷商規模與配銷成本的差異,進一步擴大市場之價差;另外,許多供應商為了刺激配銷商,採行所謂數量折扣,造成被授權的配銷商為了取得較有利的進貨成本,不惜增加訂貨量,並將多餘的庫存轉賣給未被授權的經銷商,甚至認為供應商所採行的數量折扣為促成灰色市場的主因。

三、灰色市場對國際市場之影響

以下分別以品牌擁有者、通路成員與消費者來探討灰色市場對國際市場之影響:

(一)品牌擁有者

雖然灰色市場之商品係透過未經品牌擁有者授權之通路所販賣,但是品牌擁有者卻因此增加了短期的銷售量,透過銷售量的提升與市場占有率的提高,灰色市場為品牌擁有者創造了規模經濟,生產成本得以降低;但是長期而言,仍不利於品牌經營,例如:灰色市場可能無法提供正確且充足的產品資訊,若產品品質有問題,仍可能歸咎於品牌擁有者,對於產品形象傷害甚大。此外,混淆的價格結構以及不同的服務水準,將降低消費者的品牌忠誠度。

(二)通路成員

灰色市場的買賣行為以低授權通路之價格作為訴求，此一行為將侵蝕授權通路成員之市場，對於正式授權的成員並不公平，若品牌擁有者未能及時且適度的轉變，將降低通路成員對於該品牌的忠誠度，甚至終止合作關係。

(三)消費者

灰色市場造就了更多的選擇性以及更優惠的價格折扣，似乎更能滿足不同的消費群；但就長期的觀點，若灰色市場破壞原有的通路結構，影響品牌擁有者之行銷組合政策，造成一味的價格追逐戰，伴隨著品質的降低，甚至危及品牌的經營，對於消費者的福利及權益更是莫大的傷害。

四、灰色市場的對策

針對灰色市場，企業有以下三種對策：

(一)建立灰色產品的甄別機制

對商品設計的差異化為甄別灰色產品提供條件，可以對銷售到不同通路的商品的包裝進行個性化設計，甚至將價格明確地標附在包裝上；在一些大的市場上，甚至可以提供符合該市場使用條件、人文環境和消費者偏好的個性化產品。由於消費者對商品的認知是建立在授權通路商的促銷努力上，差異化的灰色產品就難以被接受，從而有效地杜絕灰色產品的進入。

(二)建立不一的價格協調機制

若能消除或減少同一商品在各市場上的差價，則能有效抑制灰色市場活動。歧視性的價格策略應主要建立在通路商的配銷成本上，因此品牌擁有者應該按照運輸成本、利率、有效期限、產品差異化程度實施合理的價格策略，對於運輸成本、利率越高，有效期限越短或者產品差異化程度越大的產品，可以加大價格落差；反之，價差則可以縮小，讓配銷商的總體利潤水平相當。

(三)調整現有的配銷通路策略

任何灰色產品必然有其供應來源，對於惡意進入灰色市場的授權配銷商可以考慮終止合約，並追究責任；對於一般進入灰色市場的配售商，可以予以警告。存在市場空隙的時候，可以考慮增加配銷通路，對於未經授權的配銷商可以透過對其深入瞭解後，考慮納入行銷體系。在灰色市場比較猖獗的時候，品牌擁有者要考慮對行銷合約進行檢查，看合約條款是否存在缺陷，若缺乏反灰色市場活動的條款，應予以補充、完善，增加有關的獎懲措施。

五、尋求法律保護或政府干預

對灰色市場的遏止，法律的幫助可以增加灰色通路商的潛在風險，從而增加其轉移成本。首先，可以利用現有的法律來規範，在美國，有關法律規定：如果一家美國公司合法地購買了一家外國製造商的商標，並以該外國製造商的商標在美國經銷這種產品，那麼由第三者進行的平行進口是不合法的；如果一家美國公司被製造商授權在美國生產指定品牌的產品，那麼這種品牌的產品的平行進口將是不允許的。其次，還可以推動具體法案的建立。1999年，美國的相關組織出於保障公共健康安全的考慮，有效的推動國會通過了處方藥品市場法案（Prescription Drug Marketing Act），該法案規定：「由美國生產廠商生產並出口藥品只能由生產廠商自己再進口。」

 行銷透視

谷歌Android系統走俏中國灰色手機市場[1]

儘管互聯網搜索巨頭谷歌（Google）近期威脅要退出中國，但其Android手機操作系統卻找到了一個意想不到的支持來源：中國數百家灰色市場小型手機製造商——如今它們正努力成為更先進設備的合法製造商。谷歌在華狀況的政治不確

定性，已經導致兩款高端Android手機上月延期推出，分析師稱，這可能會有損對Android在中國發展的信心。但在作為中國手機製造業中心的深圳市，一種截然不同的業務動態正鼓勵小型手機製造商使用Android系統。微軟（Microsoft）和諾基亞（Nokia）都向使用其操作系統的手機製造商收費，而谷歌免費提供Android系統。

事實證明，Android非常受歡迎，以至於台灣晶片設計製造商聯發科技（Mediatek）本週表示，該公司正在開發一款支持Android系統的晶片。中國製造商使用的晶片有一半都是由聯發科技提供的，而且該公司已經開始研製一款基於Windows Mobile操作系統的智能手機晶片。聯發科技總經理謝清江（Hsieh Ching-jiang）表示：「Android是一種相當吸引人的解決方案，我們很多中國客戶都要求我們提供這種功能，因此我們正在努力。」中國許多小型手機製造商最初生產的都是灰色市場「山寨」手機（即流行品牌機型的廉價仿品），但短短幾年時間，它們就發展成了一個龐大的市場。

研究機構iSuppli的數據顯示，灰色市場製造商去年生產了1.45億部手機，相當於全球合法手機市場的13%，而且向其他新興市場出口的比例越來越高。今年，聯發科技預期其手機銷量將增加20%，達到4.5億部。這些製造商的重要性日益提升，促使微軟今年初與聯發科技簽訂了一項協議，將讓中國手機製造商更方便在聯發科技的晶片上使用Windows Mobile操作系統。聯發科技目前是僅次於高通（Qualcomm）的全球第二大手機晶片供應商。微軟和聯發科技都拒絕透露協議細節。對於Android在中國對其形成的競爭壓力，微軟表示無可奉告。

◎癮思考：中國灰色山寨機達到1.45億部出貨量[2]

那麼很多人要問，這麼大的出貨量都去哪裡了？你會發現在中國市場上很多山寨機少見了，而且新出來的手機基本上都開始掛自己品牌了，很大的一部分出口到新興市場，包括印度、巴西、非洲等國家和地區。這下你可能會知道為什麼Nokia會虧損吧？雖然非正規軍的進攻並不是全部因素，但是一級大廠原來的繁雜產品線帶來的壟斷高價已經被迫接受挑戰，很多消費者開始挑剔，原來手機可以這麼便宜，這因而影響他們的選擇，原來單一化選擇逐漸被多元化思考所取代，手機行業一家獨秀的局面很難維持。

灰色手機反應了另一個想像，那就是中低階機型的消費者開始拒絕選購大品牌產品，這部分需求導致了灰色手機的存在，因為正規品牌無法顧及這部分消費需求，他們更是不願意踏足，就算是推出，也無法讓成本做到和其產品相匹配的價格，這就是你為什麼看到很多深圳出來的手機，在功能上一點都不差，價格上也是讓人垂涎。早期山寨有了聯發科的支援，MediaTek提供晶片和解決方案，灰色大軍只需要提供人力和管道，現在手機進入

iPhone正版手機（左）與山寨版（右），外型相似度達九成五

到4G時代，除了Android系統繼續加入之外，谷歌還在努力提供其他方案，同時還有華為、小米等解決方案，現在灰色大軍已經湧入智慧手機領域，可以想像，在未來這個行業將繼續存在並挑戰正規軍。

註：1.鄺彥暉、席佳琳（2010）。〈谷歌Android系統走俏中國灰色手機市場〉。《金融時報》，2010/02/04，http://big5.ftchinese.com/story/001031170?full=y

2.engadget中文版，2009/11/11，http://chinese.engadget.com/2009/11/10/1-45-china-shangzai-sale/

第六節　國際訂價政策的相關議題

一、傾銷與反傾銷

(一)傾銷

　　按美國反傾銷法規定，「傾銷」（dumping）是指一國產品，以低於正常價格輸入進口國市場，並使該國產業受到實質傷害或構成威脅，或使進口國產業延遲建立的一種不公平貿易行為。過去美國、加拿大、歐盟、澳洲等工業化國家，均針對進口產品之傾銷行為採取課徵反傾銷稅等對抗措施，其作用在影響進口產品成本間接達到保護本國產業的目的；簡言之，傾銷是指一項產品賣到國外市場上的價格低於國內市場上的銷售價格。此種訂價策略的行為，在經濟學上稱為差別取價（price discrimination），即是生產者將同一產品（生產成本相同）賣到不同地區給不同顧客時，會針對各種主、客觀不同的條件而訂出不同的商品價格，為的是追求其自身利潤的極大化。

　　比較利益原理係國際貿易動力之一，惟國際貿易之形成仍有賴貿易國間之地緣關係所增加運費成本與課徵關稅之租稅成本等因素，於國與國之間形成市場區隔。各國國內產業得以採取差別取價政策，訂定不同市場之價格，以追求更大之企業利潤。茲引用GATT大師傑克森所舉虛擬案例：某國R公司年產收音機100萬台，其單位固定成本（fixed cost；廠房、設備）為6元、變動成本（variable cost；工人工資、原材料）為10元，若其單位售價訂為20元，則可獲利潤4元，R公司每年可賺400萬元。R公司為求賺取高額利潤，決定增加夜班生產線，年生產100萬台全數外銷。由於經由跨國境貿易，加上關稅之課徵，造成市場區隔，也造就市場差別取價之可行性。根據R公司之訂價決策，其於國內市場或國外市場之訂價雖有不同，但其單位銷貨利潤均為4元。蓋因其於國內市場之銷售價格為20元（正常價格），已可攤平該生產工廠之固定成本。所增加生產之外銷產品之訂價可僅就變動成本之回收予以考量，故其出口銷售價格雖訂為14元（出口價格），單位銷貨利潤仍為4元，每年可多賺取400

萬元。此一案例，恰可作為介紹反傾銷協定之暖身案例。

簡言之，同一產品於進口國之售價低於出口國之售價，此雖因出口國商採取差別取價之結果，惟已構成傾銷之事實。上述R公司之收音機於其國內之銷售價格為20元，而其出口價格為14元，其傾銷差額為6元（暫不考慮其他因素）。

如因傾銷該產品而造成進口國國內生產收音機產業之損害，則進口國可針對該傾銷進口收音機，課徵反傾銷稅。課徵反傾銷稅的觀念早於18世紀重商主義時期已形成，然而當時各國並未建立明確的調查課徵制度，通常以直接提高關稅來對抗他國之傾銷。20世紀初期，反傾銷稅課徵體制逐漸在歐美各國間定型，但各國對於課徵要件與課徵序的規定並不盡相同，最早制定反傾銷法規的國家有加拿大、澳洲及美國。

(二)反傾銷

反傾銷（anti-dumping）是世貿組織允許的少數合法的貿易保護措施之一，更是世界各國維護公平貿易秩序、抵制不正當競爭的重要手段之一，尤其是近十多年來，發展中國家國際競爭力普遍增強，國際市場競爭日趨激烈，而世界貿易組織成立後傳統的貿易保護做法，例如，配額、許可證等非關稅措施都受到嚴格約束，因而世貿組織允許的反傾銷、反補貼、保障措施，便被廣泛使用，而反傾銷措施便不知不覺成為實施貿易保護的最重要手段。目前，反傾銷已被某些國家濫用，其以主張公平貿易為藉口，遂行其貿易保護主義之目的，在許多案例中昭然若揭。

1904年加拿大制定了反傾銷法，首宗案件係針對美國鋼鐵，其當時認定要件：確認有傾銷行為，即可提高關稅。其後，澳洲於1906年也制定了反傾銷法令。美國亦於1916年訂定反傾銷法規，美國所採反傾銷措施原本只是針對掠奪性（predatory）傾銷，惟因掠奪性傾銷不容易調查確認，而鮮少能成立課徵反傾銷稅之案件。美國遂於1921年修正其課徵反傾銷稅之要件為：傾銷且造成損害。換言之，即第三國之出口貨物低價傾銷至美國，因而造成美國國內同類貨物產業之損害者，即得對該傾銷貨物課徵反傾銷稅。1947年訂定的「關稅暨貿易總協定」（GATT），鑑於當時各國課徵體制的紊亂已嚴重影響國際貿易正常發展，於GATT第六條訂定概括性的規定，雖提及需有傾銷情事及實質損

害，但並未訂定遵循原則與標準，同時將爭端解決程序，開發中國家之傾銷之特別規定亦納入。又因受GATT祖父條款保護，締約國於1947年以前所採行的傾銷法規即使與第六條有所牴觸時，仍得繼續用而無須受第六條的限制。

1960年代，經由關稅減讓談判GATT締約國之關稅稅率已相對調降，惟課徵反傾銷稅之情形卻逐漸增加，而逐漸成為貿易障礙。1967年甘迺迪回合多邊談判，遂針對反傾銷稅課徵問題進行磋商並制定「反傾銷執行協定」（The Agreement on Anti-Dumping Practice），設立反傾銷委員會審核各國反傾銷的執行。但因美國迄未簽署，而成效不彰。1979年東京回合多邊貿易談判後，詳訂有關傾銷差額及損害之認定原則，以及實際調查之程序規範與相關要件，至此反傾銷稅在國際上始有較為一致的規範。此項協定只有二十七個締約國簽署，因此適用效果仍受限。

二、傾銷的種類

傾銷依其時間長短可分為以下幾種：

(一)偶發性傾銷（sporadic dumping）

此種傾銷通常是因為生產過剩或改營他業，在國內市場無法出清存貨，因而不惜削價在國外脫售。此種傾銷對進口國家的生產者當然有不利影響，但因其為時甚短，且外銷者並無掠奪國外市場之不良動機，而進口國家之消費者則能享受廉價物品，因此進口國家對此種傾銷通常不加以制裁。

(二)間歇或掠奪性傾銷（intermittent or predatory dumping）

係傾銷者以掠奪國外市場並加以壟斷為目的，其方法係初期以低於國內售價或甚至低於成本之價格，在某一國外市場銷售，待消滅所有或大部分的競爭者後，再將價格提高，並進而壟斷該國市場。此種傾銷違反公平競爭原則，破壞國際貿易秩序，故為GATT及各國反傾銷法所規範之對象。

(三)長期性傾銷（long-run dumping）

係指經年在國外市場出售的價格，較國內出售的價格為低，此種傾銷在

完全競爭情形下，只有在政府或其他有關機構給予出口補貼時才易實現。

三、反傾銷法

　　世界上第一部反傾銷法是於1903年，由加拿大所建立，隨後歐美國家起身跟進，陸續通過自己的反傾銷法，為了協調各國法律之間的衝突，「關稅暨貿易總協定」第六條對反傾銷作了統一規定。1967年關貿總協的多邊談判中，又制定了「實施關稅暨貿易總協定第六條的協議」簡稱「1967年反傾銷法典」，包括美國、日本、歐洲共同體在內的西方主要國家都簽署了該協議。1979年在新一輪的多邊會談中，又通過了1967年反傾銷法的修訂本，並於1980年生效，共有四十多個國家簽字，許多國家根據這一修訂本，重新修訂了本國的法律。國際貿易中的反傾銷法已相當完備，也具有相當的約束力，但在國際貿易過程中，因為傾銷和反傾銷引發的爭端屢見不鮮，特別是許多國家，對美國動輒訴諸反傾銷的強悍做法高度不滿。

　　國際企業亦應瞭解各國有關反傾銷之法令、移轉計價之會計實務以及調查方式，不但影響公司總體利益之實現，亦影響各地區子公司之士氣與競爭優勢之建立。國際行銷訂價決策除了一般國內訂價所需決定之個別與產品線價格水準、折扣、價格調整政策與付款方式等外，尚需決定各地區之價格差異程度，以賺取最大利潤並應避免灰色市場之形成；亦應對應各國經濟情況、匯率波動與政府管制，規劃各地區子公司之移轉計價。

四、促使反傾銷訴訟成長的理由

　　促使反傾銷訴訟成長的理由如下：

1. 傳統貿易障礙，如關稅或進口配額的排除，許多國家轉而使用反傾銷法來保護本國產業。
2. 在反傾銷訴訟中，原告（當地生產者）較被告（進口商）擁有明顯的地緣優勢。因此，反傾銷訴訟經常成為當地生產者用來抵禦外在競爭者的工具。

五、有關傾銷是否存在的認定準則

依據美國反傾銷法令,在市場條件完全相同之下,低於公平價格出口同類產品,即出口售價低於正常價格。正常價格之計算,依照下列原則:

(一)本國市場價格

即出口國本國市場交易熱絡,亦即該國市場相同類產品之售價,當本國市場銷售數量不足輸美銷售數量5%或本國市場狀況特殊無法適當比較時,則被認為其不具代表性而將以下列之第三國交易價格,或以推算價格作為正常價格。

(二)第三國交易價格

乃是對美之出口國其產品銷售美國以外之第三國價格,惟該第三國銷售價格應具有代表性、其銷售數量應超過出口國在美國銷售數量5%,且該市場狀況可為適當之比較。

(三)推算價格

運用本國市場價格(或第三國市場價格)無法決定外國價格,得以生產成本加計銷售管理費用及利潤,作為正常價格。而出口售價則指貨品第一次銷售給出口商或生產者無關聯之美國買者之價格。在出口商或製造商彼此間有關聯或存在有補償協議時,將以進口商品轉售予一獨立買主之價格,另減去進口商轉賣間之成本與利潤推算出口價格,出口商與進口商是否有關聯,係以出口商與進口商之中一方對於另一方擁有法律上或實務上之實質影響力為判斷標準。而當出口價格低於正常價格,且對於該國境內產業受到實質損害或有損害時,將對該進口商課徵反傾銷稅。

六、反傾銷法及國際行銷者之因應策略

「反傾銷稅」係針對傾銷的外國商品除了徵收一般進口稅外,再增收附加

稅，使其不能廉價出售的附加稅。如美國政府規定：外國商品剛到岸價低於出廠價格時被認為商品傾銷，則立即採取反傾銷措施。

出口商可以採用下列策略減少遭受反傾銷稅之調查與課徵之風險：

(一)加強反傾銷法規之瞭解

由於各國的反傾銷法規及標準不同，瞭解各國反傾銷法及標準，有助於避免反傾銷控訴。例如，在價格認定上，美國反傾銷法認為銷售量在5%以上之市場占有率方足以認定（亦即所謂的「微量不舉」），因此，我國業者在國內或其他第三國高於銷美價格之銷售量應如何分配，則可做有利之調配。

(二)建立有效國外市場商情資料

隨時瞭解進口國相同產品的產銷情況，特別是當進口國有關生產商陷於不景氣時，往往進口國之主管機關，會採取較為嚴格的標準，以保護該產業。因此須掌握該進口國的商情，據以建立反傾銷預警系統。

(三)建立成本會計資訊系統

以隨時掌握出口情形，且遇內外銷價格異常時，應適時調整，以避免進口國業者提出反傾銷控訴。

(四)產品差異化

提升產品品質與功能，定位產品成為高價值，避免以低價競爭，而遭受傾銷法令。

(五)服務提升

除了核心產品之外，周邊的服務提升亦可提高產品價值，以免造成價格競爭。

(六)改變產品生產地或輸出地，以規避反傾銷稅率

將產品的生產地移轉到他國生產，再自他國輸出，以規避反傾銷稅，或是直接到當地國生產並銷售。

(七)轉移產品銷售地

在無法減輕反傾銷稅率，又無法規避下的最壞選擇就是不再輸出產品到被課反傾銷稅的國家，而輸出到其他國家。但若無法吸取經驗，有效建立企業的成本計算及答辯資料與人才，仍無法避免再被其他國家指控反傾銷的結果，此非最佳的解決方案。

全球觀點

Skype全球新定價策略

Skype宣布SkypeOut新的全球定價策略，提供全球SkypeOut使用者更簡單、更方便以及更節省成本的方式透過網路撥打手機與市話。新的定價策略於2007年間分階段與地區陸續實施，最終目標在提供消費者更多樣與更簡單易懂的網路通訊整合方案。繼2006年Skype在北美與英國市場成功推出SkypeOut月租型方案後，SkypeOut新定價策略在未來於全球全面完整實施時，將以優惠的月租型方案搭配收取小額話務接取費方式推出，以往「以分鐘計費」的傳統電信定價模式將會走入歷史。預估2007年間Skype全球各地區將會陸續評估導入此新的定價策略。

在SkypeOut全球新定價策略下，SkypeOut全球最優費率（global rate =€0.017／分）將再增加九個國家地區（目前全球共計三十七個國家）分別為：馬來西亞、捷克、美國夏威夷、以色列、盧森堡、匈牙利、波多黎各、美國阿拉斯加、關島。上述部分新列入SkypeOut全球最優費率的地區，降幅高達65%，而相較於台灣其他電信業者的訂價，部分地區的降幅更高達98%，也是台灣地區經常撥打的國際話務區，此將加惠台灣的Skype用戶。另外，撥打SkypeOut電話將開始收取話務接取服務費。每成功撥打一通SkypeOut（接通五秒鐘以上），系統將會由用戶帳戶扣除一筆€0.039歐元的話務接取服務費。話務接取服務費是以每通SkypeOut電話為單位，適用對象是全球的SkypeOut服務用戶。

PChome Online通訊應用服務部副總羅子亮表示，「SkypeOut服務自2004年推出

以來,一直致力讓Skype用戶以更優惠的費率撥打全世界傳統電話與手機,廣受歡迎,台灣地區的SkypeOut使用者已達50萬人。兩年前全球只有十七個國家符合SkypeOut全球最優費率(global rate =€0.017／分),而目前這個數字在今天已經增加到三十七個國家,Skype將會致力於增加全球最優費率國家的數量,加速IP電信時代的來臨」。PChome Online通

網路家庭宣布「台灣通」、「亞洲通」及「世界通」等三大通的Skype台灣新資費方案

訊應用服務部副總羅子亮進一步表示,「全球至今近1億3,600萬的Skype用戶,彼此依然可以享受免費Skype的語音與視訊通訊服務,不會改變。而SkypeOut新定價策略分階段先實施的話務接取服務費方案是一種讓Skype更有能力與傳統電信業者協商的做法,隨著SkypeOut全球最優費率國家數量的增加,以及將陸續推出的創新定價策略,Skype用戶將會是直接受惠的人」。

SkypeOut話務接取服務費的收取將依Skype用戶帳戶的幣別設定而略有不同,例如:用戶的帳戶幣別為歐元,則每通SkypeOut將收取€0.039元的話務接取服務費,用戶若設定的台幣帳戶的話,則每通SkypeOut電話會被收取NT$1.6元的話務接取服務費。

資料來源:Skype新聞室(2007/01/18),http://skype.pchome.com.tw/news_960118.jsp

問題與討論

1. 影響國際訂價的因素為何？

2. 全球價格差別化與一致化為何？

3. 國際訂價應注意的幾個層面為何？

4. 何謂國際價格走廊？

5. 管理經濟風險的策略為何？

6. 國際訂價政策為何？

7. 何謂全球策略性訂價？

8. 何謂國際企業移轉價格？

9. 灰色市場（平行輸入）之定義與類型為何？

10. 灰色市場之成因以及對於國際市場之影響為何？

11. 灰色市場的對策為何？

12. 反傾銷法令與國際行銷者之因應策略為何？

國際行銷通路策略

- ◆ 國際行銷通路的定義與功能
- ◆ 通路的型態與結構
- ◆ 國際行銷通路的主要類型
- ◆ 國際零售商的興起、型態及市場區隔
- ◆ 國際行銷通路策略

近年來，企業環境變動快速，國際行銷通路的掌握已成為市場成功的重要關鍵因素之一，根據中小企業處調查結果顯示，台灣企業在國外市場的競爭優勢主要是產品品質，在行銷通路、推廣及其他市場定位，仍需努力。在國際上，生產廠商與消費者之間的通路十分複雜，供應商透過進口商、代理商或合作進出口組織，將產品輸出國界；在國外市場又經由批發商、經銷商、零售商、業務員，最終至消費者手中。在國際市場上所需的配銷功能愈複雜，配銷成本占總成本比例愈高。且製造商在通路上所做的選擇會直接影響到行銷決策，因此，配銷通路的選擇很重要，行銷通路是外銷廠商行銷組合中很重要的要件。

國際行銷通路策略之內容包含廣泛，母國公司在制訂國際行銷通路決策時，必須考量配銷對母國公司長期整體目標與策略的重要性。國際企業的配銷策略應該是全球統一或是要能因地制宜，決定行銷通路的長短、決定選擇性或密集性的通路作業方式等皆為國際行銷通路管理上的重要決策內容。此外，國際零售商如大型量販店與超級專賣店的興起，行銷垂直系統與採購聯盟的形成，以及零售業的合併與併購風興起等因素，使超強實力的巨型零售商崛起。這些巨型商透過優越的資訊系統與購買力，能夠為顧客提供更好的商品販賣活動、更佳的服務及實質的成本節省。主要零售商的全球性擴展，擁有獨特風格與強勢品牌定位的零售商正逐漸地進軍至其他國家。

當母國公司規劃完國際行銷通路後會面臨國際通路成員（通路中間商）的選擇、管理與激勵。選擇到能配合良好並且能有效率地執行通路任務的中間商，必可提升製造商產品的競爭力，但是若通路中間商選擇錯誤，不僅產品滯銷，最後母國公司還要支付極高的代價重新更換通路成員。管理通路成員是指製造商給予通路成員一些激勵或懲罰的措施，以促使通路成員合作，達成公司配銷目標。可能的激勵措施：給予通路成員銷售折扣、促銷折扣、獎金獎勵等誘因，以及支援通路成員如贊助廣告與展覽等非財務誘因。

本章共分為五節，首先介紹國際行銷通路的定義與功能、通路的型態與結構；其次分析國際行銷通路的主要類型，接著介紹國際零售商的興起、型態及市場區隔，最後探討國際行銷通路策略，如通路策略規劃、通路成員之選擇與管理。

行銷視野

Transcend創見的行銷與通路

1988年夏天，三十出頭的束崇萬先生帶著一位工程師展開他的創業生涯。沒有大財團支持的他體認到，想在這競爭激烈的電腦資訊產業中生存，便要走一條與眾不同的路。經過了草創初期的艱難與考驗，終於獲致穩健而飛躍的成長。到今天，創見資訊已經成為擁有十三個國外子公司、全球員工超過2,200人的跨國性企業。

◎產品類別

創見供應市場產品為各式記憶體、數位記憶卡、USB行動碟、可攜式硬碟產品、多媒體產品與其他周邊產品。

◎通路管理

束崇萬先生於1990年在美國洛杉磯創立第一個海外子公司，作為拓展美洲市場的據點。創見陸續在德國漢堡（1992）、荷蘭鹿特丹（1996）、日本東京（1997）、香港（2000）、英國（2005）、美東馬里蘭州（2005）、日本大阪（2007）及韓國首爾（2008）成立子公司，另在中國北京（2000）、上海（2001）及各國主要城市陸續成立行銷據點，並與各地的經銷夥伴緊密合作建立了綿密的行銷網，產品行銷一百餘國。為了更貼近消費大眾，創見在台灣、香港、大陸三地共開設16間形象店，提供消費者多樣的選擇、即時的產品諮詢與迅速退換貨的服務。此外，創見線上購物網站於2000年成立，目前已提供中、美、德、荷、日五國版本供全球消費者選購，使得創見通路結構進一步向下延伸。

擺脫一般國內廠商極力成為專業代工廠的制式思考，自1988年成立以來，創見資訊即致力於建立自有品牌與通路。在行銷策略上，以「Transcend」高品質的品牌形象，在專業記憶卡領域中直指「最終客戶」（end customers），供應經銷商、系統廠商以及零售市場。如此縮短了通路的距離，使創見與客戶雙方都可因此獲得較好的利潤。加上創見提供完整的產品線以及完善的售後服務系統，客源不斷地增加，至今在全球已經累積了超過五千個忠誠的客戶，配合各國外子公司，形成了一個綿密而穩固的行銷網。而更難能可貴的，是這五千多個客戶所占創見營業額的比例相當平

創見線上購物網站

均，而非集中於少數的大客戶。目前創見營業額各區域分布相當均衡，因此創見的營運非常穩定，不會受少數客戶轉單或區域性的經濟狀況影響，而遭受重大的營運危機。加上創見通路結構非常完整，因此業績一直呈現穩定且快速的成長。

◎策略行銷

　　為了擴展創見品牌知名度，除了在全球知名媒體密集曝光與參加國際性展覽外，也贊助全球各地之經銷商，利用媒體與展覽的合作，共同行銷創見品牌。這不僅加強大眾對創見的品牌形象，經銷商也能藉由創見的高品質形象與高知名度，獲得實質助益，可謂相輔相成之合作模式。而2000年創見線上購物網站的成立，更使創見的通路結構進一步向下延伸，此舉不僅使創見品牌更深植人心，並能直接取得最終使用者的意見，作為改進產品與服務的參考。

資料來源：林柏村（2009）。〈創見 行銷與通路個案分析〉，http://blog.ndsc.tw/?p=511

第一節　國際行銷通路的定義與功能

　　行銷通路乃生產產品的廠商把產品移轉到顧客手上的過程，所有取得產品或是服務的所有權或促使所有權移轉的機構與個人所形成的集合。簡言之，就是產品從最初的生產廠商轉移到最終消費者的過程中，所包含的機構或是個人。在現代的自由經濟體系中，大多數的廠商都透過仲介機構（marketing intermediaries）或透過適當管道，將產品或服務帶到市場刺激消費者購買意願與需求，而完成產品銷售給消費者之目的，這些銷售機構就成為行銷通路（marketing channel），又稱為配銷通路（distribution channel）。行銷通路的目的，除了以適當的價格、數量和品質的產品或服務在適當地點供應給顧客以滿足其需要之外，同時也透過通路成員之推廣活動來刺激需要。行銷通路包括生產者內部的行銷部門和外界獨立的機構或個人，後者通稱為「中間機構」。對於製造商而言，國際行銷的中間機構特性在於：包含的貿易區域、產品的配運能力、銷售產品的組織、潛在的銷售量大小、提供輔助服務的能力高低、保持存貨與對消費者服務的能力、促銷產品的意願與能力、對於消費者提供財務貸款的意願與能力。

　　Bowersox與Coopper（1992）將行銷通路定義為參與買賣產品與服務過程的企業間關係的體系。Berman（1996）則將行銷通路定義為：「代理商與機構的組織（系統）性網路，此網路提供連結製造商與使用者完成行銷目標所需要的所有活動。」國際行銷通路係指生產者與消費者不在同一國家時，商品或服務從生產者的母國，傳送到地主國的消費者的過程中所有的中間商而言。國際行銷通路是促進商品流暢，介於製造商與消費者之間的流通業，一般稱為中間商。

　　國際行銷通路的功能包括：研究（research）、推廣（promotion）、接觸（contact）、配合（matching）、協商（negotiation）、實體配送（physical distribution）、財物融資（financing）及風險承擔（risk taking）等。

第二節　通路的型態與結構

一、通路的型態

根據產業用品與消費者用品市場之不同，通路型態可分爲：生產者、代理商、批發商、零售商與產業使用者或末端消費者，**表12-1**歸納各種通路的型態並說明如下：

表12-1　各種通路的型態

項目 市場	生產者	代理商	批發商	零售商	產業使用者或 末端消費者
產業用品市場					
消費者用品市場					

(一)生產者→消費者

採用此一通路理由：(1)製造銷售型態（傳統的製造零售如麵包、豆腐等）；(2)生產量不大不需中間商；(3)自己行銷比中間商有利；(4)可直接接觸消費者收到資訊研發產品。

(二)生產者→零售商→消費者

汽車、家電、家具等需大量生產有售後服務的必要即採此方式。

(三)生產者→批發商→零售商→消費者

日常用品、生鮮食品、加工食品儘量保有大市場而零售商卻想多品種少量交易。此階段重視蒐集功能所以有產地批發商介入當分散功能重要時就有大、中、小盤商介入。

(四)生產者→批發商→產業使用者或末端消費者

此類常見於政府、學校、醫院、餐廳的設備或事務用消耗品的銷售。生產財方面適用零件或半成品、機械設備等多樣產品。

二、通路結構

通路結構可分為消費品、工業品市場與服務三種，說明如下：

(一)消費品之通路結構

消費品（consumer goods）是指消費者購買該產品後，可以直接消費，例如啤酒、茶飲料及手機等。

1. 零階通路：即製造商直接將產品銷售予消費者，而不透過中間商，又稱為直銷（direct marketing）。
2. 一階通路：即製造商透過零售商（retailer），將產品銷售至消費者手中。
3. 二階通路：即製造商透過批發商（wholesaler），再將產品交付予零售商後，再藉由零售商將產品送至消費者手中。
4. 三階通路：即製造商利用代理商（agent）將產品交付予批發商，再藉由批發商將產品銷售給零售商，最後再藉由零售商將產品銷售消費者。

(二)工業品市場通路結構

工業品（industrial goods）在性質上與消費品有所不同，主要差異在於工業品是由製造商直接賣給工業使用者後，工業使用者利用該產品從事生產性活動。而消費品是消費者購買該產品後，直接消費，而不是利用該產品進行生產

性活動。

(三)服務之通路結構

由於服務具有服務提供者必須要與顧客同時在場之特性。因此，服務一般是使用直接通路，但有時也透過代理商。

第三節　國際行銷通路的主要類型

一、實體通路vs.虛擬通路

(一)實體通路

國際行銷通路主要類型分為實體通路（直接通路與間接通路）及虛擬通路。在網際網路未普及前，不管要買什麼東西都要到便利商店、百貨公司或各種不同的店面實際消費，稱為實體通路（physical channel）。實體通路是指有實體店面，也可以直接和消費者或購買者面對面直接交易，此類店面必須設在路旁等公共空間當然也要有些必要的裝潢及接待人員。實體通路受限於實體店面及接待人員的專業，因此販售東西只能侷限在某個範圍。

(二)虛擬通路

隨著網路科技快速發展，電子商務的應用，讓網路演變為所謂的虛擬通路（virtual channel），在網路上可以從事商品展示、顧客服務、買賣交易等功能，使得消費者在家裡也能輕鬆購物。除了必需品外，不管買相機、電腦、衣服、樂器等都可透過虛擬通路交易。虛擬通路不一定要有實體店面，就算有店面也可以設在私密空間，消費者透過網頁、廣告、型錄PDA／智慧型手機、電視或廣播等影音文字媒體得知，再透過電話、傳真、e-mail或線上訂購等訂貨，銷售者則透過郵遞、宅配、貨運或空運等送貨，因此銷售者和消費者並不需面對面交易。

二、直接通路vs.間接通路

Onkvisit與Shaw（1994）將企業之國外行銷通路區分為直接通路與間接通路。而間接通路的中間商又依貨物所有權之有無而分為國內代理商及本國行銷公司，茲說明如下：

(一)直接通路：於母國無中間商

1.國外經銷商（foreign distributor）：製造商在國外或特定區域從事配銷活動的外國公司。

2.國外零售商（foreign retailer）：將產品或服務直接銷售給最終客戶的商人。

3.母國貿易公司（state-controlled trading company）：與國外從事貿易往來交易者。

4.最終使用者（end user）：生產者不經由中間商，將產品或服務直接銷售給最終使用者。

(二)間接通路：於母國有一個以上中間商

1.國內代理商（domestic agent）：對貨物無所有權的中間商，只賺取佣金不承擔風險。有代理製造商及代理買方兩種國內代理商。

2.本國行銷公司（domestic merchant）：不管是否持有貨物，其對貨物擁有所有權，從交易中賺取利潤，而非佣金，並承擔風險。

表12-2至**表12-4**分別歸納各種虛擬通路、直接通路與間接通路之類型。

表12-2　虛擬通路之類型

類型	說明
網路購物	消費者透過網頁或購物網站等影音文字媒體得知，再透過e-mail或線上訂貨，銷售者則透過郵遞，宅配，貨運或空運等送貨，銷售者和消費者並不需面對面交易。
行動購物	消費者透過PDA、智慧型手機或無線網路等影音文字媒體得知，再透過e-mail或線上訂貨。
電視購物	消費者透過電視廣告、購物台等影音文字媒體得知，再透過電話或傳真等訂貨。
電話購物	消費者透過推銷電話等語音媒體得知，再透過電話或傳真等訂貨。
型錄購物（郵購）	消費者透過型錄等文字媒體得知，再透過郵局劃撥等訂貨。
直接向電台訂貨	消費者透過收音機廣播等聲音媒體得知，再透過電話或傳真等訂貨。

表12-3　直接通路之類型

類型	說明
自行設立出口部門	即企業自行設立出口部門或在海外設立銷售公司，自行從事出口業務。當企業出口數量達一定規模，想進一步獲取海外市場資訊時，在資金充裕及資源許可情況下，企業可自行設立出口部門或海外銷售子公司。
自行設立企業之海外子公司	由企業自行在海外購買設備、設立新廠、成立新銷售據點，以進入國際市場。或是企業自行在海外設立銷售子公司，自行從事出口活動。企業擁有100%海外公司股權，包含有以下三種展店方式。 1.直營：如IKEA進入中國模式。 2.加盟：是指加盟主提供品牌名稱、市場支援、管理技巧、產品製程及人員訓練等給加盟者，以便加盟者在一定範圍內、期間內銷售加盟主所提供各項資源所生產之產品，加盟者並支付費用及權利金給加盟主。 3.加盟和直營：如麥當勞、肯德基、屈臣氏、佐丹奴等進入台灣市場之模式。

表12-4　間接通路之類型

類型	說明
出口掮客或進口掮客	受到出口製造商或是買方的委託，以自己或是委託人的名義，為委託人（出口製造商或是買方）考量，撮合買賣雙方交易，再從其中抽取佣金。一般來說，出口掮客對於市場的供需狀況非常清楚，可以為規模較缺少市場情報的製造商，在國外找到適合的買主。

（續）表12-4　間接通路之類型

類型	說明
專業出口貿易商	專業出口貿易商本身並不是製造商，而是自己的名義來向出口製造商購進產品後，再以自己的名義出口到海外市場，自行負擔買賣的收益或是虧損。此種貿易商是我們國內中小企業最常使用的國際配銷中間商。
製造商的外銷代理商或是銷售代表	一些出口製造商因為行銷能力較為不足，或是本身不想經營出口的業務，因此就會在國內指定外銷代理商，這種外銷代理商也可以稱為銷售代表，負責銷售產品到國外。製造商的外銷代理商與製造商之間的簽訂外銷代理契約，以自己的名義作為委託人進行出口貿易。
合作出口商	又可以稱為互補性行銷商，是流行在美國的一種中間商，為國際企業進入國際市場時常用到的方法。合作出口商是一個獨立的公司，同時受到國內多家具互補性而非競爭性產品製造商的委託，委託人的名義與立場負責開拓海外市場，以聯合推銷產品到海外，如此可以使得產品線更加完整，貨色也更齊全，而可以從中來抽取佣金。
採購代理商	受到外國買主的委託，以自己的名義為委託人也就是國外的買主，在國內採購產品、挑貨、議價與驗貨，因而可以從中抽取佣金與費用。
進口代理商	受到國內買主的委託，以自己的名義，為委託人也就是國內的買主，從國外購買產品。進口代理商與國內買主的關係為委託買賣，而與外國賣方的關係則為買賣關係。
出口銷售代理商	受到出口國製造商、供應商或是出口商的委託。以委託人的名義與立場從事貿易活動，推銷產品到海外去，並從中抽取佣金。一般而言，常見的有兩種： 1.製造商的銷售代理商：是接受製造商的委託，以製造商的名義與立場從事交易活動，只抽取佣金，而且產品的所有權並沒有移轉。 2.出口商的銷售代理商：受出口商的委託，以出口商的名義與立場從事交易活動，只抽取佣金，而且產品的所有權並沒有移轉。
銷售經銷商	分為區域經銷商與獨家經銷商兩類。與代理商最大的不同點在於：銷售經銷商與製造商之間的買賣關係中，商品的所有權已移轉，屬於一項買斷關係。代理商與製造商之間的關係是一種代理關係，主要是抽取佣金，代理商不負責產品盈虧的責任。 經銷商與製造商之間的關係是一種買賣關係，經銷商要自行負責產品買賣盈虧的責任。代理商在法律上只是單純協助製造商銷售產品，所以產品的所有權並未因此移轉到代理商上面。換句話說，代理商並未擁有產品的所有權，也就是說在進行買賣前，產品的所有權仍在製造商的手上。至於經銷商與製造代理商則是屬於買斷的關係，產品的所有權在買賣斷後便移轉到經銷商的手中。零售商就是將商品直接賣給最終使用者，提供其個人之營利或非營利之用途所需。零售商的型態可分為： 1.完全自動的零售方式：並不提供服務，只明示價格，由消費者照著尋找、比較、選擇之購買程序者。 2.有限服務的零售方式：服務項目較多，以選購品為主；業務人員提供產品的所有資訊，供購買者參考。 3.完全服務的零售方式：以時尚貨品與提供最親切服務為主的零售業者。

第四節　國際零售商的興起、型態及市場區隔

　　零售業又稱零售中間商，係包括所有直接銷售產品或服務予最終消費者，作為個人或非營利的各項活動，也就是將產品直接銷售予最後消費者占其主要部分或全部者。不論其為生產者、批發商或零售商，也不論此種服務採何種方式賣出或在何處賣出，均屬零售之範圍。零售業係將製造商所生產的產品化整為零，分別銷售給消費者的一種行業；而零售商則是這個行業的經營者，屬於通路的一環，扮演著製造商與消費者之間溝通橋樑的角色，他們將製造商的產品提供附加價值售予消費者，提供良好的服務，並從中賺取利潤，也將消費者對產品使用的資訊情報提供給製造商，作為改進參考，使產品品質更精進。以下將介紹國際零售業的巨型零售商的興起與型態（Kotler, 1999）。

一、國際零售業的巨型零售商的興起

　　在我國經濟自由化與市場國際化的政策引導下，國外資金陸續投入服務業，促進流通產業的變革，其中與大眾生活息息相關的綜合零售業更是迅速成長，傳統零售業則逐漸流失市場，紛紛意識到通路危機，使我國整體零售環境與結構，產生了莫大的改變。而其主要是以兩種形式展現，一為便利商店、超市等連鎖店之蔓延，二為量販店之興起。國內量販店於1989年由荷商Makro與豐群來來百貨公司合資成立萬客隆（Makro），在桃園開設第一家店時正式引進，在多樣化商品、低價等訴求下，逐漸打開消費者潛在需求，很快成為最大的零售通路系統，並在商品批發與零售市場間掀起一場通路革命。由於當時萬客隆批發倉儲屬於一種全新概念的大型店，市場上尚無同類型的商店可供比較；復因其行業型態、建地、賣場、停車場面積、倉儲量、營業額等在法令上尚無統一的衡量標準，故主管單位與消費大眾均將此類型賣場統稱為量販店或大賣場。

　　由於我國經濟的高度發展，國民所得不斷地提高，提升了民眾的生活水準與品質，也改變了國人的生活型態及新的消費趨勢，促使綜合商品零售市場的快速轉變。在1990年以前，遠東百貨穩居綜合零售業排行第一；1990年統

一超商以全省700家的實力，創造108億元的營業額，躍居霸主；1992年，萬客隆以7家分店超越統一超商，全年營業額高達160億元；1996年家樂福以13家分店，250億元的巨量營業額後來居上，超越萬客隆。在短短幾年間，居然有如此劇烈的變動，而1989年之後才引進台灣的量販店，以發展歷史最短，表現最耀眼，更是引人矚目。

量販店的興起，不但引爆國內通路革命，並正式開啓民眾購物走向「自助式、低價、一次購足」的大型化賣場時代。量販店以賣場大、品項齊全、價格便宜及停車方便的優勢，其成長呈現倍速之勢，在整體綜合商品零售市場的營運成績最爲亮眼，並對百貨業、超級市場與傳統零售通路產生很大的衝擊。同時，這樣的結果也造成綜合商品零售市場競爭更加激烈。

1990年代後期，量販店業者持續展店，並形成連鎖體系拓展經濟規模，以致國內量販店家數成長迅速，從1997年約有72家，至2000年已有108家左右，三年內呈現倍增成長，及至2002年底計有109家營業，然而2003年衰退至97家，顯示市場已達成熟飽和期。因此，在汰弱存強的競手市場下，加上2000年以後台灣陷入經濟不景氣的風潮，體質較弱及經營不善者，不是被併購就是黯然退出市場，在2003年宣告結束營業的業者有萬客隆、千暉及高峰等，共計16家店。其中，萬客隆這位台灣量販店的先驅者，曾經創下單店近新台幣60億元年營業額，終究敵不過市場的競爭而退出台灣市場。

根據經濟部主計處的商業動態調查資料，量販店在2003年的營業額成長率爲-13.8%，主要是受到SARS疫情及部分業者結束營業雙重影響所致，雖勝過百貨公司的-21.3%，卻也輸給了便利商店13%及超市3.5%的成長率，整體營業額僅1,430億元，比2002年1,660億元的營收，足足短少230億元。然而，2003年家樂福及大潤發卻能在一片景氣低迷之中逆勢成長；家樂福以店數31家，營業額新台幣500億元新高，再度蟬聯量販店第一品牌，成爲八連霸的局面；第二品牌大潤發店數22家，營業額新台幣380億元，第五度蟬聯第二名，兩業者均呈現正成長；而第三品牌愛買吉安店數13家，營業額新台幣150億元持平；至於萬客隆則在1996年首次以204億元年營業額，敗給家樂福的241億元年營業額，屈居第二，之後又於1999年以180億，再次敗給大潤發的240億，落至第三，從此一蹶不振，再次於2001年以87億，輸給愛買吉安的154億，退居第四，及至2003年2月，終究不敵市場競爭而結束營業。

　　大型量販店與超級專賣店的興起，行銷垂直系統與採購聯盟的形成，以及零售業的合併與併購風興起等因素，使超強實力的巨型零售商崛起。這些巨型商透過優越的資訊系統與購買力，能夠為顧客提供更好的商品販賣活動、更佳的服務及實質的成本節省。主要零售商的全球性擴展，擁有獨特風格與強勢品牌定位的零售商正逐漸地進軍至其他國家，例如，Zara服飾、Costco等。

　　由於消費型態多元化、市場發展兩極化，以及超大型零售商影響力逐漸擴大，消費產品產業變得更為複雜，競爭也日益激烈，並有大者恆大的趨勢，造成傳統的經營策略已逐漸失效。根據IBM公司的研究，未來幾年內亞洲地區的消費產品業，尤其是日本、印度、中國及東南亞國協等國家，將會出現下列幾個重大發展趨勢，也就是說，自2010年開始，全球消費性產品市場將有全新面貌。由於國內市場的日趨成熟與飽和，愈來愈多的大陸製造產品正積極地進入國際市場。

二、國際零售商的型態及市場區隔

　　零售業主要可區分為有店面零售（store retailing）及無店面零售（nonstore retailing），現將有店面零售業之主要型態及市場區隔分述如下：

(一)購物中心（shopping mall）

　　提供休閒、娛樂、購物等多元化服務型態之場所，包括：百貨公司、量販店、電影城、遊樂場、主題餐廳、書城等集合各種零售業之大成於一身之消費場所。主要客層為年輕族群及家庭客、上班族。

(二)百貨公司（department stores）

　　顧名思義係以各種精品、百貨、流行商品為主要訴求，銷售多種產品線，通常包括服飾、家具及家庭用品等，並以出租場地予專櫃收取業績抽成或租金為主要經營型態，搭配少數自營商品。主要客層為年輕族群及上班族，例如SOGO、遠百、新光三越等。

百貨公司——新光三越

(三)超級市場（supermarkets）

提供消費者有關食品、洗衣用品及家庭用品等日常生活必需品，經營方式爲低成本、低毛利、自助式服務，接近住宅區，方便消費者爲主要訴求，營業面積約200～1,000坪。主要客層爲鄰近家庭主婦，例如全聯、頂好、喜美等。

(四)便利商店（convenience store）

與超市比較規模相對較小，以24小時營業、全年無休，只銷售品類有限且週轉率高的便利商品，營業緊鄰住宅區或商業區爲其經營型態，提供休閒食品、速食飲料爲主，強調迅速、方便，營業面積約20～50坪。主要客層爲年輕族群及鄰近住家，例如7-ELEVEN、OK與全家。

(五)量販店（warehouse倉儲批發、hypermarket零售量販）

又稱爲倉庫俱樂部；集合日常用品、家居用品及各式DIY商品，包含百貨、雜貨、生鮮及食品等暢銷品，品項寬廣齊全，滿足消費者一次購足、停車方便、以價格低廉爲訴求。倉儲批發採收年費之會員制，以大包裝爲其主要銷售方式，客戶爲專業客戶或公司行號爲主。零售式量販店，營業面積至少

7,000坪以上,以自營爲主,搭配少數自營品牌專櫃。主要客層以家庭爲主,例如好市多、家樂福、大潤發與愛買等。

(六)折扣商店（discount store）

以過季名牌商品高折扣方式銷售,吸引消費者,經營採薄利多銷,所提供商品非劣等品,而是全國性品牌,主要商品以服飾、鞋類等流行商品爲主,主要客層爲上班族。

(七)專賣店（special store）

產品線窄,但組合深之零售商,即各產品線內的產品品類相當齊全,以專注某些商品群爲其主要銷售標的,大都以百貨商品爲主,例如:3C、家具、電器、書、嬰兒用品等,強調專業,聚焦於少數商品爲其主要訴求。不同商品有所屬之客層。

(八)傳統市場（wet market）

以集合各種生鮮零售業者銷售食品爲主,且以溫體、現流、現採且可以依消費者需求決定數量及重量,選擇性較高爲其訴求。但衛生、清潔、品質較差,逐漸遭受超級市場所侵蝕。主要客層爲鄰近之家庭主婦。

(九)雜貨店（grocery）

與便利商店市場區隔雷同,其品牌形象及管理較欠缺,價格、品質及服務項目無法與便利商店競爭,逐漸喪失競爭優勢,未來將被便利商店所取代。主要客層爲鄰近之家庭主婦。

(十)型錄展示店（catalog showrooms）

利用折扣的方式來銷售高毛利、高週轉率及名牌商品,包括珠寶、照相機、小家電用品等,顧客在展示店內的型錄下訂單,然後至店內的商品存放區取走這些商品。

(十一)切貨／批貨販賣店（rube/large stock of goods store）

切貨是不論商品的好壞均以一定的價格全部收購，價格通常不會超過市價的三折，甚至低於一折以下均有可能成交，因此利潤很好但是風險也很高，批發就較單純，一般商品約以六折至八折批發，其間尚牽涉可不可退換貨問題。簡單來說，切貨就是用低於批價的價錢，買下一整批的貨，不過前提是沒辦法挑選貨品的品質跟款式，批貨就是選擇性的批發商品回來賣，切貨的優點就是價錢便宜，但是品質無法掌控，一批貨裡面可能會有好有壞的東西，純粹要靠運氣，批貨優點就是可以自己掌控到品質跟款式，但是價錢就無法跟切貨的商品比較了，哪個比較賺錢？切貨靠運氣、批貨靠實力。例如，髮飾批發店、10元店、39元均一店（大創百貨）等。台灣大創（DAISO）百貨股份有限公司之特色為：自行設計開發低價位、高品質日常百貨、化妝品、玩具、娛樂等用品。在日本俗稱為「百元商品店」，台灣則以39元均一價促銷，業者表示，大創在日本零售業界有六成占有率，日本國內有3,500家店面，海外則有400家店面，市調顧客滿意度僅次於東京迪士尼樂園、位居第二名，旗艦店共有九萬多種商品，包括彩妝、衛浴、玩具、文具等商品，皆由日本總公司團隊設計開發，百分之百是日本製作。

(十二)直營店（regular chain）

又稱直營連鎖，係指總公司直接經營的連鎖店，即由公司總部直接經營、投資、管理各個零售點的經營形態。總部採取縱深似的管理方式，直接下令掌管所有的零售點，零售點也必須完全接受總部指揮。直營店的主要任務在「通路經營」，意思指透過經營通路的拓展從消費者手中獲取利潤，因此直營連鎖實際上是一種「管理產業」，這是大型壟斷商業資本透過吞併、兼併或獨資、控股等途徑，發展壯大自身實力和規模的一種形式。直營連鎖店的定義：本質上是處於同一流通階段，經營同類商品和提供相同服務，並在同一經營資本及同一總部集權性管理機構統一領導下進行共同經營活動。直營，顧名思義是廠家直接經營的，一些實力雄厚的大品牌往往喜歡採用直營的方式，直接投資在大商場經營專櫃或黃金地段開設專賣店進行零售。一些國際頂級品牌如亞曼尼、傑尼亞等出於品牌維護的需要，一般都採取直營方式。另外，很多廠家會出於

形象推廣考慮，在一些重要市場區域開設自營旗艦店，以樹立品牌形象規範，給經銷商提供可參考的樣板店。比如雅戈爾在全中國市場的自營旗艦店已經達到兩百餘家，班尼路旗下的幾大品牌都在台北、廣州北京路開有大型旗艦店。旗艦店一般裝修氣派，貨品齊全，服務規範，比較能體現公司的實力和整體形象，其產生的廣告效應甚至要高出經濟效應。在管理上，廠商一般會採用分公司、辦事處模式操作，直接對直營店面進行管理，而且為保證物流配送的順暢，通常都會在各分公司、辦事處設立倉庫，直接供應貨源。採用這種方式投入的人力、物力、財力均比較大，所以通常只有實力型企業才敢於這樣操作。

 行銷透視

精典泰迪的龍風服裝進口高檔童裝一路發

在國人孩子愈生愈少，精緻化優生學環境下，代理Classic Teddy精典泰迪的龍風服裝，甚至將「限量童裝」炒出話題，龍風董事長謝銘輝說，國際品牌太多，過去自創品牌是做研發，現在是做品牌行銷，以過去二、三十年通路行銷經驗，來為國際品牌作嫁，一樣可以做出品牌與口碑。龍風服裝自1973年於台南自創「小神龍」童裝品牌，二十餘年致力於通路銷售發展，品牌深入全台319鄉鎮，1986年起轉型代理FELIX THE CAT菲力貓兒童系列服飾，至今握有菲力貓、聖大保羅、奇比、精典泰迪等知名童裝與配件，2008年營業額已超過5億元，2009年上看10億元，並於2009年登陸上海、北京設櫃。講到行銷，就得從「小神

龍風服裝公司代理的泰迪童裝，具英國貴族的皇家氣質

龍」這個自創品牌說起。

謝銘輝的父母，在三十年前從代工皮爾帕門襯衫工廠離開，即自行創業以童裝為設計製造商品，光是拓展銷售通路就相當不容易，尤其是外銷客戶，母親蔡淑美得一大早搭野雞車從台南北上，當年第一筆外國訂單就是印尼通路業者，看上的是「台灣女人都這麼努力」。勤於開拓通路當然不完全是制勝秘訣，最重要是誠信待人，謝銘輝說，「小神龍」過去一直以「平織褲」知名，商品之所以又挺、又耐穿，主要是多一條車線更耐穿，但是在台灣邁入國際貿易市場，台灣自創品牌童裝在國際品牌進駐擠壓下幾乎沒有生存空間。

1986年首度引進國際品牌菲力貓，在「借力使力」策略下，小小服裝號不僅擁有外銷與百貨專櫃品牌商品，同時亦有進口商品，1992年代理聖大保羅，首度跨入授權製造與通路行銷，單店利潤永遠比不上連鎖專櫃體系來得強勢，而通路建構是取得代理授權的最大優勢。除了專櫃，小神龍也建構「奇比e家族」，鄉鎮經銷商轉型為連鎖店，此舉不僅可聯合打組織戰、行銷廣告，同時亦減少中間商剝削利潤，去年龍風所創造的5億元營業額，就是最大實驗成果，這樣的行銷模式應歸功於1998年引進奇比這隻金雞母，當年創業基金才1萬多元，現在已累積5億元產值，無疑歸功於品牌行銷所創造的魔力。

成大會計系畢業的謝銘輝，還是單身貴族，他自稱專精的領域是高科技網際網路，後來在母親堅持下接手家族事業，並與哥嫂一起胼手胝足開創第二代事業。目前哥哥負責營業部門，已建購百貨通路與連鎖店近24家點規模，他主要負責財務與資訊規劃，姐姐與嫂嫂則負責開發商品與品牌授權個案。全家在母親引導下，猶如「上課部隊」，為了開拓新通路，媽媽兼老闆率領幹部一起上「卡內基」課程，即使是哥哥也是她同學，公司內有一教條準則「員工不訓練，保證陣亡」，因此，即使是來自台南古都的企業，龍風服裝上下員工對潛能發展與行銷管理等教育皆能應變自如。謝銘輝說，台灣童裝市場外來舶來品搶手，最重要是台灣出生率年年掉，生的少，導致父母輩對孩子的穿著與打扮亦不惜成本，上萬元的精典泰迪根本不算什麼，抓住市場需求、強化市場定位，就是龍風近年來直線成長的利基。

資料來源：李麗滿（2009）。〈謝銘輝 進口高檔童裝一路發〉。《工商時報》，鮮活管理，30版。檢索自http://blog.yam.com/jluckyjoy22/article/22680438

第五節　國際行銷通路策略

　　隨著市場範圍擴大，在絕大多數的情況下，廠商所生產的產品必須經由種種中間機構，送達消費者或使用者之購買地點。國際通路選擇的關鍵要素包括銷售產品、國家特性的影響與公司的規模大小等，這對中小企業的經理人在出口市場的通路選擇上是一重大發現。因為直接通路所需投入的成本、管理技能與整合風險均高，中小企業往往拒絕採行直接通路，產品若需要較高的服務需求，則採行直接通路較適當。

　　母國公司在制訂國際行銷通路決策時，必須考量配銷對母國公司長期整體目標與策略的重要性，若配銷目標的達成對公司長期具有重要的影響，則其決策層級將是公司的最高管理階層。母國公司在制訂整體目標與策略時，是否要把配銷納入考慮，都應該分析配銷在行銷組合上的重要性。當目標市場消費者的需要可藉由配銷策略獲得最大滿足時，則配銷將比產品、價格與促銷等要素來得重要。特別在競爭激烈的國際市場中，常常是誰有行銷通路，誰就是市場的勝利者。

　　國際行銷通路策略應該是全球統一或是要能夠因地制宜？國際企業喜愛運用全球標準化的通路方式，原因是標準化生產的經濟規模有比較高的效益。即使通路作業的標準化並無法如生產作業標準化的經濟規模效益那樣好，可是仍可以得到一些規模經濟的優勢。通路作業方式的全球標準化受到的限制因素有國際之間現有的通路結構與批發零售作業的不一致，通路作業的完全標準化會有相當的困難存在。產品的儲存以及運輸作業也必須配合各地市場上的特性和當地的基礎建設。消費者的購買習性與所得以及當地競爭者的強弱等市場因素也是相當大的影響因素。

一、國際行銷通路策略規劃

　　對母國公司而言，規劃適當的行銷通路以進入國際市場，是一個非常重要的決策，因為建立通路所需的費用與時間都是非常的大量。因此母國公司在規劃國際行銷通路時，就像本國市場一般，國外市場的行銷者也要完成三種通

路的決策，那就是通路的長度、深度與廣度。

(一)通路長度

又稱為通路階層數，是指產品在送達最終消費者前，在中間商轉手的次數。國際行銷通路愈短，則通路作業上的效率與控制能力愈佳。所以廠商大都儘量使用最短及最直接的行銷通路。可是實際的行銷通路決策上是必須考量到許多的變動因素。因為若是市場不夠大或是市場太過於分散，國際企業只有在這些市場採用較長的通路來配銷產品。這完全是大部分市場的批發與零售的作業都很零散造成的，並不是國際企業願意使用這樣長的行銷通路方式。

(二)通路深度（密度）

配銷密度高，消費者購買機率大。針對不同的產品特性，必須要有不同的配銷通路密度策略。指在特定地區內，要使用多少個中間商（批發商或零售商），又稱為「市場涵蓋面」。可採行的策略有二種：

◆獨家配銷（exclusive distribution）

是指在市場上每一地區只允許一家獨家銷售。若是顧客不經常購買、單價高、品牌忠實性高、顧客要求的服務水準高、競爭性產品有很大的差異、市場銷售潛量有限者，製造商較可能採用獨家配銷方式限制中間商的數目，獨家配銷中間商需要較大的存貨或產品需要專門的維修服務，製造商獲得最高的控制權。中間商因為得到製造商的信任，可維持較長久的合作關係，但對於製造商較具有風險。

◆選擇配銷（selective distribution）

是指在市場上選擇在重要地點設立一家以上之銷售據點。顧客購買頻率、產品單價、品牌忠實性、顧客要求服務水準、競爭性產品差異性、市場銷售潛量均適中者，較可能採用選擇配銷方式，利用多重，但非全部的批發商和零售商銷售產品。成立較久且具有品牌聲譽或新成立的公司，均可採取此種方法。對於製造商具有較大的控制管理能力，線上的訂購銷售方式之便利性提高。

◆**密集配銷**（intensive distribution）

是指透過市場上所有可能的銷售據點，將產品密集地鋪貨在各地的零售據點。顧客經常購買而單價較低的產品，或是品牌忠實性低，顧客不太要求服務品質、競爭性產品無多大差異，而市場銷售潛量較大的產品或一般原料，都很合適採用密集配銷方式。主要為取得地點效用。零售商具有較大的議價力，占有重要地位。通常採取低價促銷。對於顧客服務較為不重視。

國際行銷高階主管在分析各國市場的特性與行銷通路之每個成員，選擇了部分的批發商或零售商來從事行銷通路工作的方式，稱為選擇性通路作業。藉著國外市場內所有能找到的批發商或是零售商來配銷產品的方式，可稱為密集性通路作業方式。

在決定採用選擇性或密集性的配銷作業時，國外市場所必須考量的變動因素，即使與國內市場的變動因素相差不多，可是國際的環境往往會更加複雜。國際企業行銷產品至國外市場時，對於行銷通路的成員來說，製造廠商常常會給予國外進口商或者大批發商在外國的獨家經營權，稱為該國的獨家總代理或總經銷。在零售階層則視當地市場情況來決定採用選擇性行銷通路或是密集性的行銷通路方式。

(三)通路廣度

指產品經由生產者至消費者手中，所經過的通路類型，可以是直接銷售或其他形式的間接銷售，或同時使用之。通路整合系統可分為垂直行銷系統、水平行銷系統與多重通路配銷系統，如下所述：

◆**垂直行銷系統**（Vertical Marketing System, VMS）

指通路成員間致力於強化彼此間之合作關係，具有共識及共同目標，各製造商、批發商及零售商間，會進行協調及合作，一起追求全體利益極大。一般而言，VMS又可分為三種形式：

①**契約式垂直行銷系統**（contractual VMS）

是指在通路系統中，其中一個通路成員是以「契約」之規範下，進行協調及整合其他通路成員。獨立的製造商、中間商和零售商透過契約的方式。對於通路的每個成員具有較大的約束力。主要可分為：(1)批發商支持自願連鎖店；

(2)零售商自組合作商店；(3)特許加盟式等三種。生產與配銷由多家公司以契約為基礎下組成，藉以協調整合獨立的廠商共同行動，以求較個別行動獲得更高的經濟性和更有效的推銷，是一種加值夥伴關係，如自願加盟、特許加盟。

②管理式垂直行銷系統（administered VMS）

是指在通路系統中，其中一個通路成員協調及整合其他通路成員，追求全體利益極大，不是在單一所有權式及契約之規範下進行，而是透過某一通路成員之「經濟力量」（品牌知名度高、產品炙手可熱、賣場規範大）或「領導能力」來進行。具有通路領袖，做較具組織性的協調、規劃與管理。通路領袖可能為製造商、批發商、零售商。通路領袖利用自身具有優勢的權利影響其他通路成員的決策目標與策略，以台塑企業為例，因其議價力大，故可協調上、中、下游的售價，形成管理式的垂直行銷系統。

③所有權式垂直行銷系統（corporate VMS）

是指在通路系統中，其中一個通路成員是在單一「所有權」之控制下，進行協調及整合其他通路成員。較前兩項更能協調整合通路的成員。由製造商向前整合，也可由批發商和零售商向後整合。以統一企業為例，除了原本的食品製造外，旗下的捷盟物流、統一超商等上、中、下游均為統一企業所有。

◆水平行銷系統（horizontal marketing system）

是指同一階層的兩家或兩家以上的通路成員（同業或跨行業的公司聯合）進行通路合作，使雙方獲得最大的利益。這些公司可能因為結合資本、生產力或行銷資源而密切合作，以完成獨家經營所不能達到的效果。公司可能會加入競爭者或非競爭者的行列。它們可能在暫時或永久性的協議下彼此相互合作，或其可能共組另一個公司。適合用於資金、技術、生產設備和行銷人員規模較小的企業，對於大公司來說，較注重技術和行銷方面的合作。

◆多重通路配銷系統（multi-channel distribution system）

通常稱為混合行銷通路。這類多重通路行銷經常發生於單一公司建立兩個或兩個以上的行銷通路，以接觸一個或更多的顧客區隔時。在公司面對大規模與複雜的市場時，多重通路配銷系統可能帶來許多利益。對每一條新的通路，公司可擴張其銷售額與市場占有率，並可依其所專長的通路來滿足多樣化

的顧客區隔的特定需求，而獲得有利的機會（**圖12-1**）。

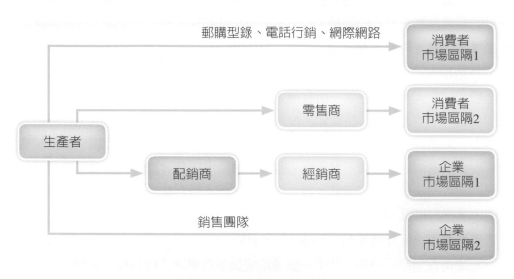

圖12-1 多重通路配銷系統

資料來源：方世榮譯（2004）。Kotler & Armstrong著。《行銷學原理》（*Principles of Marketing*）（10th Edition），頁464。台北：東華書局。

 行銷透視

沃爾瑪超市

Sam Walton於1962年在阿肯色州Rogers市成立。在全球開設了超過5,000家商場，分別分布在美國、墨西哥、波多黎各、加拿大、阿根廷、巴西、中國、韓國、德國和英國等十個國家。以「顧客第一」和「保證顧客滿意」為原則。企業文化由三項基本信仰構建而成：尊重個人、服務顧客、追求卓越。

◎**營運模式**

沃爾瑪全球營運模式主要有四種：(1)沃爾瑪折扣商店（Wal-Mart Stores）；(2)

沃爾瑪購物廣場（Super centers）；(3)山姆會員商店（SAM'S CLUBS）；(4)沃爾瑪社區商店（Neighborhood Markets）。

最適配銷通路：遇到了中盤商的剝削。繞過批發商，直接從廠商進貨以降低交易成本，從而降低商品售價的策略。

◎高效率的配送中心

大盤商不願送貨到偏遠小鎮。配合四種不同的營運模式，避免外聘運輸商所帶來的高成本，沃爾瑪建立專屬的配送系統。自組的配送中心加強了公司經營的靈活性與自主性，提高與供應商談判的籌碼。要求供應商將商品大量送到配送中心較具有效率。

好處是貨品的銷售量大量增加，進而帶動需要量的增加；成為沃爾瑪以巨大的採購量為條件，作為和供應商談判的基礎；優質廉價的產品變成吸引顧客的重要原因，進而增加銷售量；沃爾瑪在配送中心制度中，以交叉倉儲系統構成。

◎交叉倉儲系統

要求供應商在貨物出廠時在其貨箱和托盤上應用射頻識別標籤（RFID）就貼上沃爾瑪的專用標籤以及UPC（universal product code）條碼。沃爾瑪的配送中心裡具有雷射自動掃描辨識包裝上的條碼，將其分裝到特定的貨車上，提高貨物分類和裝車的效率。自身的倉儲系統操控85%的商品，讓沃爾瑪的銷售成本比零售產業平均低2～3%。

◎配送中心的種類

1. 食品配送中心：分為易變質的生鮮食物及麵包等和不易變質的飲料等食品，所需要的設備為大型的專門冷藏倉儲和運輸設施。

2. 服裝配送中心：著重配送高級服裝產品業務，這個中心並不直接送貨到店，而是運送至其他配送中心。

3. 山姆會員商店配送中心：會員商店批發零售兼營，有三分之一的會員是小零售商。

4. 退貨配送中心：針對各個分店因為特定原因而退貨的商品，主要的收入來源

為出售包裝箱，一方面會向供應商要求支付手續費。

◎全面的物流系統

沃爾瑪堅持要有自己的車隊，保持靈活和為一線的商店提供工作的服務，作為高速補貨系統的基礎。只要兩天就可以補到貨，而其他公司必須要三天以上。運輸成本也低於競爭對手。以「零售鏈結」為主供應商直接進入沃爾瑪的系統，瞭解他們的產品銷售如何。沃爾瑪的數千家分店可以做到「統一訂貨、統一分配、統一運送」。

◎建立電子通訊系統

雖然具有高效的配送中心，沃爾瑪的供應商一年將要花費超過10億美元在標籤上。沃爾瑪必須建立許多連結系統，委託休斯公司建立商用衛星通訊系統。建立沃爾瑪和供應商間電子資料交換系統的基礎。衛星系統運用在物流系統中，沃爾瑪所有的卡車都裝有衛星定位系統，亦提高了人與人之間溝通的效率。

◎沃爾瑪的行銷策略

扮演間接行銷通路的中間商角色。配銷通路是屬於由沃爾瑪所發起的契約式垂直整合系統，配銷密度方面選擇密集性配銷系統。在行銷通路的設計上多樣化，利用四種不同的店面型態滿足各式各樣的顧客，網羅各種區隔市場。

北京沃爾瑪SAM'S CLUB

◎沃爾瑪的改善之道

1. 各區文化之融合：印尼人不愛去這些燈光明亮、井然有序的賣場，而且由於不能像以前一樣討價還價。賣場四處有招呼人員營造友善的氣氛，但在德國客人對此做法反應不佳。

2. 與競爭對手的抗爭：當地的大型購物中心——家樂福和上游供應商抗爭；巴西及阿根廷道路擁擠的狀況；南美供應商對沃爾瑪的低價要求已有不滿。

資料來源：Cengage Learning Asia（2008）。〈以市場行銷通路談科技管理與創新——以沃爾瑪爲例〉。

二、國際行銷通路成員之選擇與管理

(一)國際行銷通路成員之選擇

　　當母國公司規劃完國際行銷通路後會面臨通路中間商的抉擇，選擇到能配合良好並且能有效率地執行通路任務的中間商，必可提升製造商產品的競爭力；但是若通路中間商選擇錯誤，不僅產品滯銷，最後母國公司還要支付極高的代價重新更換通路成員。國內廠商尋找國際行銷通路成員的方式，常常是在國外專業性質的雜誌或是國內發行的貿易專業雜誌或工商年鑑刊登廣告，與定期參加國際性的大展及和代理商的直接接觸最常見。另外，還有派員常駐國外、出國尋找或朋友介紹、利用國外的貿易中心展出商品、從國外發行的新聞雜誌廣告尋找、從國外發行的工商名錄發信聯絡、從國內機構發布的貿易機會發信聯絡等。

(二)國際行銷通路成員之管理

　　當廠商直接交付產品給零售商或最終使用者時，通路的管理最容易。雖然直接配銷負擔較高的成本，但也帶來了管理控制或者市場情報回饋的好處；

當廠商無法採取直接配銷方式時,必須面對獨立中間商管理的問題,而且無法保有市場最大的控制力。以下將分別說明交易管理、通路成員的激勵、通路衝突與合作管理及績效評估。

◆交易管理

當廠商已經決定與中間商進行交易磋商,買賣雙方就交易所涉及的有關條件進行協商,達成一致意見,並簽訂契約之後,交易即告成立。對廠商而言,下一步則是契約的履行,即按契約的規定,出貨和收款,整個交易方告完成。

①交易磋商與契約簽訂

交易磋商的過程可歸納為詢價、報價、還價、接受、簽訂契約五個環節。當廠商選定中間商之後,必須積極展開推銷,若對方有興趣,則會向廠商詢問該產品有關的交易條件。交易條件通常包括:品質、數量、包裝、價格、裝運、付款、保險、檢驗等。當買賣雙方的交易磋商達成一致的共識時,根據國際貿易慣例,雙方還要簽訂書面契約,以進一步確保雙方的權利與義務。

②契約履行

買賣雙方簽訂契約之後,接著就是出口契約的履行問題,即按照契約的規定出貨和收款。其中需要辦理許多相關的手續,可分為:信用狀的收受、貨物的運輸與製單結匯。

◆通路成員的激勵

製造商為了要掌控通路成員,使其全力推廣製造商的產品,達成製造商的銷售目標,必須要持續不斷地給予激勵。中間商的配銷與推廣活動的能力,將會影響到產品的銷售業績,因此,如何激發中間商的企圖心,使其積極的擴展市場是很重要的關鍵。激勵方式不外乎為財務報酬的數量折扣、促銷折讓、推廣獎金、銷售競賽與非財務報酬的合作廣告、免費商品、小贈品等。

①激勵通路成員之主要基本前提

管理通路成員是指製造商給予通路成員一些激勵或懲罰的措施,以促使通路成員合作,以達成公司配銷目標。可能的激勵措施:給予通路成員銷售折扣、促銷折扣、獎金獎勵等誘因,以及支援通路成員如贊助廣告與展覽等非財

務誘因。爲有效激勵並獲得地主國通路成員之全力支持，必須要考量下列三個主要基本前提：

1. 尋求並且瞭解通路成員的需求與遭遇到的困難。
2. 依據前項需求給予通路成員夥伴合適的支援。
3. 建立持續良好的合作關係。

② 通路成員的國際促銷活動策略

國際行銷者對於通路成員的國際促銷活動（激勵措施）可以分爲三種的策略：

1. 放任策略：非促銷策略，出口商只是將產品賣給通路的中間商，並不管其如何將產品送達消費者手上的。
2. 推式策略：藉著行銷通路的促銷活動，通路成員必須要積極地銷售並且促銷其產品到其他較爲低層級的行銷通路成員。
3. 拉式策略：藉著建立消費者需求來激發配銷的一項促銷方式，採用拉式策略的出口商會在目標市場上進行大量的廣告活動，來導致消費者的尋求購買消費，進而可以帶動行銷通路之中間商的需求。這種政策通常比較適合某些消費性產品而比較不適合工業用產品。

◆ 通路衝突與合作管理

① 通路衝突（channel conflict）

衝突不見得不好，某種程度的通路衝突其實是具有建設性，可以導致對變動中的環境作更有彈性的適應，甚至形成良性的競爭，讓通路成員更賣力。但過多的衝突反而有害，會造成力量的抵消，降低通路的整體績效。因此，如何管理衝突且做好衝突管理，首先要對衝突有所認知，然後才能決定解決衝突的方法和時機。無論通路的設計與管理如何完善，必定會遇到通路衝突的問題，爲有效解決衝突問題，必須對通路衝突的定義、原因、類型與解決方法有所瞭解。

1. 通路衝突的定義：由於通路成員間的功能具有相互依存的關係，當通路成員彼此的目標、價值或興趣不一致時，衝突的現象就可能發生

（Brown & Day, 1981）。

2.通路衝突的原因：產生通路衝突的原因爲目標的不一致、角色與權利義務的不清楚、中間商對製造商的依賴性、有效衝突管理的方式。有些通路衝突是有建設性的，可產生對環境更動態的調適。有效衝突管理的方式很多，最重要的解決方式，就是採用較高層的目標。通路成員多少會對共同追求的基本目標，達成協議，不管此目標是生存、市場占有率、高品質、顧客滿意。當通路面對外在威脅，也會並肩作戰來解決危機。區別導致衝突的不同原因是很重要的，將使之瞭解問題的癥結所在，以對症下藥，Stern、EI-Ansary與Coughlan（1996）綜合以往的原因，將通路衝突歸納爲以下三種：

(1)目標不相容：由於通路成員所追求的目標不同所造成，例如製造商想追求低價政策來追求快速的市場成長及市場占有率，而經銷商卻只重視利潤的高低。

(2)營運範圍的不同：通路上可能引發衝突的範圍有四方面——服務的人群不同、涵蓋的地區範圍不同、執行的功能或任務不同、行銷應用的技術不同。

(3)對現況認知的差異：即使在相同的情況下，因爲通路成員認知的不同而有不同的反應，衝突因而產生。

Kotler（1997）對於造成通路衝突的原因亦提出類似的看法，主要是因爲目標不相容、權利與角色混淆不清、認知的差異及彼此依存度的強弱。Czinkota與Ronkainen（1993）認爲在通路功能執行的過程中，溝通提供了資訊的交換。溝通是通路設計中相當重要的考慮因素，尤其在國際配銷通路上，由於各種不同的差距所產生的問題更強化了溝通的重要性。出口商與中間商機構建立適當關係所遇到的問題，通常是彼此溝通上與認知上的差距問題，存在於買賣雙方的差距一般可分爲以下五種：

(1)社會與環境差距：買賣雙方對彼此營運方式熟悉的程度。在某個國家的企業若是想把其策略與做法，應用在其他不同國家的時候應注意的問題。

(2)文化與國籍差距：由於國情的不同，造成買賣雙方在工作標準、價

值觀及工作方法上的差異程度。因為不同群體的人們有著不同的價值觀、社會上的習俗與生活態度。大部分的人是認同單一國家來表示對國家的忠誠。

(3)技術差距：買賣雙方在產品和製程技術的不同。

(4)時間差距：由訂立契約或下訂單到產品或勞務確實移轉所經過的時間。

(5)地理差距：買賣雙方所在地的實際距離，因為地理上的距離與目前存在的溝通媒體的不完善所導致，而同時造成溝通的障礙。製造商要能有效掌控通路成員，與其維持良好的互動關係，雙方的溝通管道必須暢通，才能清楚彼此所扮演的角色與相互的預期，並有效的溝通訊息。

若是出口商具有一個有效且流暢的通路系統，這些差距問題都可以解決。不過並沒有放諸四海皆準的通路指導方針可提供給國際行銷主管來依循。因此，國際行銷的主管需要來自通路成員的回饋資訊流程中發展出一套有效的溝通系統，才可以合理地評估通路的有效性。

3.通路衝突的類型：在管理通路成員時，時時會碰到所謂的「通路衝突」（conflict），通路衝突是指通路成員間的緊張關係，一般可分為垂直通路衝突、水平通路衝突及多重通路衝突。

(1)垂直通路衝突（vertical conflict）：是指在同一通路中，上下階層成員間的利益磨擦。

(2)水平通路衝突（horizontal conflict）：是指在同一通路中，同一階層成員間的利益磨擦。要控制這類型衝突，通路的領導者就要建立清晰與有約束力的政策，並且要採取快速行動。

(3)多重通路衝突（multi-channel conflict）：是指當生產者使用兩條以上通路時，在同一階層不同通路中成員的利益磨擦。

4.通路衝突的解決方法：密切合作，可讓通路成員學習到朝向相同目標的工作價值的好機會。兩個以上通路階層的人員的彼此交換，也是有效的衝突管理方法。發起組織對其他組織的領導者尊重，委員的選舉可減少衝突。但發起選舉委員會需付出代價，有時還需妥協政策與計畫以支持另一方。當衝突很嚴重時，可能就要以外交手段、調停或仲裁以

解決衝突。

(1)外交：每一方各派代表，共同會面來解決問題。

(2)調停：由公正的第三者來協調雙方的利益。

(3)仲裁：雙方同意，由公正的第三者聽取兩方爭議，並接受其判決，所有的通路安排都有潛在衝突，通路成員應事先發展一套解決通路衝突的模式。

欲開展海外行銷的公司，為了避免通路的衝突，當進入國際市場時最好先選擇文化相近的國家作為目標市場，等出口經驗較為豐富時，再進入文化差異較大的市場。儘管如此，母國公司與通路成員間，以及通路成員彼此之間，多少會在目標和利益方面不一致，這是因所處的立場有所不同，造成對許多問題的看法有所差異，因此衝突在所難免。此時良好的溝通是化解衝突的最佳方式，經溝通與協商來消除認知上的差異，並減少目標與利益上的不同，來解決通路成員的衝突。

②通路合作

出口商與國際行銷通路成員之間的關係，在於出口商對他們所提供支援的種類與他們的合作程度來決定。通路合作是指通路成員間的協調、合作、互惠與夥伴關係，也就是通路成員間彼此相互扶持，追求全體利益極大。通常分為垂直與水平合作兩種：

1.垂直合作：指與上游供應商的合作，由於價格往往是通路間競爭的最大優勢，過去量販店價格優勢取得在於「減少經銷層次」，現階段則是「與廠商策略合作」，宏碁在多年前入股全國電子、與HP合作，以便在Acer、HP資訊產品取得優勢；燦坤3C與大同、奇美、LG的合作，也取得這些品牌商品的首賣以及低價的優勢。

2.水平合作：指的是異業結盟，例如製販同盟的「中外混血」商品，它是國內便利商店業者，透過國際共同開發的手法，將國外熱賣商品的技術、材料等引進國內，由指定的廠商加工製造完成，在獨家通路限定販售。更早之前，統一為全家便利商店量身訂做的「統一曼仕德義式研磨咖啡」獨家商品，便是統一產品首度跨出集團藩籬，與其他通路業進行製販同盟合作。

　　管理者必須知道通路系統應該如何運作才可以比競爭者更有效率？通路成員之間應如何維持適當的合作關係？在行銷通路之間產生了何種的通路衝突及應如何化解通路上有關水平、垂直以及多種的通路衝突？此外，行銷組織成員可能期待同樣的回饋。所以，雙向平等的溝通是十分必要的。

◆績效評估

　　選擇通路成員必須謹慎地評估其財務是否健全與穩定、信用評等、規模大小、業務作業能力、進入該產業時間的長短、行銷專業技能、良好的客戶服務關係、有提供業務普及的能力、整體良好之公司信譽與形象、產品線相互配合度、適當的設備與後勤支援、良好的配銷業績、良好的政商關係。

　　母國公司的產品製造商應不斷地評估中間商的績效，評估的標準包括銷售配額的達成、平均存貨水準、交貨時間、對損壞與遺失貨品的處理、促銷與訓練計畫合作的程度等。績效對企業具有的意義為：(1)績效為組織對資源運用效率與效能的評估，藉績效評估產生必要的資訊，以增進企業對管理的瞭解；(2)績效具有前瞻性的影響力，以為改善過去管理的迷失，引導未來資源分配的方向（Szilagyi & Wallar, 1980）。

　　雖然學者對通路成員提出許多績效評估的準則，但實務上多以衡量財務指標為主，其中又以銷售分析為最常用的評估方法，洪順慶（1999）認為銷售資料為目標市場對行銷組合最直接的反應，而且這些都是量化既存的資料，許多公司記錄銷售交易的資訊，利用此一記錄，公司可以分析銷售量、獲利率或市場占有率。雖然這幾種方法都可以用來衡量銷售，但每一種方式都只提供了公司績效的部分資訊。

　　Stern、EI-Ansary與Coughlan（1996）則主張通路績效應採多重構面的變數來衡量。因此以效率（efficiency）、效果（effectiveness）及公平（equity）等三構面來衡量通路績效。

　　Rosenbloom（1999）則提出評估通路成員績效約五大準則：(1)銷售表現：銷售總額、銷售成長幅度、銷售配額達成率、市場占有率；(2)存貨維持（inventory maintenance）：平均存貨水準、存貨週轉率、存貨占總銷貨的比率；(3)銷售能力：銷售人員的總數、專賣該製造商產品的銷售人員數目；(4)對製造商的態度；(5)未來成長之潛力。

　　Kotler與Armstrong（1999）認為製造商必須定期或不定期地評估中間商的績效，評估標準包括銷售配額、平均存貨水準、送貨時間、損壞與遺失貨品的處理、對廠商推廣和訓練方案的合作程度、對顧客的服務等。

　　Hertenstein（2000）則採用兩種經營績效指標，包括：(1)財務績效指標：利潤與收入、生產成本、研發過程成本；(2)非財務績效指標：產品滿意度、樣式滿意度、易於使用的滿意度、專利數量、新產品開發數量、達成策略性特定目標、銷售時間、設計改良數量與產品完成數量等。銷售量對於評估通路成員的績效，是重要且被共同使用的標準；維持適當的存貨水準是通路成員、通路績效的另一指標，銷售能力必須評估通路成員的銷售人員人數、銷售人員的專業知識與能力，以及對產品的熱衷程度等重要因素。

　　當生產廠商確認出許多可行的通路後，並選出一個最能滿足公司長期目標的行銷通路。要決定一個最佳方案，每一個方案都應該以經濟性、控制性、適應性標準來評估（Kotler, 1997）。使用經濟性準則，公司會比較各種不同通路方案的可能銷售量、成本與獲利力。公司亦須考慮控制的層面。使用中間商通常賦予他們對產品行銷的某些控制權，以及某些中間商較其他中間商握有較大控制權。在其他條件相同下，公司較偏向於握有更多的控制權。最後，公司必須運用適應性準則作為評估，通路通常都涉及對其他公司的長期承諾，所以公司希望保持通路的彈性以適應環境的變動。以下說明這三種評估標準：

①經濟性標準

　　每一個通路方案都產生不同水準的成本與銷售額，首先比較各方案的銷售額與成本，例如利用公司銷售人員或銷售代理商之間的取捨。

1. 有些企業認為採用公司本身的銷售人員的銷售效果會比較好，原因如下：
   (1)會全心專注於銷售公司的產品。
   (2)在銷售公司的產品上已獲得良好的經驗與訓練。
   (3)由於其事業前途與公司未來的發展息息相關，因此會比較積極。
   (4)客戶比較喜歡與公司直接交易，故生意較易談成。
2. 但是有人卻認為利用銷售代理商的業績會比較好，原因如下：
   (1)銷售代理商可能擁有較多的銷售人員。

(2)銷售代理商為了生存，必須為了合理的佣金衝刺，也可能與公司銷售人員同樣積極。

(3)有些顧客喜歡和銷售代理商做交易，因為其可以在許多品牌中做選擇。

(4)銷售代理商在該地已有廣泛接觸面，而公司銷售人員必須從頭開始。

接下來則是要估計各種通路在不同的銷售量下所產生的成本，其中利用銷售代理商的固定成本低於公司僱用的銷售人員，但其成本上升的速度則比採用公司銷售人員為快，因為銷售代理商的佣金較公司銷售人員為高。由此可知，小廠商或大廠商在其較小區域銷售產品時，因其銷售量皆較低，所以利用銷售代理商是比較划算的。

②控制性標準

製造商都希望中間商能對其產品作積極性的銷售及推廣，使產品能更有效率地配銷到最終消費者手中。然而中間商良莠不齊，其雖擁有產品的所有權，卻可以任意處置它們，所以製造商產品的配銷不免受到不良中間商的影響，而不能達到其銷售目標。因此，廠商就必須選擇容易控制的中間商及配銷通路。使用銷售代理商，就會產生控制的問題，因為銷售代理商是一個獨立的企業個體，以追求最大利潤為目的。因此，代理商會將心力集中在大客戶所購買的產品，或者是銷售利潤較佳的產品。此外，代理商可能無法掌握製造商產品的技術細節，或有效的執行推廣任務。

③適應性標準

為了發展通路，通路成員在一段時間內，必須對彼此有某種程度的承諾。這些承諾，將使生產廠商對市場變化失去應變能力。在瞬息萬變的產品市場上，生產者必須尋求有效的通路結構與政策，使其有能力且可以迅速因應改變行銷策略。理論上而言，通路管理者必須由所列出的可行方案中選出最佳方案。此方案可以最低成本達成所欲執行的配銷任務，但實際上在選擇最佳通路方案時，管理者並無法對各種評估準則作最精確的評比，此評估準則通常為利潤，因為要瞭解所有可行方案的資訊和時間成本是昂貴的，同時影響通路結構的因素又是如此的多，所以想要獲得確切的報酬預測是有困難的。

雖然如此，學者們仍提出許多方法，以為管理者在實際評估通路決策時的依據。產品特性法根據購買頻率、毛利率、服務需求、消費時間及購買時所花時間，將產品分為三類，分別適用短、中、長通路。財務分析法估計各方案的預計現金流量及公司的資金成本，用財務學上的資本預算評估模式來處理；交易成本法列出各種方案下所需執行的活動，估計這些活動所需的成本，配合各方案可能的交易條件來綜合評估；管理科學法將各方案的關鍵因素，納入一組方程式尋求最佳解答；直接判斷法列出若干關鍵因素，針對這些因素來判斷何種方案最佳；加權評分法列出若干關鍵因素並按照相對重要性賦予權數，再針對這些因素評估各方案所獲得的總分；配銷成本法估計各方案的成本與收益選擇利潤最大者（葉日武，1997）。

全球觀點

想像力創造新通路奇蹟：可口可樂vs.百事可樂

　　1892年，艾薩坎得勒以美金2,300元取得「可口可樂」的配方和所有權，不僅推出許多促銷活動，更贈送像日曆、時鐘、明信片、剪紙等大量贈品，使「可口可樂」的商標迅速為人所知。當時所推出的托盤、雕花鏡和畫工精細的海報，今天都成了「可口可樂」收藏者的最愛。坎得勒認為：「瓶身不僅要外形獨樹一格，在黑暗中也能輕易辨識，就算摔破成片，也能一眼認出。」所以可口可樂公司就請當時的印第安那魯特玻璃公司，靈感來自大英百科全書上一幅可可豆的圖案，創造出全球世人熟知的「可口可樂」曲線瓶！今天，可口可樂公司是全世界最大的飲料公司、擁有最大的銷售網路，可口可樂公司的產品行銷於將近兩百個國家，每天售出超過13億杯的飲料[1]。

1. 1964年由工商界人士共同出資，成立台灣汽水廠股份有限公司。

2. 1968年可口可樂正式登入台灣。

3. 1985年美國可口可樂總公司鑑於台灣市場潛力，成立中美合資的台灣可口可樂股份有限公司，1992年3月公司開始生產即飲的雀巢檸檬茶，成為雀巢檸檬茶在亞洲的第一個市場。在台灣高度競爭飲料市場中，可口可樂在碳酸飲料

中擁有領導品牌的地位，並有超過50%的市場占有率，在可樂的品項中，更占了95%的市場。自1991年上市果汁飲料，其後陸續推出茶飲料、運動飲料、水產品等產品，而成為綜合飲料公司。

可口可樂

4.2001年10月可口可樂公司引進了風行日本、韓國、新加坡等地的Qoo果汁飲料，這是第一個全台為小朋友量身訂做的果汁飲料。

5.2003年可口可樂與天仁茗茶合作，生產天仁即飲茶。

6.2007年4月可口可樂公司於台灣推出零熱量的「Coca-Cola zero」。

◎可口可樂飲料產品組合[2]

產品組合的構面有廣度、長度、深度以及一致性。廣度指的是產品線的數量，可口可樂公司而言就有可口可樂、芬達、雪碧、Qoo、好茶作、雀巢、舒味思、水瓶座、水森活、美粒果等。長度是指所有產品的數目，也可以用來當成產品線的產品數目，如可口可樂產品長度包含可口可樂（原味）、檸檬味可樂、香草味可樂、櫻桃味可樂、零系可口可樂、健怡可樂、檸檬味健怡可樂、青檸味健怡可樂、香草味健怡可樂、櫻桃味健怡可樂、橙味健怡可樂、綠茶味健怡可樂，長度為11。深度是指個別產品有多少規格或樣式，如可口可樂有可口可樂寶特瓶裝（600cc.、1,250cc.、2,000cc.），可口可樂易開罐（250cc.、355cc.）。一致性是指產品線之間在用途、通路、生產條件等方面的關聯程度，可口可樂公司產品以飲料為主，銷售通路以超商和量販店為主，且生產條件上，包裝的規格都差不多所以整體的一致性高。

◎產品線決策

可口可樂公司在歷史上也曾經經營酒廠，收購過電影公司，甚至還開過種植場，但這些副業都遭受失敗。所以可口可樂公司記取教訓，調整產品結構並規定公司只能涉足汽水、茶、可樂、果汁等在內的所有飲料領域，其他種類產品一律不許

經營。且因許多競爭者如百事可樂在可樂市場上競爭,加上年輕人對可口可樂的秘方已經視為了舊口味,可樂的銷售逐年下降,所以可口可樂公司除了經典款外還研發了零熱量和light等其他口味的可樂,且也引進了其他種類的飲料如Qoo果汁、美粒果等產品,壯大自己在台灣的飲料市場地位,加上定期研發新口味,利用消費者對舊品牌的喜愛與熟悉,不須大規模的宣傳就能贏得消費者的接受,提高了公司競爭力,也增加了消費者的選擇和滿足消費者嚐鮮的心理,使可口可樂公司在市場上維持高占有率。

◎在超商通路上做區隔

兩者產品都以年輕族群為主,但是形象部分因百事可樂的年輕感較足,所以比較吸引年輕族群,可口可樂的1%秘方對喜歡嚐鮮的年輕人已成為舊口味,所以在這個部分可口可樂公司就以包裝和口味多變的方式來保持年輕人的市場,不過百事可樂也開始推出了不同口味的可樂。在產品部分可口可樂不只有碳酸飲料,也推出了果汁、茶類、水等攻占不同飲料市場,以代理或合作的方式增加自己的產品線,反觀百事可樂目前還是以碳酸飲料市場為主。通路部分兩者大多都是相同,但是合作對象部分,可口可樂與麥當勞配合,百事可樂除了與肯德基合作外,還多了必勝客。可口可樂在超商通路上還做了一點區隔,因統一超商和全家兩大超商彼此競爭,且為最大兩家超商,所以可口可樂公司在提供的產品上有些區隔,針對統一超商及全家設計不同的產品組合及贈品差異化,今年第二季以全家為首的促銷檔期,就贈送可口可樂公仔;但可口可樂為統一超商設計專屬玻璃杯贈品,促銷檔期則與全家錯開。

台灣可口可樂公司與百事可樂產品比較

	可口可樂	百事可樂
目標市場	年輕族群	年輕族群
產品	可口可樂、芬達、雪碧、Qoo、好茶作、雀巢、舒味思、水瓶座、水森活、美粒果	以碳酸飲料為主 百事可樂、七喜檸檬汽水、萬年達橘子汽水
形象	1%獨家秘方	無限渴望的年輕訴求
可樂包裝	包裝樣式多	以藍色為主
價格差異	罐裝可樂20元	罐裝可樂18元
通路差異	便利商店、量販店、零售店、販賣機、麥當勞、網路販售	便利商店、量販店、零售店、販賣機、肯德基、必勝客、網路販售

◎想像力創造新通路奇蹟[3]

新通路往往誕生在自由創意之間，即使是屬性相當類似的企業，仍有相當不同的通路哲學，以可口可樂（Coca-cola）與百事可樂（Pepsi）為例，兩家公司在中國市場上，就採取不同的做法，亦各擅勝場。第一批可口可樂產品在1978年進入中國市場，80年代建立了合資工廠，在中國憑藉其「撒網式」的市場攻略，全國布網，層層推進，市場滲透率一直遙遙領先百事可樂。2000年時，中國二十個城市的滲透率高達85%，而百事可樂只有68%。然而，到了2004年，百事可樂市場成長幅度已達89%，高於可口可樂的81%。雖然百事可樂在不同城市的市場占有率表現兩極，在某些市場滲透率超越可口可樂，而某些市場則不到可口可樂的一半，然而這也正是百事可樂近期策略所希望看到的結果，百事的目的就是攻擊可口可樂滿大撒網戰略的弱點，在校園、旅遊景點、娛樂場所等通路重點投入，精耕細作，2006年終於在上海、廣州、成都、重慶、長春、哈爾濱、武漢、深圳等城市的競爭中勝出。

百事可樂

註：1.台灣可口可樂有限公司官網，http://www.coke.com.tw/brands/coke-light.aspx
  2.郭子埠（2009）。〈台灣可口可樂飲料市場產品組合〉，http://blog.ndsc.tw/?s=%E9%83%AD%E5%AD%90%E7%91%8B
  3.賈凱傑（2006）。〈氣泡效應──創造通路奇蹟〉。《管理雜誌》，第386期，頁20-21。

問題與討論

1.試說明國際行銷通路的意義與通路型態。

2.試說明國際行銷通路的主要類型。

3.請比較虛擬通路與實體通路之差別。

4.試說明國際零售商的型態。

5.試說明國際行銷通路策略進行的步驟。

6.如何進行通路成員選擇、管理與評估？

7.行銷通路合作與衝突各有幾種？

國際推廣組合策略

- ◆ 國際推廣活動
- ◆ 國際廣告與網路廣告
- ◆ 人員銷售
- ◆ 公共關係
- ◆ 國際促銷活動
- ◆ 國際行銷者如何進行媒體選擇
- ◆ 國際行銷溝通

　　過去企業要與顧客做溝通，吸引消費者從事購買行為，會透過任何有利於產品銷售的資訊加以傳遞，不論是直接的或間接的手段，都是在與顧客從事溝通，且多半是單向溝通。消費者只能是資訊的接受者，他們不能夠立即的反應內心想法給行銷人員知道，必須要經過一段時間的市場調查，才能瞭解這項推廣方案是否成功及成效如何。

　　但由於現今發展技術躍升，消費者對產品多樣化的資訊掌握已愈來愈困難。過去強調企業之間、產品之間創造不同差異的方法，已經很難達到推廣的目的，所以溝通的目的應該是向消費者傳遞有關產品如何運用的知識，消除客戶心中對產品的疑慮，讓有用的訊息傳遞出去，創造更大的產品價值。

　　廠商可以採用國際行銷活動中的個別活動或組合不同活動，來與顧客進行溝通，例如推廣組合中的廣告、人員銷售、公共關係及促銷活動等，但各種溝通要素間應協調且一致，以發揮溝通之最大效果，此即為整合行銷溝通（Integrated Marketing Communications, IMC）觀點。它強調整合直銷、廣告、促銷、公共關係及人員推廣等傳播媒體，長期針對消費者、顧客、潛在顧客及其他內外部相關目標大眾，發展、執行並評估可測量的說服性傳播計畫之策略方法，以達成企業目標。

　　本章的目的首先是針對國際推廣活動做一概略性的描述，再探討國際廣告與網路廣告、國際人員銷售、國際公共關係、國際促銷活動等策略；接著說明國際行銷者如何進行媒體選擇；最後，分析國際行銷者如何與顧客進行溝通，並加入網路上與顧客溝通之做法，以提高全球整合行銷溝通的成功機會與國際整合行銷之重要性。

第一節　國際推廣活動

　　在國際行銷組合中，推廣能和顧客產生最正面的互動。過去所謂的「推廣」（promotion）是指任何可將有利產品銷售的資訊加以傳遞，並說服顧客購買的技巧，並且不論是直接的或間接的。時至今日，溝通的應用超越了協調、商務、社群和內容等項目，不論是人們使用電子郵件、網路電話，還是使用即時多媒體視訊來交換許多傳統企業中的活動訊息均屬之。而這些行銷傳播的

香港向國際推廣嶄新品牌形象

香港已定位為亞洲國際都會
資料來源：http://www.cots.cn/index.htm

　　杏港前行政長官董建華推出香港嶄新的國際品牌形象，吸引國際人士重視香港作為亞洲國際都會的角色。董建華在《財富》全球論壇午宴主持這項宣傳活動。有五百多位全球最具影響力的商界領袖和前美國總統柯林頓出席該午宴。由於宣傳活動重要的一環是令國際人士進一步認識到香港是通往大陸的門户，亦是亞太區的商業樞紐，特區政府故選擇這個具聲望的論壇推出新品牌形象。

　　董建華對出席儀式的嘉賓說：「香港是多元化的社會，豐富多采，頗難概括地形容。讓我向各位分享我們心目中的香港：亞洲國際都會。我們相信，這已概括出香港的精神和特質，以及香港在現今國際舞台上所擔當的角色。」「我們的目標，是讓香港在國際間扮演舉足輕重的角色，媲美歐洲的倫敦和北美洲的紐約。」「這是我們向全球推廣香港的新策略主要部分。香港的新形象標誌顯示香港積極進取的精神和創新思維。」新品牌形象重要的組成部分是一條具有特色的飛龍標誌，這條龍會廣泛在各類國際場合中用來宣傳香港。這條飛龍標誌有「香港」中文字樣及HK英文字母，象徵香港是東西文化薈萃的地方，這形象標誌並附有「亞洲國際都會」的主題

字眼。品牌形象其他的組成部分包括將香港定位為商業中心、動力澎湃、朝氣勃勃及文化匯聚之都；向全球宣傳香港具優越競爭地位的訊息；一本品牌形象小冊子解釋全新品牌形象背後的理念和應用指引；一本精美的圖片集，展示香港現代、自然環境及歷史面貌；及有關香港的宣傳片。在全套推廣活動中，品牌形象帶出的主要訊息是：「香港是一處融會機遇、創意和進取精神的地方。這個城市動力澎湃、朝氣勃勃，亦是文化之都，提供世界一流水平的基礎設施。我們位處亞洲最優越的策略性位置，人才匯聚，成就耀目，他們能助你實現目標，達到理想。」

一個政府跨部門工作小組經過歷時整年的工作，籌備好這項宣傳活動。工作包括在本港及世界各地進行意見調查，衡量香港品牌優越之處；經驗豐富的品牌專家和幾個創作小組在本港和世界各地為香港新品牌形象做了大量的工作；政府新聞處將負責統籌管理應用香港的新品牌形象，公營及私營機構採用新品牌形象時會採用同一指引，前政務司司長曾蔭權是香港品牌形象的主要發言人，他說：「我們藉這項計畫向全球人士介紹香港的競爭優勢，故宣傳活動能為香港市民帶來實質的好處。」

「研究顯示，雖然香港作為商業中心，在國際上已有相當高地位，但是，我們若要拓展投資、貿易以及和那些對我們經濟及持續發展為國際都會有舉足輕影響力的聯繫保持良好發展，我們必須積極地帶出訊息，解釋香港可以為國際社會帶來什麼進一步裨益」。「透過這項宣傳計畫以及新的形象標誌，我們向全世界表示，一向令香港成功的活力和開放精神，仍然是我們的一項重要資產」。

一如其他國際都會，香港得以位列為亞洲的國際都會是建基於以下各項優越條件：(1)香港在全球經濟活動方面所擔當的管理和統籌角色；(2)世界一流的服務提供者匯聚香港，我們擁有極高生產力的勞動人口；(3)擁有現代化的「硬體」與「軟體」基礎設施；(4)教育及有關機構以創造知識為本，致力提高香港生活質素；(5)堅決維護法治、保障言論和結社自由、確保資訊自由流通、保持社會開放和促進多元化發展；(6)香港與鄰近腹地，特別是全球發展快速地區之一的珠江三角洲，建立了緊密的聯繫。

塑造香港嶄新的品牌形象計畫是源自行政長官策略發展委員會2001年2月公布的建議。政府新聞處根據這些建議，開始構思塑造一個香港的新品牌形象。隨後，透

過投標程序，博雅公關公司獲選協助蒐集資料研究及發展這項計畫。品牌推廣計畫將會透過向國際發放資訊及進行一連串宣傳活動，把香港新的品牌形象介紹給全球各地人士。宣傳活動包括動員「品牌形象大使」向國際人士推介香港及新的品牌形象；透過特區政府及第三者贊助的活動推廣新品牌形象；建立香港品牌網址（www.brandhk.gov.hk）；舉行一連串有關國際都會的研討會，由中央政策組率先舉行「國際都會文化」公眾論壇，以及由政府高級官員、私人機構講者及特區駐海外辦事處負責推廣新品牌形象。曾蔭權表示可以藉推廣新品牌形象，把香港成功的故事介紹給全球各地。他說：「宣傳活動亦讓我們重點介紹未來的投資發展，包括改善我們環境、提升香港的『硬體』及『軟體』基礎設施，以及加強與內地及世界各地增長中的市場的貿易及投資聯繫。」

資料來源：香港行政長官辦公室網頁（2001）。

技巧除了可以用各種不同的方式組合，發展出不同的推廣策略，還能創造出一個全新的溝通模式來改變推廣溝通的互動原則。

行銷推廣上，可以分為功利性及快樂性的利益來深入消費者的內心。「功利性的消費」是指有形或客觀的利益，可以幫助顧客效用極大化、有效率的購物，包括實質上的省錢、購物的方便及擁有高品質產品；而「快樂性的利益」則是指無形的或主觀上的利益，可以使顧客產生愉悅和滿足的回應。此外，行銷推廣上還可分為經驗性與情感性方面的利益，它包括顧客感受到娛樂的效果、探索的樂趣和價值表達的利益，提升內在本質上的刺激或趣味，並提升顧客自尊。

在國際行銷組合中，公司的推廣活動亦是相當重要的一環，因為唯有透過推廣活動，才能讓消費者瞭解產品的優點和相關的訊息，進一步吸引顧客產生購買產品的欲望，否則即使產品本身的品質在好也是枉然。因此，推廣活動為廠商對消費者所作的任何型態的溝通，以告知、提醒、解釋、說服顧客有關產品特性與價值，以期能影響消費者的態度與購買行為。而跨國公司在國際上面對不同的國家與文化，其推廣活動在不同市場上也可能肩負著不同的任務，

並常需要因應文化的差異而作修正。

　　國際行銷活動中的推廣組合包括廣告、人員銷售、公共關係及促銷活動等，廠商可以採用個別活動或組合不同活動，來與顧客進行溝通，但各種溝通要素間應協調且一致，以發揮溝通之最大效果，此種觀點為近年來頗受重視的整合行銷傳播。

第二節　國際廣告與網路廣告

一、廣告之定義與範圍

　　廣告泛指由公司付費，透過大眾傳播人員的媒介來傳遞公司訊息的活動。廣告包含的範圍：電視廣告、收音機廣告、雜誌報紙平面廣告、大型戶外看板、公車車廂的活動廣告等。近年來由於電腦網際網路的普及，亦使得公司紛紛上網路作廣告。

二、國際廣告

(一)國際廣告概述

　　所謂國際廣告（international advertising）是指廣告主透過國際性媒體、廣告代理商和國際行銷通路，對進口國家或地區的特定消費者所進行的有關商品、勞務或觀念的資訊傳播活動。它是以本國的廣告發展為母體，再進入世界市場的廣告宣傳，使出口產品能迅速地進入國際市場，為產品贏得聲譽，擴大產品的銷售，實現銷售目標。

　　在國際市場上做廣告或進行推銷活動，其基本活動規律與國內市場是相同的，有些做法也是通用的。但由於國際市場的環境比較複雜，各個國家的經濟發展水平不同和民族文化習慣不同，他們對廣告所持的態度也各不相同。例如在美國，各個公司都把廣告作為市場經營活動的一項重要決策；而有的國家則把廣告當作一種經濟上的浪費。所以，在制訂國際廣告計畫時，就要瞭解各

國的具體情況和對廣告的不同態度，採取相應的做法和策略。

(二)國際廣告的基本策略

廣告在某種程度上為一文化現象，因此，組織面臨了廣告在國際間標準化或差異的抉擇。許多主張「行銷國際化」的學者認為，全球消費者的需求已漸趨一致，因此，企業可以相同的廣告擴展到不同的國家，但有些主張行銷在地化的學者則認為，公司必須針對文化的差異做修正。

◆最主要的文化障礙

1. 語言障礙：廣告中的文字或語言，經常必須翻譯為當地語言才能達到溝通的目的。在翻譯時應注重用字的正確通順，應特別留意具有多重意義的文字當地的習慣用法。
2. 顏色障礙：不同民族對顏色賦予的意義就有很大的差異。
3. 宗教障礙：宗教也容易造成廣告修正的必要。

◆國際廣告的基本策略

大致可分為下列兩種：

1. 國際廣告的形式策略：
   (1)標準化策略與差異化（地方化）策略。
   (2)形象廣告策略與產品廣告策略。
   (3)滿足基本需求策略與選擇需求策略。
   (4)推動需求策略與拉引需求策略。
2. 國際廣告的內容策略：
   (1)以強調情感為主，或以強調理性為主。
   (2)以對比為主，或以陳述為主。
   (3)以正面陳述為主，或以全面陳述為主。
   (4)廣告主題是長期不變或經常改變。

◆國際行銷傳播的基本策略

De Mooij指出，標準化與地方化的矩陣，可以區隔出四種國際行銷傳播的

基本策略：

1. 標準化品牌／產品，以及標準化傳播：其適用於全球性品牌的行銷，使用統一的傳播策略，適用於各種不同文化。
2. 標準化品牌／產品，以及適應地方化的傳播：其適用全球通用的產品，但因各地的用途或需要不同，而創造了適應地方化傳播的需要。
3. 適應地方化的產品／品牌，以及標準化傳播：其為一種全球通用的傳播策略，但在不同國家中會有產品的差異。
4. 適應地方化的產品／品牌，以及地方化傳播：全球化的公司使用地方化或全球化的品牌以及地方化的傳播策略，以促銷適應地方化需要的產品。

「標準化的策略」就是在全球建立同一品牌形象，或採用類似的廣告策略，適用的時機包括：當不同國家具備某些基本相似特質、不同國家間有共通的銷售訴求、提供同質性的產品、針對的是大眾市場，以及消費者存有一致性的期待。其優點為：(1)品牌形象統一；(2)訴諸於相同或類似消費者的基本需求；(3)降低製作、設計與運輸成本以及分享好的廣告創意。

「地方化的策略」則是無論在廣告訊息的設計與媒介的選擇上，都依據當地市場的特性而量身訂做。其優點為：(1)較容易掌握地方性文化內涵與在地消費者的特性；(2)有效因應各個國家市場特性、媒介特質與經濟發展情形。

◆建立國際品牌之策略分析

De Mooij針對國際品牌建立的策略提出六點分析：

1. 耕耘已建立起來的地方品牌：將國內品牌發展為國際品牌，移植品牌價值與策略至更多的國家。
2. 全球化平台與地方性調適：在一個全球化平台之下，創造賦予地方性產品擁有地方性的價值之概念。
3. 創造新品牌：掌握全球化的需求為此發展出新產品。
4. 購買地方品牌並使其國際化：即讓地方品牌先成功，然後再加入國際品牌名望，或藉由國際品牌幫助地方品牌能順利地建立。

5.發展現狀的延伸產品：利用一個全球性品牌輔助相關產品進行全球性推
廣計畫。

6.運用多元地方化策略：為了在不同國家獲得不同的認可，故在各國發展
出不同的策略。

與地域疆界和國家相關的認同包括三部分：文化、地表、人民的認同。地
方化策略與國家文化認同的廣告，例如，花旗銀行的地方化廣告策略（關懷台
灣、花旗用心），以喜悅、責任、榮耀三個主要內容。

國際廣告中有關跨國家疆界的非語言傳播特性，涵蓋六個面向：(1)地標
與具重要意義的建築物；(2)地理風貌；(3)文化產物與工藝品；(4)儀式用服飾
與國家服裝；(5)神秘傳奇的人物與人格特質；(6)品牌作為一文化象徵。

國際廣告策略的實施過程中應注意幾個問題如下：(1)廣告策略應強調定
位攻心；(2)注重廣告策劃，精選廣告用語；(3)提高廣告媒體的利用效率。

(三)影響國際廣告的環境

以下四種環境會影響國際廣告：

◆政治法律環境

主要是指各個國家對外貿易政策和其他相關的政策法令，以及國家政局
變化對國際廣告的左右和影響。這種影響包括：

1.對於廣告內容的限制。

2.對於廣告媒介的限制。

3.對於廣告費支出的限制。

4.對於廣告支出的課稅。

◆社會環境

社會環境包括進口國的風俗習慣、宗教信仰、價值觀、審美觀及心理因
素等。廣告界要重視對社會環境的研究，認識和適應目標市場的社會環境，這
是廣告宣傳成敗的重要環節。不同的國家與地區，有不同的風俗習慣，形成對
廣告表現不同的心理要求，且消費者也有不同的消費觀念。隨著時代潮流的變
化，舊的消費觀念被淘汰，新的消費觀念形成，有的消費者希望購買價格低廉

的商品，講究實惠；有的卻以購買高價商品顯示其地位與威望。有的國家和民族喜歡新奇。對有些國家而言，廣告圖案和商標設計要特別注意其宗教信仰和習俗。

◆文化環境

文化教育程度不同，對廣告的欣賞與理解水平也不同。如果不按照廣告地區的實際情況設計廣告，廣告製作再好，也不能引起共鳴。文化教育程度較高的國家，他們對廣告的創意要求也高，而對不夠水準的廣告是不會重視的，當然也會影響購買行為；廣告語言的翻譯要得當，要瞭解雙方的習慣語言和方言，否則，不但不能有效地表達原意，甚至還可能會鬧出笑話。在某個國家是讚揚的語言，在另一個國家則可能是一種諷刺。尤其是習慣語、成語、暗示語、俚語、笑話、雙關語，在翻譯時更應特別注意，盡可能符合當地的民情風俗，所以對外廣告的用語一定要謹慎，要尊重別人的語言和習慣用語。也有一些國家和地區是幾種文字和語言並存，應該選擇最通用而占人口比例大的文字和語言做廣告。

◆自然環境

應注意瞭解出口國經濟地理情況，自然資源分布情況，以及氣候和季節變化情況等等。譬如向北極地帶推銷冷氣機、向非洲推銷毛皮是不適宜的。對這些情況都應有足夠的瞭解。

(四)國際廣告文化風險

國際廣告的文化風險是指廣告傳播的直接和間接資訊與廣告發布國家或地區受眾或社會的觀念、道德、情感、信仰、風俗和法律相矛盾或不協調，使當地受眾或社會對廣告主（品牌）產生消極情緒、消極行為，甚至反抗情緒和反抗行為的危險。國際廣告的文化風險通常表現為：品牌美譽度降低、消費者拒絕購買、市場占有率下降、產品退出市場。所以，國際廣告的文化風險實際上是廣告傳播的文化與受眾的文化發生矛盾或者不協調而產生的廣告負面效果或者低效、無效等危害。

◆國際廣告文化風險的定義與類型

①國際廣告文化風險的定義

國際廣告的文化風險可以根據以下幾個方面的標準進行劃分：

1. 負面效果風險：廣告傷害了受眾或者當地政府的感情、危害了他們的利益，甚至違反了相關法規導致反感、憤怒和遭到禁止。
2. 低效或無效風險：廣告傳遞的資訊因文化差異不被受眾理解或者不能完全理解，導致廣告無效或者低效。

②國際廣告文化風險的類型

根據文化風險的內容可劃分如下：

1. 觀念風險：國際廣告傳播者的價值觀念與接受者的價值觀念差異，導致受眾不能理解或者不能正確理解，甚至反感而導致國際廣告低效、無效，甚至負面效果。
2. 民族風險：廣告資訊傷害了發布地區、國家受眾的民族自尊或民族感情而導致的危害。
3. 風俗與宗教風險：國際廣告傳達的直接和間接資訊，與廣告發布地受眾的風俗和宗教禁忌相違而導致受眾抵制和反對的危害。
4. 翻譯風險：採取標準化策略的國際廣告主在異文化國家發布廣告，因翻譯使廣告受眾不能理解或不能正確理解而產生廣告低效、無效或者負面效果。

◆文化風險產生的主要原因

國際廣告文化風險產生的直接原因是廣告主與廣告受眾之間的文化距離（cultural distance），在跨文化傳播中，文化距離是客觀存在的，文化風險的產生則是廣告主體漠視、不尊重廣告發布地的文化差異或者違背廣告發布地文化的主觀和客觀相作用的過程和結果。

從主客觀範疇去探究國際廣告文化風險的成因如下：

①文化風險意識缺乏或者不強

廣告主體缺乏文化風險意識或者文化風險意識不強，是造成國際廣告文

化風險的根本原因。廣告主體文化風險意識的缺乏，就不可能事先發現文化風險和規避文化風險，而文化風險意識不強就容易忽視風險，更談不上防範風險。所以，文化風險意識不強或者缺乏是導致國際廣告文化風險的根本原因。

②對異文化認識不夠（認識的門檻）

廣告主體以特定文化背景下的知識經驗去認識異文化現象和異文化受眾。所以，廣告主對異文化的認識和瞭解在客觀上存在距離，也容易出現偏差。國際廣告代理商擁有的國際廣告運作的經驗有助於減少認識上的偏差，但不可能從根本上改變以有限的、特定的文化去認識差異的、多變的和無限的異文化的客觀現實。這就決定了他們對異文化的認識和理解是有限的。另外，即使是本土的國際廣告代理，由於自恃對文化的熟悉，在文化風險意識不強的條件下，往往容易產生麻痺的心理傾向，從而喪失了對文化風險的警惕。廣告主對本土或國際廣告代理的信任和廣告代理的局限與麻痺心理，妨礙了廣告主體深入認識異文化。因此，國際廣告主體對異文化的認識不深、理解不透是易出現的現象，也是導致文化風險的重要原因。

③對異文化認識不夠（表現的門檻）

廣告表現是國際廣告溝通的重要環節。一方面，由於國際廣告主體對異文化的認識、理解不深，運用的表現符號容易出現異文化人群不理解或者不能正確理解的問題。另一方面，異文化人群受認知心理規律的作用，他們不可能站在廣告主體的文化角度，以廣告主體的文化價值觀和與廣告主體相同或相近的知識和經驗去理解國際廣告的表現。所以，國際廣告主體與廣告受眾之間存在較大的文化和心理距離，它增加了廣告表現溝通的難度。這也是造成國際廣告主體對異文化認識不深、理解不透的一客觀原因。

(五)國際廣告文化風險規避

文化風險是國際廣告的主要風險之一，規避文化風險應做好如下工作：

◆堅持和落實以「受眾為中心的廣告溝通觀」

國際廣告的溝通是以跨文化為特點的，廣告主體只有樹立以「受眾為中心的廣告溝通觀」，才能從思想上規避國際廣告的文化風險。國際廣告的受眾對廣告主體而言是異文化受眾。以異文化受眾為中心的觀念就要求廣告策劃、

創意和發布要充分考慮並尊重異文化受眾的需要、價值、情感和習慣特點。所以，堅持和落實以「受眾為中心的廣告溝通觀」是規避國際廣告文化風險的根本措施。

◆加強對異文化和國別文化差異研究

這是從知識上和認識水平上規避國際廣告文化風險的重要措施，應從以下幾方面著手：

1. 根據不同文化差異的特點和對文化刺激反應的不同敏感與激烈程度建立全球國別文化差異分類體系，以便廣告主體更好地策劃和實施跨文化廣告，減少文化風險。
2. 建立全球國別文化禁忌和文化風險核對表，為減少和消除國際廣告文化風險提供方便。
3. 建立全球國別文化風險評價體系和確立國別文化風險等級，為規避國際廣告文化風險打造預警系統。

◆建立風險作業和實施上的規避機制

國際廣告文化風險在作業上的規避機制指的是，國際廣告在主題和創意表現領域必須設立文化風險的檢查環節。檢查者按照異文化的風俗、習慣、價值觀、禁忌和民族情感等具體指標進行專項的反思與評估，以便查出可能存在的問題。另外，在國際廣告製作完成後，必須組織各方代表觀看並進行文化風險查尋，清查潛在的文化風險；在正式發布之前，還可以將廣告在一定範圍試驗，對觀眾進行文化風險的專項檢測，在更大的範圍查尋隱藏的文化風險，把它消除在未發生之前。廣告正式發布後，建立風險的適時監控機制，隨時檢測風險，一旦發現異常情況就及時處理。

(六)國際廣告內容設計

以Hofestede提供的跨國文化分析架構，說明國際廣告內容應如何設計：

◆權力距離

代表階級現象被接受之程度，因此在高度權力距離的國家，可以在廣告中強調地位的象徵。

◆不確定之迴避

代表該文化成員接受模糊情況之程度，因此，在不確定性迴避程度高的國家，對於產品或服務的特性與利益，應在廣告中有明確且配合某些佐證的主張；在偏向個人主義國家，強調產品或服務對於個人偏好的滿足；在集體主義的國家強調其對於群體的利益；在雄性主義國家，廣告中應加上代表男性價值觀的詞句，如競爭、績效、成功等；在女性主義國家則應避免上述字詞，而強調和諧的價值觀。因此，廣告不但受到產品特性的影響，並須考量各目標市場文化上的差異，以作出最佳的決策。

◆政府規定與限制

國際廣告也會受到不同國家的政府單位對於廣告上的規定與限制的影響。世界各國對於廣告幾乎都有各種不同的規定，包含對特殊產品如菸、酒的廣告限制、對媒體使用的限制、對廣告預算的限制，以及對廣告內容所包含的訊息之限制等。因此，行銷者對目標市場有關廣告的法律限制，必須充分加以瞭解，才能在不違法的前提下，發揮廣告最大的效用。

(七)選擇國際廣告代理商之考量因素

廣告主選擇國際廣告代理商的考量因素如下：

◆市場涵蓋面與涵蓋範圍品質

廣告主應考慮國際廣告代理商或網路是否健全，是否涵蓋所有相關市場及特別市場，營運範圍必須能夠涵蓋公司的目標市場。廣告主並應評估其在市場上的表現與聲譽的好壞（服務品質）：

1.代理商在目標市場的表現如何？
2.代理商的核心能力是否符合公司的要求？
3.是否能提供良質的服務品質？
4.除了廣告的製作之外，代理商對於媒體選擇資訊的提供程度、代理商在目標市場之公共關係，以及市場調查、活動贊助之能力等，都是決定代理商的考慮因素。

◆市場調查與公共關係和其他行銷服務

如需在國外執行，則必須比較國際廣告代理商所可提供的不同條件與執行能力。

◆廣告主本身廣告部門與廣告代理商的相對角色

廣告企劃的發展應考量總公司與分公司的角色與分工狀況。

◆公司的廣告預算與國際商務規模

一家公司的廣告量可以決定公司對代理商的選擇。廣告預算的多寡，往往會影響選擇代理商的能力。如果公司的廣告強調形象，自然可以選擇在不同地理與不同代理商合作。倘若公司單一地區的廣告量少，則恐怕由於規模太小而無法吸引當地的代理商，此時就可選擇與國際廣告代理商合作，由其負責多國少量的廣告。

◆公司的形象（建立形象的方向）

廣告主必須決定所要製作的國際廣告的主要訊息內容是要呈現國內形象或國際形象。不同的廣告代理無形中會替公司樹立不同的形象。如果公司想要強調國際形象，就應該選擇國際性的廣告代理商；反之，公司為了強調本土化以取得目標市場的認同感，則宜選擇當地的廣告代理商。

◆對代理商的控制

如果公司不願完全授權代理商，或者希望能常與代理商進行溝通，以進一步控制代理商，則較適合選擇在多國皆設有辦事處的國際性廣告代理商。

◆廣告的協調性

當公司的銷售範圍不只單一地區時，公司是否希望由廣告代理商協調，以結合國內廣告計畫與各國的廣告作業。因此，經常選擇國際性的廣告商來協助各區之廣告整體計畫。

◆法令的限制

有些國家並不允許國外代理商。

◆與其他客戶之衝突

　　該代理商是否同時負責其他競爭者的業務,亦為重要考量。此種狀況可能帶來兩種風險:

　　1.該廣告代理商可能對其他客戶洩露新產品或新行銷策略等機密。
　　2.該代理商若將較優異之廣告人員指派給競爭廠商,將造成公司劣勢。

◆衡量廣告代理商屬性的優缺點

　　選擇國際廣告代理商的優點包括:熟知廣告主的產品、品牌,知道哪一種廣告適合哪一地區的特性。最大缺點是:他們對於當地文化的瞭解不一定很深入,並對當地消費者、媒體、法規等也不一定清楚。

 行銷透視

HTC揭開新品牌定位與全球廣告活動

HTC的新品牌定位
資料來源:HTC。

　　2009年10月26日HTC宣布推出以新的品牌定位Quietly Brilliant為主題的全球廣告YOU campaign,YOU campaign是HTC第一支全球廣告,近期將在全球二十個國家推出。廣告標語為:「You don't need to get a phone. You need a phone that gets you.」這句話代表著HTC以人為中心的承諾,致力推出能夠滿足消費者的需求、並符合人們工作與生活方式的手機。HTC行銷長王景弘表示:「Quietly Brilliant以謙和的態度,造就美好事物;基於一種信念,絕妙的親身體驗,勝過千言萬語。」他更進一步提到:「YOU campaign將具體呈現Quietly Brilliant的理念,它也是HTC身為企業、創新者與合作夥伴的核心精神。」

　　YOU campaign的目標在強化HTC獨特品牌承諾在全球廣泛的能見度與認知,而HTC的品牌承諾就是關於YOU——所有消費者,而非手機或品牌。YOU campaign是

HTC與知名洛杉磯廣告公司Dentsch LA Inc.共同策劃，將透過各種多元化的媒體整合推出，包括電視、平面媒體、戶外廣告以及網路等。HTC的設計專業人才也將全力配合，商業廣告將強調HTC智慧型手機的獨特功能。執行長暨創意長Eric Hirshberg表示：「人們對於自己的手機通常都有一種特殊的情感，因為我們生活中許多重要的經驗都與手機有關。然而，大多數的手機廣告仍然著重在它的實用性。HTC的整體設計理念非常注重個人化，他們的手機能夠帶給使用者獨特的體驗。因此我們相信，人們對手機的情感是HTC設計手機時重要的思考方向。」

Quietly Brilliant的品牌定位是由HTC與倫敦創意顧問公司Figtree所提出，靈感來自HTC以消費者至上的文化和持續突破與創新的傳統。為了讓Quietly Brilliant成為公司文化的一部分，HTC將透過各種溝通管道在公司內部廣為宣導。Figtree執行長Simon Myers也表示：「許多出色的點子都是從紙巾背面的塗鴉開始。HTC將運用塗鴉以簡單而自然的方式來闡述Quietly Brilliant和HTC手機的優勢。」

資料來源：HTC，檢索自http://www.eprice.com.tw/mobile/news/10229/1/

三、網路廣告

(一)網路社群媒介的發展與特質

台灣第一個BBS站於1983年設立，開起了網路社群媒介之發端。WWW全球資訊網，具備整合性多媒體（文字、聲音、影像與多媒體）呈現之能力，透過超鏈結可向全球各公開網站取得資訊、發表文章，或在線上進行娛樂遊戲。台灣電信局於1994年設立HINET，對推動台灣電子商務與網路廣告的發展深具意義。台灣網際網路1998下半年開始發展。

網路社群媒介的特質包括個人化、主動性、互動性，促成了媒體數位化革命。整合性超媒體指融合了平面媒體、電子媒體、電腦多媒體，成了未來的發展趨勢。全球資訊網的普及，代表了「網路整合性超媒體」時代來臨，成了新興媒體的主要型式，其包括：數位化、多媒體、資料庫型態的資訊蒐集、整

理、儲存、檢索與散布。

(二)網路廣告之定義、優勢與特色

由於網際網路的普及，使得越來越多企業選擇在網路上刊登廣告。中華民國外銷企業協進會對網路廣告的定義為：「在全球資訊網上，以網站為媒體，使用文字、圖片、聲音、動畫或是影像等方式，來宣傳廣告所欲傳達的訊息。」亦即網路廣告是指廣告商在網站上以連結（link）或標誌（logo）的方式，陳列其所要刊登的廣告，並且付費給刊登廣告的網站，而這些網站必須要能吸引消費者注意。

網頁廣告或電子郵件廣告都屬於網路廣告，這個模式和傳統媒體的模式是一樣的，也就是由公司創造內容，再把空間出售給外界廠商刊登廣告。廣告是用來創造認知、提供資訊、建立對產品正面的態度（形象），廣告可以建立品牌的資產，並獲取消費者直接回應，網路公司在建立品牌上有其價值，但它最具優勢之處是能夠直接回應廣告，直接回應廣告是充分地運用網路與消費者雙向溝通的特性。消費者鍵入由網站所贊助的標題廣告，並藉此得以搜尋該產品的各種資訊，且有機會在線上完成交易，此外，若為一時衝動的購買者也可以做直接的回應。

網路廣告的潛在優勢如下：(1)資訊的豐富；(2)更新與維護容易；(3)廣泛的品牌資訊；(4)全球蒐集的方便性；(5)全球性的暴露；(6)依消費者個別需要而規劃；(7)增強消費者與公司的關係；(8)促成消費者的角色扮演。

一般來說，網路廣告具有以下的特色：

1. 可做目標設定：網路媒體比起其他媒體更具有分眾的特性，因而網路上有各式各樣的網站，每個網站都能吸引不同特質的族群，網站也會握有會員基本資料，因此，廣告主可以依照這些資料來選擇廣告遞送的對象，這即是所謂的「目標遞送」。

2. 可追蹤網友反應：廣告主能追蹤網友如何與其品牌互動，並瞭解其現有和潛在顧客的興趣和關心焦點，對達成行銷策略的擬定有很大的幫助，特別是在一對一行銷方面。

3. 可彈性遞送：和其他媒體比較起來，網路廣告的遞送具有較大的彈性，

因為網路廣告活動更可以隨時展開、更新，甚至取消。廣告主還可以每天追蹤廣告活動的狀況，一旦發現廣告反應不佳，馬上可以撤換廣告。

4. 可與網友互動：透過網路機制的設計，網友可以直接和廣告主互動，例如，參加線上遊戲或有獎徵答，進行交易或者購買產品。網友將不再只是被動地接受廣告訊息，而是會主動地傳遞資料給廣告主，網友和廣告主不但有互動，而且還是即時性的互動。

5. 網路無國界：網路廣告可以跨越國界，全球的網友都可以同時接收到廣告訊息。

6. 能迅速得知廣告效果：在網路上，廣告主可以藉由軟體來測量並記錄網友對廣告的反應，諸如點閱次數或購買數量等等，這是其他媒體做不到的。

7. 廣告成本效益較佳：比起電視等其他媒體廣告，網路廣告成本相對低很多，甚至有些是零成本。例如，部落格與網路社群等廣告。

(三)網路廣告的效益

根據中央社報導，隨著網路普及化，加上台灣人平均上網時間全世界名列前茅，更讓網路廣告的效益日益倍增。根據Boss33批貨創業通的網路行銷調查結果顯示（**圖13-1**），有15%的人認為入口網站登錄與廣告為最有效的行銷方式，大部分的人無論上任何網站都是透過雅虎入口網站的搜尋，可見其影響力之大；其次則為前幾年開始引起熱潮的部落格行銷，相信大部分的上網族都有屬於自己的部落格，用心經營部落格而竄紅的人也是不勝枚舉，所以有14.8%的網友們認為部落格是有效的行銷方式。除此之外，像關鍵字廣告、網路電子報也都是網友們認為很有效的網路行銷方式。其實網路上的行銷方式很多，針對不同的服務或商品都應該選擇適當的行銷手法，若能正確地針對目標族群下手，當然也比較容易達成廣告效益。

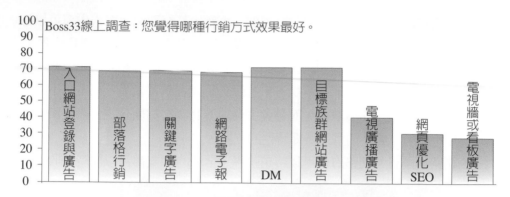

圖13-1　Boss33批貨創業通的網路行銷調查

資料來源：衍龍資訊股份有限公司。

 第三節　人員銷售

　　人員銷售（personal selling）是指公司的銷售代表與潛在客戶之間的雙向溝通，以瞭解顧客需求、提供合適的產品來滿足顧客需求，進而說服他們購買，因此，與廣告單向傳播訊息不同。而對於交易金額高的工業品行銷，人員銷售更是主要的推廣策略，許多國際性金額龐大的交易，甚至由企業總裁擔任銷售代表。

一、人員銷售特質

　　人員推銷在消費者購買過程的某些階段，尤其在建立購買者的偏好、堅信與行動之際，是最有效的一種推廣工具，而且比起廣告來說，具有三項特質：

1. 面對面的接觸：人員銷售是以「一對一」及「面對面」的小眾式溝通，銷售的人員就是訊息傳播的媒介。
2. 與人結交：此種方式可以針對不同顧客提供不同的訊息，針對目標群體的特性，修正訊息傳達的方式與內容，是十分有效的溝通方式，不過時間與成本也是最高的。

3.引起反應：經由銷售人員與顧客的互動，比較容易引起顧客的興趣與反應。

人員銷售在工業先進國家與低度開發國家的不同：

1.工業先進國家：人員銷售需投入大量的人力資源成本，因此在工業先進國家所費不貲。
2.低度開發國家：工資低廉，因此人員銷售不失為一有效率的推廣策略。

二、人員銷售過程

人員銷售的過程可分為：

1.尋找顧客：辨認可能買主，並預估其購買的可能性為銷售人員主要之工作。可以從顧客對該產品的需求程度與顧客的財務資源足夠性這兩方面進行分析。
2.接觸前：銷售人員必須針對前階段所辨認的潛在客戶需求，瞭解客戶所面對的問題，來設計下一階段的接觸與展示，使其能展現出該產品解決特定問題的能力。
3.接觸及展示：銷售人員必須準備多次會面接觸，且特別留意不同文化中的社會互動方式，因它將會影響交易之成敗。尤其在高脈絡文化中，為了提供給潛在顧客足夠線索建立其信任感，而願意完成交易，銷售人員與潛在客戶之間的互動可能會耗時甚久。
4.銷售及售後追蹤：人員銷售要注重的是售前服務（免費諮詢與詳細解說等）與售後服務（產品售後之保固服務與追蹤）。

三、國際銷售人員管理

國際銷售人員管理的重要工作如下：

(一)銷售人員的招募與甄選

公司須決定招募本國人員赴海外，或直接在當地招募人員：

1. 由於銷售人員的工作性質與內容，會因當地的產品線、配銷通路與行銷組合而不同，因此有關銷售人員的招募與甄選，最好是由熟悉當地市場狀況的人員來進行。

2. 在許多國家銷售人員的社會地位偏低，因此，難以招募到條件好又合適的銷售人員。針對此點，可以從加強銷售人員的訓練著手，或是與當地已經有銷售力的公司合資，或將其購併。

3. 在招募與甄選銷售人員時，亦要考慮不同的市場區隔、宗教、種族與文化等問題，以選擇具有當地推廣業務所需技能與特質的人員。

(二)銷售人員的訓練

各地銷售人員所須具備的才能不同，訓練的課程或方法，需要因地制宜。以因應各地顧客的不同需求，但若產品的標準化程度高，而訓練時需要較昂貴的工具或教材，則採用集中訓練較有效率。訓練工作的進行，須投入大量的成本。公司須致力於留住優秀之銷售人員，以降低人才流失所帶來的損失，故多國籍企業通常提供更高的薪津與晉升機會。

(三)銷售人員的激勵

各種激勵方法效果受到文化因素的影響。因此有必要針對不同的文化特徵，設計有效的激勵方式，並透過這些激勵因子，提升銷售業績。激勵銷售人員的方法很多，金錢的報酬是最常見，但成功的激勵計畫通常必須結合各種激勵方法。

(四)銷售人員的評估

評估結果為獎酬的基礎，同時也可讓公司瞭解銷售團隊或銷售計畫有沒有問題，銷售人員可以知道自己的努力是否有成效，亦具有激勵效果。國際銷售人員評估計畫除了銷售結果成效、費用及時間等資料，亦應考慮各地區文化的異同，例如，集體主義文化的成員，通常會關心自己對團隊做出多少貢獻，因此有自我檢視及回饋的能力；反觀個人主義國家，通常需要建立一些定期而更正式的績效評估計畫。

四、國際銷售人員政策

公司國際化後，會聘用不同國籍的工作人員，銷售人員是由母國、地主國或第三國人員來擔任，或不同國籍人員之組合比率，即成為人員銷售的重要決策。考量國際企業之母國中心、多元中心、區域中心管理政策，並因應國際市場的開發程度，與產品技術程度高低，可得出如**表13-1**所示之人員銷售的重要指引。例如採用母國中心政策之國際企業，一律以母國派遣人員前往；多元中心企業則視狀況採用母國與地主國人員；區域中心會廣用第三國人員。

不過若考量銷售人員之不同工作類型、語言能力、服務專精、企業文化認同及成本等因素，本國外派人員成本比地主國或第三國高，但服務專精、企業文化認同等方面地主國或第三國則不及本國人員，就如同**表13-2**所示之各種優缺點，端視企業之定奪。

表13-1 國際銷售人員管理政策

產品技術	管理政策					
	母國中心		多元中心		區域中心	
	已開發	低度開發	已開發	低度開發	已開發	低度開發
高層次	外派人員	外派人員	外派人員	地主國人員	外派人員	第三國人員
低層次	外派人員	外派人員	地主國人員	地主國人員	第三國人員	第三國人員

資料來源：W. J. Keegan and M. C. Green (2005). *Global Marketing*, p. 485. New Jersey: Pearson Prentice Hall.

表13-2 國際人員任用分析

分析	本國人員	派任地主國人員	第三國人員
優點	・瞭解產品知識 ・企業文化認同度較高 ・容易搭配企業政策 ・溝通容易	・瞭解當地市場 ・熟悉當地消費者消費習性 ・成本可能較低	・瞭解產品知識 ・已有相當企業認同度
缺點	・外派成本高 ・語言訓練久 ・不易久駐當地 ・容易跳槽	・產品和服務訓練需加強 ・養成費用高	・薪資計算較複雜 ・語言訓練久 ・不易久駐當地

資料來源：鄭紹成（2005）。

五、人員銷售的工作類型與任用

根據中華民國外銷企業協進會（2010）指出，人員銷售的工作類型與任用說明如下（**表13-3**）：

(一)訂單開發者（order getters）

即在傳統上認為之推銷員，係負責開發新客戶或新訂單之銷售人員。訂單開發者對於推銷技巧要相當熟悉外，也要充分瞭解公司產品或設計能力，為用戶提供「解決方案」，而不僅是銷售現成之商品或服務。

(二)訂單接受者（order taker）

係對已建立買賣關係之長期性客戶，進行平時之出貨、新訂單開發與售後服務，與訂單開發者不同處，主要在於前期之交易，一般均會延續。此部分人員又可分成三類：

1. 駕駛員銷售員（driver-sales person）：主要在於運送物品，例如大榮貨運與捷盟物流之駕駛人員，送貨是其主要任務，訂單取得並不重要。
2. 內部訂單接受者（inside order taker）：銷售人員在內部工作即可取得訂單。例如便利商店、百貨公司及超市之結帳人員都屬此類。
3. 外部訂單接受者（outside order taker）：主要在於公司外取得訂單，以

表13-3　銷售人員工作類型與任用

	訂單開發者	訂單接受者	支援型銷售人員	
			傳教士銷售人員	銷售工程師
母國派遣	市場進入初期	市場進入初期	市場進入初期	市場進入各階段皆可
地主國人員	市場進入成熟時期	長期以當地人員為佳	長期以當地人員為佳	市場成熟期已養成
第三國人員	市場進入初期或成熟時期	不宜	短期任務派遣	市場進入各階段皆可

資料來源：鄭紹成（2005）。

及要到顧客處方能取得，例如寶特瓶廠商之銷售人員要到飲料廠商拜訪才能取得訂單。

(三)支援型銷售人員（supporting salesperson）

以上兩類之銷售人員均以開發新客戶或取得後續訂單為主。支援型銷售人員係在進行售後服務、提供資訊，以協助銷售人員取得訂單，並不承擔業務業績壓力。支援型銷售人員又可分為兩類：

1. 傳教士銷售人員（missionary salesperson）：針對現在或未來的潛在顧客，提供資訊和服務，創造未來銷售機會和在配銷通路中提升組織商譽，如解釋產品、建立展示。通常他們都不會直接接觸商品銷售，取得訂單並不是其主要工作任務。
2. 銷售工程師（sales engineer）：本身擁有專業背景，專為顧客所訂製的產品提出細部說明，同時也因應顧客特殊需求而調整產品。通常所銷售產品是屬於精密儀器或設備等。

國際銷售人員的條件有八項：(1)正面的看法；(2)彈性；(3)文化同理心；(4)精力充沛並熱愛旅行；(5)成熟性；(6)情緒的穩定性；(7)知識的廣度；(8)有效的銷售技巧。

六、跨國銷售問題

跨國銷售會產生的問題可分為國際銷售與當地銷售，說明如下：

(一)國際銷售

指的是拓展國際市場業績，讓公司的產品可以成功地打入市場，並且增加國際市場的占有率，讓產品的銷售突破地區性的限制。國際銷售必須注意的問題大致如下：

1. 瞭解購買行為。
2. 瞭解購買標準。

3.瞭解當地語言。

4.瞭解商業禮儀。

(二)當地銷售

指國際企業在海外市場，成立以當地人員為主之銷售團隊。對於企業而言，聘用當地人員較瞭解當地市場狀況和消費者習性，但也會帶來下列問題：

1.當地銷售團隊角色定位。

2.人員招募與調適。

3.人員待遇。

 # 第四節　公共關係

一、公共關係的意義

公共關係（public relations）是一種適宜多樣化利害關係人團體的行銷傳播工具，公共關係是對各個公眾團體建立起對公司的好感，不僅只有消費者及業界買家，也包含了股東、員工、媒體、供應商、當地社區及其他團體。一家公司的公共關係活動，是為了提升公司的商譽，以及大眾對於公司的瞭解。

公共關係是指一個組織建立和促進與公眾有利關係的藝術或科學，一個組織經由深思熟慮、有計畫和持續的努力、去建立、維持和促進與公眾相互良好關係，進而增加公眾對於組織的認識、瞭解與支持，以增進組織發展和提升組織效能。早在19世紀，不管是政府機關或民間機構即頗為重視公共關係對組織的價值，經由報導、行銷、廣告、新聞代理與宣傳、遊說與關說、公共議題管理等方面，強化組織公共關係的功能。隨著社會發展越來越複雜，以及市場高度競爭，加上資訊科技快速發展，公共關係的方式和策略越來越多樣，其受到重視程度，比以往有過之而無不及。

依Wilcox、Ault和Agee提出的公共關係包括以下的活動：(1)研究：問題是什麼？(2)行動和計畫：未來要如何進行？(3)溝通：如何告知社會大眾？(4)評

估：是否達到目標和其效果如何？經由這四種活動過程中，彼此之間不斷地回饋，以力求每個活動間的修正與改進。這種一系列的過程，可以建立良好的公共關係與提供組織推動公共關係策略之參考。

 行銷透視

建立錯誤的公共關係：國際、豐田大規模召修，公關策略招致抨擊

　　法新社東京2日電：豐田汽車公司（Toyota）正採取行動，將全球大規模召修事件造成的損害降至最低程度，但在豐田的品牌形象可能因此蒙受無可挽回傷害之際，它的公關策略也受到嚴格檢驗。這家日本龍頭企業，因為油門踏板缺陷問題，導致品質蒙塵，信譽也受損，且面臨越來越多處理危機不當的批評。專家指出，豐田在處理召修問題上，暴露出在危機處理上的文化鴻溝、日本企業在適應全球化以及必須與全球各地消費者溝通等所面臨的諸多困難。東洋大學經營學部副教授及日本廣報學會（Japan Society for Corporate Communication Studies）理事井上邦夫（Kunio Inoue）表示，「當企業面臨難題時，最讓人放心的訊息來自執行長」。他表示，「如果溝通不良，豐田的利害關係人的疑慮將會升高」，這些人包括客戶、股東以及供應商。「屆時將不再只是品牌形象問題，而是信譽問題」。但豐田社長兼執行長豐田章男（Akio Toyoda）面對全球召修數百萬輛汽車危機，上週卻一直保持低調。這家公司是他祖父於七十多年前創立。當日本電視採訪小組終於在瑞士達佛斯世界經濟論壇上，發現豐田章男的蹤影時，他只簡短致歉，表示公司「對造成消費者不安，感到非常抱歉」。相較之下，福特汽車（Ford）於2000年召回有缺陷的泛世通／普利司通輪胎（Firestone/Bridgestone）後，當時這家美國汽車廠商的執行長納瑟（Jacques Nasser）買下電視黃金時段廣告時間用來安撫客戶。

資料來源：唐佩君（2010）。〈豐田大規模召修 公關策略招致抨擊〉，2010/02/03，http://cyut-allen.blogspot.tw/2010/02/blog-post.html

公共關係的執行是透過不必付費的媒體，例如，新聞稿、舉行記者會、企業參訪、贊助活動等。公共關係亦須經常針對不利於本公司的事件或傳聞提出更正及說明。透過公共關係，企業可以樹立良好的形象並提高知名度，短期內雖無法藉此立即提高銷售，但從長遠的眼光來看，透過公共關係所提升的商譽，其實是公司無形的資產。透過媒體的公共報導，對公司形象而言常有事半功倍的效果，因此，公共報導不但成本低廉，更重要的是公信力強。相反地，若是負面的公共報導，其殺傷力相當可觀，公司面對公共媒體之採訪時應小心為之。目前成長快速的行銷活動為事件贊助，由於體育或藝術活動經常引起全球的注意力，因此，越來越多的跨國公司以贊助國際性活動作為公共關係的經營。

二、網路行銷的公共關係

(一)網路建立公共關係之原則

網際網路建立公共關係的五項原則包括：

1. 建立對話迴路。
2. 提供有效的溝通管道。
3. 吸引訪客回流。
4. 介面的直觀及簡易使用。
5. 明確的指引。

(二)網路公共關係之互動功能

常見的網路公共關係之互動功能包括：

1. 娛樂：遊戲下載、免費電子賀卡、桌布。
2. 建立社群：網路活動、聊天室、討論區。
3. 消費者溝通管道：聯絡我們、顧客回應、線上支援。
4. 提供資訊：新聞室、最新消息、新品推薦。
5. 協助網站導航：Site Map、產品搜尋。

(三)網路公共關係之應用效果

網路公共關係之應用有預測公共關係的效果：

1. 透過網際網路的討論區或社群意見，可以得知相關公眾對企業或產品的印象與評價。
2. 符合科技與專業的新需求：利用科技的傳播基數可以使目標聽眾的範圍縮小且更精準，並可以追蹤目標聽眾對議題的態度與意見，並且網際網路與資訊科技也使即時傳播及資料庫分析變得可行。
3. 以科技獲取力量：網際網路與資訊科技可以控制知識的傳播與擴散，使傳播資訊更具時效性。

(四)網路行銷中公共關係之主要內容

網路行銷中的公共關係，主要可包括內容贊助、建立虛擬社群、網路活動與網路顧客服務。

◆內容贊助

網頁內容若非廣告、業務推廣及交易性質，那就屬於內容贊助，占所有網頁內容的比例最高。大多是由公司所架構的免費網頁內容，達到通知、說服或娛樂大眾的目的，能在各公眾團體間，創造公司及其品牌的正面形象。例如，品牌贊助網站（brand websites/sponsored websites）竟然是最被網友所「相信」（trusted）的廣告模式，有將近七成（64%）的受訪網友，感覺到這些品牌網站是他們最會被影響、信賴的。

◆建立虛擬社群

虛擬社群定義是一群主要藉電腦網路彼此溝通的人們，彼此有某種程度的認識、分享某種程度的知識與資訊、相當程度如同對待友人般彼此關懷，所形成的團體。虛擬社群吸引人們的地方，是提供一個讓人們自由交往的生動環境，人們在社群裡持續互動，並從互動中創造出一種互相信賴和彼此瞭解的氣氛。而互動的基礎，主要是基於人類的興趣、人際關係、幻想和交易等四大需求，結合網路上不同地區共同嗜好的社群，需要行銷人員的投資及經營，以及

使用者的切身履行，這是運用網路媒介最期望達成的功能之一。

　　B to C虛擬社群的利益是以一拉十的利潤，提供物以類聚的環境，累積流量，減少搜尋顧客的成本，逐漸增加的社群購買傾向，聚集廣泛的資訊與多樣的選擇，在社群中購物風險性較低，分析過後的目標行銷，個人化的服務、行銷。虛擬社群的經營模式有資訊的中心、加值的會員服務、吸引付費制的會員，交流的園地多是以討論區的型態存在，交易的機制、聚集具有相同購買興趣與需求的消費者、整合的策略夥伴、產業內垂直或是水平整合、B2B市集的概念。

　　虛擬社群在網路行銷上為顧客和企業雙方都帶來利益：顧客的力量——虛擬社群協助顧客在與企業互動中獲取最大利益，並消除資訊不對稱的問題。企業的利益——虛擬社群降低搜尋成本、增加顧客的購買傾向、加強目標行銷能力、提高產品和服務的個別化能力、降低固定資產的投資、擴大接觸層面等。

第五節　國際促銷活動

一、促銷的定義、目的、特質與分類

(一)促銷的定義

　　美國行銷協會將促銷定義為：「除了人員推銷、廣告及公益活動以外，可促使消費者購買與提升經銷效率的行銷活動，例如，陳列、展售會與展覽會等非經常性的活動。」此廣泛的定義包括了多種活動，例如，店內陳設、樣品展示、虛擬商展、折價券、競賽等。這些活動的總花費已超過花費在廣告上的推廣總額，且仍持續成長中。促銷通常是用在促使消費者完成交易的最後階段，它並非是用來代替推廣活動的，而是輔助推廣活動且進一步加強消費者的認知對產品的有利態度。

(二)促銷的目的

促銷的目的在於提供更多的管道來接觸消費者，由於消費者的反應會隨著時間而降低，因此通常是不定期的舉行，且以短期內提升交易為目標；相對地，廣告與人員推銷以較定期的方式實施，並以長期銷售為目標。促銷活動是一種短期誘因，以促使某一特定商品得以快速或大量銷售。常見的做法包括折價券、折價、贈品、摸彩、試用品、銷售點的活動（POP）、競賽活動、展示會與印花對獎。

(三)促銷的特質

促銷具有以下特質：

1. 基本上是一種短期、暫時性的活動，通常都有一定期限。
2. 促銷目的在刺激促銷對象的立即購買行為。
3. 是針對特定對象的活動。
4. 依照促銷對象的不同，可分為消費者、零售商及經銷商三類。
5. 無法歸屬於人員推銷、廣告及公開報導的推廣活動都屬促銷範圍。

(四)促銷的分類

促銷可分為「國際銷售促銷」與「當地銷售促銷」，如**圖13-2**所示。

◆**國際銷售促銷**

此種活動參與和影響層面廣泛，而且會有各國或各地區人士參加，為產業相關人士接觸，甚或促成買賣之重要溝通活動。企業經常採行商展（trade fairs）和贊助（sponsorship）兩種方式，來進行測銷活動。

1. 商展：商展係由商業組織舉辦之大型展示會，邀請產業相關企業參與，展示商品或服務，以求召集可能目標顧客、進行潛在顧客名單蒐集，或是促成交易。參加商展前，企業最好先確認：商展前置參加期、查詢參展「廠商」與「參觀限制」以及參展人員決定。
2. 贊助：係企業付出費用參與某項事件、團隊、運動賽事或運動設施，而

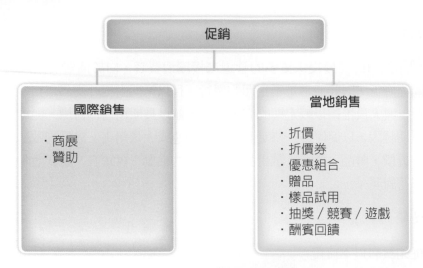

圖13-2　促銷工具之分類

　　企業可將其企業名稱或品牌掛名其上，獲得宣傳效益。贊助方式在國際間愈來愈普遍，尤其在重要運動賽事，如四年一次的奧運和世界盃足球賽。贊助的好處包括：企業知名度的提升、作為經銷商聯誼特殊活動、某些限制特定產品不得廣告地區，可以贊助方式變相廣告。

◆當地銷售促銷

　　在海外當地市場，企業可利用之促銷方式，一般有七種：(1)折價促銷；(2)折價券促銷（coupon）；(3)優惠組合；(4)贈品促銷；(5)樣品試用；(6)抽獎／競賽／遊戲；(7)酬賓回饋。使用促銷工具必須考慮的因素：(1)通路成員的合作；(2)零售商的相關配合是否有困難；(3)不同國家的通路結構和基礎設施；(4)各國的國情。但仍要視當地政府是否有特別法令規範，以免觸法遭受處罰。

二、推式策略與拉式策略

　　根據促銷手段的出發點與作用的不同，可分為兩種促銷策略：

(一)推式策略（push）

　　即以直接方式，運用人員推銷手段，把產品推向銷售通路。其作用過程

為，企業的推銷員把產品或服務推薦給批發商，再由批發商推薦給零售商，最後由零售商推薦給最終消費者，該策略適用於以下幾種情況：

1.企業經營規模小，或無足夠資金用以執行完善的廣告計畫。

2.市場較集中，分銷通路短，銷售團隊大。

3.產品具有很高的單位價值，如特殊品、選購品等。

4.產品的使用、維修、保養方法需要進行示範。

推式策略適用範圍，在於當此項產品的市場消費者是某些特定的顧客，而且這些顧客是可接近性的（approachable），同時，產品的特性與利益透過人員來溝通（person-to-person）比較易於被接受時，則採用推銷策略較易奏其功。所以，一般言之，工業性的產品（industrial products）大致上是採取推銷策略。推式策略的產品，此時的市場消費者對產品的資訊瞭解程度比較偏向「不完全性」（incompleteness），對價格的敏感性較小，市場可謂處於一種「封閉性」的市場（close market），行銷公司透過強有力的推銷人力組織，向特定的顧客滲透介紹其產品的特性與利益，憑業務代表強有力推銷介紹手腕以達成交易，成交的價格往往也有較高的毛利。而由於推式策略的產品，其銷售著眼點較偏向於人員的推銷，交易的成功，業務代表的功勞占有較高的貢獻度。所以，營業代表的業務獎金比率往往較高。因此，對營業人員薪酬的設計方式以採取「底薪少，獎金高」的方式為宜。

(二)拉式策略（pull）

採取間接方式，透過廣告和公共宣傳等措施吸引最終消費者，使消費者對企業的產品或服務產生興趣，從而引起需求，主動去購買商品。其作用路線為，企業將消費者引向零售商，將零售商引向批發商，將批發商引向生產企業，這種策略適用於：

1.市場廣大，產品多屬便利品。

2.商品資訊必須以最快速度告知廣大消費者。

3.對產品的初始需求已呈現出有利的趨勢，市場需求日漸上升。

4.產品具有獨特性能，與其他產品的區別顯而易見。

5.能引起消費者某種特殊情感的產品。

6.有充分資金用於廣告。

　　拉式策略的適用性，在於當此項產品的市場消費者是廣泛的一般大眾，行銷公司無法用人員推銷的方式來接近（unapproachable），而產品的特點在其品牌的知名度更甚於其產品的特性與功能，則採用拉式策略為宜。所以，一般言之，消費性的產品（consumer products）大致採取拉式策略。拉式策略的產品，此時的市場消費者對產品的資訊瞭解度比較偏向「完全性」（completeness），對價格的行情訊息都能有清楚的瞭解，市場處在一種「開放性」的市場（open market）。行銷公司透過大眾傳播媒體，將產品的訊息傳遞給消費者，讓廣大的消費者來購買以產生拉式的力量。其行銷的著眼點在於提高銷售量，而其單位毛利往往較低。同時，由於交易的成功，業務人員所占的貢獻度較低，所以，營業代表的業績獎金較低。因此，對營業人員薪酬的設計方式，以採取「底薪高，獎金少」的方式為宜。

三、國際促銷活動應考量因素

(一)經濟發展程度

　　在已開發國家，各式各樣的促銷活動十分活躍，促銷活動亦相當具有成效。相形之下，在經濟發展較為不成熟的地區，因為人民的低所得與低識字率使得促銷活動也較不受到重視，但若選擇購買送樣品或折價券，仍有不錯的效果。

(二)政府重視

　　國際行銷者在面對多國的不同促銷活動，除了需要考量經濟發展程度之外，尚須考慮在不同國家可能面對的限制條件。目的是為了避免企業不當的促銷活動而對同業產生不公平競爭情況之發生，各國的限制條件不盡相同，行銷人員在設計或推出任何促銷活動之前，最好能確定當地之相關規定，以免觸法。

行銷透視

台北市政府與鴻海集團合作聯手向國際行銷台北市

上海世博台北館內有360度101劇院、未來劇院及互動體驗館等

　　郝龍斌率團前往上海，參與世博會台北展館簽約儀式。郝龍斌與郭台銘簽署備忘錄，台北展館將由鴻海基金會負責規劃、設計、興建、營運，並提供所需經費三億元、人員與技術，行銷主軸由市府主導，這種合作模式將成為政府與民間合作向國際行銷的範例。郝龍斌表示，全球有87個城市提出113項參展主題，最後39個城市、40個主題雀屏中選，台北市是唯一兩項提案皆獲准的城市。台北這次參展的主題是「垃圾減量資源回收」與「無線寬頻的使用」。

　　郝龍斌致電郭台銘，希望郭亦能贊助台北展館，郭台銘爽快答應，立即派人與市府團隊前往上海研究設館位置，雙方也很快建立定期會報，達成合作。郭台銘表示，台北市兩項參展主題，是馬、郝兩位前後任台北市長的重大施政成績，兩項主題參展世博能突顯台灣順應國際在環保、節能、抗暖化的主流價值，滿足台灣人民「走出去」願望，更是兩岸首度在世博會同台的歷史機遇。

資料來源：周慧如（2008）。〈鴻海3億贊助北市　前進上海世博會〉。《工商時報》，
　　　　　2008/06/23。

(三)文化差異

不同國家不同文化的差異，也會對促銷活動造成衝擊。行銷者必須針對不同民族的偏好，設計出能吸引其目標市場的贈品。

(四)通路建構

由於促銷活動的進行多需零售商的配合與協助，不同地區零售商的參與意願、能力及配合程度常是促銷活動成敗的關鍵。因此，評估零售商的能力與承諾配合程度也是國際促銷活動中的一大課題。

(五)市場成熟度

同一產品在不同國家銷售可能位在產品生命週期不同階段。在產品生命週期處於早期階段的地區，適合採用折價券、樣品贈送等刺激試用做法；而在較成熟的市場中，適合採用刺激重複購買及大量購買的做法，如數量折扣、累積點數兌換購品等刺激品牌忠誠度的做法。

第六節　國際行銷者如何進行媒體選擇

一、媒體選擇的注意要點

由於各國社會文化的差異，對於媒體接受度與廣告內容設計都有不同的要求；此外，各種媒體具有不同的廣告效果，在媒體的選擇上要注意媒體的種類、政府的限制、媒體的發行量、廣告費用及與目標市場相關的資料等。國際行銷者對目標市場的瞭解愈透徹，就愈能作出正確的媒體選擇。

由於經濟發展程度，使得不同地區可茲利用的媒體亦不相同。國民教育程度會影響媒體規劃，如果行銷對象的識字率不高，則避免使用印刷媒體。有些國家對廣告媒體設有一些限制，企業在有限的廣告預算與諸多的媒體限制下，如何考量文化的差異以進行媒體規劃，是國際行銷者面臨的重要課題。大部分已開發國家提供大量媒體選擇，企業得以充分規劃各種媒體組合，以達到

最大的效用。而有些國家對媒體的使用範圍限制極嚴,例如,北歐各國的電視廣告時數受到嚴格管制。媒體基礎建設的普及率,在許多新興市場中的主要障礙是當地媒體的整體品質。

二、國際媒體的發展特點

近年來國際媒體的發展有以下特點:

(一)國際媒體之興起

媒體界最顯著的發展之一是地區和全球媒體的大幅增加,主要有下列原因:

1. 有些國家不易接近當地媒體,而藉著國際媒體,可以接近平時不易接近的目標顧客。
2. 國際媒體可以加速全球或泛區域廣告活動之推動。
3. 相對大多數的地方媒體,國際媒體擁有較固定的觀眾群。

(二)多媒體廣告工具日趨重要

全球越來越多的廣告商嘗試使用多媒體。最常用的形式是網際網路,但網際網路之連線與使用也因國家不同而異。

1. 收音機廣告雖然不像電視有畫面,但許多場合下仍是十分有效的媒體。
   (1)當教育不普及、人民識字率偏低時,收音機廣告可以突破這個障礙。
   (2)廣播的播音範圍經常能夠跨越地理限制。
   (3)運用收音機廣告之前,企業必須先熟悉居民對廣播的收聽率。
2. 報紙雜誌的普及程度:
   (1)隨著各地的教育水準而異。
   (2)經濟發展程度愈高的地區,因應讀者需要,通常會有愈多樣化的雜誌。
   (3)透過雜誌刊登廣告首先需要瞭解該雜誌的發行區,發行區愈廣、發行量愈大,廣告效果就會愈佳。

(4)國際性雜誌的廣告應該考量各地文化與需求，以期被不同國家的目標觀眾所接受。

 ## 第七節　國際行銷溝通

　　國際行銷溝通從傳統的行銷溝通進展到網路新型態的溝通的方式，大大節省了溝通成本。以下將說明傳統、網路媒體與國際整合行銷溝通。

一、傳統的行銷溝通

　　企業通常會透過無線電視、有線電視、報紙、雜誌、廣播等大眾媒體來做行銷溝通。在這種溝通模式下的特色為，可以進行一對多行銷溝通、單向溝通，或單純由企業提供資訊內容。也就是說，傳統行銷方式較屬於單向式、間接性、多階層的方式。業者為了傳達其產品訊息與相關的活動內容，大都是透過廣告傳單（DM）、媒體廣告、戶外活動等方式，以達到與消費者接觸的機會，但是業者很難正確掌握客戶的反應與回饋訊號，客戶也必須透過多種中介媒體，才能得知訊息，正因為透過中間多層媒體，就不得不花費龐大的行銷預算支出。

二、網路媒體溝通方式

　　新型態的網路行銷是一種互動、直接、具有即時回饋的模式，業者們透過網際網路這項新媒體提供公司訊息給目標客戶，消費者亦可透過網際網路將其需求和意見直接回饋給廠商知道，節省了傳統上買賣雙方交易過程中必須花費的交易成本與搜尋成本，並且廠商與客戶的雙方溝通，將無時無刻持續不斷地進行，以形成良性的正向回饋。

　　由此可知，網路行銷是採用直接瞄準的方式，將特定的行銷訊息傳達給特定的個人，包括透過豐富的資料庫內容以分析、辨識線上消費者的行為模式或其偏好的交易形態，甚至做到一對一行銷。因此，網際網路為廠商與潛在客戶及消費者接觸，進行關係行銷極具潛力的理想媒體。以電腦為媒介的環境下

進行行銷溝通，可經由網路連結的互動媒體作為溝通媒介。

網路是同時擁有通路與媒體性質的新通路媒介，不僅一方面透過網路行銷的廣告方式來提供大量的資訊，還將廣告化被動為主動，使顧客不再是單方面的接收所有廣告訊息，並將其個人喜好或厭惡迅速直接回饋給廠商，因為他們可以隨意選擇個人感興趣的廣告，而更進一步深入瞭解。也因此使得廣告效果中的認同感、回憶度、認知度以及購買意願上都有較佳的效果。這種革命性的影響，並非推翻傳統行銷的概念，只是在網路互動、多媒體的特性善加利用，並不脫離行銷的本質，最基本的特點乃在於將行銷的概念、行為、策略做網路化或數位化思考，是一種與傳統行銷相加相乘的效果。

三、國際整合行銷溝通

整合行銷溝通（IMC）或稱整合行銷傳播乃強調整合直銷、廣告、促銷、公共關係及人員推廣等傳播媒體，長期針對消費者、顧客、潛在顧客及其他內外部相關目標大眾，發展、執行並評估可測量的說服性傳播計畫之策略方法，以達成企業目標。

為了因應數位化的時代來臨，如何運用科技的工具，使產品的訊息透過整合傳播達到最佳銷售的目的。也就是整合各種不同的網路通路藉由完善的系統工具；透過不同的通路、網頁技術和行銷活動，散布出多樣的訊息給目標客戶。在這訊息爆炸的時代，做好整合行銷溝通，對企業的品牌優勢助益甚多，這就是企業競爭的最大利器。

整合行銷的優點主要是：(1)透過完善規劃的系統及快速普及的通路，讓產品訊息保持即時性、一致性，用以強化傳播效果；(2)整合行銷讓行銷費用能發揮最大功效，並以較低的成本，做好品牌管理。利用網際網路的媒介，將資訊網路化，並利用寬廣的網路平台的合作，進行產品訊息的推廣及銷售，如此不但可以減少許多管銷支出，並達到資訊整合的目的。且運用網路平台與各通路作為溝通的管道，將最新的資訊以最即時，最快速的方式提供給目標客戶，達到真正的資訊整合及整合行銷服務。

整合行銷溝通最大效益，便是找尋出訊息最重要的傳播目標，並藉由適當的活動（包括媒介、內容、時間等）組合，配合一套完整的規劃體系，以滿足

傳播的最大效率。整合行銷溝通的概念不只應用在本國市場，對全球市場中之廣告、活動贊助、促銷、產品包裝、銷售點展示等行銷要素，都應思考如何加以整體規劃，並將相同理念傳達給全球消費者，而不是利用混合手法傳遞複雜的訊息。透過行銷工具與訊息內容之整合，達到跨國的行銷活動之成本效益極高，我們稱為全球整合行銷溝通（Global Integrated Marketing Communication, GIMC）。

GIMC必須策略性地在水平層級（國家、區域）及垂直層級（各種行銷溝通活動）之間協調全球溝通活動的所有要素。其理念雖然簡單，但執行上難度相當高，不但廣告主本身在品牌要素的整體規劃能力足夠，組織內部亦有跨地域性、跨功能別的溝通協調機制；若選擇由外部廣告公司負責GIMC，該公司本身必須具備跨區域的行銷知識與經驗，並且熟悉各種行銷工具之操作，或是可能在各地區由不同的廣告公司負責品牌經營業務，而由廣告主注意各公司間的協調整合。若GIMC能妥善執行，對行銷者面對日益整合的全球市場經濟效益必能提升。

綜合上述，國際行銷上，為達到良好溝通，必須注意以下四點：(1)選擇適當媒體，正確無誤傳送給收訊者；(2)勿違反或觸犯當地文化習慣或禁忌；(3)確立期望回饋方向；(4)在正確時間和地點傳遞正確訊息。

全球觀點

麥當勞品牌新活力白皮書

◎概述「I'm lovin' it」（我就喜歡）品牌新活力計畫

麥當勞正在全球進行一項前所未有的品牌活動「I'm lovin' it」（我就喜歡），而這項活動代表著麥當勞的行銷策略正邁向一個新的紀元。整個活動以充滿高度熱情活力及完全現代的手法呈現，目的在於和我們的消費者還有當今的社會文化，用一種相當貼切且新鮮的方

麥當勞的品牌活動——「I Lovin' it，我就喜歡」

式來做相互聯結。「I'm lovin'it」這個主題是麥當勞在新一波全球創意行銷上統一的要素,旨在對全球一百多個不同國家的顧客傳達單一的品牌訊息。「I'm lovin'it」不僅只是一個新的品牌標語或是廣告宣傳,更重要的是,這項活動被視為麥當勞新行銷手法的重心,以期能鼓舞、振興及貫注新的活力在麥當勞這個品牌上。未來,全球有麥當勞的國家都將把「I'm lovin'it」主題融入廣告、促銷、公關、餐廳產品及整體品牌溝通等所有做法。

這項新活動的關鍵要素包含有五支最新流行風格的全球電視廣告,廣告的內容主要是在反映出今日消費者的生活態度和文化(i-attitude)。而拍攝的角度會是從消費者本身的觀感和角度來加以作發揮,並傳遞人們對麥當勞這個品牌的感覺,以及麥當勞是如何融入他們的日常生活當中。這一系列的廣告將會於九月份在全球各地陸續播放。超級流行樂歌手賈斯汀,將為麥當勞的「I'm lovin'it」錄製新的英文版廣告主題曲,並重點參與整個全球品牌活動。此外,他也曾和麥當勞共同發展一系列新鮮又具創意的表達方式,和當今的流行文化及年輕消費族群緊密聯結,包括兩岸、星馬地區華人市場的中文版廣告主題曲,則由台灣優質歌手王力宏擔綱,並參與拍攝華人版的廣告及相關宣傳活動。我們稱新的行銷計畫為「啟動能源」(Rolling Energy),內容為麥當勞首次整合兩年全球市場整合行銷時間表。在這段期間內,麥當勞將會提供一貫且相同的訊息來不斷地傳遞給所有的消費者和公司員工。麥當勞的品牌新活力與成功的領先地位,來自於卓越的行銷加上卓越的營運。所以,品牌新活力的注入必須是全方位的改變,採取了一個大膽的行銷宣傳要顧客就喜歡麥當勞!

◎「I'm lovin'it」的全球實踐

麥當勞的目標是要建構卓越的品牌,要為麥當勞重新注入活力,麥當勞的使命是成為顧客最喜愛的餐廳及用餐的方式。要達成目標。行銷方面的策略是必須切題,創造趣味性,並且與顧客的生活形態緊密結合。營運方面,則必須在每一天、每家餐廳,為每一位顧客實踐品質、服務、清潔與價值(QSC & V)的品牌承諾。因此,無論在世界的哪個角落服務顧客,整個計畫皆著重於麥當勞的五項驅動力——人員、產品、地點、價格及推廣(people, product, place, price & promotion)。

◎「I'm lovin'it」執行方向

　　「I'm lovin'it（tm）」活動中最重要的是在於如何地能從消費者的角度，描繪出他們所感受到的麥當勞，以及麥當勞是如何地融入他們的日常生活當中，這些為i世代的生活態度和文化（i-attitude），它不僅代表著i世代追求個人化的心態，也能和今日我們所居住的廣大地球村達到聯結。麥當勞不斷地仔細聆聽消費者們的意見，得知他們希望在新廣告中有更多屬於他們的音樂、時尚、運動及飲食，將「i-attitude」反映出來。

資料來源：http://magazine.sina.com.tw/article/20100113/2673340.html

問題與討論

1. 國際行銷活動中的推廣組合包括哪些？

2. 國際廣告內容應如何設計？

3. 網路廣告的定義、類型與特色與網路廣告效果的評估步驟為何？

4. 選擇廣告代理商時需要考慮的因素為何？

5. 國際銷售人員管理的重要工作為何？

6. 國際銷售人員管理政策為何？

7. 網路行銷中的公共關係主要可包括哪些？

8. 國際促銷工具之分類與國際促銷活動應考量因素為何？

9. 國際行銷者如何與顧客進行溝通？

10. 何謂整合行銷溝通（IMC）？國際整合行銷之重要性為何？

11. 網路上與顧客溝通之做法有哪些可以提高全球整合行銷溝通的成功機會？

國際行銷之組織管理與控制

- ◆ 全球化導向的國際企業組織
- ◆ 國際行銷組織發展與結構
- ◆ 國際行銷之管理與控制

當企業開始決定要進行國際化，擴充海外市場時，馬上面臨如何組織設計的問題，這是國際行銷最根本的議題，也是本章想要探討的重要概念。包括是否該在各國家設置直接的管理與行銷功能機制；是否必要從國際部門的組織轉換成區域性的營運總部來管理各個國家；總公司、區域總部和各國家的分公司彼此之間的分工合作、溝通協調該如何劃分等。

　　跨國公司不僅在衡量環境的各項因素以及本身的優劣條件之後，決定出其企業策略，進而訂出適當的組織架構，還需要具有良好的管理控制，才能確保企業目標的達成。母國總公司、地區總部和地區子公司三者的管理上的權力分配必須是根據環境的因素而在中央集權與地方分權兩者取得平衡。此外，國際行銷除了要根據總體環境、個體環境、競爭者因素以及國際企業內部情況作好策略規劃、安排組織架構、領導激勵之外，還需要對於國際行銷執行的情況加以管理控制。

　　本章首先介紹全球化導向的國際企業組織，包括國際企業的基本組織型態、國際企業海外的組織型態、合資的三種形式與其優缺點、國際企業組織設計的影響因素，然後談國際行銷組織發展與結構，包括國際企業組織的發展過程、國際企業組織結構之選擇，最後探討國際行銷之管理與控制，包括國際行銷的集權與分權、管理哲學，以及總公司、地區總部和地區子公司三者的職權、國際行銷的控制程序、國際企業的管理控制策略、國際企業的控制特性、控制之動態變遷、國際行銷的績效標準、影響國際行銷績效的各項因素、科層控制與文化控制及兩者的比較。

　行銷視野

聯網組織：引領宏碁集團走向極度分權

　　聯網組織，顧名思義就是利用網網相連特性，只要透過規劃協定（protocol），各個單位就能彼此相互連結，各自獨立運作。簡單的說，將相關的單位變成一個網，再將不同的網聯合起來，就是聯網。在聯網組織裡，宏碁集團轄下的每個公司與單

位都是獨立的個體，專精在自身的業務範圍，彼此的互動完全依照由聯網組織委員會（Chief Executive Committee, CEC）所制定的聯網組織協定（Internet Organization Protocol, iOP），協定內容包含品牌的使用範圍、企業文化、知識管理、智慧財產權等多項影響集團競爭力的重要議題，除了這些協定，聯網組織成員必須共同遵守外，其餘總部不會干涉。

聯網組織委員會就像是扮演美國政府的角色，除了立法，也實施仲裁，以協定議題之一的品牌使用範圍為例，Acer品牌為大家所共用，若是任何一個公司因為服務差而影響品牌，經過聯網組織委員會警告後仍不遵守聯網組織規劃協定，基於品牌會互相影響集團聲譽的原則，聯網組織委員會將慎重討論該公司是否應退出聯網組織，當然，若是集團內的公司覺得離開集團較有發展，也可自行選擇去留。

聯網組織為新興經營管理模式，究竟有何獨特之處？楊國安表示，網網相連的概念很重要，網路成長相當快速，可是當中卻沒有中央決策單位主導，國外Linux作業系統供應商紅帽公司（Redhead）並未設立總部，但卻發展相當迅速，最大原因是公司彼此之間發揮網網相連的特性。相較於紅帽，宏碁集團雖然有五大子集團，不過就組織管理而言，了集團仍是虛擬組織，實際作戰單位還是為子集團旗下的各公司，因此聯網組織主要是創造一個環境，增加各單位作戰能力，透過聯網組織可以結合網內的人才，組成虛擬團隊來服務市場上不同的需求，有別於傳統組織為需要而設計新部門，聯網組織可以變成功能很強的任務團隊，就分權來說，是更進一步的授權。楊國安信心滿滿的說：「iO這條路是對的，歐美許多企業都是走這條路」[1]。

至於iO的適用範圍相當廣泛，並不僅止於集團內部。小至公司內部門的關係、人與人的關係，大到公司與公司、集團與集團、國家與國家之間，都是聯網組織的概念。不過施振榮也表示，聯網組織這個概念的發展仍須面對幾個挑戰，例如如何界定清楚正確的協定；電腦永遠遵循協定，但人不一定遵循；處理的任務較電腦更複雜、模糊；協定委員會是否具有效性；沒有人能控制網際網路，但有些人卻喜歡控制iO等問題。因此，宏碁的聯網組織管理模式還在發展當中，其何種形式才是有效的網路組織，目前尚未有定論，仍待探討。[2]

註：1.林欣宏（2000）。〈聯網組織：引領宏碁集團走向極度分權〉。《管理雜誌》，第317期，2000/11。
2.韋奇宏（2000）。〈iO聯網組織——知識經濟的經營之道〉，http://www.myjob.com.tw/activity/weekly3.asp?sn=17

第一節　全球化導向的國際企業組織

一、國際企業的基本組織型態

國際企業總公司的組織型態可分為下列幾種：

(一)功能別組織

此為最普遍的組織方式。在大型國際企業內部除了總裁，有行銷副總裁、財務副總裁、製造副總裁、研發副總裁等基本的企業營運功能，而隸屬於行銷副總裁的部門，依其功能可以再區分為業務銷售部、廣告部門、市場研究部門（或稱市場調查部門）、促銷部門、公關部門（有些公司把公關設在總管理處）等，如圖14-1。

(二)產品別組織

在一家生產多種產品的公司，尤其是產品種類差異很大或產品項目相當繁多時，產品別是一種很好的組織方式。產品別組織下的部門經理往往負責某一特定產品或產品族群的生產與行銷，以及其他相關事宜，類似一個小型公司的管理方式。

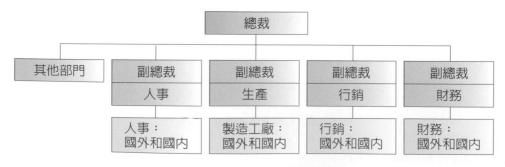

圖14-1　國際企業功能別結構

資料來源：于卓民、巫立民、蕭富峰等（2009）。

產品別組織最適合應用於多角化投資的國際企業，尤其是採不同品牌名稱者，其最大特色是產品通路的技術開發和應用是不相同的，而且顧客群之間也不相同，以致市場通路和推廣策略在產品間並無法達到綜效，所以分開並不會造成成本的浪費。組織運作的方式乃由產品事業部總經理和其幕僚統籌全球市場的策略規劃，各區域仍會有一個區域總部（有時則省略此區域總部），不過，區域總部主要扮演協調的角色，此組織的優點是從新產品的研發、市場區隔、定位、品牌形象的塑造和廣告策略的執行都隸屬於相同專業部門的規劃，每個國家所顯現的結果是全球化一致的品牌形象。全球產品事業部（global product division）組織此種組織模式，較適合於以下幾種狀況之企業：(1)具有多群產品或多角化產品的企業；(2)產品技術層次高的企業。

全球化產品的事業部組織之優點為：(1)透過全球性商品的標準化以及生產的合理化，將可獲致較低的生產成本，進而強化全球競爭能力；(2)透過集團方式生產管理規劃，將可有效提高科技移轉以及公司資源的適宜配置；(3)國內與國外事業部活動之合併，將有助一元化的領導並提高效率。其缺點為：(1)此種組織結構將使海外各子公司減弱其對國際性的承諾，換言之將各行其是，而不再像以往受到國際事業部之控制；(2)不同產品事業部間之國際化戰略與政策不一致，引致共通事項的可能衝突，而欲進行溝通將愈不易，如**圖14-2**。

(三)顧客別組織

當目標顧客可以分成幾個不同的使用群體，且不同群體具有不同的購買偏好與決策時，顧客別組織會是較理想的組織方式。而管理者是以顧客為主軸，必須分析其所負責的特定顧客，提供給顧客相關產品，符合各類顧客的要求。

(四)區域別組織

如果產品依區域不同的銷售特性，則地區別組織較為適當。管理者可以快速地反應出各地理區域的獨特要求，如**圖14-3**。

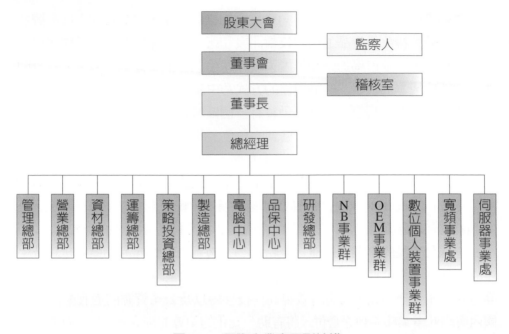

圖14-2　國際企業產品別結構

資料來源：修改自于卓民、巫立民、蕭富峰等（2009）。

(五)矩陣式組織

依各單位調派人員成立專案小組統籌負責解決問題，即為矩陣式組織，專案小組由一群來自不同部門之不同專長人員所組成，當目標完成後，人員則分別歸屬原單位。

全球化策略的企業最常採用的組織設計型態與特性：在全球環境變遷迅速，競爭日趨激烈的國際市場，事實上很難有一個一成不變的最佳組織策略，矩陣式組織也是許多國際企業所採用的，這個組織最大的特色是彈性、整合的優點。

在大型國際企業的組織中，不論是產品、顧客、區域特性的專業知識，以及企業功能如生產、行銷、財務、研發等的整合，都是達成全球化管理相當重要的關鍵。若是僅以一種組織型態，則很可能造成偏頗，而失去競爭力。矩陣式組織的管理任務是達成組織的平衡，以使不同觀點和技術相互結合，進而提

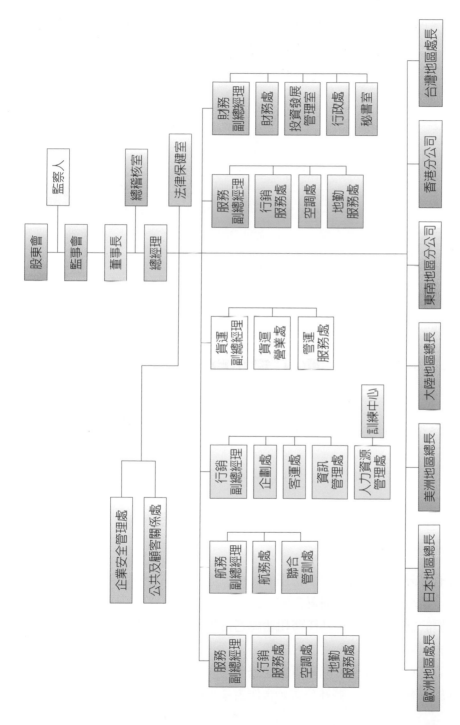

圖14-3　國際企業區域別結構

資料來源：修改自于卓民、巫立民、蕭富峰等（2009）。

升競爭優勢而達成組織的策略目標。以一家由產品和地區所形成的矩陣組織企業為例，每個國家的行銷人員會有兩個管理系統，一個是當地市場的主管，一個是產品別的主管，這種組織同時具有產品的專業性和市場的專業性，如圖14-4。

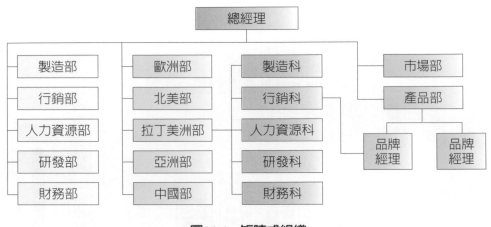

圖14-4　矩陣式組織

二、國際企業海外的組織型態

國際企業在海外的組織可分為以下兩種型態：

(一)權益式組織

具有股權的組織，可分為：

1.擁有百分之百股權的分公司或子公司：這種海外分支機構可經由直接投資全新設立，或者以購買合併方式取得，基本上分公司或子公司皆直接隸屬於總公司管轄，其任務和功能通常先設有生產功能或銷售功能，然後再演變成為一個全功能的組織。

2.合資公司：國際合資就是與當地公司共同投資資本或其他資源，建立合作組織並管理這一海外公司。合作對象可能是當地公司、當地政府或其

他國外公司。合資模式可依持股比例的高低，分為：(1)低股權合資；(2)均等股權合資；(3)高股權合資。

(二)非權益式組織

所謂策略聯盟的關係，如授權、管理契約、供應協定等。

三、合資的三種形式與其優缺點

合資的形式有以下三種：

(一)低股權合資

若是只有兩方的合資公司，當股權低於50%時，稱為少數股權，若是對於兩個以上公司的合資，則必須視其董事會席次的影響力，若是沒有絕對支配性才稱為低股權合資。優點：對於要快速擴張國際市場者較為有利，因為資金、人力相對需求較少，可將資源用於其他市場；缺點：較缺乏控制力，因為董事席次較少。

(二)均等股權合資

當兩方的合資公司其股權為50%均等時，稱為均等股權，這種合資型態由於股權均等，勢力相當，凡事都必須雙方同意才可以進行，所以經常會有意見爭執，是合資企業中問題最多的。

(三)高股權合資

當兩方合資的一方股權超過50%時，即代表有支配性的權力，若是兩方以上，則必須看股權的多寡而定，有時只要20～30%的股權，即有完全的支配性。優點：擁有絕對主導權，比較容易貫徹國際企業的策略執行；缺點：資金、人才需求較大，拓展國際市場較慢。

四、國際企業組織設計的影響因素

國際企業組織設計的影響因素分為外部與內部兩種，說明如下：

(一)外部環境因素

1.所處的產業環境特性。

2.國外市場競爭狀況與通路基礎結構。

3.地主國法令規定，諸如課稅規定、組織法、勞工法規和外匯管制規定。

4.地主國的風俗民情特性。

5.地主國對外銷的管制情形。

(二)內部環境因素

1.國際行銷的目標和策略。

2.國外市場的行銷比重。

3.國外市場的涵蓋範圍或集中度。

4.國外市場進入模式。

5.產品線的廣度和一致性。

6.產品的複雜度。

7.國際行銷經驗與人才的多寡。

8.廠商財務能力的大小。

 ## 第二節　國際行銷組織發展與結構

本節要談的國際行銷組織係針對整個國際企業的組織發展與結構，焦點是要針對進行國際行銷時整個企業的組織架構來探討。

一、國際企業組織的發展過程

(一)出口外銷

企業最初接觸國際市場的方式通常是「出口」，企業是否建立內部出口組織有賴下列兩個因素：(1)企業對外銷機會的評估；(2)企業以全球市場觀點分配資源的策略，若是覺得外銷有機會，並且企業願意將資源投入國際市場，則公司將會建立出口組織。而出口外銷有間接出口、直接出口、合作出口、獨立外銷部門等四種，說明如下：

◆間接出口

當廠商的規模較小，一開始並不值得僱用國際行銷人員，或者某些產品國際產品市場較小，銷售數量有限，設立直接人員並不敷成本，或者對國際市場涉入不深時，通常會採用委外的方式，尋找代為執行出口業務的組織，如貿易公司、出口管理公司、出口商、出口仲介商、出口配銷商（以下統稱貿易公司）。對廠商的國際行銷組織來說，只要在公司現有業務部間之中找一個或兩個人負責和這些貿易公司聯絡即可。

◆直接出口

由公司設置業務人員直接聯絡國外客戶（可能是代理商或直接客戶），將使得行銷計畫的擴展、資源的分配和價格變動變得較容易執行，尤其當產品在國際市場的地位尚未穩固時，行銷人員的直接控制是很重要的，其結果將可較快速拓展國際市場，而且亦可增加公司的營運利潤。這時候的行銷組織必須有國際行銷的人才，尤其是深懂國際語言和國貿知識者。

①直接出口的優點

1. 可以減少代理成本與交易成本。
2. 讓公司直接掌握與客戶溝通。
3. 具有投資的功能。
4. 可以深入瞭解市場，累積對國際市場開發的潛力。

②直接出口的風險

1. 面臨中間商的阻礙及價格衝突，因為有些公司想要採用直接出口與間接出口並行，這將破壞了市場的價格行情，因為間接出口要透過貿易商，報價通常比較高，直接出口為了搶市場，報價經常比較低的。

2. 企業在學習自己直接外銷時，並無法在同一時間將全部產品全部直接外銷，而是採用漸進式的方式。因此，那些間接外銷的產品很可能遭到貿易商的停止報價，中斷出貨，這對企業將是一個很大的挑戰。

3. 即使沒有間接和直接出口並行，而完全只有直接出口，貿易商也會杯葛，因為當企業是其重要客戶，減少出口量將連帶影響貿易商的利潤，若國外的客戶也同時是貿易商的客戶，貿易商可能會對該國外客戶散播不當訊息，影響公司行銷。所以，這種轉型策略不得不謹慎。

◆合作出口

是網路運作下新興的國際行銷方式之一，亦稱為「共同外銷」，即是擁有海外配銷通路的廠商同意讓其他廠商的產品共同行銷，利用相同的通路來銷售互補性產品，將使雙贏獲利。例如，台灣傳統產業中的紡織業，從紡紗、織布、染整、加工、成衣等，最終出口產品可能是成衣或是染整加工好的成品布，各個階段的廠商雖然沒有將其「成品」直接或間接出口，但是他們都在從事外銷的業務，因為該產品最終都是要外銷的，這就是所謂的合作外銷。這種合作外銷的行銷組織和間接出口很類似，但是許多廠商都會單獨設立行銷部門來負責這些零組件的供應。

◆獨立外銷部門

當出口量逐漸擴大，企業可能會將外銷市場和國內市場獨立，單獨成立外銷部門，這是企業正式宣示國際行銷的重要時刻，外銷部門主管與其他部門主管並列一級主管，出口量的增加通常來自於產品種類的增加、客戶數目的增加或是出口國家數目的拓展。

1. 產品種類的增加：在外銷部門之下將可能設置不同產品別的子部門。
2. 客戶數目的增加：設置客戶別的子部門。

3.出口國家數目的拓展：在不同地區，如美洲國家、歐洲國家設置地區別的子部門。

(二)海外投資

企業在海外投資的組織型態可分為以下六種：

◆海外銷售分公司或生產廠

當出口量逐漸增加時，企業經常會發覺鞭長莫及的管理困境，因為所有的行銷人員必須透過經銷商或實地訪查才能瞭解市場的實際概況。為了解決行銷的困難，許多企業乃規劃設置銷售分公司，有的採用合資方式，有的採用獨資方式，這是有自主權決定的決策。另外一種沒有自主權的則可能是受限到法令的限制，也就是被要求採用合資的方式投資，但不管獨資或合資，行銷部門都會從國內派駐人員於各國際市場，領導或協調相關行銷事宜。這個海外的銷售分公司通常會隸屬於母國的國際部門，隨著國際市場的開拓，國際部門下所屬的銷售分公司將增加。一個企業經常會面臨的重要決策是——是否於海外投資設廠生產？

◆海外產銷一體分公司

銷售分公司若是營運順暢，營業額漸漸增加，企業下一步即會考慮是否在市場潛力較大的國家設生產廠，形成產銷一體的分公司，這是有自主權決定的決策。這種單一國家的海外分公司在組織上通常仍是隸屬於總經理之下，初期階段，因為是第一個投資案，總經理經常會涉入較深，主導一切的經營管理和行銷。

若是純粹只為了生產成本考量，則只會設置投資廠；若是考慮設置產銷一體分公司，通常都是因為市場兼成本的因素，產銷一體更能接近市場。由於海外設廠生產，原先在國內的生產功能將因外移而降低，使得這個分公司會漸漸成為兼具產銷、財務、人資管理的功能，有時候只剩下研發功能根留母國。從組織管理的角度，這種海外分公司的設計比較容易因應各個市場的特性，同時，有助於繼續開拓其他國際市場。

◆多國籍企業組織

多國籍企業組織為一個企業體在海外設立兩個以上子公司，從事研發、製造、銷售、配送等各項功能活動，並且涉入子公司的運作。企業的成長擴張通常在第一個海外市場成功之後，陸續在其他國家市場設分公司或生產廠，尤其是那些外銷量或市場潛力大的國家，這時候的國際企業有人把它稱為多國企業，因為海外分公司散布好幾個國家，組織由國際部門主管負責管轄各個海外分公司。這種組織最大的挑戰在於各個國家的特性很可能差異甚大，整合較為困難，對國際部門主管來說，工作負荷甚大，許多主管乃因而變成空中飛人。

多國籍公司應具備三項特質：(1)經營階層是以全球的觀點評估問題與機會；(2)至少有一個或以上的海外分支機構；(3)願意考慮世界上許多不同的地點來獲取資源、製造和行銷產品。多國籍企業是由股權相互連結之位於許多國家之子公司所形成的企業網路體系，而多國籍企業依照：(1)管理心態；(2)策略作為；(3)發展進程不同的觀點，可有不同的分類方式。

Barlett與Ghoshal以全球整合程度、當地回應兩項策略構面，將多國企業區分為四種，如**表14-1**所示。

1. 國際企業（international corporation）：較無全球整合能力，通常是初入國際市場，以貿易為主要手段，策略的建立是由母國公司來領導。架構：國內公司有大部分的價值鏈，由中央授出知識。

2. 多國籍企業（multinational corporation）：視自己為一獨立的子公司，可依當地市場來自由運作，策略的建立是反應在地方市場。架構：建立在相對獨立公司的整體價值鏈，透過個人經理的網路來控制市場，知識發展是在子公司。

3. 全球企業（global corporation）：策略是創造標準化的商品和服務來滿足全球的顧客，追求規模經濟。架構：弱的子公司與母國組織緊密連結，以母國公司連結所有價值鏈，以中央集權追求全球效率，創新模式是由中央到全球。

4. 跨國企業（transnational corporation）：包含多國、全球與國際企業的特性，因各國差異化的貢獻，組成全世界整合的運作，共同開發及分享知識。架構：資產與資源分散但相互依存的組織體系，強調管理觀點的多面化和協調控制程序的彈性化。

表14-1 各國際企業的組織特質

	國際企業	多國籍企業	全球企業	跨國企業
資源配置	核心能力的產生來自中央集權，其他的地方則為分權	地方分權及各國自給自足	中央集權及全球規模	分散廣泛，相互依存，專門化
海外據點的角色	調整母公司的能力，再加以運用	體察並利用當地機會	執行母公司的策略	結合來自各國的差異化貢獻，組成全世界整合的運作
知識的發展和推廣	由中央來發展知識，再轉移給海外子公司	每個據點自行發展、保有知識	由中央來發展及保有知識	世界共同據點共同開發及分享知識

資料來源：李宛蓉（1990），頁127。

◆**區域總部**

在多國企業中，隨著分公司設置的增加，將使得這個國際部門的主管不勝負荷，所以國際企業為了提升管理效率和整合的需求，通常會將這些多國分公司分成幾個區域群，最常分類的方式是按地區別。這種區域總部的設計主要著眼於該地區的政治、經濟、社會、文化和地理條件均較為相似，透過區域總部主管的協調和資源的整合，將有助於管理效率和效能的提升（**圖14-5**）。區域總部組織階段之優、缺點如下：

①**區域總部組織之優點**

1. 在與國內事業部分離後，將較具有自主性及世界性視野，而推展國際化戰略。
2. 透過海外所有據點（生產、銷售與管理）的統合運作過程中，可以訓練及培養出國際企業高階管理人才。
3. 由於海外事業活動之集中性，將使海外營運之指揮與管控系統易於運作。

②區域總部組織之缺點

1. 區域總部所銷售的產品，有一部分與國內事業部有所關聯，而須獲得國內事業部之協助，因為國內與國外事業本質上屬於對立，故自會有摩擦現象出現。

2. 區域總部的主管必須非常能幹，才能有效領導統御全球各子公司；若非如此，將遭到海外子公司之排拒，亦使海外子公司與母公司雙方之協調與管控更加雜亂。

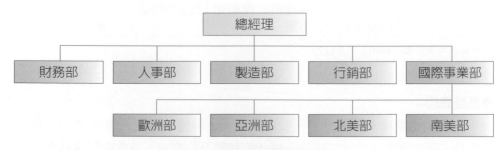

圖14-5　區域總部國際行銷組織

◆網路組織

　　傳統上，研究國際企業組織，尤其是所謂跨國公司（multinational corporation）類型者，常著重於總公司與各地子企業間之雙邊關係，但近年來隨著國際經營與競爭環境之重大改變，學者認為上述觀點已不符實際狀況，建議改採網路理論（network theory）以探討國際企業之組織，下列以此觀點說明國際行銷組織。

①網路式結構

　　網路式結構（network structure）是由不同組織所組成的組織群，這群組織間的活動是以契約與協議而非正式的職權層級來協調。通常是起因於某個組織為尋找增進組織效能的方法而發起。外包（outsourcing）是指將原先在組織內部完成的某個價值創造活動移到外部，交由另一家公司去做。如Nike網絡中心（位於Oregon）是Nike產品設計與研究部門，負責運動鞋的設計上創新，幾

乎其他Nike在生產與行銷鞋子時所需要的功能，都外包給世界上其他供應商與製造商，並進行分工作業與生產。

②網路式結構的優點

組織能找到可以信賴且生產成本較低的網路夥伴，來協助執行特定的功能活動，以降低生產成本。組織與其他組織簽約完成特定價值創造活動，可避免因管理複雜組織結構所產生的高額科層成本。因外包亦能保持小而具彈性的結構，產品設計控制權則交給團隊。網路式結構讓組織以有機的方式行動。例如，當環境改變，新的機會出現時，組織可迅速改變網路予以因應。最後，發展網路式結構的一個非常重要的理由，是組織可透過國外低成本的投入資源與功能性專業來獲益，這一點對今日持續變遷的全球競爭環境來說是很重要的。

③網路式結構的缺點

讓不同公司執行工作流程的不同部分，便會產生很大的協調問題，而且不同公司間須有相當的信任，才能分享彼此的想法，而這些對於一個新產品發展的成功是必要的。要網路式結構能提供組織控制複雜的價值創造過程是不可能的，因為管理者缺乏有效協調與激勵網路夥伴的工具。要獲得持續的學習以便在公司內建立核心競爭職能是困難的，因為個別公司缺乏誘因去做這種投資，結果便可能失去許多降低成本與增進品質的機會。不是每個產業都可以找到可信賴的公司，讓其幫組織完成工作。避免專利資訊外流給競爭者，例如，TSMC與中芯半導體；美國Corning Inc.與台灣碧悠電子公司離職員工竊取商業機密出售。通常，創造價值的活動愈複雜，則使用網路式結構的相關問題愈多。

④網路式組織（Network organization; by Boudett etc.,1989）

以經營團隊為核心，從事「虛擬整合」（virtual integration）透過契約方式（通常是有特定期限），將某些價值活動予以「策略性外包」以獲取彈性，適應及資源互補營運模式（business model）。

例如，戴爾電腦之策略性外包（**圖14-6**），戴爾只從事供應鏈管理之虛擬整合，將其他價值活動如OEM委託代工、研發、配銷快遞、廣告代理等活動予以策略性外包，此種營運模式稱為B to C直接商業模式（B2C direct business model）。

圖**14-6**中的各連線為「契約」（contracting），其契約關係（權利—義務關係）乃是由「市場機能」所支配。網路式組織可達到「資源互補的效益且具有彈性」。

Factories

OEM委託代工

供應鏈管理SCM

Dell

Executive group
經營團隊
B to C
(Direct Business model)

Independent
R&D Firms

研發

Express

配銷、快遞

Ad agent

廣告代理商

圖**14-6**　戴爾策略性外包

⑤層級式與網路式組織之比較

　　網路是組織為「虛擬整合」。不同的組織或企業，為了生產某一特定的產品而從事「產業的專業分工」培養核心競爭力，它有別於傳統層級式組織之垂直整合與創造規模經濟的競爭營運方式。例如，汽車合作網路、台灣中小企業、中衛體系（其合作對象通常是固定的），如**表14-2**所示。

◆**無疆界組織**

　　管理者發展網絡式結構是為了生產或提供顧客所需要的產品與服務，而不是要去創造一個複雜的組織結構，此理念使得無疆界組織的概念開始被提

表**14-2**　層級式組織**vs.**網路式組織

層級式組織	網路式組織
垂直整合（vertical integration） 規模經濟（成本降低）	虛擬整合（virtual integration） 核心競爭力（專精）

倡。無疆界組織（boundary-less organization）是由透過電腦、傳真機、電腦輔助設計系統、視訊會議系統來連結彼此，而且彼此很少或不曾面對面互動的一群人所組成。成員依他們被需要與否來來去去，如矩陣式結構一般，但是他們並非組織的正式成員，他們只是與組織聯盟的功能性專家，他們完成契約上的義務後便加入下一個專案。協助管理大型公司（Xerox & Kodak）之資訊系統的EDS公司，乃為此種新組織的重要受益者。管理者必須謹慎評估，由組織自行執行功能活動、投入特定資源，相對於與其他組織形成聯盟來做這些事情的利益，以便能增進組織效能。

二、國際企業組織結構之選擇

策略的有效與否需要策略與組織結構間的配合，稱為結構追隨策略，亦即特定的策略需由特定的結構來支持。Stopford與Wells以「國外產品多樣性」及「國外銷售占總銷售之比例」兩構面來代表策略和管理的複雜性，並提出「階段模式」說明策略和組織結構之關係，隨著公司策略、業務的改變，組織結構也要隨之改變。愈複雜的國際業務，就愈仰賴重視部門協調的區域別和產品別結構。**圖14-7**為組織結構與國外產品多樣性、國外銷售占總銷售比例之關係。

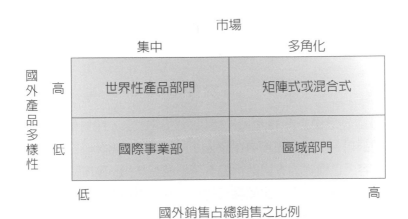

圖14-7　組織結構與國外產品多樣性、國外銷售占總銷售比例之關係

資料來源：于卓民、巫立民、蕭富峰等（2009）。

第三節　國際行銷之管理與控制

　　針對國際行銷的管理與控制，以下將分別說明國際行銷的集權與分權、管理哲學，以及總公司、地區總部和地區子公司三者的職權、國際行銷的控制程序、國際企業的管理控制策略、國際企業的控制特性、控制之動態變遷、國際行銷的績效標準、影響國際行銷績效的各項因素、科層控制與文化控制及兩者的比較。

一、集權與分權

　　彼得・杜拉克大師主張因為市場需求和競爭情況已經日益全球化，國際企業應該「集權化」，以進行全球整合。特普斯查提認為行銷決策應該要比生產等功能領域更為分權，才可能對各國各地不同市場的需求，快速地採取因應的做法。

　　實務上，行銷決策該由總公司還是各國子公司來負責，是決定在於環境因素。其中最重要的是：(1)公司國際業務的相對重要性；(2)公司的各國子公司的相對重要性。公司的國際業務愈大，總公司就愈要參與各子公司的決策，而子公司的規模卻恰好相反，子公司的相對規模愈大，就愈享有行銷決策的自主權。以下說明集權化、正式化與社會化三種協調方式，以及甄選、培訓、評估與訓練之方法。

(一)集權化

　　基於母國是最優秀的觀念，一切以母公司為主，採集權式的規劃與控制控制國外子公司。決策主權集中在總公司。總公司的高階主管大多數直接干預某些決策內容，以權威的方式進行協調時，若是組織的結構比較偏向中央集權的架構，使用此項協調方式比較容易達成共識，減少紛爭；但是在地方分權的組織架構中，此種協調方式就可能會產生許多反彈。

(二)正式化

透過正式的程序與記錄將決策例行化，由總公司設立許多的規章與公司制度，再依照這些規章與制度來作決策。這樣的方式，比較不會專制，但有時一些重要的決策，在已訂定的規則與公司制度中，找不到相關的依循時，可能會造成衝突。

(三)社會化

利用共有的價值觀與目標的創造，作為控制行為與決策的工具。由總公司建一套組織文化，傳達公司具體的目標與願景，讓各國子公司的員工能夠瞭解並達成共識。

(四)甄選、培訓、評估與訓練

上述三種協調方式必須均衡，並視不同情況，選擇使用。

首先應做好公司將派至國外工作之人員的甄選和培訓，為確保國外工作能正確並且有效率地執行，應先調查將派遣的候選人的海外語言能力與適應能力，並且除了工作技能之外，至少得依以下列的檢查項目進行評估：(1)該人員對海外工作的意願；(2)對其專業工作歷練程度；(3)語言能力與學習意願；(4)本人與其家人的健康情況；(5)子女教育問題；(6)對國外文化的接受能力。適應力不足的人，應先加以觀察一段時間，等到確定沒有問題之後，再考慮派遣赴任，若是無法克服心態與能力勝任問題，應予以淘汰。

經過篩選後，就可以進行基礎訓練。訓練方法可分為：(1)現場研修：把新進員工派到海外子公司工作，或是到當地的大學與研究機構研修的方式；(2)集中研修：依照一定計畫集中培養國際化的人才；(3)國外當地行銷人員的培養：國外的子公司經營一段時間後，總公司應儘早培養當地的行銷人員，並計畫應如何授權給他們。當地行銷人員的培養能夠順利，國際行銷策略才能落實。

二、國際行銷的管理哲學

多國企業總部對子公司的四種管理導向，如**表14-3**所示。

表14-3　多國企業總部對子公司的四種管理導向

企業層面	管理導向			
	母國中心導向（ethnocentric）	多元中心導向（polycentric）	區域中心導向（regioncentric）	全球中心導向（geocentric）
基本使命	獲利	為各國所接受	獲利及為各國所接受	獲利及為各國所接受
管理方式	由上而下（集權）	由下而上（分權）	相互協調	相互協調
管理策略	全球整合策略	國家回應策略	區域整合及國家回應策略	全球整合及國家回應策略
管理文化	母國文化	地主國文化	區域文化	全球文化
行銷策略	以母國為中心	以當地為中心	區域內標準化、區域間差異化	全球產品，但容許地方差異
組織的複雜性	母公司複雜，子公司簡單	視各地方狀況而定	區域內高度地互相依賴	以全球為基礎增加複雜性，並且高度互賴
職權、決策權	集中於母公司	子公司為主，母公司相對較少	區域性總部很高，及（或）子公司間高度合作	全球的總部和子公司彼此間相互合作
評估和控制	母國標準應用於人員與績效	各地方決定	各區域決定	一般性標準，酌量修改以適合當地狀況
獎勵、懲罰和激勵	總部很高，子公司很低	各地差異很大	對貢獻於區域性目標者獎勵高	在國際和地方主管達成全球性目標與地方性目標時獎勵
對多國企業國籍之認知	所有權擁有者的國籍	地主國的國籍	區域性公司	完全的全球化公司，但以當地的立意建立識別
人力資源管理運用	外派，母國人員發展為每一地方的要角	當地人士，當地國籍人員發展為地主國的要角	各地區人員，區域人員發展為區域內任何地方的要角	全球各地，世界上任一地方的最佳人員發展為任何地方的要角
人力資源的運用	母國人員發展為每一地方的要角	當地國籍人員發展為地主國的要角	區域人員發展為區域內任何地方的要角	世界上任一地方的最佳人員發展為任何地方的要角

資料來源：于卓民、巫立民、蕭富峰等（2009）。

三、總公司、地區總部和地區子公司三者的職權

總公司、地區總部和地區子公司三者的職權是由公司訂定目標與策略再交由子公司負責執行，說明如下：

(一)總公司

總公司需要訂定國際市場的目標和策略，也要訂定長期規劃。除了提供意見、經驗、科技與資源來幫助各國的子公司，總公司也要協調各國子公司的行銷策略來整合公司的國際行銷業務。

(二)各國子公司

各國子公司應透過總公司的指導，執行在該國大部分的實際行銷工作。例如，市場研究、提供意見、幫忙和決定配銷通路，也要提供價格策略的意見，處理銷售問題和引導促銷策略。

(三)區域總部

當國際企業在某一區域的業績，愈來愈成長時，將會導致總公司和該區域的各國子公司建立一個新的組織層次，這就是區域總部。雖然區域總部是對較大的區域設立，但是不見得要設立在這個區域之內。不論這個區域總部在哪裡，仍以處理該區域的業務作為重點。

行銷透視

蓋廟理論

喬山健康科技董事長羅崑泉，用十六名洋將躋身亞洲第一的「蓋廟理論」！創業三十年，從代工轉型自有品牌，喬山如今營收高達100億元，羅崑泉，是台灣製造業轉型的典範。三十年前，喬山健康科技董事長羅崑泉剛創業，他每天寄出二十封

信，連續寄了六個月，才接到一封200美元訂單的回函。他所寄出的信裡，不斷地重複著同一句話：「I can do anything」，說出他對成功的渴望。三十年後，他成為亞洲第一大，世界第五大健身器材公司老闆，也獲得商周創業精神獎。擔任評審的台大育成中心總經理劉學愚說，羅崑泉白手起家，從傳統製造代工，跨入全球市場的國際行銷，正是台灣中小企業創業家走向國際的模範。羅崑泉從一筆兩百美元的啞鈴訂單起家，當時，光看他為了做好啞鈴這門生意所投注的心力與策略，就可以預見今日的成功。

喬山健康科技董事長——羅崑泉

成功的源頭——三十年前第一筆訂單，花十倍錢請師傅寫標準作業流程。製作啞鈴必須聘請翻砂工人，三十年前，一個普通翻砂工人月薪只要1,500元，但羅崑泉打的是大算盤，他花了十倍高薪15,000元請來翻砂老師傅，讓師傅寫下翻砂的標準作業流程（SOP），再要求工人照表操課。這一步讓他的生產線良率與品質高出同業。

◎勇於承認「不懂」：意外進入美國市場，靠授權、紅利讓外籍經理人賣命

羅崑泉他深知，自己不瞭解美國市場，也不懂行銷，於是把銷售通路問題，授權給美國人處理，他自己則負責產品改善。擅長目標管理的羅崑泉，在壓力下進入自有品牌市場。經過仔細計算後，他先將成本壓到最低，一刀把EPIX員工從十五人砍到只剩三個半，由總經理兼行政事業，一個人負責業務，一個是客服，再加上兼差員工等於半個人，把每個月的人事成本壓到一萬美元，另外提供兩萬美元為基本營運開銷。羅崑泉算算，貨款的收帳期四十五天，只要品牌公司營運正常，並不需要投入額外成本。他給了第一位外籍總經理指令：三個月內，給你十萬美元的營運週轉金，想辦法賣出喬山的產品。要求雖然嚴格，也將原本總經理的薪水砍到剩一半，但鞭子另一頭，他也給一根大紅蘿蔔。他跟外籍總經理簽訂一個三年合約規定，只要第一年營收達到500萬美元，盈餘50萬美元，總經理就可分得15%盈餘，另外還有股票分

紅。這個老外等於不花一毛錢，就有機會分到公司30%的盈餘。這就是羅崑泉的「蓋廟理論」：由我出資本蓋廟，聘請懂得在美國念經的老美當廟公，給予好的獎勵條件，讓美籍總經理把喬山的品牌事業當成自己的事業來經營。

另一方面，羅崑泉回到台灣後，也針對美籍總經理的要求，研發出以皮帶取代鏈條的健身車，解決健身車噪音過大的難題。喬山也從1996年正式跨入自有品牌市場。一年後，這位美籍總經理帶著忐忑不安的心來到台灣，準備跟羅崑泉報告業績目標。他手上的Vision財報寫著：第一年營收475萬美元，盈餘85萬美元。獲利達成，但營收數字未達成。對於這樣的成績，羅崑泉已喜出望外，仍大手筆犒賞，讓這個老外廟公賺到比原先還高出十倍的薪水。喬山美國行銷公司的模式運轉三年後，不斷地證明出它的可行性。

營收從475萬美元成長至2,200萬美元，盈餘從85萬美元，成長到300萬美元。就像他過去要求翻砂師傅寫下SOP的管理手法，羅崑泉複製美國行銷公司模式，從各國挖角人才，不斷地蓋新的廟，擴展品牌版圖。

目前為止，喬山已有四個品牌，涵蓋高、中、低三個市場，他也在十一個國家蓋了十六座洋廟，由十六位洋廟公來操盤喬山的四個品牌，喬山沒有派駐過任何一個台灣人。在國際人才的管理上，羅崑泉每成立一家公司，就任用一個新的總經理，美國四個品牌就有四個總經理。羅崑泉以目標管理策略，每月公布每家行銷公司業績，讓這些老外總經理在業務上互相競爭，刺激業務成長。每個行銷公司經理級以上主管，都得到台灣接受羅崑泉三個星期的喬山企業理念與文化課程，每上完一堂課就即席考試，若沒得九十五分，還得重考。因此喬山的外籍員工只要見到羅崑泉，都會喊他「Teacher Luo」（羅老師）。

◎忠於企業根本：專注研發和製造

市占率僅5%，獲利卻是世界第一，不過，羅崑泉靠著外籍兵團在國際市場開疆闢土，也非一帆風順。羅崑泉共聘過二十位外籍總經理，開除過其中四位不合格的總經理。他原本以為靠合約可以解決管理的複雜問題，但他卻是付出兩百萬美元的學費後，才知道如何在合約上管理這些洋將。喬山從代工順利轉型到品牌行銷，羅崑泉善用外籍專業經理人，是相當大的關鍵。羅崑泉的「蓋廟理論」難嗎？比喬山年輕一歲的宏碁，是台灣堅持走國際自有品牌的鼻祖。過去宏碁花了二十八年的時間，繳

出上千億元行銷學費,由台灣人主導全球行銷與業務,卻不斷地在國際市場上鍛羽而歸。直到一個義大利人蔣凡可‧蘭奇在歐洲建立戰功,突然冒出頭來,宏碁才體認到任用外籍專業經理人操盤台灣企業全球品牌業務的可能性。但是在台中大度山上一處甘蔗園起家的喬山,九年前跨入品牌的第一步,就開始了這樣的做法。致遠創業家大獎評審之一的台大會計系教授劉順仁說,對照許多台灣中小企業赴海外打品牌的失利,喬山如今的成功,是因為羅崑泉一開始就做對了三件事:(1)承認自己不懂海外市場;(2)選擇競爭較不激烈的市場切入自有品牌;(3)尊重與信任外國專業經理人。

四、國際行銷的控制程序

「控制」是行銷規劃中很重要的一環,也是在行銷計畫策劃好後,在執行時所要注意的重點。當企業適當的運用控制系統或是評估系統時,企業才能確保行銷計畫真的有發揮其該有的功效。

對於行銷規劃循環來說,控制系統就像是一項很重要的迴路一般。企業必須要靠著此一迴路,找出成功或失敗的關鍵點,以幫助行銷經理人作進一步的規劃。企業的行銷計畫之中所擁有的特定目標更需要控制系統的評估,因為這些評估的結果將會對企業未來的計畫有重大的影響,也會影響到企業目標的達成與否。由此可見,每個企業、組織都是需要控制系統的輔助。

控制程序(control process)是指用以確保活動能按照計畫完成,並且矯正任何重大偏離的監視程序。亦即,控制就是經由權力或者是職權的行使來達成目標的一項過程。而控制的目的,則是為了那些因個人特質所形成的行為差異,並且確保個人或者是團體的行為符合公司既定的政策,以期待績效符合公司的目標。

(一)控制程序之類型

控制程序可以分為以下幾種:

◆事前控制：預測可能會出現的問題

最適當的控制時機是在防範問題的事前控制，也就是能夠防範於未然。事前控制的重點在於問題發生之前，即已採取控制行動。因為事前控制可使管理階層預防問題的發生，可避免事後再行補救，所以是比較理想的控制方式。但是此種方式需要即時與正確的資訊，這對於高階主管而言不見得一定可以事先獲得的，所以高階主管也往往需要兼取以下兩種類型的控制方式。

◆事中控制：問題發生時加以修正

事中控制是控制在活動進行的過程，就同時實施控制，高階主管就可以在問題還未造成重大損失之前，及時改正問題。事中控制常見的就是直接監督。當總公司之高階主管直接觀察子公司行為時，他同時也可以監督子公司的作為，並在問題發生時立即修正，控制活動與高階主管的修正行動之間還明顯地尚有一些時間差，不過延遲已經降低。

◆事後控制：問題發生後才加以修正

最常用的控制方式是依賴回饋，亦即控制發生在整個活動產生結果之後，這種控制方式的主要缺點是總公司知道有問題時，損失也已經產生了，因此只能發揮亡羊補牢的效果。但是，就資訊不足的情況來說，事後控制也是唯一可行的方式。

事後控制與前面兩項控制方式比較起來，仍有兩個優點：(1)事後控制提供總公司資訊，可瞭解規劃是有效由回饋得知實際和標準績效間的差異相差很多，則在制訂新計畫時，可以利用這項資訊增加計畫的有效性：(2)事後控制可以加強員工的動機，員工希望知道他們的表現有多好，事後控制正好可以提供這方面的資訊。

◆設立標準

達成的目的或目標為何。

◆衡量標準

包括銷售額與成長率、利潤率或者是投資報酬率、市場占有率、現金流量。

(二)控制程序之步驟

控制程序的步驟如下：

1. 建立一套標準、目標或目的。
2. 依據標準來衡量國外子公司的績效，包括銷售額與成長率、利潤率或者是投資報酬率、市場占有率、現金流量。
3. 找出標準與真實績效之間的不同，並且分析會產生差異的原因何在。
4. 針對原因採取改正行為，例降低售價、針對各國市場之特性，推出不同的促銷計畫、對於銷售人員施予壓力、降低銷售目標。

五、國際企業的管理控制策略

總公司對海外子公司有五種控制程度的策略：

1. 海外公司完全自主，總公司毫不過問。
2. 總公司建立策略目標及長期規劃，也由海外子公司依此擬定個別目標及計畫。
3. 由總公司決定一般策略、政策，並過問海外子公司達成目標的功能規劃內容。
4. 總公司除了決定一般政策外，尚統籌擬定有關管理人員的徵審、任用、具體計畫內容與實施程序。
5. 總公司過問每一個海外附屬事業單位具體的業務內容。

此外，母公司對子公司還可採用下列兩種控制策略：

1. 財務控制：財務報表為主，如ROI。
2. 策略控制：實地深入瞭解子公司的決策過程。

六、國際企業的控制特性

因為國際企業的控制具有下列三項特性，使得控制更為困難：

(一)距離

海外子公司位在不同的國家，這些國家和總公司的母國間有實體的距離與文化的距離，使得溝通成本增加，且文化的背景的差異更容易誤解兩方溝通的內容。

(二)多樣性

海外子公司的業務內容、競爭地位、進入策略、地主國的法令等，都可能和總公司的狀況有所不同，再加上國外子公司的數目可能較多，此種多樣性可使得總公司很難以同樣的方式控制不同的子公司。

(三)資訊不足

海外子公司內部資訊可方便地獲得，但是由於地主國政府並沒有適時地提供次級資料，使得地主國市場的相關資訊較為不足，如此使得總公司比較困難能即時做出正確的決策。

七、控制之動態變遷

由**圖14-8**可看出控制之動態變遷，當子公司初期對母公司資源相當依賴時，總部可採實質控制，即藉由產品設計、技術、行銷知識與資本等，要求子公司服從總公司的安排，當子公司逐漸成熟不再依賴母公司時，則宜採用組織系統機制來控制子公司（與文化控制意義相近），各國企業仍應彈性應用正式與非正式控制，儘管它們各有其優缺點。

八、國際行銷的績效標準

最後，國際行銷的績效標準也可當成國際企業管理控制的標準之一，說明如下：

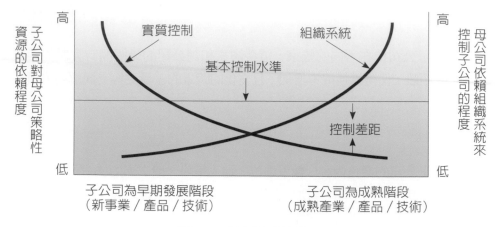

圖14-8　控制之動態變遷

資料來源：于卓民、巫立民、蕭富峰等（2009）。

(一)銷售額與成長率

總公司的行銷主管會與子公司的行銷主管進行協商，參考各地區的市場需求、競爭情況以及子公司在此市場的競爭實力之強弱，來決定各個市場每年應該達到的目標銷售標準以及每年的銷售成長率。

(二)利潤率或者是投資報酬率

各國國外市場營運所產生的淨利是績效的重要指標，但是需要注意的是不要為短期的利潤而犧牲了長期的獲利能力以及成長性。認定績效的最後測試，即是為了測試利潤與投資的關係，投資報酬率經常作為績效評估的工具。

(三)市場占有率

大多數的公司對於產品是使用市場占有率來衡量該產品在市場業績的標準。至於占有率的計算方法是，只要將公司銷貨金額與市場總銷貨金額相比較就可以計算出來。在市場潛力估計完成之後，國外子公司實際獲得的市場占有率，應該按總銷貨金額及按產品別銷貨金額分別計算得出現有的市場占有率。市場占有率是一項良好的控制工具，可以用來衡量當地經理人努力的成績，並

且可以發現產品的弱點，但是市場占有率的標準也應該考慮其他的因素而作調整。

(四)現金流量

國際企業把產品導入新市場之後，它的獲利情況與現金流量可能出現很大的不同。國際行銷者需要小心的控制國外市場的現金流量，才不會發生現金不足，而影響其國際行銷的作業。

除此四個績效標準外，針對各項行銷活動功能還有一些較細的績效標準，例如，行銷研究的標準可以作爲研究次數與研究的成果，產品線的銷售額或市場占有率也是一項控制標準。

九、影響國際行銷績效的各項因素

影響國際行銷績效的各項因素說明如下：

(一)管理人員的期望與知覺

包含管理人員對國際業務的導向，對於外銷風險的知覺，以及對於外銷利潤的期望等等。例如，學者愛波特：爲本國導向、地區導向、多元導向三項，其中績效最佳爲地區導向。

(二)環境因素

很多環境因素會影響國際行銷的績效，例如，市場競爭程度、地理位置的遠近、地主國的經濟發展程度、貿易障礙等。學者葛蘭特的研究指出，語言與文化愈接近，地主國的經濟發展愈低，對外銷績效愈有利。

(三)公司特性

包含公司的大小、公司所有權的型態、國際行銷經驗、人力資源與財務資源等。

(四)目標市場選擇策略以及市場進入策略

包含目標市場的分散程度、進入市場的時機與方式。對於市場採世界導向還是鄰近導向等。

(五)行銷組合策略

國際企業的產品策略、定價策略、通路策略與促銷策略等，是否具備有競爭優勢，在在均會影響國際企業的績效。

十、科層控制與文化控制及兩者的比較

Kidger（2001）指出，跨國公司對於子公司有兩項的控制工具，如**表14-4**。

(一)科層控制

正式化的控制方式，使用明文規則與法規，列出國外子公司所應達到績效或者是應該遵守的工作程序。

1. 在產出方面：可以使用短期的預算編列，以及長期的計畫來作為控制方式，也就是採用實際的年度資料及預算來作比較，以瞭解子公司有達成目標。此外，也可以要求子公司提出一些功能性的報表，如損益表、資產負債表、市場占有率表、現金流量表等，來作為績效評估的依據。
2. 在行為方面：總公司制定員工行為手冊，規定從事各項活動所需要依據一定的作業標準程序，每一位員工都必須切實地遵守，作為評核的依據。

表14-4 科層控制與文化控制的比較

控制目標	目標科層／正式控制	文化控制	控制特質
產出結果	正式績效報告	共通績效規範	總部建立短期績效目標並要求子公司經常回報
行為	公司政策、手冊	共通企業、管理哲學	總公司積極參與海外子公司策略擬定

資料來源：P. J. Kidger, Management Structure in Multinational Enterprises: Responding to Globalization, *Employee Relations*, Aug, 2001, pp. 69-85.

(二)文化控制

非正式化的控制方式，倚賴組織文化與社會化的人際互動方式，藉此控制海外子公司及其成員。

1. 產出方面：藉由謹慎地選擇員工，並且透過員工訓練或者是人際互動關係，產生共識的績效規範。
2. 行為方面：使用組織文化、員工訓練方式，使員工對於公司的管理方式產生一致的共識，並且盡力地去遵行。

科層控制與文化控制兩者是可以並存，而非相互排斥，所以跨國企業可以同時加以使用這兩項控制工具，並且根據實際的情形，調整這兩項控制工具的使用頻率。

全球觀點

裕隆三階段企業再造：新大三圓戰略

裕隆第一階段企業再造（1994～1995年）為廠辦集中，執行流程革命與組織再造，主要倡導競爭團隊的工作模式；緊接著第二階段企業再造（1996～1998年），其施行差異化提升附加價值策略，主要鎖定在產品、服務、品質差異化上的提升，其次，憑藉著總體成本優勢，包括在稅賦上的減免以及廠址的選擇，採行產品線廣度不變，深度

裕隆日產汽車創造「TOBE」新品牌包裝更多的附加價值

拉長的方式來調整生產流程,故此階段為裕隆企業轉型的關鍵階段;而後第三階段企業再造(1999～2004年),採行新大三圓戰略,以供應鏈運籌,串聯移動價值鏈,以及聯結生活城通路,形成客製化產品力、汽車水平周邊事業、國際分工等新大三圓戰略。以下將新大三圓戰略摘要概述如下:

首先,在客製化產品力方面,建構BTO平台,包括研發裝配行銷,另外在以協調整合、品牌、通路,加以架構汽車水平周邊事業運作,目前具體的方案已有新店生活城通路於2003年12月18日開工,共計投資70億,於2005年正式啟用。至此,裕隆企業的版圖已趨堅固,因此,乃展開國際分工,朝共同產品、共用研發平台、共用協力體系,兵分兩岸三地邁進。裕隆公司在第二階段企業再造時,採行差異化策略,其焦點以顧客角度重新思考汽車價值鏈,因為消費者買車的目的是為了移動到某地做某事,而車廠目的是賣車,因此乃產生新的移動價值需求,例如,外觀、性能、品牌形象、安全、價格、舒適等,將這些附加價值加諸在車上,以汽車移動價值鏈創造差異化的競爭優勢,因此,裕隆目前乃推出整合性的系統服務(TOBE行動秘書)來進行差異化,更進一步提升裕隆企業的競爭優勢,目前的經營績效,經過三階段的企業再造(大三圓戰略)及於中國投資的成功,稅前純益自1999年的37.2億大幅增加至2003年的77.8億,成長42.5%。裕隆公司如此亮麗成績,更進一步延伸觸角,擴大裕隆日產合作案。

綜合上述,可以分析出裕隆公司的策略思考之脈絡,首先就總體環境而言,受WTO衝擊,以及六大集團雄據全球,而現成區域經濟體,為了降低此一威脅,裕隆公司採行兩個手段,包括強化與技術母廠之關係,並且拓展海外市場,以國際分工的方式追求規模經濟;其次,受到市場競爭激烈,市場總量下降,且車廠產能過剩等威脅,因此,裕隆公司採行大幅提升稼動率,以及延伸價值鏈等方式發展範疇經濟(專業代工、水平事業、生活城通路);其三,進行企業分割,充分運用YL管理團隊資源,強化R&D能力與拓展海外市場,追求規模經濟,同時將公司重新定位為製造服務屬性的公司,專注發展汽車移動價值鏈事業;其四,將營運範疇分為YNM與YL兩大範疇,並交由YNM營運範疇,統管Nissan品牌在台除了製造外之全價值鏈活動經營,以及Nissan品牌在區域(台灣、大陸、東協)內R&D活動之國際分工,並與Nissan共同發展大陸事業,在YL營運範疇方面,則重新定位為製造服務屬性、汽車

周邊事業發展、土地資產開發、尋求其他業務機會等。

　　裕隆汽車公司由消費者觀念著眼，從市場調查及消費者行為研究中，探索消費者潛在需求為何，發掘消費者尚未滿足的需求，最後建立「移動價值鏈」。「移動價值鏈」就是透過整合「移動工具」、「移動過程」與「移動目的」，滿足消費者真實的需要，創造產品的高附加價值。因此「移動價值鏈」的內涵在於透過提供消費者核心產品（移動工具）、延伸性服務（移動過程）及總體解決方案（移動目的）來創造新價值行動生活，替代現有產品及服務的提供者，進而創造汽車消費市場的新價值──新價值汽車、新價值生活、顧客終身價值。

　　TOBE行動資訊系統是「移動價值鏈」最具代表性的實踐，除了提供GPS衛星定位、防盜保全等服務外，更進一步朝向車上消費階段，亦即近年來新發展的位置基礎商務（L-commerce），提升產品附加價值，建立差異化競爭優勢；在系統架構方面，結合e化、道路、生活、資訊等四大平台，提供消費者即時而全方位的解決方案；在行銷方面，從Maslow的需求層級理論，分析其新產品上市的整合式行銷活動中，所提出的「TOBE五大承諾保證」，如何成功地創造行銷議題，打響TOBE的品牌，滿足消費者潛在的需求；同時簡述其帶給消費者即時資訊、更豐富的生活樂趣、全方位提升人車安全、便利的消費模式等四大利益，以及闡述其如何為個案公司建立差異化的競爭優勢。最後以消費者滿意度、消費者推薦意願、銷售滿意指標、消費者忠誠度、初期品質調查、消費者再購率、個案公司營運績效、消費者購買汽車意願調查等相關指標數據，分析系統導入後的效益。

　　在未來展望中，從探索消費者潛在需求、建構「移動價值鏈」到催生TOBE行動資訊系統，裕隆汽車歷經了漫長的研發歲月，方能建構完整的汽車水平周邊事業，進而滿足消費者的需求，同時也提高市場跟隨者的進入障礙與模仿障礙，建構出競爭對手難以模仿的差異化競爭優勢，以及TOBE系統未來發展方向。

資料來源：裕隆企業集團官方網站：http://www.yulon-motor.com.tw/about/philosophy.asp

　　　　　裕隆2008永續報告：www.yulon-group.com/pdf/sustainable_2008.pdf

問題與討論

1.國際企業的基本組織型態為何？

2.合資的三種形式與其優缺點為何？

3.國際企業組織設計的影響因素為何？

4.國際企業組織的發展過程與型態為何？

5.國際行銷的管理重點為何？

6.國際行銷的管理哲學為何？

7.總公司、地區總部和地區子公司三者的職權為何？

8.多國企業總部對子公司的四種管理導向為何？

9.國際行銷的控制程序為何？

10.國際行銷的績效標準為何？

11.影響國際行銷的成敗的各項因素為何？

12.科層控制與文化控制為何？比較兩者的差異。

本書之中英名詞對照與參考文獻，公布在揚智文化公司網站，http://www.ycrc.com.tw/ 教學輔助區，歡迎上網查閱。